“十二五”职业教育国家规划教材
经全国职业教育教材审定委员会审定

全国旅游专业规划教材

酒水经营与管理

JIUSHUI JINGYING YU GUANLI

（第6版）

王天佑 编著

旅游教育出版社

策　　划：李荣强
责任编辑：李荣强

图书在版编目（CIP）数据

酒水经营与管理 / 王天佑编著. -- 北京 : 旅游教育出版社，2004.05（2022.8）
（全国旅游专业规划教材）
ISBN 978-7-5637-1163-5

Ⅰ. ①酒… Ⅱ. ①王… Ⅲ. ①酒－基本知识－专业学校－教材 ②餐饮业－经济管理－专业学校－教材 Ⅳ. ①TS971 ②F719.3

中国版本图书馆CIP数据核字(2004)第027051号

"十二五"职业教育国家规划教材
全国旅游专业规划教材

酒水经营与管理

（第6版）

王天佑　编著

出版单位	旅游教育出版社
地　　址	北京市朝阳区定福庄南里 1 号
邮　　编	100024
发行电话	（010）65778403　65728372　65767462（传真）
本社网址	www.tepcb.com
E - mail	tepfx@163.com
排版单位	北京旅教文化传播有限公司
印刷单位	唐山玺诚印务有限公司
经销单位	新华书店
开　　本	720毫米×960毫米　1/16
印　　张	21.25
字　　数	327 千字
版　　次	2020 年 1 月第 6 版
印　　次	2022 年 8 月第 2 次印刷
定　　价	45.00 元

（图书如有装订差错请与发行部联系）

前 言

近年来我国旅游业、酒店业和餐饮业的营业额每年以2位数递增，我国的国际贸易和国际交流活动也在快速地发展。基于以上原因，我国各地商务餐饮、休闲餐饮和会展餐饮的销售量持续地增长，相应的酒水销售量也在不断地增长。因此，在新的市场条件下，我国旅游业、酒店业和餐饮业需要大批具有国际视野和运营能力的应用型人才。21世纪是高度国际化、科技化、多元化的创意经济时代。在新世纪里，尽管历史所形成的各国疆界依然存在，然而由于世界经济一体化，科技、交通和信息高度发达，世界已形成了一个全人类共同生活的地球村。

基于以上背景，《酒水经营与管理》是以一带一路和全域旅游战略为指导，以培养具有国际通用的专业知识和技能及国际视野和开拓创新精神，并符合我国旅游业、酒店业和餐饮业发展需要的应用型管理人才为目标。

教材基于培养学生的酒水文化和国际餐饮运营管理能力，使学生既有扎实而宽广的基础理论知识，又有先进而实用的专业知识、复合知识及创新能力，坚持从国内旅游业的人才需要出发，借鉴和吸收国际先进的教学内容，形成面向国际化、具有我国旅游业发展需要的专业课教材。教材内容融合了国内外酒水文化和酒水知识、酒水经营设施和营销方法。本书共分12章，从介绍酒水种类与特点开始，讲述了葡萄酒、啤酒、白兰地酒、威士忌酒、金酒、朗姆酒、伏特加酒、特吉拉酒、中国白酒、开胃酒、甜点酒、利口酒、鸡尾酒和非酒精饮料等的历史与文化、生产工艺、销售和服务方法等。同时，总结了酒水经营企业的各种组织结构、经营特点和经营设施。本教材强调理论与实践相结合，教材专业理论的深度符合应用型大学人才培养目标，内容体系完整，有较强的科学性、实用性和超前性。该教材是培养旅游业、酒店业和餐饮业管理人才的实用教材。

本教材由王天佑教授主编，周永泽副教授为副主编，其他作者还有张一楠。王天佑负责选题与框架设计及编写第1章和第2章，周永泽编写第5章、第7章、第9章、第10章、第11章和第12章，张一楠编写第3章、第4章、第6章和第8章。其中，王天佑教授具有多年高校旅游与酒店管理专业教学与实践管理经验，并在美国学习和实践国际酒店管理；周永泽副教授为香港理工大学和新加坡国立旅游与酒店管理学院访问学者，长期从事酒店管理教学与研究。董灵巧和席俊敏老师长期从事高等旅游教育和酒店管理专业教育并有着丰富的酒店管理实践经验。同时，本教材在编写中得到著名的酒店管理企业家袁广杰先生，北京国际酒店、广州白天鹅酒店、北京钓鱼台大饭店、北京友谊饭店、北京贵宾楼饭店和天津喜来登饭店等的中外专家和管理人员的帮助和支持，在此表示谢忱并希望读者给予指正。

编者

2019 年 7 月

目 录

第1部分 酒水概论

第2部分 酒水知识与文化

第 3 部分 酒水经营管理

第1部分
酒水概论

第1章
酒水概述

本章导读

酒水是人们用餐、休闲及交流活动不可缺少的饮品。随着我国饭店业和餐饮业的发展，酒水产品及酒水销售量不断增加。本章主要介绍国际饭店业和餐饮业销售的酒水。通过本章学习，可了解酒水种类、酒的起源与发展、酒水饮用习俗和国际饮酒礼仪等。

第一节 酒水含义与特点

一、酒的含义与组成

酒是人们熟悉的含有乙醇（ethyl alcohol）的饮料。乙醇的物理特征是，在常温下呈液态，无色透明，易燃，易挥发，沸点与汽化点是78.3℃，冰点为-114℃，溶于水。细菌在乙醇内不易繁殖。乙醇的分子式是CH_3-CH_2-OH，分子量为46。在酿酒工业中，乙醇主要由葡萄糖转化而成。葡萄糖转化成乙醇的化学反应式为$C_6H_{12}O_6 \rightarrow 2CH_3CH_2OH + 2CO_2$。

酒是多种化学成分的混合物。其中，乙醇为主要成分。乙醇由碳、氢和氧元素组成。其特点表现在颜色、香气、味道和酒体等。除此之外，还有水和众多的化学物质。这些化学物质包括酸、酯、醛、醇等，尽管这些物质含量很低，但是它们决定了酒的质量和特色，所以这些物质在酒中的含量非常重要。

二、酒的特点

（一）酒的颜色

酒有多种颜色，主要来自酒的原料颜色。例如，红葡萄酒的颜色来自红葡萄的颜色。同时，酒颜色的形成还来自酿制中产生的颜色。由于温度的变化和酒长期熟化等原因，使酒增加了颜色。例如，中国白酒经过加温、汽化、冷却、凝结后，改变了原来的颜色而呈无色透明体。酒颜色形成的第三个原因是人工增色。例如，白兰地酒经过专家的调色和勾兑成为褐色。

（二）酒的香气

酒常有各种香气，酒的香气来自酒的主要原料、酵母菌和增香物质等。例如，玉米、大麦和龙舌兰。某些酒的香气在酿酒过程中形成。香气通过人的嗅觉器官传送到大脑，经过加工得到感知。酒中的香气，除了用鼻子体验，还通过口尝或饮用而进入人的鼻、咽、喉，与呼吸气体一起感知。通常，人们对相同的香气有不同的反应。当人们处于疲劳、疾病和情绪状态，人们对香气的灵敏度会降低。

（三）酒的味道

通常，酒的味道留给人们很深的印象，人们常用甜、酸、苦、辛、咸、涩等来评价酒的味道。在各种酒中，以甜为主的酒数不胜数，甜味给人以舒适、浓郁的感觉，深受顾客喜爱。甜味主要来自酒中的糖分和甘油等物质。糖分普遍存在于酿酒原料中，只要糖不在发酵中耗尽，酒液就会有甜味。此外，人们有意识地在酒中加入糖汁或糖浆。酸味是酒中另一个主要口味。现代消费者都十分青睐带有酸味的干型酒。酸味酒常给人以甘冽、爽快和开胃等感觉。同时，世界上有不少酒以苦味著称。例如，安哥斯特拉酒（Angostura）。这种苦酒以朗姆酒（Rum）为主要原料，配以龙胆草等药草调味，褐红色，酒香悦人，口味微苦，酒精度约40度。该酒是配制鸡尾酒不可缺少的原料。再者，凡是饮用过干巴丽（Campari）苦酒的人都熟悉它的苦味，这种味道给人留下了深刻的印象。至今，干巴丽酒已成为人们习惯饮用的餐前酒。苦味的特点是给人以止渴、开胃等感觉。酒中的苦味常由原料带入。辛味也称作辣味，酒的辛味不同于一般的辣味，辛味是酒中主要的味道，实际上酒精度越高，辛味越足。咸味主要起因于酿造工艺粗糙，使酒液中混入过量的盐分。然而，少量的盐可促进味觉的灵敏，使酒味更加浓厚。墨西哥人常在饮酒时，食用少量细盐，以增加特吉拉酒（Tequila）的风味。涩味常与苦味同时发生，涩味给人以麻舌、烦恼和粗糙等感觉。涩味主要来源于原料处理不当，酒中含有过量的单宁和乳酸等物质。

（四）酒形与酒体

酒的形是指观察到的酒液透明度和流动性。优良的酒具有清澈、透明和纯净等特征。当然，失光和混浊等都是酒的质量问题。酒体既是酒的风格，也是一个综合的概念。实际上，酒体是指人们对酒的颜色、香味和味道等的综合评价。

三、酒的功能

酒是人们用餐、休闲及交流活动中不可缺少的饮品。酒可以增加人们的交流，增强气氛。目前，人们从各地的超市、专卖店、饭店、餐厅和酒吧都可以买到各种酒（见图 1–1）。根据研究，人们适度地饮用发酵酒对人体健康不仅无害，还有利于降低血压，帮助消化。法国科学家做的大量研究表明，适量饮用葡萄酒可促进健康和长寿。从生活和文化的角度，酒不仅能增强气氛，还可以缓解人们的紧张情绪，成为人们日常生活不可缺少的饮品，特别是在宴请中，酒作为一种媒介，更是起到了不容忽视的交际作用。根据统计，2014 年全球仅酒的销售量就超过 31 万亿美元。但是，过量的饮酒会引发很多种疾病。例如，急性酒精中毒、胃出血、脑出血、胃溃疡、心脏病、肝病、视力模糊、智力迟钝、判断力下降和记忆力减退等。最新研究发现，过量地饮酒可导致癌症。

四、酒在人体内的吸收

通常，乙醇无须经过消化系统就可被人的肠胃直接吸收。因此，酒进入肠胃后，迅速进入人的循环系统。首先，酒被血液带到肝脏，经过滤后，到达心脏。然后，通过循环系统到达大脑和高级神经中枢。乙醇对神经中枢有很大的影响，在短时间内饮用大量的酒对人体有害。当人的体内乙醇浓度增高时，大脑血管开始收缩，致使大脑血流量越来越少，从而使人的脑组织缺氧，神经元发生功能障碍。正常人的血液中含有 0.003% 的乙醇。然而当血液中乙醇浓度达到 0.7% 时会造成生命危险。

图 1–1　在超市中销售的各种酒

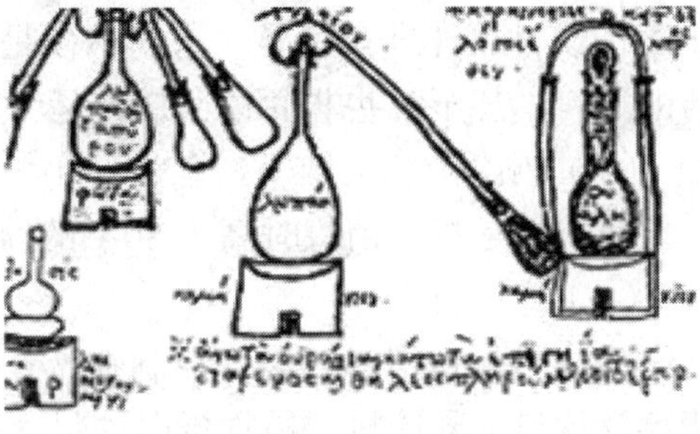

图 1–2　东罗马帝国左斯马斯 · 科尔凯米思使用过的蒸馏设备

五、酒的起源与发展

酒来自微生物的变化。在自然界中水果成熟后从树上掉下来，果皮表面的酶菌在适当温度下会活跃起来，使水果转化为乙醇和二氧化碳。人类在远古时代已经将酿造的酒作为日常饮料。根据历史考证，公元前10世纪，古埃及、古希腊及中国古代人已经掌握了简单的酿造技术，并用粮食和水果酿制不同味道的酒。根据世界考古，人们多次发现的酒具可以证实这一点。公元3世纪东罗马帝国炼金术士左斯马斯·科尔凯米思（Zosimus Alchemista）已经使用自制的蒸馏设备制作高酒精度的酒（见图1–2）。随着农业发展，酿酒有了充足的原料，因此酿酒技术得以大规模发展。奴隶社会和封建社会的形成和发展，人类的酿酒技术也越来越完善。在中国历代的许多著作中都有“琼浆玉液”和“陈年佳酿”等专业术语。陶瓷制造业的发展也推动了酿造业的进步，人们制作了精细的陶瓷器具，用以盛载各种美酒并使酒能够长期保存。人类经过长期实践，逐渐完善了酿酒技术，特别是17世纪蒸馏技术用于酿酒业，使多种酒类可以长期保存。世界著名的白兰地酒、威士忌酒以及味美思酒都是从这一时期开始成批酿造的。目前人们已掌握了完整的酿酒技术，人类不仅能控制酒的度数，而且可根据需要制出各种有特色的佳酿。

六、非酒精饮料

非酒精饮料（Nonalcoholic Beverage）是指不含食用酒精的任何饮料。非酒精饮料包括人们日常饮用的茶、咖啡、可可、碳酸饮料、纯果汁、果汁饮料、瓶装饮用水、茶饮料、乳饮料、蛋白饮料及其他保健型饮料等，在饭店业和餐饮业中简称水。

饭店和餐饮业销售的不含酒精饮料可以分为两大类：热饮料和冷饮料。当今非酒精饮料品种日新月异，它们不仅是人们生活中的常用饮品，还是各种混合饮料的配料，甚至某些非酒精饮料就是为制作混合饮料而设计的。

（1）热饮料

热饮料是指在销售时高于80℃的饮料。包括茶、咖啡和可可等。

（2）冷饮料

冷饮料是指销售时温度控制在7℃~15℃的饮料。包括碳酸饮料、果汁饮料、蔬菜汁饮料、乳饮料、植物蛋白饮料、茶饮料、饮用水和其他配制饮料。

（3）非酒精饮料饮用习俗

非酒精饮料品种不同，其饮用习俗也不同。新鲜果汁常在餐前和餐中饮用。在中餐服务中，茶水用于餐前、餐中和餐后；而在西餐服务中，咖啡多用于餐后。矿泉水在任何时候都可饮用。欧美人在餐前、餐中和餐后常饮用矿泉水、瓶装饮用水和新鲜果汁。

第二节 酒精度表示与换算

一、酒精度含义

酒精度是指乙醇在酒中的含量，是对酒中所含有乙醇含量大小的表示。目前，国际上有三种方法表示酒精度：国际标准酒精度（简称标准酒精度）、英制酒精度和美制酒精度。

二、酒精度表示方法

（一）国际标准酒精度（Alcohol% by volume）

国际标准酒精度是指在 20℃条件下，每 100 毫升酒中含有的乙醇毫升数。这种表示法容易理解，因而被广泛使用。国际标准酒精度是著名法国化学家——盖－吕萨克（GayLusaka）发明的。因此，国际标准酒精度又称为盖－吕萨克酒度（GL），用 %（V/V）表示。例如，12%（V/V）表示在 100 毫升酒液中含有 12 毫升的乙醇。

（二）英制酒精度（Degrees of proof UK）

英国在 1818 年的 58 号法令中明确规定了酒中的酒精度衡量标准。英国将衡量酒精度的标准含量称为 proof，是由赛克斯（Sikes）发明的液体比重计测定的。由于酒精的密度小于水，所以一定体积的酒精总是比相同体积的水轻。英制酒精度（proof）规定为在华氏 51 度（约 10.6℃），比较相同体积的酒与水，在酒的重量是水重量的 12/13 前提下，酒的酒精度为 100proof。即，当酒的重量等于相同体积水重量的 12/13 时，它的酒精度定为 100proof。100proof 等于 57.06 国际标准酒精度，用 57.06%（V/V）表示。

（三）美制酒精度（Degrees of proof US）

美制酒精度相对于英制酒精度更容易理解。美制酒精度的计算方法是在华氏 60 度（约 15.6℃），200 毫升的酒中所含有的纯酒精的毫升数。美制酒精度也使用 proof 作为单位。美制酒精度大约是标准酒精度的 2 倍。例如，一杯乙醇含量为 40%（V/V）的伏特加酒，美制酒精度是 80proof。

三、酒精度换算

通过标准酒精度与美制酒精度的计算方法，我们不难理解，如果忽略温度对酒精的影响，1 标准酒精度表示的乙醇浓度等于 2 美制酒精度所表示的乙醇浓度。1 标准酒精度表示的乙醇浓度约等于 1.75 英制酒精度所表示的乙醇浓度。而 2 美制酒精度表示的乙醇浓度约等于 1.75 英制酒度所表示的乙醇浓度。从而，总结出这 3 种表示方法的换算关系。因此，只要知道任何一种酒精度值，就可以换算出另外两种酒精度。例如，英制酒精度的 100proof 约是美制酒精度的 114proof，美制酒精度的 100proof 约是英国的 87.5proof。然而，从 1983 年开始，欧共体成员国家及其他许多国家已相继统一使用国际酒精度表示方法——盖 - 吕萨克酒度（GL）。换算公式如下：

标准酒精度 ×1.75 ＝英制酒精度

标准酒精度 ×2 ＝美制酒精度

英制酒精度 ×8/7 ＝美制酒精度

酒精度换算表

国际标准酒精度	%V/V	40	43	46	50	53	57	60	100
英制酒精度	proof	70.00	75.25	80.50	87.50	92.75	99.75	105.0	175.0
美制酒精度	proof	80	86	92	100	106	114	120	200

第三节　酒的分类

酒有多种分类方法。酒可以通过制作工艺、酒精度、酒的特色和酒的功能等因素分类。

一、根据酒精度分类

通常，根据乙醇含量，酒水生产商与经营企业将酒进行分类。然而，不同的国家和地区对酒中的乙醇含量有不同的理解和认识。我国将含有 38% 乙醇含量的酒称为低度酒，用 38%（v/v）表示；而有些国家将 20% 乙醇含量及以上的酒称为烈性酒。

（一）低度酒

低度酒的乙醇含量在 15% 及以下。根据酒的生产工艺，酒来源于原料中的糖与酵母的化学反应。发酵酒的酒精度，通常不会超过 15 度。当发酵酒的酒精度达到 15% 时，酒中的酵母全部被乙醇杀死。因此，低度酒是指发酵酒。例如，葡萄酒的乙醇含量约 12%，啤酒的乙醇含量约 4.5%。

（二）中度酒

通常，人们将乙醇含量在 16%~37% 的酒称为中度酒。这种酒常由葡萄酒加少量烈性酒调配而成。

（三）高度酒

高度酒也称为烈性酒，是指乙醇含量等于或高于 38% 的蒸馏酒。

二、根据颜色分类

（一）白酒

白酒是指无色透明的酒。例如，中国白酒、伏特加酒等。

（二）色酒

色酒是指带有颜色的酒。例如，利口酒、红葡萄酒等。

三、根据原料分类

（一）水果酒

以水果为原料，经过发酵、蒸馏或配制而成的酒。例如，葡萄酒、白兰地酒和味美思酒等。

（二）粮食酒

以谷物为原料，经过发酵或蒸馏制成的酒。例如，啤酒、米酒、威士忌酒、茅台酒和五粮液酒等。

（三）其他类

四、根据生产工艺分类

由于各种酒的生产工艺不同，其乙醇含量不同、味道不同、颜色不同，功能也不同。通常，根据酒的生产工艺可将酒分为发酵酒、蒸馏酒、配制酒和鸡尾酒等。实际上，鸡尾酒也属于配制酒，只不过是饭店和餐饮业自己配制的酒。传统上，酒厂不生产鸡尾酒。因此，本教材将其单独分为一个类别——鸡尾酒。

（一）发酵酒（Fermented Wine）

以发酵水果或谷物等方法制成的酒称为发酵酒。例如，葡萄酒（wine）、啤酒（beer）和米酒（rice wine）等。

（二）蒸馏酒（Distillate Spirit）

蒸馏酒是通过蒸馏方法制成的酒。这种酒乙醇含量高，常在 38% 及以上。世界上大多数蒸馏酒的酒精度在 40~46 度。例如，白兰地酒（brandy）、威士忌酒（whisky）、伏特加酒（vodka）和中国白酒等。

（三）配制酒（Integrated Alcoholic Beverages）

酒厂按照配方将蒸馏酒或发酵酒与香料、果汁等勾兑制成的混合酒称为配制酒。例如，味美思酒（Vermouth）和雪利酒（Sherry）等。

（四）鸡尾酒（Cocktail）

饭店业和餐饮业根据本企业的配方将烈性酒、葡萄酒、果汁、汽水及调色和调香原料等进行勾兑，制成的混合酒称为鸡尾酒。这种酒主要由两部分组成：基本原料和调配原料。基本原料称为基酒，主要包括各种蒸馏酒和葡萄酒，调配原料常包括利口酒、果汁、汽水、牛奶、鸡蛋和糖水等。

五、根据用餐顺序分类

根据各国和各地人们的用餐习惯和用酒顺序，酒可分为餐前酒、餐酒、甜点酒和餐后酒。

（一）餐前酒（Aperitif）

餐酒是国际宴会常用的酒。餐前酒是指具有开胃功能的各种酒并在餐前饮用。常用的餐前酒包括干雪利酒（Sherry）、清淡的波特酒（Port）、味美思酒（Vermouth）、苦酒（Bitter）、茴香酒（Anisette）和具有开胃作用的鸡尾酒（Aperitif Cocktails）及白葡萄酒等。

（二）餐酒（Table Wine）

餐酒也称为餐中酒，是指用餐时饮用的白葡萄酒、红葡萄酒和玫瑰红葡萄酒等。餐酒常以餐中的菜肴颜色进行搭配饮用。白葡萄酒与浅颜色菜肴进行搭配，红葡萄酒配以深颜色的菜肴，玫瑰红葡萄酒可以和任何菜肴进行搭配。

（三）甜点酒（Dessert Wine）

甜点酒是指吃点心时饮用的带有甜味的葡萄酒。这种葡萄酒的乙醇含量高于一般餐酒。通常在16%及以上。例如，甜雪利酒（Sherry）、波特酒（Port）、马德拉酒（Madeira）。

（四）餐后酒（Liqueur）

餐后酒也称为利口酒或考迪亚酒（Cordial），是人们餐后饮用的带甜味和香味的混合酒。这种酒多以烈性酒为基本原料，勾兑水果香料或香草及糖蜜制成。

六、根据酒的生产地分类

许多相同类别的酒，由于原料产地的天气、生产地区的工艺特点和勾兑方法的不同等因素，其产品在酒精度、味道、颜色和其他特点等各不相同。因此，不同的生产地，其同类或相同名称的酒，其质量与特点会不同。例如，法国味美思（French Vermouth）以干味而著称并带有坚果的香味；而意大利味美思（Italian

Vermouth）以甜味和独特的清香及苦味而著称。同样地，英国的苏格兰产威士忌酒（Scotch Whisky）有 500 余年生产历史，酒味焦香，带有烟熏味并具有浓厚的苏格兰乡土气息；而美国的波旁威士忌酒（Bourbon Whiskey）以玉米为主要原料，配大麦芽和稞麦，有明显的焦黑木桶香味。此外，著名的法国干邑白兰地酒（Cognac）以夏特朗地区的干葡萄酒为原料，经两次蒸馏并在橡木桶长期熟化，通过勾兑后，制成口味和谐的白兰地酒；而法国亚马涅克地区生产的白兰地酒（Armagnac），酒味浓烈，以具有田园风味而闻名世界。

七、根据酒的等级分类

通常，不同国家生产的酒用不同的标志代表酒的等级。例如，法国葡萄酒分为 4 个等级：1 级葡萄酒用 Appellation Controlée 表示；2 级葡萄酒用 VDQS 表示；3 级葡萄酒用 Vin de Pay 表示；4 级葡萄酒用 Table Wine 表示。

八、根据消费需求分类

酒水经营企业为了方便顾客购买酒水和企业的销售与服务，将酒分为不同的种类。

（一）开胃酒（Aperitif）

开胃酒也称为餐前酒，是一餐开始时饮用的酒。这一类酒最大特点是气味芳香、开胃。白葡萄酒、汽泡葡萄酒和干爽的雪利酒是最常用的开胃酒。

（二）普通威士忌酒（Whisky）

以大麦芽、玉米、稞麦和小麦为原料，经蒸馏制成的烈性酒。这类威士忌酒不在著名的生产地区生产或不是著名的品牌。

（三）优质威士忌酒（Premium Whisky）

以大麦芽、玉米、稞麦和小麦为原料，经蒸馏制成的烈性酒。这些威士忌酒在著名的生产地生产或是知名度较高的威士忌酒。

（四）波旁威士忌酒（Bourbon Whiskeys）

在美国肯塔基州生产并以玉米为主要原料（占 51%~80%），配以大麦芽或稞麦，经蒸馏后在焦黑木桶中至少储存两年及以上的威士忌酒。这种威士忌酒有明显的焦黑木桶香味。

（五）加拿大威士忌酒（Canadian Whisky）

在加拿大生产的威士忌酒，以稞麦为主要原料，占 51% 以上。该酒的特点是有稞麦的清香味。

（六）金酒（Gin）

金酒也称琴酒，是英语 Gin 的译音。有时，人们习惯地将这种酒称为杜松子酒。因为，该酒有杜松子的香气。其主要原料是玉米、麦芽和其他谷物，加入杜松子等香料，经蒸馏制成的烈性酒。

（七）朗姆酒（Rum）

朗姆酒来自英语字 Rum 的音译，也称为罗姆酒。其原料主要是甘蔗或甘蔗的副产品——糖蜜，经发酵并蒸馏制成的烈性酒。

（八）伏特加酒（Vodka）

这种酒以玉米、小麦、稞麦和大麦为主要原料，经发酵和蒸馏，再经过滤制成的纯度较高的烈性酒。

（九）科涅克酒（Cognac）

科涅克酒也称为干邑白兰地酒。这种酒为法国著名的白兰地酒，酒质优秀，有独特的风格并以地名命名。

（十）高级白兰地酒（Premium）

这种酒是指，由著名厂商生产的白兰地酒，储存期在 4 年以上，是优质的白兰地酒。

（十一）波特酒与雪利酒（Port & Sherry）

波特酒又称为钵酒，根据英语 Port 音译而成，是著名的加强（酒精度高于一般葡萄酒）葡萄酒。该酒以葡萄酒为基本原料，在制作中添加了白兰地酒或食用酒精。雪利酒又称为雪梨酒，根据英语字 Sherry 音译而成。该酒以葡萄酒为基本原料，经过特殊的发酵工艺并勾兑了白兰地酒。

（十二）特吉拉酒（Tequila）

这种酒以墨西哥出产的植物——龙舌兰（Agave）为原料，经发酵和蒸馏制成的带有龙舌兰清香味的烈性酒。

（十三）中国白酒（Chinese Spirits）

在中国制造的并以高粱或其他粮食为原料，经蒸馏制成的带有特殊酒香的各种烈性酒。

（十四）利口酒（Liqueur）

利口酒也称为餐后酒，是英语 Liqueur 音译，常以烈性酒为基本原料，加入各种香料和糖等制成的并具有各种颜色和芳香特点的配制酒。

（十五）短饮鸡尾酒（Short Drinks）

容量约两盎司，酒精含量较高的鸡尾酒，常用三角酒杯盛装。

（十六）长饮鸡尾酒（Long Drinks）

容量大，常在 6 盎司以上，酒精含量较低，用海波杯和高杯盛装的鸡尾酒。

（十七）啤酒（Beers）

以大麦或其他谷物、啤酒花、酵母和水为主要原料，经发酵方法制成的酒。

第四节 国际饮酒礼仪

世界上大多数国家将酒作为宴请和宴会的饮品并讲究饮酒的礼仪和程序。其中，饮酒礼仪包括使用正确的饮酒器皿和酒杯、讲究饮酒程序（包括观酒、尝酒、闻酒，甚至听酒等）。同时，世界各国和各地都有自己不同的饮酒习俗。一般而言，根据酒的特点和功能，人们将开胃鸡尾酒、味美思酒、苦味酒和茴香酒作为餐前酒；将玫瑰红葡萄酒、红葡萄酒和香槟酒作为餐中酒，即餐酒；白葡萄酒有时也作为餐中酒，由于人们用餐时，习惯地将白葡萄酒与海鲜和白色菜肴一起食用。红葡萄酒常与牛肉、羊肉、猪肉菜肴和意大利面条等深色菜肴一起食用；根据欧美人的餐饮习俗的调查，玫瑰红葡萄酒和香槟酒可与任何菜肴一起食用。干型雪利酒常作为餐前酒。波特酒、马德拉酒和马萨拉酒习惯上作为点心酒。利口酒、烈性酒及餐后鸡尾酒常在餐后饮用。清淡的葡萄酒习惯上配清淡的菜肴；而浓味的葡萄酒习惯上配浓味的菜肴。烈性酒可根据顾客的需求与任何菜肴搭配。

一、酒杯选择

在国际上的各种宴会和普通用餐中，饮用不同的酒应使用不同的酒杯。酒杯的式样与酒水或菜肴的色香味具有同样的效果。这样，使用不同的酒杯可以增加餐饮特色的效果。同时，在国际交际礼仪中也是对他人的尊重。在餐饮企业中，几乎每种酒都有对应的酒杯。例如，啤酒杯、香槟酒杯、各种葡萄酒杯、白兰地酒杯、威士忌酒杯、餐后酒杯和各种鸡尾酒杯等。一般而言，人们用错酒杯会被认为是不遵守基本的饮酒礼仪，从而影响个人的形象。当然，饮用冷藏的酒应用高脚杯；而长柄三角形酒杯是人们饮用短饮类鸡尾酒的专用杯。

二、酒杯摆放

在西餐服务中，酒杯常摆在每个顾客主餐盘的右上方。根据西餐用餐程序，先用的酒杯应摆放在酒杯中的最下方。中餐的酒具通常摆放在骨盘的正上方。其顺序是，果汁杯摆放在左边，中间摆放葡萄酒杯，右边摆放中国白酒杯。

三、持杯方法

在正式宴会中，手持酒杯的姿势非常重要。通常，对于平底杯而言，手的位置应在杯子的中下部，高脚杯应在杯柄的中上部，持杯时应以手指捏着酒杯柄为宜，不要用手把持高脚杯的杯子部分，这样会使酒液变得温热。通常，纯饮白兰地酒时要用手掌接触杯子的底部，利用手掌温度将白兰地酒温热，使酒的香味挥发出来；饮用红葡萄酒时应用手指轻轻地握住杯柄，然后转动杯中的酒液，让酒与空气充分接触。如果手掌接触酒杯，手的温度反而会影响葡萄酒的风味。

四、饮酒顺序

在国际宴请中，饮用两种以上相同种类的酒时，应从较低级别的酒开始。如果是饮用两种以上的葡萄酒，应由味道清淡的酒开始。饮用相同种类的烈性酒时，应先由年代较近的酒开始，渐至陈年老酒。

五、酒的道数

按照国际惯例和习惯，比较正式的宴请要饮用 3~4 道（个种类）酒。每道酒的概念就像上菜一样，正式的宴请要上好几道菜。因此，饮酒也应当按照上菜的顺序。吃开胃菜时，先饮餐前酒；吃主菜时饮用餐酒；吃点心时，饮用点心酒；餐后可饮用利口酒。通常，一般的宴请根据个人的爱好和习惯，可随意饮用 1 至 2 个种类酒，而且酒的品种可根据个人的爱好选择。根据欧美人的用餐习惯，餐前饮用威士忌酒时，应当放些冰块或矿泉水，将酒液调淡。但是，也可将威士忌酒作为餐后酒饮用。

六、试酒礼仪

作为国际礼仪的惯例，在餐厅用餐时应由男士主宾担任试酒人，主宾若是女士，则应请同席的男士代劳。通常，女士适合饮用清淡的葡萄酒、啤酒和鸡尾酒。对于经常不饮酒的人，偶尔喝点清淡酒，可以促进食欲。在宴会中，女士拒绝餐前酒不算失礼，但礼貌上应浅尝一点。此外，在餐厅顾客购买了葡萄酒后，服务员应当请主宾当面检验葡萄酒的标签。检验完毕，当场开酒瓶。然后，先斟倒约 1/5 杯的酒，请主宾品尝。这时，主宾应将酒杯对着明亮的地方，观察酒液是否清澈，是否具有香气。然后，饮一小口，留在口中，感觉其甜香的味道。如果满意，应点头说:“好。”

七、斟酒礼节

在宴会中，为他人倒酒时要谨慎。通常，优质的葡萄酒会有沉淀物，尤其是红葡萄酒。红葡萄酒的瓶底都有凹下的部分以使瓶中的沉淀物沉于其间。同时，接受斟酒服务的顾客，不必端起自己的酒杯。依照国际餐饮礼仪，服务员或他人为自己斟酒时，在没有例外的情况下，不可端起酒杯。此外，将酒杯凑近他人是不礼貌的。

八、控制酒量

根据国际餐饮惯例，在商务交往或宴会中，饮酒的人应控制自己的酒量，至最高酒量的 1/3。因此，参加国内商务活动不要过分地劝酒，在国际商务交往中通常不劝酒。

九、敬酒礼仪

按照国际餐饮礼仪，饮酒时只敬不干，也不拼酒，绝不斗酒。敬酒时，首先从自己身旁的人开始，女士优先。然后，由近而远，直至敬完全桌的人为止。喝酒时只以唇部碰酒杯。然后，饮下少量的酒，不必大口喝。女士或有其他原因不饮酒时，可用非酒精饮料代替。女士除女主人外，不要主动敬酒。为了感谢主人的邀请，大家可一起举杯敬酒并说一些祝贺的语句。如果距离较远，饮酒人可以相互点头致意，用举杯方式敬酒。但是，不要隔桌敬酒。宴会时不要大声喧哗，禁止划拳或猜拳等活动。

本章小结

酒是人们熟悉的含有乙醇的饮料，是具有多种化学成分的混合物。乙醇是酒的主要成分。除此之外，还有水和众多的化学物质。这些物质尽管含量很低，然而决定了酒的质量和特色。酒有多种颜色，主要来自原料的颜色、酿制过程的变化和人工增色等因素。酒有各种香气，主要来自酒原料、酵母、增香物质及酿酒中形成的香气。酒的味道包括甜、酸、苦、辛、咸和涩等。

酒有多种分类方法。酒可以通过制作工艺、酒精度、酒的特色和酒的功能等进行分类。世界各国和各地都有自己不同的饮酒习俗。

本章系统地介绍了酒水的含义、酒的功能、特点和酒精度。同时，介绍了酒水的种类及其特点、各种酒的发展历史和国际饮酒礼仪等。酒是人们熟悉的含有乙醇的饮料。水是饭店业和餐饮业常用的专业术语，是指所有不含乙醇的饮料或饮品。同时，酒水是人们用餐、休闲及社交活动不可缺少的饮品。

酒度，即酒精度是指乙醇在酒中的含量，是对饮料中所含乙醇量大小的表示。目前，国际上有三种方法表示酒度：国际标准酒度（简称标准酒度）、英制酒度和美制酒度。酒有多种分类方法。酒可以通过制作工艺、酒精度、酒的特色和酒的功能等因素分类。在国际餐饮活动中，饮酒常作为品酒。饮酒礼仪包括使用正确的酒杯并讲究饮酒程序等。

练习题

一、单项选择题

1. 下列句子中描述错误的是（　　）。

A. 中度酒的乙醇含量为16%~37%

B. 烈性酒是以水果或谷物为原料，通过发酵制成的酒

C. 植物酒是以植物为原料，经发酵或蒸馏制成的酒

D. 鸡尾酒是将烈性酒、葡萄酒、果汁、汽水及调色和调香原料进行混合而制成的酒

2. 目前，国际上有三种方法表示酒精度，下列不属于酒精度的表示法有（　　）。

A. 标准酒精度　B. 英制酒精度　C. 法制酒精度　D. 美制酒精度

3. 关于饮酒礼仪描述不正确的是（　　）。

A. 在中餐宴会服务中，酒杯应摆放在个人餐台的右上角，从左至右摆放顺序是：中国白酒杯、葡萄酒杯和果汁杯

B. 饮酒礼仪包括选择正确的酒杯，讲究饮酒环境，重视观酒、尝酒和闻酒等

C. 在欧洲和北美，人们将白葡萄酒与海鲜或白色菜肴一起搭配食用；将红葡萄酒与牛肉、羊肉和猪肉及深色肉类菜肴一起食用

D. 女士拒绝餐前酒不算失礼，但是礼貌上应浅尝一点

二、判断改错题

1. 饮用长饮类鸡尾酒常用长柄三角形酒杯。（　　）

2. 斟酒时，饮酒人应端起酒杯并将酒杯凑近对方以表示对斟酒人的感谢。（　　）

三、名词解释

酒　非酒精饮料　低度酒　中度酒　高度酒　酒精度

四、思考题

1. 简述酒的特点。

2. 简述酒的起源与发展。

3. 简述非酒精饮料的种类及其特点。

4. 总结酒的分类方法。

5. 论述国际饮酒礼仪。

五、计算题

将一瓶标准酒精度为40度（40% v/v）的班尼迪克丁酒（Benedictine Dom）分别用美制酒精度和英制酒精度表示。

第2部分
酒水知识与文化

第2章
葡萄酒

本章导读

葡萄酒是以葡萄为原料，经发酵方法制成的酒。本章主要论述葡萄酒的种类、特点、原料和生产工艺等。通过本章学习可以了解葡萄酒的命名，葡萄酒年份，葡萄酒质量鉴别、储存和级别，法国葡萄酒、意大利葡萄酒、德国葡萄酒、美国葡萄酒、西班牙葡萄酒、葡萄牙葡萄酒、中国葡萄酒等概况，从而为葡萄酒的销售和服务打下良好的基础。

第一节　葡萄酒概述

一、葡萄酒含义和特点

葡萄酒是以葡萄为原料，经发酵方法制成的酒。此外，以葡萄酒为主要原料，加入少量白兰地酒或食用酒精配制的酒也常称为葡萄酒。但是这类酒加入了少量蒸馏酒，因此不是纯葡萄酒，应属于配制酒范畴。目前，世界上许多国家都生产葡萄酒。最著名的生产国有法国、德国、意大利、美国、西班牙、葡萄牙和澳大利亚等。葡萄酒是人们日常饮用的低酒精的酒，酒中的乙醇含量低。葡萄酒含有丰富的营养素，主要包括维生素 B、维生素 C 和矿物质，饮用后可帮助消化并具有滋补强身的功能。医学界认为葡萄酒中含有治疗心血管疾病的有效物质。因此，常饮少量的红葡萄酒能减少脂肪在动脉血管上的沉积。葡萄酒对防止风湿病、糖尿病、骨质疏松症等都有一定的效果。因此，葡萄酒越来越受到各国人民的青睐，其用途也愈加广泛。在欧洲、大洋洲和北美国家，葡萄酒主要用于佐餐。因此，葡萄酒也称为餐酒。当今，葡萄酒不仅作为餐酒，有些品种还作为开胃酒和甜点酒。

二、葡萄酒的起源与发展

考古发现，波斯可能是世界最早酿造葡萄酒的国家。从埃及金字塔壁画采摘葡萄和酿酒的图案推测，公元前3000年古埃及人已开始饮用葡萄酒。希腊是欧洲最早种植葡萄并酿造葡萄酒的国家，后来将葡萄种植技术和葡萄酒酿造技术逐渐向各地传开。古代葡萄酒的制作非常简单和粗糙，酒液在敞开的瓦罐中发酵和存放，为了增加味道，葡萄酒中常加入草药，这种制法持续了约100年。公元前1000年，希腊的葡萄种植面积不断扩大，他们不仅在本国土地种植葡萄，还扩大到殖民地——西西里岛和意大利南部。公元前6世纪希腊人把小亚细亚的葡萄通过马赛港传入高卢（法国）并将葡萄栽培技术和葡萄酒酿造技术传给高卢人。古罗马人从希腊人那里学会了葡萄栽培和葡萄酒酿造技术后，很快在意大利半岛全面推广。随着罗马帝国的扩张，葡萄栽培和葡萄酒酿造技术迅速传遍西班牙、北非及德国莱茵河流域。公元400年法国的波尔多、罗讷、罗华河、伯根第和香槟及德国莱茵河和莫泽尔等地都大量种植葡萄和生产葡萄酒。

中世纪英国南部普遍酿造葡萄酒，但是由于修道院的分解，葡萄酒的生产受到影响。12世纪英国从法国进口大量的葡萄酒，约持续了400年，使法国克莱瑞特红葡萄酒成为英国人的名酒。16世纪初葡萄栽培和葡萄酒酿造技术传入南非、澳大利亚、新西兰、日本、朝鲜和美洲。16世纪中叶，西班牙人将欧洲葡萄品种带入墨西哥、美国的加州和亚利桑那州等地。1861年美国从欧洲引入葡萄苗木20万株，在加州建立了葡萄园。图2–1示意了15世纪法国葡萄酒生产作坊情况。

图2–1 15世纪法国葡萄酒生产作坊

三、葡萄酒的原料

（一）葡萄

葡萄是人们喜爱的水果，可以生食，可以加工成葡萄干、葡萄汁、果酱和罐头等。但是葡萄最主要的用途是酿制葡萄酒，世界葡萄总产量的80%用于酿酒。

然而，葡萄的质量与葡萄酒的质量有着紧密的联系。据统计，世界著名的葡萄共计有70多种。其中，我国约有35种。葡萄的分布主要在北纬53°到南纬43°的广大区域。按地理分布和生态特点可分为：东亚种群、欧亚种群和北美种群。其中，欧亚种群的经济价值最高。

1. 葡萄构造及其成分

葡萄包括果梗与果实两个部分，果梗质量占葡萄的4%~6%，果实质量占94%~96%。不同的葡萄品种，果梗和果实比例不同，收获季节多雨或干燥也影响两者的比例。果梗是果实的支持体，含有大量的水分、木质素、树脂、无机盐和单宁并含有少量的糖和有机酸。果梗起着营养素的流通作用，将糖输送到果实。由于果梗含有较多的单宁和苦味树脂及鞣酸等物。这样，酒中含有果梗成分，使酒产生过重的涩味。因此，葡萄酒不能带果梗发酵，应在破碎葡萄时除去。葡萄果实包括3个部分：果皮占重量的6%~12%、果核占重量的2%~5%、葡萄浆（果汁和果肉）占重量的83%~92%。果皮含有单宁和色素，这两个成分对酿制红葡萄酒很重要。大多数葡萄的色素只存在于果皮中。因此，葡萄因品种不同而形成各种颜色。白葡萄有青色、黄色、金黄色、淡黄色或接近无色等，红葡萄有淡红色、鲜红色和宝石红色等，紫色葡萄有淡紫色、紫红色、紫黑色等。葡萄皮含芳香成分，它赋予葡萄酒特有的果香味。不同的品种，其香味不同。果核含有一些有害葡萄酒风味的物质，如脂肪、树脂和挥发酸等。这些物质不能带入葡萄液中，否则会严重影响葡萄酒的品质。所以，在破碎葡萄时，尽量避免压碎葡萄核。

2. 葡萄生长环境

葡萄必须生长在适当的土壤和气候下，经科学的种植才能达到理想的糖分和香气，而葡萄的甜度和香气是葡萄酒质量的来源。因此，每年秋季工人们要修整葡萄园，将葡萄树剪枝。春季葡萄树开始生长嫩芽时，注意防霜冻，保护嫩芽的生长。北半球的6月，葡萄树基本开花。这时，葡萄树需要温暖的天气，温度可以促进葡萄生长。通常，葡萄结果的时间约在夏季，阳光与雨水对葡萄质量有很大的影响。葡萄成株后需要再一次剪枝，这样可以防止由于树叶遮挡阳光而影响葡萄成熟。夏季应当喷洒适当的农药，防止病虫害。秋收季节是葡萄园的关键时刻，管理者必须决定收获葡萄的具体时间，几乎所有葡萄园都希望尽量延长葡萄在葡萄树上的时间，在葡萄最饱满时采摘，但是他们也担心冰雹、大雨及霜冻对葡萄株的破坏。在北半球较温暖的地区，采摘葡萄通常在8月进行，这时葡萄没有完全成熟。一些地区为了提高葡萄的糖分，延长至11月采摘。葡萄的含糖量不仅与葡萄酒的甜度有关，更重要的是影响葡萄酒的酒精含量。通常采摘后的葡萄都要在发酵前使用少量的二氧化硫，喷洒在表皮上杀死所有细菌，使葡萄正常发酵，从而生产出理想的葡萄酒。

（1）贵腐葡萄

作为著名德国葡萄酒和法国秀敦地区（Sauternes）葡萄酒的原料都是根据葡萄的成熟情况，分批采摘的。葡萄成熟一串采摘一串，使葡萄达到最理想的成熟度。运用这种方法采摘的葡萄常称为“贵腐葡萄”（noble rot），贵腐葡萄表面呈皱纹状态，好像有一层尘土遮盖，含糖量高，能生产出优质的甜葡萄酒。

（2）葡萄生长和成熟的4个阶段

葡萄的生长和成熟过程可分为4个阶段：花期、发育期、成熟期和过熟期。花期是从花蕾绽放到落花阶段，发育期葡萄的果粒已形成，果肉较硬，果皮青绿色，糖分少，酸度高。成熟期的果粒重量增加，酸度降低，糖分增加，果肉变软。白葡萄由绿色变成淡黄色，红葡萄出现红色并表现特有的果香。过熟期是葡萄成熟后，让它留在树枝上，使水分逐渐蒸发，果汁浓缩，成为干葡萄状态。若受葡萄孢霉的感染，葡萄会发生“贵腐”现象，产生特殊的香味。如在贵腐期间，天气阴雨，葡萄就会吸收水分，降低品质。

（3）葡萄生长的环境因素

葡萄生长环境因素有4个：温度、光照、湿度和降水量、土壤。温度是影响葡萄生长的主要因素之一。葡萄生长的各时期对温度的要求不同。在果浆的成熟期，需要较高的温度。通常需要超过20℃，葡萄成熟的过程才能迅速。实际上，成熟期的葡萄最适合的温度是30℃。炎热地区有效积温高，葡萄会早熟，呈酸度低、糖分高的状态。同一品种葡萄，栽种在积温不同的地区，果实含糖量、含酸量和色泽都不一样，酿出的酒质也不同。这里的“有效积温”是指葡萄开始生长到成熟，昼夜平均温度在10℃以上日数的温度的总和。早熟品种有效积温为2500℃，中熟品种有效积温为2900℃，晚熟品种有效积温为3300℃以上。

葡萄是需要阳光的植物，日照对葡萄的生长起着重要的作用。日照不足，葡萄生长纤弱，组织不充实，甜味减少，品质降低。以日照多的年份葡萄酿出的葡萄酒质量好。因此，国际上的葡萄酒贸易，将葡萄酒的生产年作为一项重要的质量指标。

湿度与降水量影响葡萄的质量。欧洲品种葡萄的成熟期间需要干燥，而湿度大、雨水多均影响葡萄质量。凡是雨季多雨、湿度明显增加的地区，葡萄容易引起霉菌感染。

土壤是保证葡萄正常发育的重要条件之一。由于葡萄从土壤中吸取水分和营养物质。因此，土壤与葡萄的质量和产量紧密相关。通常，葡萄对土壤的适应性较强，一般的沙土、石砾土、轻黏土均可栽培。葡萄要求土壤透气性好，积贮热量多，昼夜温差大。世界各国酿制优质酒的葡萄，大都在砾质土壤上栽培。

3. 葡萄采摘和运输

葡萄采摘时间对酿制葡萄酒具有重要的意义，不同的酿造产品对葡萄的成熟度要求不同。成熟的葡萄，果粒发软，有弹性，果肉明显，果皮薄，皮肉容易分开，葡萄核容易与葡萄浆分开，葡萄梗棕色，颜色美观，含糖量高有香味。通常，人们通过理化检验手段，使用糖度表、比重表、折光仪来测定葡萄的含糖量和含酸量。制造干味葡萄酒需要在适宜的糖度和酸度下采摘。通常制作干白葡萄酒的葡萄采摘时间比制作干红葡萄酒的葡萄采摘时间要早，因为葡萄收获早，葡萄不易产生氧化酶，酒不易氧化，而且葡萄含酸量高时，制成的酒具有新鲜果香味。制造甜葡萄酒或酒精高的甜酒时，要求葡萄在完全成熟时才能采摘。葡萄的运输非常重要。采摘后的葡萄应放入木箱、塑料箱或筐内，不要盛装过满，防止挤压。但也不宜过松，防止运输中葡萄破裂。葡萄不宜长途运输，有条件可设立葡萄酒发酵站，将葡萄酒发酵后再运往酒厂熟化与澄清。

（二）葡萄酒酵母

葡萄酒是通过酵母的发酵作用将葡萄汁制成酒的。因此，酵母在葡萄酒生产中占有很重要的地位。优质的葡萄酒除本身的香气外，还包括酵母产生的果香与酒香。酵母的作用能将酒液中的糖分全部发酵，使残糖在 4 克 / 升以下。此外，葡萄酒酵母具有较高的二氧化硫抵抗力，较高的发酵能力，可使酒液含酒精量高达到 16%，有较好的凝聚力和较快的沉降速度，能在低温 15℃或适宜的温度下发酵以保持葡萄酒的新鲜果香味。

（三）添加剂和二氧化硫

添加剂是指添加在葡萄发酵液中的浓缩葡萄汁或白砂糖。通常，优良的葡萄品种在适合的生长条件可以产出制作葡萄酒需要的、合格成分的葡萄汁。然而，由于自然天气和环境等因素，葡萄含糖量常常没有达到理想的标准。这时需要调整葡萄汁的糖度，加入添加剂以保证葡萄酒的酒精度。二氧化硫是一种杀菌剂，它能抑制各种微生物的活动。许多细菌对二氧化硫敏感。然而，葡萄酒酵母抗二氧化硫能力较强。这样，在葡萄发酵液中加入适量的二氧化硫可以使葡萄发酵顺利进行，也不会影响酒液的质量。

四、葡萄酒分类

葡萄酒有不同的分类方法。通常根据葡萄酒的糖分、酒精度、二氧化碳、颜色、葡萄品种、出产地将葡萄酒分类。

（一）国际葡萄酒组织分类

国际葡萄酒组织将葡萄酒分为葡萄酒和特殊葡萄酒两大类。

1. 葡萄酒

红葡萄酒、白葡萄酒、玫瑰红葡萄酒（桃红葡萄酒）。

2. 特殊葡萄酒

香槟酒、葡萄汽酒、加强葡萄酒、加味葡萄酒。

（二）饭店业与餐饮业分类

饭店业和餐饮业将葡萄酒分为4类：静止葡萄酒、葡萄汽酒、强化葡萄酒和加味葡萄酒。

1. 静止葡萄酒（Still Wine）

酒内的二氧化碳含量极少，是不含气泡的葡萄酒。这类葡萄酒包括红葡萄酒、桃红葡萄酒和白葡萄酒。

（1）红葡萄酒（Red Wine）

以红色或紫色葡萄为主要原料，经过发酵后，将酒液与皮渣分离。酒液呈红宝石色。

（2）玫瑰红葡萄酒（Rose Wine）

这类葡萄酒与红葡萄酒酿造方法基本相同，由于皮渣在葡萄液中浸泡时间较短，酒的颜色呈淡红色、橘红色或砖红色。一些企业将红葡萄液与白葡萄液混合发酵获得玫瑰红葡萄酒。

（3）白葡萄酒（White Wine）

这种葡萄酒以白葡萄为主要原料，经过破碎葡萄，分离葡萄汁与皮渣，经发酵和熟化得到的酒。酒液为浅金黄色或无色。

2. 葡萄汽酒（Sparkling Wine）

葡萄汽酒也称为气泡葡萄酒。这种酒开瓶后会发生气泡，因此称为葡萄汽酒。该酒在制作中通过自然生成或人工加入二氧化碳而获得理想的气泡。葡萄汽酒又可分为加汽葡萄酒（Sparkling Wine）和香槟酒（Champagne）。

①加汽葡萄酒。将二氧化碳以人工方法加入葡萄酒。

②香槟酒（Champagne）。以地区命名，通过自然发酵的方法制成的葡萄汽酒。

3. 强化葡萄酒（Fortified Wine）

在葡萄酒发酵中加入少量白兰地酒或食用酒精以提高酒精度的葡萄酒。葡萄酒加入食用酒精后可以抑制发酵，留下酒液中的部分糖分。这种酒的酒精度常在16~20度，不是纯发酵酒，是以葡萄酒为基酒，保持了葡萄酒的特色，提高了酒精度。因而，本教材将加强葡萄酒列入配制酒中，如雪利酒和波特酒。

4. 加味葡萄酒（Aromatized Wine）

加味葡萄酒也称为加香葡萄酒。它是添加了食用酒精、葡萄汁、糖浆和芳香物质的葡萄酒。酒精度常在16~20度。本教材将这类酒列为配制酒中。例如，味美思酒。

（三）根据葡萄酒功能分类

根据葡萄酒的特点和功能、欧美人的餐饮文化和餐饮习俗，葡萄酒可分为餐前酒、餐中酒和甜点酒。

1. 餐前酒（Aperitif）

餐前酒也称作开胃酒。清淡的白葡萄酒、干味美思酒和干雪利酒常作为餐前酒，这些酒有开胃作用。

2. 餐中酒（Table Wine）

餐中酒简称餐酒，是用餐时饮用的葡萄酒，主要是指清淡的玫瑰红葡萄酒和干红葡萄酒。这些酒在吃主菜时饮用，因此称为餐酒。当然，清淡的白葡萄酒也常作为餐酒。

红葡萄酒常与深色菜肴搭配饮用。

白葡萄酒常与浅色菜肴搭配饮用。

3. 甜点酒（Dessert Wine）

带有甜味的葡萄酒、波特酒、甜雪利酒和马德拉酒等经常在吃甜点时饮用。因此，这些酒称为甜点酒。

（四）根据葡萄酒糖分分类

葡萄酒的糖分影响葡萄酒的功能和风味，含糖量低的葡萄酒常作为餐前酒和餐酒，而含糖量高的酒常作为甜点酒。根据葡萄酒的糖分，葡萄酒可分为干葡萄酒、半干葡萄酒、半甜葡萄酒和甜葡萄酒。

1. 干葡萄酒（Dry）

味道清淡的葡萄酒，含糖量小丁4克/升，几乎没有甜味、有十爽和谐的果香味。

2. 半干葡萄酒（Semi-dry）

含糖量在4克/升至小于12克/升的葡萄酒，有微弱的甜味和舒顺圆润的果香味。

3. 半甜葡萄酒（Semi-sweet）

含糖量在12克/升至小于50克/升的葡萄酒，有明显的甜味和果香味。

4. 甜葡萄酒（Sweet）

含糖量在50克/升以上，包括50克/升的葡萄酒，具有浓厚的甜味和果香味。

五、葡萄酒生产工艺

葡萄酒是以葡萄为原料，经过破碎、发酵、熟化、添桶、澄清等程序制成的发酵酒。由于葡萄酒种类不同，生产工艺也不尽相同。

（一）红葡萄酒生产工艺

1. 破碎与发酵

红葡萄酒常选用皮红、果肉浅的葡萄或选用果皮和果肉都是红颜色的葡萄为原料。发酵前，将整串葡萄轻轻破碎，去掉葡萄梗，经过少量二氧化硫处理，放入葡萄酒酵母进行主发酵。二氧化硫的作用是杀菌，保证葡萄液发酵顺利进行。红葡萄酒的主发酵时间需要 4~6 天。主发酵的作用是得到酒精，提取色素和芳香物质，主发酵决定葡萄酒的质量。当酒液的残糖降至 5 克 / 升，液面只有少量的二氧化碳气泡，液体温度接近室温并且有明显的酒香味时，主发酵程序基本结束。然后分离葡萄液与皮渣，进行后发酵。后发酵是将酒液中的残糖继续发酵，使残留的酵母逐渐沉降，使酒液缓慢氧化，使酒味柔和并趋于完善。后发酵需要 3~5 天，也可以持续 1 个月。

2. 熟化与添桶

经过发酵的原酒必须放入橡木桶熟化，才能称为优质的红葡萄酒。从发酵桶取出的酒液，放入木桶储存一段时间，这个程序称为熟化。熟化对酒的风味产生很大的影响。熟化桶的尺寸很重要，桶中的酒液与空气接触面积不同会使酒液的氧化程度不同，从而形成不同的风味。传统的意大利葡萄酒（Barolo）使用大木桶熟化。储存在大木桶中的酒液比小木桶接触空气少，减少了葡萄酒氧化的机会，保持了酒液的特色和风味。此外在葡萄酒熟化期间，要定期向木桶补充酒液，这个程序称为添桶。添桶可以防止酒液氧化，弥补熟化过程中被蒸发的酒液。（见图 2–2）

图 2–2　熟化中的葡萄酒

3. 换桶与装瓶

熟化的葡萄液必须经过换桶，将葡萄酒与原桶中的酒渣分离和澄清，使酒液漂浮的皮渣分离或沉入酒桶，最后进入装瓶阶段。目前，葡萄酒装瓶是通过生产线进行，酒瓶的标签写有生产年限。许多专家认为一瓶优秀的葡萄酒在装瓶后也有氧化过程，酒液透过木质瓶塞与空气慢慢进行氧化，这一过程对葡萄酒的熟化也起到一定的作用。因此，目前还没有任何替代物能替代葡萄酒软木塞的重要作用。

（二）白葡萄酒生产工艺

白葡萄酒常选用白葡萄或皮红浅色果肉的葡萄。葡萄经破碎，分离皮渣，再经少量二氧化硫处理，放入葡萄酒酵母进行主发酵。白葡萄酒发酵工艺与红葡萄酒不同。白葡萄酒工艺是在破碎葡萄后，先分离皮渣，后发酵，而红葡萄酒是先发酵，后分离皮渣。此外，白葡萄酒发酵温度比红葡萄酒低，从而得到理想的新鲜水果味道。装备精良的葡萄酒厂都有足够的设备控制葡萄酒的发酵温度，因为发酵温度直接影响白葡萄酒的味道。通常在发酵前对葡萄含糖量进行测量，对含糖量特别低的葡萄，发酵时要加入少量的糖或葡萄浓汁以保证葡萄酒的理想酒精度。酒液发酵时间和程度十分重要，它是形成酒风味的关键阶段。一些酒液没有完全发酵就终止发酵，有些酒液要完全发酵。发酵工艺通常由酒厂工程师严格掌控。普通的白葡萄酒发酵多采用人工培育的优良酵母进行低温发酵。白葡萄酒发酵温度在16℃~22℃，发酵期约15天。白葡萄酒发酵常采用密闭夹套冷却钢罐。在主发酵后的残留糖分降至5克/升以下，转入后发酵。后发酵的温度控制在15℃以下。在缓慢的后发酵中，形成了白葡萄酒的香气和味道。

（三）香槟酒生产工艺

传统的法国香槟酒的酒精度为11%~15%，有各种不同的甜度。这种葡萄酒是在瓶中经两次发酵而成。其工艺如下：

1. 榨取与选择葡萄汁

在榨取葡萄汁时应快速压榨，减少红葡萄的皮对葡萄汁的染色机会。如果将4000公斤葡萄放入木质压榨器进行榨汁，第1次压榨，得到约10桶葡萄汁，共计2000多升，称为头道葡萄汁（Vin de Cuvee），用于最高级香槟酒的原料；第2次压榨得到两桶葡萄汁，共计444升，称为第2次葡萄汁（Premiere Taille），制作优质的香槟酒；第3次压榨得到1桶葡萄汁，约222升，称为第3次葡萄汁（Deuxieme Taille），是制作普通香槟酒的原料；第4次压榨约得到1桶葡萄汁，称为葡萄渣汁（rebeche），作为葡萄蒸馏酒的原料。

2. 发酵与熟化

榨好的葡萄汁应当在8小时内放入木桶进行第1次发酵。发酵后得到静止干白葡萄酒，然后储存在木桶中进行熟化。5个月后，经过倒桶和净化并将净化好的葡萄酒进行勾兑。在香槟酒的勾兑程序中，要将香槟地区250个村庄生产的葡萄酒全部勾兑在一起。然后，加入酵母和糖，装瓶后，进行第2次发酵。第2次发酵程序称为堆放式发酵。堆放式发酵是指葡萄酒在瓶中发酵，堆放式发酵约持续6周的时间。

3. 转瓶与后熟

经过6周堆放式发酵的葡萄酒，垂直倒置在酒窖木架的孔中。每天，通过人工或机械转动酒瓶。这种工艺和操作程序要持续1年至数年，转动的次数由多变少，由快至慢，由木架的下层转到木架的上层，直至酒液的杂质及失去效用的酵

图 2-3 工人转动香槟酒瓶

母沉淀到酒瓶的瓶颈中，使香槟酒产生理想的芳香和细致的酒体为止。（见图 2-3）

4. 消除杂质与补充葡萄汁

将酒瓶颈倒立在－24℃～－22℃的盐水中冷冻，酒瓶浸渍的深度根据酒瓶内的聚集物高度而定。当瓶颈内的酒液结冰后，握住酒瓶，约成 45° 角，打开瓶塞，瓶中的气压会自动排出带有沉淀物的冰块。排除杂质的香槟酒要迅速在填料机上补充约 30 毫升同级别的葡萄汁，然后装上永久木塞，用铁丝捆好，铁丝外边，用箔纸包装整齐。

5. 香槟酒甜度表示法

① Brut 或 Nature 表示非常干的，是指没有甜味的香槟酒。

② Sec 表示半干的香槟酒，即略有甜味的香槟酒。

③ Demi Sec 表示带甜味的香槟酒。

④ Demi Doux 表示有一定甜度的香槟酒。

⑤ Rich 或 Doux 表示很甜的香槟酒。

6. 包装与容量

① 2 瓶装（Magnum）。

② 4 瓶装（Jeroboam）。

③ 8 瓶装（Methuselah）。

④ 12 瓶装（Salmanazar）。

⑤ 16 瓶装（Balthazar）。

⑥ 20 瓶装（Nebuchadnezzar）。只在盛大的节日和庆祝会时销售。

六、葡萄酒命名

葡萄酒名称通常来自 4 个方面：葡萄名、地名、公司名和商标名。许多著名的优质葡萄酒，在葡萄酒标签上既有商标名，又有出产地名和葡萄名，以增加知名度。由于许多酿酒公司常用同一种葡萄生产同一类型葡萄酒，一些公司在同一著名地区生产葡萄酒。因此，许多葡萄酒不仅以葡萄名和地区名命名，还以厂商名作为葡萄酒名或者以商标名作为葡萄酒名，以利于顾客识别。

（一）以葡萄名命名

许多葡萄酒以著名的葡萄名称命名，这种命名方法有利于突出和区别葡萄酒的级别和特色。但是，各国对使用葡萄名命名的葡萄酒都有严格的规定。例如，美国规定以葡萄名命名的葡萄酒必须含有75%以上的该葡萄品种。法国规定必须是100%的含有该品种葡萄。当今，世界著名的葡萄约有70余种，其中比较常见的名称有：

1. 赤霞珠（Cabernet Sauvignon）

赤霞珠葡萄也称为解百纳葡萄，是著名的红葡萄品种，用以酿造优质的红葡萄酒，广泛种植于法国波尔多、美国加州和澳大利亚等地。我国已有多个地方种植。这种葡萄适合各种地理环境，葡萄粒小，色深紫。以赤霞珠葡萄酿成的葡萄酒酒色深浓，酒体丰满，单宁味比较重，常带有蜜瓜和甘草的香气。法国波尔多地区著名的红葡萄酒常以此品种葡萄为主要原料。（见图2–4）

图2–4 赤霞珠葡萄

2. 甘美（Gamay）

著名的红葡萄，用于酿造优质的红葡萄酒和玫瑰红葡萄酒，主要产于法国伯根第和美国加州，我国在一些地方已经试种。以甘美葡萄为原料酿造的葡萄酒颜色淡红色，单宁含量低，口感清淡，富有新鲜的果香味。（见图2–5）

图2–5 甘美葡萄

图 2–6　芝华士葡萄

3. 芝华士（Shiraz）

著名的红葡萄，用于酿造优质的红葡萄酒，主要产于法国和澳大利亚。这种葡萄喜欢在温暖和干燥的气候及含有砾石与透气性好的土壤生长。以芝华士葡萄酿造的葡萄酒色泽深红并含有较多的单宁及带有紫罗兰，巧克力或咖啡的香气。（见图 2–6）

4. 增芳德（Zinfandel）

著名的红葡萄，呈紫黑色，用于酿造红葡萄酒，主要产于法国和美国加州。19 世纪从意大利传入美国加州。目前，这种葡萄是美国加州种植面积最大的葡萄品种。近年来，在我国华北地区种植。在酿酒业，增芳德葡萄主要用于生产普通的餐酒，也生产一些葡萄汽酒。这种葡萄香气浓郁，常带有丰富的浆果味道，甚至有果酱的味道。（见图 2–7）

图 2–7　增芳德葡萄

5. 美露（Merlot）

著名的红葡萄，别名美乐、梅洛等，最早产于法国波尔多地区（Bordeaux），该品种常作为调配葡萄酒味道和色泽的原料。同时，该品种与其赤霞珠等品种搭配可生产出优质的干红葡萄酒。目前，美露葡萄主要种植在法国波尔多、意大利和瑞士等地。我国于 1892 年从西欧国家引入山东烟台地区。20 世纪 70 年代后，又多次从法国、美国和澳大利亚等国家引入我国各地。目前，我国各主要葡萄酒产区均有栽培。近年来，因果香型干红葡萄酒受各国市场的欢迎，特别是美国于1978年首次以美露葡萄酿成干红葡萄酒获得成功后，其栽培面积迅速在世界展开。（见图2-8）

图2-8 美露葡萄

6. 黑比诺（Pinot Noir）

著名的红葡萄，用于酿造优质红葡萄酒和香槟酒，原产于法国伯根第地区，栽培历史悠久，最早的记载为公元1世纪。黑比诺葡萄在欧洲种植的面积比较广泛，在美洲和澳洲也都有种植。我国20世纪80年代开始引进，主要种植区分布在甘肃、山东、新疆和云南等地区。黑比诺葡萄属于中熟品种，结果早，产量中等。其生长环境适宜温凉的地区及排水良好的山地，抗病性较弱。其特点是果皮薄，单宁成分比赤霞珠较低，酒的颜色相对较浅。（见图2-9）

图2-9 黑比诺葡萄

7. 品丽珠（Cabernet Franc）

品丽珠也称为布莱顿（Breton），最早种植在法国卢瓦尔地区的南特斯镇（Nantes），后来种植于图瑞讷（Tourraine）地区。用于酿造优质红葡萄酒，是法国波尔多三个优秀的红葡萄品种之一。其他2个品种是赤霞珠和美露。我国很早就引入了品丽珠葡萄。这种葡萄的特点是喜爱在比较寒冷的地方生长且早熟，含有较少的单宁酸，有着浓郁的果香味。品丽珠主要分布在山东、河北、甘肃等地区的葡萄酒生产区。（见图 2-10）

图 2-10　品丽珠葡萄

8. 赛乐（Syrah）

赛乐葡萄是古老的葡萄品种之一，其颗粒大、颜色深，有浓郁的香味，甜润，酸度大，含有较高的单宁，皮厚色深，中等偏晚熟，果穗紧密。以这种葡萄为原料制成的葡萄酒，酒色深，酸味重，带有果香。同时，赛乐葡萄常与赤霞珠葡萄进行配制以达到理想的酒精度、味道和香气。（见图 2-11）

图 2-11　赛乐葡萄

9. 格兰娜齐（Grenache）

格兰娜齐葡萄原产于西班牙，抗干热，成熟后含有较高的糖分，味芳香的红葡萄。这种葡萄喜好在干旱而炎热，多风气候及排水好的地区。主要种植于西班牙、意大利、突尼斯、澳大利亚、美国加州、希腊、智利、北非及南非等地区。其特点是深紫色，含糖量高，果实结实，香气浓郁，含黑樱桃、果酱和甘草等香味，自然酒精度可达18%，酸度低，含单宁较少。它与其他葡萄品种混合后酿制的葡萄酒均达到优秀葡萄的酒精度和香气。（见图 2–12）

图 2–12 格兰娜齐葡萄

10. 霞多丽（Chardonnay）

著名的白葡萄，用这种葡萄可酿制成优质的白葡萄酒和香槟酒。由于这种葡萄对气候和土壤的适应性强。所以，深受各国葡萄种植园的青睐。其特点是果穗中小，果粒小。以霞多丽葡萄酿成的葡萄酒酒液淡黄色而清澈透明，酸度适中，余味持久。在比较寒冷的酒区，以霞多丽葡萄为原料可酿造出酒体轻盈，酸度较高且带有青苹果和青柠檬香气的葡萄酒，而在温暖的产区，以霞多丽葡萄为原料可酿制出带有柑橘香气的葡萄酒。此外，在气候炎热的产区，可酿制出带有柠檬、菠萝和无花果香气的霞多丽白葡萄酒。（见图 2–13）

图 2–13 霞多丽葡萄

11. 雷司令（Riesling）

著名的白葡萄，用于酿制白葡萄酒，广泛种植于德国和法国、美国和中国。实际上，雷司令葡萄已成为了德国葡萄种植业的一个优势，它对于德国葡萄酒在世界的形象，起着举足轻重的作用。这种葡萄喜爱在比较寒冷且日照充足的地方。由于经过一段较长的时间，葡萄得到充足的阳光且气候适宜，它会出现贵腐现象，以贵腐葡萄酿造的葡萄酒，可以得到理想的果香味和甜度，是以晚收葡萄生产的优质白甜葡萄酒。（见图 2–14）

图 2-14 雷司令葡萄

12. 夏维安（Sauvignon Blanc）

著名的白葡萄，用于酿制白葡萄酒，主要种植于法国卢瓦尔和澳大利亚。这种葡萄对气候和土壤非常敏感，以夏维安葡萄酿造出的白葡萄酒有着清新爽口的酸度，果香味丰富，并带有热带水果的味道。这种葡萄具有适宜性强，早熟等特点，可以在多种土壤中生长。但是，它最喜欢在黏土与石灰质组成的土壤中生长。同时，还比较喜欢凉爽的气候。因为，这种气候条件可延长葡萄的成熟时间，使其糖度与酸度达到平衡，从而可酿造出香气浓郁的白葡萄酒。（见图 2-15）

图 2-15 夏维安葡萄

13. 千里白（Chenin Blanc）

著名的白葡萄，用于酿制白葡萄酒，主要种植于法国卢瓦尔，也被人们称为卢瓦尔皮埃诺。千里白葡萄味酸，味浓，为中晚熟品种，抗寒和抗病的能力较强，适合在温和的海洋性气候及带有石灰或硅石质土壤成长，1980年引入我国的河北、山东、陕西和新疆等葡萄种植区。这种葡萄的特点是带有蜂蜜和花香的香气，适合制作葡萄汽酒并与其他葡萄酒进行勾兑而产生出味道更加和谐的白葡萄酒。这种葡萄经贵腐后可以制作优质的甜白葡萄酒。（图2–16）

图2–16 千里白葡萄

14. 占美娜（Gewürztramine）

占美娜葡萄是著名的玫瑰色葡萄，原产法国，后传入德国。主要用于酿制白葡萄酒。现在主要的种植区包括法国、美国、意大利、新西兰、德国、智利、西班牙和中国。这种葡萄的葡萄皮为粉红色，带有独特的荔枝香味。以占美娜葡萄为原料制成的酒，酒精度很高，色泽金黄，味道甜美，带有多种香气，包括杧果、荔枝、玫瑰、肉桂、橙皮，甚至麝香的气味。（见图2–17）

图2–17 占美娜葡萄

15. 马斯凯特（Muscat）

马斯凯特葡萄为著名的白葡萄品种，主要用于酿制白葡萄酒，各国广泛种植。这种葡萄也称为麝香或玫瑰葡萄。其大小形状为中等，糖含量高，青绿色，皮薄，多汁，味甜。马斯凯特葡萄味道芬芳并带有花香、蜂蜜、桃子玫瑰和柑橘的香气。如果通过橡木桶成熟，则酒液带有葡萄干和水果蛋糕的香气。目前，世界种植这种葡萄最多的国家是美国、意大利、澳大利亚、西班牙、法国、南非和葡萄牙。实际上，这种葡萄不是一个单一的葡萄品种而是一个遍布世界的大家庭。通过多年的杂交，这种葡萄已经发展成数百个品种。虽然，这种葡萄的表面不一定都是浅颜色。然而，仍属于白葡萄种类。（见图 2–18）

16. 麦伦（Melon，或 Melon de Bourgogne）

麦伦葡萄也称作波根第香瓜，原产于法国波根第地区，目前主要种植在法国卢瓦尔和北美等葡萄种植区。这种葡萄的特点是耐霜冻，早熟，果实小而圆，含有较多的酸性物质。以麦伦葡萄为原料，可以酿造出温和的葡萄酒和香槟酒。著名的马斯凯德特葡萄酒（Muscadet）就是以麦伦葡萄酒为原料而制成。17 世纪，荷兰人由于需要大量的葡萄酒来酿造白兰地酒，因此麦伦葡萄引起了荷兰人的关注。（见图 2–19）

图 2–18　马斯凯特葡萄

图 2–19　麦伦葡萄

（二）以地区名命名

世界许多著名的葡萄酒都是以著名的葡萄酒产地名称命名。如，法国著名的葡萄酒生产区波尔多（Bordeaux）、莎白丽（Chablis）、波根第（Burgundy）、美铎（Médoc）、香槟（Champagne）等。以产地命名的葡萄酒常是葡萄酒质量的保证。根据法国葡萄酒原产地名称监制法规定，使用生产地名的葡萄酒必须使用当地的葡萄为原料，使用规定的葡萄品种。同时，以地名命名的葡萄酒，其质量指标必须符合该地区有关葡萄酒质量及葡萄酒的酒精含量规定。

(三)以商标名命名

一些酒商以不同的品种葡萄混合在一起，生产葡萄酒，或为了迎合顾客口味而创立了著名或流行的品牌。如芳色丽高（Fonset Lacour）、派特嘉（Partager）、白王子（Prince Blanc）、长城等。这种命名方式使顾客容易辨认，有利于营销。通常这些酒名来自当地的历史背景、生活习俗、著名地点或人物等。

(四)以酿酒公司名命名

一些酒商酿酒技术高，酒的质量稳定，或酒商有悠久的历史，并在人们心目中有信誉等原因，将企业名称作为品牌。这些命名方法的目的是扩大企业知名度，使人们更加了解其产品的特色和增加对产品的信任度。例如，法国的B&G葡萄酒、美国的保美神（Pall Masson）葡萄酒、中国的王朝葡萄酒和张裕葡萄酒等。

七、葡萄酒年份

葡萄酒的质量与葡萄的收获年份存在着一定的联系。一些葡萄酒的标签上印有生产年份，这表示该瓶酒是由著名的收获年份的葡萄酿制的。由于，气候的变化对每年出产的葡萄质量和产量有一定的影响，丰收年份的葡萄含糖量高、味道醇，能酿制出优质的酒。因此，葡萄酒的质量不仅受产区影响，还与收获年份有一定的联系。然而，由于现代葡萄酒酿造技术的提高，葡萄酒质量不再仅仅片面地依赖收获年份。因此，酒厂可采用不同年份酒进行勾兑及其他处理方法以弥补大自然的因素。

八、葡萄酒质量鉴别

(一)颜色

优质葡萄酒颜色纯正、澄清并带有光泽。新鲜的白葡萄酒为无色或浅金黄色液体。优质的陈酿白葡萄酒是浅麦秆黄或金黄色液体。玫瑰红葡萄酒呈桃红色。新酿制的红葡萄酒为红色、紫红色和石榴红色，陈酿酒为宝石红色。

(二)流动性

葡萄酒应当有良好的流动性能。如果酒的流动性能差，说明它含有过多的网状胶体。这是受灰腐病的葡萄或乳酸菌引起的质量问题。

(三)香气

优质的葡萄酒带有酒香或果香味，这种香味的构成极为复杂。香味是由酒中的各种物质累加、协同、分离或抑制形成的，使酒香千变万化，多种多样。平时葡萄酒的香气可以归纳为来自葡萄的果香味，这种香气与葡萄的品种、种植土壤、种植年份、种植地区的气候有密切联系。当然，果香还来自葡萄发酵中的香气。此外，酒香还常在葡萄酒陈酿中生成，不同的生产工艺有着不同的酒香。最后，当葡萄酒在木桶成熟时，橡木桶溶解于葡萄酒中的物质也会使葡萄酒产生芳香。

（四）味道

葡萄酒的味道以酸味和甜味为主，也存在着某些咸味和涩味。酒中的甜味物质构成了酒中的柔和和肥硕。酒中的酸味物质为葡萄酒带来了清爽和醇厚。而少量的咸味可以增加葡萄酒的清爽感。涩味来自葡萄皮中的单宁，它在葡萄酒的品质和成长方面发挥了重要的作用，使葡萄酒具有红润的颜色。

九、葡萄酒储存

葡萄酒是发酵酒，是没有经过蒸馏的酒。因此，酒液装在酒瓶内仍然会不断地熟化。葡萄酒应在阴暗清凉地方存放，温度应稳定，或放在有空调设备的地方。同时，应避免阳光或强烈灯光直接照射。根据研究避光和凉爽的空间可使葡萄酒慢慢地成长或熟化。此外，存放葡萄酒时应让酒瓶平放，使瓶塞接触酒液。这样，酒塞保持湿润而膨胀，可以避免空气进入瓶内，避免葡萄酒氧化而变质。同时，由于瓶塞湿润，开瓶时可以省力。根据实践，葡萄酒储存时间愈久，酒味不一定愈浓郁。通常红葡萄酒储存时间可长一些，其酒质较香醇，而白葡萄酒储存时间过长会失去其应有的果香味。

十、葡萄酒级别

世界各国为了保证本国葡萄酒的质量，各自制定了本国葡萄酒的级别和质量标准，并根据不同的产地授予不同的级别。

（一）法国葡萄酒级别

1. 原产地名称监制葡萄酒（Appellation Contrôlée）

当葡萄酒的标签印有“原产地监制酒”（Appellation Contrôlée）时，说明该酒产于法国著名的葡萄酒产地。这些产地通常有悠久的历史，有世界范围的知名度。这种酒简称AOC葡萄酒或AC葡萄酒。AC葡萄酒是法国最优秀的葡萄酒，这些酒必须经国家评酒委员会每年的严格审查，合格后才能冠以原产地名称。法国政府对这种葡萄酒质量有严格的规定：必须使用当地葡萄为原料，使用规定的葡萄品种，酒精度不低于11%。同时，对每亩地葡萄酒的生产量加以限制。按照AC葡萄酒质量标准规定，遇到气候不好，葡萄减产或葡萄糖分不足的年份，只能减少产量，不可以用其他地区葡萄作代替品。该条文还对达到AC葡萄酒的葡萄栽培方法、酿造方法和储藏方法等作了严格的规定。当酒的标签上写有Appellation Bordeaux Contrôlée时，说明该瓶葡萄酒由原产地“波尔多”生产。Appellation和Contrôlée两字中间的Bordeaux是葡萄酒的产地。通常原产地区愈是核心地块，该葡萄酒的级别和质量就愈高。例如，波力富希（Pauillac）是世界著名的葡萄酒庄园，它位于法国著名葡萄酒生产区——美铎（Médoc）区的核心地块，而美铎（Médoc）又是波尔多（Bordeaux）葡萄酒区的核心地块，所以 Appellation Pauillac Contrôlée 葡萄酒级别高于 Appellation Médoc Contrôlée 葡萄酒，而 Appellation Médoc Contrôlée 葡萄酒级别又高于 Appellation Bordeaux Contrôlée 葡萄酒。此外，酒标签的波力富希庄园（AC Pauillac）还说明该酒从葡萄栽培、酿制至装瓶全部工作都在该葡萄庄园完成。（见图 2–20）

2. 优质地区葡萄酒（VDQS）

葡萄酒标签上印有 VDQS 时，说明该酒是法国优质葡萄生产区生产的葡萄酒，VDQS 是 Vin Délimité de Qualité Supérieure 的缩写形式。这种酒产于法国优质葡萄酒区。这些地区保持了传统的生产工艺和优良的产品质量，但是酒液中勾兑了部分其他地方生产的葡萄酒。获得 VDQS 级别的葡萄酒必须得到法国原产地名称监制协会的审定。该级酒在葡萄品种、生产地区、单位面积的产量、酿造方法以及最低酒精含量方面必须符合有关规定。

3. 地区优质葡萄酒（Vin de Pays）

葡萄酒的标签上印有 Vin de Pays 说明该酒是生产于新开发的风味葡萄酒区。这些地方尽管不是传统的葡萄酒生产地，但是都是后起之秀，并且酒的质量很好，并具有地区特色。获得该级别葡萄酒必须经过地区评酒委员会的质量分析和味觉鉴定。这种葡萄酒所使用的葡萄品种必须是当地种植的葡萄品种并在标签上注明产地名称。这种酒的酒精含量在地中海地区不低于 10 度，在其他地区不低于 9 度。（见图 2–20）

4. 普通葡萄酒（Vin de Table）

葡萄酒标签上印有 Vin de Table，其含义是普通葡萄酒。普通葡萄酒是法国人日常饮用的佐餐酒，该酒不记原产地名称，常以商标名出售。因此，这类葡萄酒的原料常来自不同地区或不同品种的葡萄。但是按照法国酒法规定，至少含有 14% 以上的法国葡萄。这类葡萄酒的酒精含量不得低于 8.5 度，不得高于 15 度。

（二）意大利葡萄酒级别

从 20 世纪 50 年代起，意大利政府根据葡萄酒产地、气候与自然条件、历史文化和质量指标，对整个国家生产的葡萄酒授予不同的等级。

1. 著名原产地监制及质量保证酒（Denominazione di Origine Controllata e Garantita）

原产地监制及质量保证酒简称 DOCG 级酒。该酒在意大利著名的葡萄酒生产区生产，有悠久的历史并在世界范围有知名度。意大利政府对这种葡萄酒有严格的质量标准，其中对葡萄的品种、产地、成熟期、香气、风味、每亩地平均产量、最低酒精度、酒液与葡萄百分比、酿酒工艺等都做出了具体规定。在意大利只有少数葡萄酒符合 DOCG 级，约占 DOC 级葡萄酒的 25%。

2. 原产地优质酒（Denominazione di Origine Controllata）

原产地优质酒为意大利著名酒区生产的葡萄酒，简称 DOC 葡萄酒。这种酒是意大利国家的优质葡萄酒，其质量非常好，该酒通常由著名的葡萄酒产区生产，它的标准近似 DOCG 级葡萄酒。

3. 优质葡萄酒（Indicazione Geografica Tipica）

优质葡萄酒简称 IGT 酒。该酒为意大利优质葡萄酒，是由意大利著名酒区以外的那些葡萄酒生产地生产。它以优质的葡萄为原料，以传统的工艺生产，是意大利很有特色及带有乡土风味的葡萄酒。

4. 普通餐酒（Vino Da Tavola）

在意大利任何地方生产的普通葡萄酒。

（三）德国葡萄酒级别

1. 著名产地优质葡萄酒（Qualitätswein Mit Prädikat）

著名产地优质葡萄酒简称 QMP 葡萄酒，产于德国著名的酒区。这些酒区都有悠久的历史，是德国最高级别的葡萄酒，有浓郁的果香和适宜的酸度。QMP 葡萄酒以好的收成年和熟透的葡萄为原料，葡萄品种及生产地必须符合规定。酒标签上注明检验合格号。著名产地优质葡萄酒根据葡萄酒的甜度分为：

（1）普通葡萄酒（Kabinet）。成熟初期的葡萄酿制的葡萄酒，酒味清盈干爽。

（2）迟摘葡萄酒（Spätlese）。迟摘的葡萄酿制的葡萄酒，酒味芳香、甜蜜。

（3）成熟葡萄酒（Auslese）。非常成熟的葡萄酿制的葡萄酒，酒味浓郁香甜。

（4）精选颗粒葡萄酒（Beerenauslese）。精选颗粒葡萄酿制酒，颜色深，味道香醇，甜味浓，产量少，价格高。

（5）精选干颗粒葡萄酒（Trockenbeerenauslese）。以一粒粒精选的干葡萄（失去一部分水分的葡萄）为原料酿制的酒。金黄色，甜似蜂蜜、醇香，价格高。

（6）冰葡萄酒（Eiswein）。以寒冷早冬摘取的葡萄为原料，该酒浓烈香甜。

2. 优良地区葡萄酒（Quälitatswein bestimmter Anbaugebiete）

德国指定的优良葡萄酒区生产的葡萄酒，以当地栽培的优质葡萄为原料。该酒经过官方质量部门鉴定，干爽，有果香味。

3. 指定地区优质葡萄酒（Landwein）

德国指定地区生产的优质葡萄酒。使用指定葡萄园种植的品种葡萄为原料，每年要经过地区品酒小组评定。

4. 普通葡萄酒（Tafelwein）

德国普通葡萄酒可在德国各地生产，酒精度不低于 8.5 度，可用德国各地同类品质葡萄酒勾兑而成。

5. 德国葡萄酒质量检定号（A.P.Nr）

德国葡萄酒在出厂前必须经过官方评酒小组检查和鉴定。葡萄酒在原料种植、葡萄园地点和葡萄品种等方面质量符合标准时，酒的标签上印有 Amti.Prufungs-Nr 或缩写 A.P.Nr 和一些数字。这些数字代表一些检验数据，它的排列顺序是检验管理局号、葡萄酒装瓶地区号、装瓶注册号、装瓶批号、装瓶年份。

（四）西班牙葡萄酒级别

（1）著名原产地优质保证酒（Denominación de Origen Calificada），缩写形式 DOC。

（2）著名原产地优质葡萄酒（Denominación de Origen），缩写形式 DO。

（3）传统地区优质葡萄酒（Vino de Calidad Producido en Región Determinada）。

（4）优质地区葡萄酒（Vino de la Tierra）。

（5）普通餐酒（Vino de mesa）。

十一、葡萄酒的标签识别

标签 A（Premier Grand Cru）

1. “CHATEAU CATRINE”——葡萄庄园（厂商名）
2. “GRAND VIN”——一级庄园葡萄酒
3. “MIS EN BOUTEILLE AU CHATEAU”——葡萄庄园装瓶
4. “PREMIER GRAND CRU CLASSE”——葡萄酒级别（高级别葡萄酒）
5. 生产地区
6. “APPELLATION PAUILLAC CONTROLEE”——法国葡萄酒原产地（Pauillac）监制酒
7. 生产厂商名和地址

标签 B（Appellation Controlee）

1. “CHATEAU LEBOEUF”——葡萄庄园（厂商名）
2. “MIS EN BOUTEILLE AU CHATEAU”——葡萄庄园装瓶
3. “APPELLATION BORDEAUX CONTROLEE”——法国葡萄酒原产地（Bordeaux）监制酒
4. 生产厂商名和地址

标签 C（Vin de Pays D’Oc）

1. “BOLLEROT”——厂商名
2. “MERLOT”——酒名（葡萄名）
3. “VIN DE PAYS D’OC”——法国地区优质酒
4. “MIS EN BOUTEILLE PAR LES VIGNERONS DU BOLLEROT”——装瓶厂商

图 2–20　法国葡萄酒的标签

十二、葡萄酒与菜肴搭配

欧美人根据葡萄酒的特点和多年用餐的经验，总结了菜肴和葡萄酒的最佳搭配方法。（见表2–1）

表2–1 葡萄酒与菜肴搭配表

菜肴 酒	Appetizer 开胃菜	Shellfish seafood 贝类海鲜	Fried fish 炸鱼	Fish with sauce 带有调味汁的鱼类	Grilled white meat 扒白色肉	Grill ixl red meat 扒红色肉	Cheeses 奶酪	Desserts 甜点
Dry white wines 干白葡菊酒	传统搭配法	传统搭配法	传统搭配法	传统搭配法	传统搭配法		传统格配法	
Swoct white wines 甜白葡菊酒	现代搭配法	现代搭配法	现代搭配法	现代搭配法				传统搭配法
Light red wines 沽淡红葡萄酒	现代搭配法		传统搭配法	传统搭配法	传统搭配法	传统格配法	传统格配法	
Full – boHioH rod wines 浓郁红葡萄酒						传统格配法		
Sparkling wines 简萄汽酒	传统搭配法	现代搭配法	现代搭配法	现代搭配法	传统搭配法	现代搭配法	现代搭配法	现代格配法
Champagne 香槟酒	传统搭配法	现代搭配法	现代搭配法	现代搭配法	传统搭配法	现代搭配法	现代搭配法	现代格配法

注：扒是指一种烹调方法，用明火烧烤。

第二节 法国葡萄酒

一、法国葡萄酒概况

法国是世界上著名的葡萄酒生产国。由于法国有得天独厚的自然环境和地理环境，在土质、阳光、温度和气候等方面都适合葡萄生长。因此，法国培育了许多优秀品种的葡萄并为酿造葡萄酒奠定了良好的基础。许多法国葡萄酒以原产地名命名。在法国酒区既有大型现代化的酒厂，也有小农户经营的酒厂。这些小酒厂主要生产大众化的葡萄酒，供应当地人。这些酒尽管不太出名，但有着乡土特色，而大型葡萄酒厂生产着不同级别的葡萄酒。目前，法国的葡萄种植面积、葡

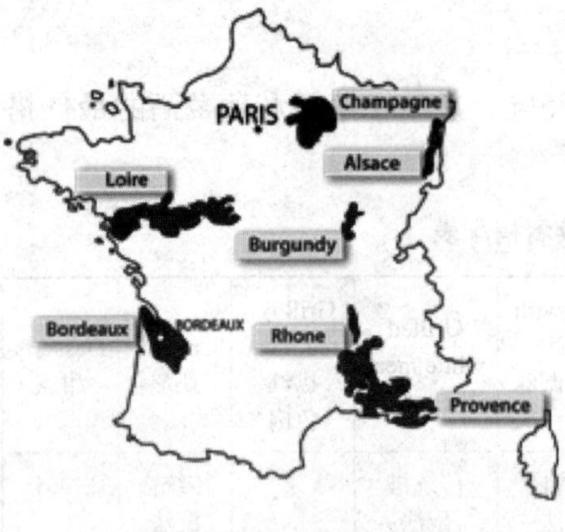

图 2-21　法国主要葡萄酒生产地

萄酒产量以及葡萄酒质量都排在世界前列。法国有“葡萄酒王国”之誉。（见图 2-21）

二、法国葡萄酒的发展

法国被称为葡萄酒的故乡。法国葡萄酒是经过几个世纪的努力才达到尽善尽美的。在古罗马时代法国葡萄酒已经位于世界领先水平。13 世纪，法国已经向英国出口葡萄酒。1725 年，法国波尔多的商人为了便于交易将本地区的红葡萄酒进行了分类。1855 年，葡萄酒质量分类方法获得官方认可。例如，麦多克酒区的葡萄酒被法国政府分为 5 个等级。同时，法国葡萄酒的分级法持续到现在，中间只有一次较大的改动。

三、著名葡萄酒生产地

法国有许多历史悠久、著名的葡萄酒生产区。这些产区的葡萄酒都有自己的独特风味并受到国际认可。法国最著名的葡萄酒生产地区有波尔多、波根第、卢互尔、罗讷、阿尔萨斯、香槟和普罗旺斯等 7 大生产区。

（一）波尔多（Bordeaux）

波尔多位于法国西南部，是个港口城市。由于该地区周围的村庄在很久以前就出产著名的波尔多红葡萄酒和白葡萄酒。因此，以该城市为中心的整个区域成了法国著名的葡萄酒生产区。（见图 2-22）该酒区的核心地块有美铎（Médoc）、格拉沃（Graves）、秀顿（Sauternes）、波尔隆（Pomerol）、圣亚美龙（St.Emillion）、安特 · 多 · 米尔（Entre-Deux-Mers）、巴萨克（Barsac）、波丽克（Pauillac）和马高（Margaux）等。目前该地区约有 2000 个独立的葡萄园（Château）、60 多个合作酒厂及 3000 多家葡萄酒批发商。该地区每年生产的葡萄酒占法国总生产量的 1/20。其中约 1/2 是法国优质葡萄酒。由于波尔多的气候和环境适合葡萄成长，因此当地出产的葡萄在含糖量和味道方面都具有特色并具有温和、干爽和果香味。法国葡萄酒专家认为，波尔多生产着世界最有特色的红葡萄酒，法国人将它比作音乐家——莫扎特。他们认为，这种酒的特点主要来自 3 个方面：严格选择的种植地，准确的种植和采摘时间，熟化过程的细致处理。目前，许多说英语的国家将波尔多红葡萄酒称为克莱瑞特酒（Claret）。波尔多人为此感到骄傲。实际上，波尔多的红葡萄酒从历史上就很有名，早在公元 1154 年亨利二世时，该地区已向英国出口葡萄酒并以克莱瑞特（Claret）命名。现在这种红葡萄酒已被世界各国人民青睐，特别是英国人和荷兰人。波尔多每年生产大约 1/3 总量的各种干味、半甜和甜味优质白葡萄酒。按当地习惯，将干白葡萄酒装入绿色酒瓶中，而甜白葡萄酒装入无色的酒瓶中。此外，每年还出产少量的、以著名的拉维艾·豪特·布莱恩葡萄园（Château Laville–Haut Brion）和格拉沃（Graves）命名的白葡萄酒。同时，也生产少量的玫瑰红葡萄酒。波尔多每年生产大量的 AC 葡萄酒，约占法国 AC 酒生产量的 1/3，并以波尔多（Bordeaux）品牌或以各著名的葡萄庄园（château）名称出售。

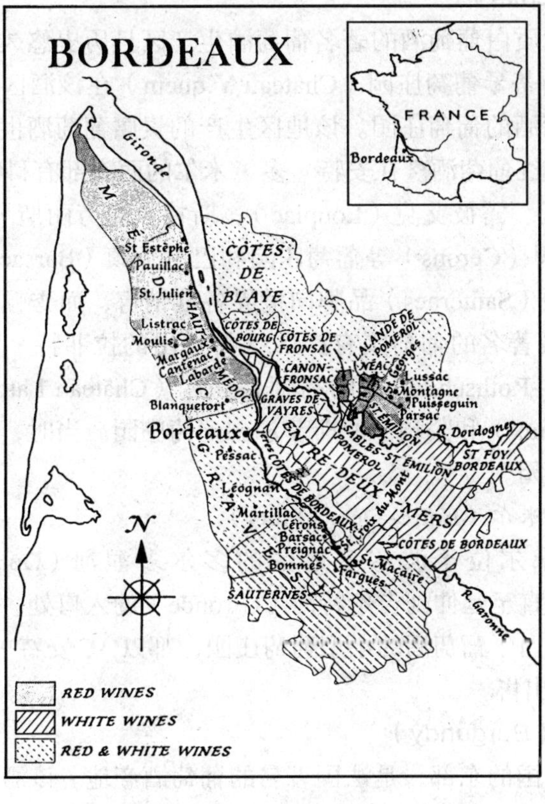

图 2–22　波尔多葡萄酒生产区

1. 美铎、格拉沃、圣亚美龙和波尔隆

美铎和格拉沃位于波尔多地区吉伦特河（Gironde）的西部，美铎是世界著名的红葡萄酒产区，著名的豪特美铎葡萄庄园（Haut–Médoc）位于该区内，其中世界闻名并有悠久历史的蒙顿·罗斯菲尔德葡萄庄园（Mouton–Rothschild）、丽高葡萄庄园（Latour）都在美铎酒区。格拉沃是世界著名的白葡萄酒和红葡萄酒生产区，该地生产的白葡萄酒以干味和半干味而著称，红葡萄酒有特殊的香气。在波尔多西北部的格拉沃·维尔莱斯葡萄庄园（Graves de Vayres）是波尔多AC酒著名的生产区。在吉伦特河的右边有著名的红葡萄酒生产地——圣亚美龙和白葡萄酒产区——波尔隆。它们生产的红葡萄酒浓郁而醇厚，白葡萄酒有浓厚的果香味。人们总结出，吉伦特河两边的葡萄酒各有特色，因为它们使用不同的葡萄品种为原料。河西部的美铎和格拉沃地区主要种植赤霞珠葡萄（Cabernet Sauvignon）、马尔巴克葡萄（Malbec）和小沃德特葡萄（Petit Verdot）。河东部的圣亚美龙和波尔隆地区主要种植美露葡萄（Merlot）。

2. 秀顿（Sauternes）

秀顿是生产优质白葡萄酒的著名葡萄酒生产区且历史悠久，位于波尔多的西南部，世界著名的蒂琴葡萄庄园（Château Y'quem）在该酒区内。蒂琴是生产世界著名高级甜葡萄酒的葡萄庄园。该地区生产的贵腐葡萄酒世界闻名。此外，该地区还生产少量的红葡萄酒。在安特·多·米尔的西南部有科特·波尔多（Côtes de Bordeaux）地区、露彼艾克（Loupiac）、斯特·克劳丽斯·蒙特（Ste-Croix-du-Mont）、斯朗思（Cérons）等葡萄庄园和巴萨克镇（Barsac）生产优质的白甜葡萄酒，常以秀顿（Sauternes）品牌向世界各地销售，而秀顿还是生产高级葡萄酒的地区。其中最著名的葡萄园有：1855年选出的拉菲特·罗斯希尔德葡萄庄园（Château Lafite-Rothschild）、丽高葡萄庄园（Château Latour）、马高葡萄庄园（Château Margaux）和蒙顿·罗斯菲尔德葡萄庄园。当时，法国政府授予它们为国家一级葡萄庄园。

3. 安特·多·米尔（Entre-Deux-Mers）

安特·多·米尔位于波尔多地区的多尔多涅河（Dordogne）和加龙河（Garonne）之间，直至延伸到吉伦特河（Gironde）的入口处。该葡萄酒区包括若干生产红葡萄酒和白干葡萄酒的小型葡萄庄园，都以AC安特·多·米尔（Entre-Deux-Mers）品牌出售。

（二）波根第（Burgundy）

波根第位于法国的东部，是法国著名的葡萄酒产地。该酒区主要包括北部的莎白丽地区（Chablis）及从第戎市（Dijon）往南的科多尔（Côte d'Or）、马高内斯（Maconnais）和宝祖利（Beaujolais）等形成的200多公里长的4个著名酒区。（见图2-23）

根据历史记载，波根第的白葡萄酒和红葡萄酒从中世纪就受到法国贵族的欢迎。该地区生产的奶酪（Cheese）和烹饪技术在法国和国际上也都有着很高的声誉。在波根第地区，菜肴只要放入少司（由波根第红葡萄酒、香料和原汤组成的热菜调味汁），菜肴的味道立刻会受到各国旅游者的好评。这是因为里面放有波根第红葡萄酒的原因。许多当地人都为波根第葡萄酒而自豪，他们认为波根第酒

图 2–23　波根第葡萄酒生产区

在质量上可以与波尔多葡萄酒媲美。该地区葡萄酒以酒体醇厚，颜色纯正，味道浓郁而闻名世界。波根第生产的白葡萄酒的质量享誉世界。

1. 莎白丽地区（Chablis）

莎白丽地区在第戎市西北部，距第戎市约 60 公里，该地区种植著名的霞多丽葡萄（Chardonnay），可生产出颜色为浅麦秆黄、非常干爽的白葡萄酒。其中，级别最高的是世界著名的莎白丽一级葡萄庄园葡萄酒（Grand Cru Chablis），这种酒要经过几年的熟化才能出售。

2. 科多尔（Côte d'Or）

科多尔由两个著名葡萄酒区组成：科德·内斯（Côte de Nuits）和科特·波讷（Côte de Beaune）。科德·内斯附近的内斯·圣约翰（Nuits–St–Georges）、拉山波亭（Le Chambertin）和拉马欣尼（Le Musigny）等地都生产各种优秀的葡萄酒。道麦尼·拉·德罗美尼·康迪地区（Domaine de la Romanée Conti）以生产高级及价格昂贵的葡萄酒而著称。由于科多尔中部的土质、气候和环境原因，格沃雷·拉山波亭（Gevrey–Chambertin）、莫雷·圣丹尼斯（Morey–St–

Denis）、仙伯雷·马斯格尼（Chambolle-Musigny）和沃斯尼·罗曼尼（Vosne Romane）等村庄及内斯·圣约翰（Nuits-St-Georges）村周围的葡萄园都种植著名的黑比诺葡萄（Pinot Noir），从而为该地区生产优质葡萄酒奠定了良好的基础。

科特·波讷在科德·内斯的南部，该地区有许多著名的葡萄村庄，包括哥顿·莎莱·麦格尼（Corton Charle-magne）、拉·曼泰斯特（Le Montrachet）和麦尔莎特（Meursault）等。在科特·波讷周围的艾罗科赛·哥顿（Aloxe-Corton）、赛维哥尼·拉斯·布讷（Savigny-lès-Beaune）、帕莫德（Pommard）、瓦尔尼（Volnay）、曼斯莱（Monthlie）、奥克斯·德莱斯（Auxey-Duresses）和桑特尼（Santenay）等村庄也都生产优秀的波根第葡萄酒。多年来它们以葡萄生产地名称为品牌出售葡萄酒。此外，该地区还生产波根第·阿丽格特酒。阿丽格特（Aligot）是当地土生土长的品种葡萄，以它为原料制作的葡萄酒味酸而清淡。在科多尔还生产豪特·科特葡萄酒（Hautes Côtes），该酒清淡，以黑比诺葡萄和霞多丽葡萄为原料。

3. 马高内斯（Mâconnais）

在科多尔的南部是著名的马高内斯酒区。该地区有著名的马孔镇（Mâcon）和普丽·夫希葡萄庄园（Pouilly Fuissé）。马孔镇以甘美葡萄为原料，生产颜色秀美的红葡萄酒，普丽·夫希庄园以霞多丽葡萄（Chardonnay）为原料，生产味道清新的白葡萄酒。

4. 宝祖利（Beaujolais）

宝祖利在波根第酒区的最南端。该地区仅种植味美、汁多的甘美葡萄。该地区生产的葡萄酒有宝祖利普通级葡萄酒（Beaujolais）、宝祖利普通庄园酒（Beaujolais-Villages）和宝祖利1级庄园酒（Beaujolais crus）。按照宝祖利地区的葡萄庄园著名程度排列葡萄园名称，有木林·文特（Moulin-à-Vent）、摩根（Morgon）、珠丽安纳斯（Juliénas）、科特·布鲁艾丽（Côte de Brouilly）、布鲁艾丽（Brouilly）、弗丽瑞埃（Fleurie）、查纳斯（Chénas）、齐柔波莱斯（Chiroubles）和圣艾莫（St Amour）等。一些宝祖利葡萄酒的标签写着“beaujolais nouveau”或“beaujolais primeur”，其含义是宝祖利新鲜葡萄酒。每年11月15日，宝祖利地区葡萄收获后，在数周内完成所有葡萄酒酿造，因此宝祖利酒带有新鲜的果香味。但是，波根第酒区目前的主要问题是酒厂规模都较小，即便是最优秀的酒厂，其生产量也很有限。1789年，波根第地区爆发了法国大革命，这场运动最终将波根第寺院的大块土地分给农民，从而使宝祖利酒区成为众多小型葡萄园，而这些小型葡萄庄园制作的葡萄酒有时以它们自己的葡萄庄园名称为品牌出售，有时以整个村庄的名称为品牌出售。因此，同样都是波根第

AC 级酒，但其质量有差别，而且从酒瓶的标签很难分辨出来。目前，波根第的某些酒商在制作葡萄酒中起着重要的作用，他们购买波根第各庄园葡萄酒，然后勾兑在一起并以不同的品牌销售。例如，哥瑞·欣波亭牌（Gevrey–Chambertin）、欣波尼·马斯格尼·莱斯·阿莫罗赛（Chambolle–Musigny Les Amoureuses）等品牌。这些品牌都不是真实的葡萄庄园名称，而是酒商设计的虚拟名，目的是把他们的酒与传统葡萄酒的风味区别开。

（三）卢瓦尔（Loire）

卢瓦尔河周围地区也称罗华河周围地区，是法国古老的葡萄酒区。许多美丽的葡萄园就在河边两旁山上的古人类穴洞附近。该地区还被人们称为“法国花园”（The Garden of France）（见图 2–24）。在这美丽的大花园中种植着葡萄、苹果、甜菜和玉米。该酒区从法国中部延伸到西海岸，形成一个长带，全长约 1200 公里，在法国被排列为第三大葡萄酒区，由卢瓦尔河两边山谷的众多葡萄庄园组成。在卢瓦尔河两岸的美丽山谷生产各种优秀的葡萄酒，有红葡萄酒、白葡萄酒、玫瑰红葡萄酒和葡萄汽酒。历史上有一些传闻，认为当地的马斯凯特葡萄（Muscadet）质量低劣，制作的葡萄酒味道差。如今卢瓦尔葡萄酒已经成为世界各国喜爱的葡萄酒之一。卢瓦尔酒区主要包括 4 个葡萄酒分区。每个分区都有数个能生产 AC 级葡萄酒的葡萄庄园。这 4 个葡萄酒区从卢瓦尔河的西部至东部分别是南特斯（Nantes）、安茹–桑穆尔（Anjou–Saumur）、图瑞讷（Touraine）和山舍（Sancerre）等。

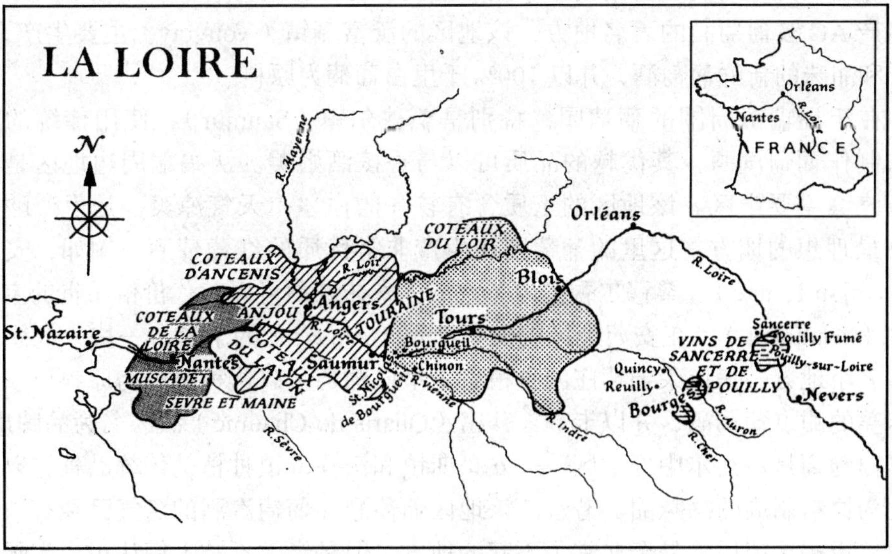

图 2–24　卢瓦尔葡萄酒生产区

早在公元380年，卢瓦尔河谷就开始种植葡萄。根据历史记载，沃富瑞镇（Vouvray）半山坡的圣马丁葡萄庄园（Saint Martin）就是最早的葡萄生产地之一。到公元582年，山舍镇（Sancerre）的葡萄园已经相当发达。12世纪，由于卢瓦尔中部修道院的建立，该地区葡萄园发展很快。中世纪，卢瓦尔的葡萄酒已经成为法国和英国皇室的饮品。16世纪和17世纪，荷兰人对卢瓦尔葡萄酒业发展起着很大的推动作用，荷兰人还开凿了卢瓦尔河的支流，将白葡萄品种引进到卢瓦尔地区。

1. 南特斯（Nantes）

卢瓦尔河最上游的南特斯地区受海洋气候影响，空气湿润，气候温和，土质充满硅石和白垩，周围的数个葡萄园全部种植着著名马斯凯特葡萄（Muscadet）和充满果香味的麦兰葡萄（Melon）。该地区生产的著名马斯凯特葡萄酒就是以这两种葡萄为原料，勾兑制成。该地区还种植格劳斯·波兰特葡萄（Gros Plant），这种葡萄可生产出有新鲜果香味的格劳斯·波兰特·南泰斯葡萄酒（Gros Plant Nantais）。

2. 安茹—桑穆尔（Anjou–Saumur）

沿卢瓦尔河往东是著名的安茹—桑穆尔葡萄酒生产区。该酒区包括著名的萨维娜尔艾斯（Savennières）地区、桑穆尔（Saumur）镇和周围数个葡萄园组成。该区气候温和，多丘陵，土壤中充满花岗岩、片麻岩和片岩。安茹—桑穆尔酒区生产法国最著名的葡萄酒——玫瑰红葡萄酒。该酒以半干味而著名，以安茹·赤霞珠（Cabernet d'Anjou）为品牌销售。这种酒有浓郁的芳香，以赤霞珠葡萄（Cabernet Sauvignon）和品丽珠葡萄（Cabernet Franc）为原料。而另一种仅以品丽珠葡萄为原料制成的葡萄酒干爽、清淡，有奇特的芳香。萨维娜尔艾斯地区是生产AC级葡萄酒的著名地方，该地区的沃富瑞镇（Vouvray）主要生产干味、半干和甜味的新鲜葡萄酒，并以100%千里白葡萄为原料。

在沃福瑞镇周围的葡萄园，特别是桑穆尔镇（Saumur），使用传统的香槟方法制作葡萄汽酒，其优越的品质可以与香槟酒媲美。沃福瑞周边地区是法国葡萄汽酒主要产区。该地区的土质含有较高的白垩，天气凉爽，是生产酸味葡萄酒最理想的地方。这里的葡萄园还生产非常优质的红葡萄酒。例如，安茹红酒（Anjou Rouge）、桑穆尔香槟风味汽酒。安茹红酒可以替代价格昂贵的宝祖利红酒（beaujolais）。在安茹地区的安哥斯镇（Angers）的下游，一块人们想不到的著名小地方——拉荣葡萄庄园种植着千里白葡萄，以这种葡萄为原料可以酿造出味美的甜点葡萄酒，并以卡兹·莎密（Quarts de Chaume）酒区名为品牌出售。千里白葡萄是卢瓦尔中部地区——安哥斯镇和沃福瑞镇种植的传统品种，以这些葡萄为原料制成的酒味甜、芳香。该地区葡萄酒和葡萄汽酒的名气已经有数十年历史。沃福瑞镇尽管是个非常了不起的地方，但是经常不被人们认识。实际上该地生产的白葡萄酒世界著名，具有传统风味，销售量经久不衰。当地人们说这种酒在瓶中存放数年后，葡萄的果香味和甜味仍然存在。

3. 图瑞讷（Touraine）

图瑞讷地区位于谢尔河（Cher）、安德河（Indre）和维邑纳镇（Vienne）汇合处。这里的气候四季温和，山地斜坡充满白垩，适合红葡萄生长。该地区生产的夏维安白葡萄酒（Sauvignon de Touraine）具有黑醋栗风味，干爽、清新并可与著名的波尔多地区的夏维安白葡萄酒媲美。图瑞讷红酒（Rouge de Touraine）可以与著名的宝祖利红葡萄酒质相比。

4. 山舍（Sancerre）

山舍地区与普丽富美（Pouilly Fumé）酒区位于卢瓦尔的中部，是卢瓦尔人最骄傲的酒区。这里气候温和，地势陡峭，土地含有钙和硅成分，生产着世界著名的白葡萄酒，都是以 100% 夏维安白葡萄为原料，酒体丰满，味道香郁。专家们认为该酒的质量与波根第白酒的质量和风味很相似。（见图 2–25）

图 2–25　山舍葡萄酒标签

（四）罗讷（Rhône）

罗讷酒区也称龙谷酒区，由罗讷河两边和附近的葡萄园组成。罗讷河位于法国东南部，是法国著名的河流。它从瑞士流入法国，经里昂市，穿过阿维尼翁市（Avignon），流向地中海。罗讷酒区有着悠久的葡萄酒生产历史并以生产浓郁的红葡萄酒而闻名世界。该酒区还出产少量的白葡萄酒、玫瑰红葡萄酒和葡萄汽酒。（见图 2–26）2000 多年来，腓尼基人、希腊人和罗马人都是通过罗讷进入法国。他们进入法国将葡萄栽培技术和葡萄酒酿造技术带到罗讷。在拿破仑时期，罗讷的各村庄已经生产葡萄酒，被人们认为是法国最佳葡萄酒生产地。历史上，赫米内奇（Hermitage）镇出产的葡萄酒还获得了法国的质量奖。罗讷葡萄酒产区可以分为两部分：北罗讷区和南罗讷区。

北罗讷区从维邑那镇（Vienne）外部的科罗弟（Côte Rôtie）开始，穿过图尔恩（Tournon）葡萄园至圣波瑞葡萄园（Saint-Péray）为止。罗讷北区主要种植赛乐红葡萄（Syrah），这种葡萄个大、味浓，含有较高的单宁。

南罗讷区从芒泰利尔镇（Montélimar）开始直至较远的阿维格朗镇（Avignon），包括著名的教皇新堡（Château neuf-de-Pape）、特维富（Tavel）和康迪尔（Condrieu）等村习惯种植格丽娜齐红葡萄和金丝乐红葡萄（Cinsault）。由于现代葡萄酒勾兑技术的提高，在南部地区也种植少量的赛乐葡萄，目的是改变南部葡萄酒的风味。位于罗讷的中部是一块宽阔的空间，约 400 公里。这里葡萄园很少，而且不集中，主要生产橄榄、苹果和西瓜。北部地区有许多葡萄园都能生产 AC 级葡萄酒。尤其近 20 年来，许多葡萄园出产的葡萄酒的质量和特色不断提高，过去只能出产三级酒（Vin de Pays）的地方，目前已经能生产罗讷地区的 AC 级葡萄酒。

1. 科罗弟（Côte Rôtie）

科罗弟地区在罗讷河的西岸，维邑那镇南部，地理位置非常优越，位于山谷的斜坡，出产的红葡萄酒非常著名。该地区康迪尔村是著名的白葡萄酒出产地，生产以维格尼尔白葡萄（Viognier）为原料的干味和半干味 AC 级白葡萄酒。这里的土地充满着饱经风霜的花岗岩和片岩，适合葡萄生长。该地区的葡萄酒有特殊的风味和芳香。然而，过去由于康迪尔村葡萄酒质量参差不齐和价格低廉等原因，曾出现过质量差的问题，而现在已经成为人们青睐的葡萄酒。康迪尔葡萄园附近的格瑞莱特葡萄庄园（Château Grillet）是法国生产 AC 级葡萄酒的最小葡萄园，以自己的葡萄庄园名称单独命名。该葡萄园呈圆形，土地带有云母成分，产品被认为是康迪尔酒区上等产品。

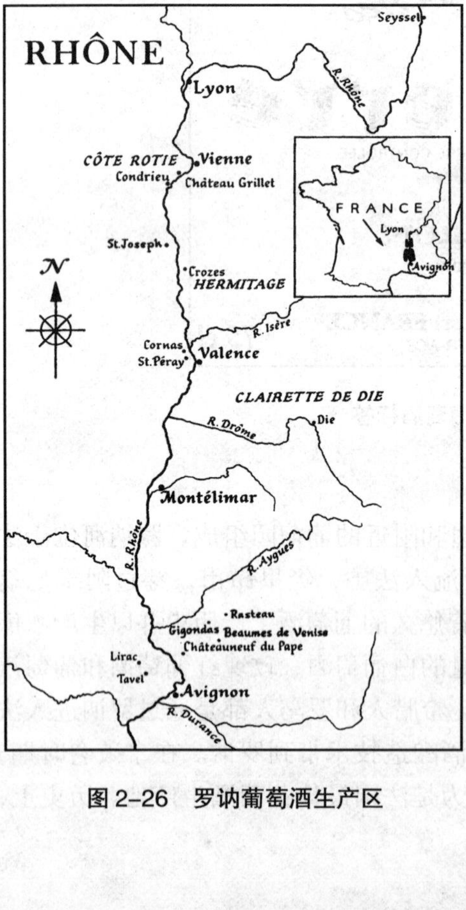

图 2-26　罗讷葡萄酒生产区

2. 赫米内奇（Hermitage）

赫米内奇山及其周围地区出产世界著名的红葡萄酒。由于该地区的许多葡萄园位于朝南的山坡上，阳光充足并受着温暖和湿润的微风保护，因此葡萄生长茁壮。该地区有多个葡萄庄园，最著名的是拉丝·巴莎兹庄园（Les Bessards）和拉米尔庄园（Le Méal）。克罗兹·赫米内奇葡萄庄园（Crozes-Hermitage）位于赫米内奇山上，近几年其葡萄酒的质量不断提高，特点是清淡、干爽，风味超前。圣约瑟夫村（Saint-Joseph）种植葡萄的面积近几年不断增加，有些新增加的地块不如原来的地块那么优秀。然而，该地区的土壤中有沙土和花岗岩成分，出产的葡萄酒清淡，有新鲜的果香味，成为罗讷地区著名的葡萄酒。该村较著名的葡萄园是图尔恩（Tournon）和康纳斯（Cornas）。

3. 教皇新堡（Château neuf-du-Pape）

在罗讷的南部，有观赏价值很高的著名的教皇新堡村。该村以罗讷古城堡名称命名，有着生产葡萄酒的悠久历史。城堡的建立可以追溯到古罗马时代。该城堡周围约有 500 个独立葡萄种植人，2000 余公顷土地种植葡萄。位于北部高地村庄的土地含有碎石成分，当地人认为这些石头在晚上能吸收土地中的热量，对葡萄成长有益。这里生产多种风味的葡萄酒。红葡萄酒的特点是醇厚、圆润和刚烈。白葡萄酒的特点是圆润和芳香。当地还生产著名的桃红葡萄酒。奇格纳斯葡萄庄园（Gigondas）位于该地区的南部，生产罗讷地区上等葡萄酒。该地区土质带有石灰石，并以三种葡萄：赛乐、格兰娜齐和美丽得（Mourvèdre）为原料，进行勾兑后形成的优质芳香型葡萄酒，酒精度 12.5 度。它的附近维克亚斯葡萄园（Vacqueyras）生产的红葡萄酒颜色深红，有芳香的果香味。包姆斯·温妮斯葡萄庄园（Beaumes-de-Venise）生产温和的 AC 级红葡萄酒，以罗讷·科特品牌（Côte de Rhone Villages）出售。同时该地区以包姆斯·温妮斯马斯凯特（Muscat de Beaumes-de-Venise）为品牌销售的 AC 级葡萄酒，其味芳香、略有甜味。

4. 特维富（Tavel）

特维富地区是罗讷地区最著名的玫瑰葡萄酒生产地，有 170 多个葡萄种植人合作经营特维富牌葡萄酒。该地区土质适合葡萄生长。该地区生产的葡萄酒味浓、干爽，颜色浅。从纳伦斯镇（Nyons）的西南到罗讷河对面的宽 20 公里长 60 公里地带，约有 17 个村庄种植葡萄，这些葡萄园都能生产优秀的 AC 级葡萄酒并以罗讷·科特葡萄园（Côtes de Rhone Villages）品牌出售。

（五）阿尔萨斯（Alsace）

阿尔萨斯酒区位于法国的东北部，与德国只隔一条莱茵河，是法国著名的白干葡萄酒生产区。阿尔萨斯有悠久的葡萄酒酿造历史。大约 2000 年以前，该地区已经种植了葡萄。中世纪，阿尔萨斯酿制的白葡萄酒已经受到欧洲各国宫廷的青睐。由于阿尔萨斯位于德国和法国的边界线地区，历史上阿尔萨斯曾受德国的管辖，所以其产品具有德国风味。该地区白葡萄酒以干爽并有浓郁的果香味而著名。

根据记录，公元 870 年以前，该地区属于法国管理。870—1681 年，阿尔萨斯由德国人管理。1681—1870 年，该地区归属到法国。1870—1918 年被德国管理。1918—1940 年由法国管理。1940—1944 年又在德国管辖范围。1945 年该地区归属法国。阿尔萨斯人认为，这个历史使他们在生产葡萄酒方面获益，他们综合两国的葡萄种植技术和酿酒技术，制成了独特的阿尔萨斯风味葡萄酒。（见图 2–27）

阿尔萨斯酒区宽 3 公里，从北至南长为 115 公里，分为两个酒区，下莱茵区（Lower Rhine）和上莱茵区（Upper Rhine）。这两个地区的葡萄都种植在浮日山脉（Vosges）的东边山坡上，享受着温暖的阳光和湿润的空气。该地区的各葡萄园土质结构不同，有些葡萄园带有较多的石灰石和硅石，有些葡萄园带有白垩和沙土成分。这些物质对葡萄的生长都有益。在整个阿尔萨斯酒区生产的高级别葡萄酒通常只用一个品牌出售——阿尔萨斯 AC 级酒（Alsace AC），近来又在酒瓶标签上补充了新的名称——阿尔萨斯 1 级葡萄园酒（AC Grand Cru）。阿尔萨斯出产的葡萄酒还常以葡萄名命名。该地区最著名的白葡萄酒是雷司令（Riesling）葡萄酒。这种酒的味道新鲜、带有果香味。其他著名葡萄酒有占美娜葡萄酒，这种酒以干味和奇异芳香而著称。比诺丽斯（Pinot Gris）或称阿尔萨斯·特克（Tokay d'Alsace）葡萄酒，酒体饱满，味道略酸。

阿尔萨斯葡萄酒标签中的 Tokay 与著名的匈牙利 Tokay 没有任何联系，只是代表酒味干爽和浓郁的含义。马斯凯特葡萄尽管种植在世界各地，但在该地区种植的马斯凯特葡萄具有独特的香气、含糖量低等特点。因此，当地人用这种葡萄制作阿尔萨斯开胃葡萄酒。此外，该地区还使用斯尔蔓娜葡萄（Sylvaner）和白比诺葡萄（Pinot Blanc）制作的葡萄酒。目前，以这两种葡萄制作的葡萄酒的销售量不断提高。此外，大众化的阿尔萨斯葡萄酒有爱德维克（Edelzwicker）。该酒以奇夫莱尔（Chevalier）或阿尔萨斯·夫莱波（Flambeau d'Alsace）为品牌销售。该地区许多大众化的葡萄酒经常用各种葡萄酒勾兑而成。几乎所有的阿尔萨斯葡

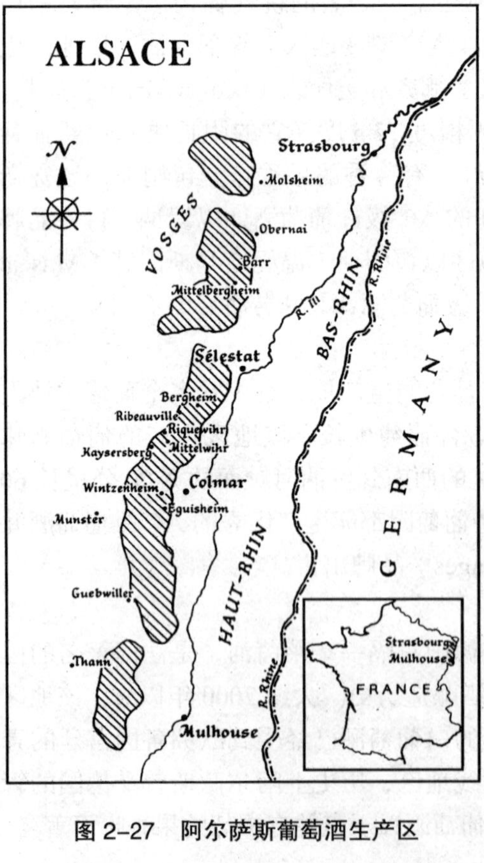

图 2–27 阿尔萨斯葡萄酒生产区

萄酒都在阿尔萨斯酒区内装瓶，这样可以保持该地区酒的质量和新鲜度，并且使用细长而翠绿的酒瓶盛装酒液。酒瓶上的标签经常出现法语和德语两种文字。

（六）香槟（Champagne）

香槟地区在法国最北部，是世界闻名的葡萄汽酒生产区。由于该地区生产优质和有特色的葡萄汽酒，因此该地区的葡萄汽酒受法国原产地区管制法保护，从而以地名命名。香槟酒区中最著名的产酒地方是兰斯市（Rheims）和依班讷市（Epernay）。香槟地区生产的葡萄汽酒——香槟酒有着悠久的历史，可追溯到罗马时代。罗马人最早在香槟地区建立了葡萄园，后来，葡萄园在香槟中部的兰斯和查伦斯镇的神职人员和僧侣的悉心照料下才保存至今。中世纪，香槟地区生产的葡萄酒称为法国葡萄酒（Vins de France）。然而，当时人们只喜爱从兰斯和依班讷生产的葡萄酒。

16 世纪，亨利四世国王首次把这两个地方的葡萄汽酒命名为香槟酒（Vins de Champagne）。按照兰斯人当时的习惯，还不能接受这个名称，因为那时的香槟地区在人们印象中是一片荒草地，只适宜放羊。17 世纪，香槟酒受法国和英国宫廷的喜爱，特别是由于当时许多巴黎人都拥有香槟地区的葡萄园，他们不断地宣传香槟酒的特色，以至于从那时起许多人开始喜欢饮用浅灰颜色的香槟葡萄酒。不久，人们意识到仅在木桶中成熟的葡萄酒无论在透明度还是在风味方面都不够理想，应将酒液放在酒瓶中继续发酵和熟化。这样，在 17 世纪，香槟葡萄酒首次按照香槟工艺（tirage）开始成熟。后来当地人发现，如果葡萄酒存放在酒瓶中半年以上，酒液具有气泡，颜色变浅，酒精度降低。当时英国人对香槟酒的制作非常感兴趣，他们进行了多次试验，但是都出现了问题，酒瓶发生了爆裂。因此，当时香槟酒不论在工艺方面还是酒质特点方面都不完美。

1668—1715 年，在豪维尔思镇的班尼迪克丁修道院（bénédictine d’Hauvillers）负责管理葡萄园和管理酒窖的僧侣——当姆 · 波瑞格兰（Dom Pérignon）经过多次试验，发明了制作香槟酒的技术和酒瓶的木塞。（见图 2–28）1821 年，该地区的另一位著名僧侣肯定了当姆 · 波瑞格兰的技术成果。现在，人们都认为，当姆 · 波瑞格兰是世界上第一个发明香槟酒的人，且是个聪明的制酒专家。18 世纪，香槟酒已经名声大振，成了各国王室举行庆典活动的饮品。19 世纪以来，一些生产葡萄酒的著名企业家，如波木瑞（Pommery）、克丽可沃（Clicquo）和派丽尔

图 2–28　当姆 · 波瑞格兰

（Perrier）等都为香槟酒的发展做出了卓越的贡献。1876 年由于英国人对香槟酒口味的需求，香槟地区开发了特干香槟酒（le Champagne Brut）。从那以后，销售量不断增加。1654 年 6 月 7 日路易十四国王就任，他将香槟酒首次作为重大庆典活动的饮品。从此，香槟酒被人们看作庆典酒。根据记载，1895 年香槟地区生产了 2.5 亿瓶香槟酒。1908 年 AC 级香槟酒质量控制区首次被法国政府规定出来，约占地 15 000 公顷。为尊重当地人的建议及考虑历史情况，在 1927 年，法国葡萄酒管理部门最后确定香槟酒原产地控制区为 34 000 公顷土地。许多葡萄酒专家认为，香槟酒质量之所以优秀与多种条件和原因分不开。首先，香槟地区受海洋气候影响，气候温和。其次，是当地土壤带有白垩成分，利于葡萄吸收水分。同时，葡萄都生长在山坡上，接受阳光的照射，可散发多余的水分。此外，香槟地区包括约 250 个村庄，每个村庄由上百块小葡萄园组成。当地人把每一个小葡萄园都看作是一个小花园，对它们格外小心和照料，每一个小葡萄园都标记着葡萄园名称，例如，科特·巴斯（les Côtes à Bras）、高特·多尔（lcs Gouttes d'Or）等。每年他们将葡萄卖给当地约 26 个酒商制作香槟酒。其中，著名的酒商有莫特·山登公司（Moet & Chandon），克拉格公司（Krug），马姆公司（Mumm & Co），沃富·克力特公司（Veuve Clicquot），查里斯·海德思科公司（Charles Heidseick），波尔·洛格公司（Pol Roger）和兰顺公司（Lanshon）等。目前，许多当地酒商还保持着香槟酒的传统制作工艺（Method Champenoise）。优质的香槟酒常以黑比诺葡萄（Pinot Noir）和比诺·马尼葡萄（Pinot Meunier）及霞多丽葡萄（Chardonnay）为原料，采用红白两种葡萄混合酿制，红葡萄液占香槟酒液的 70% 以上。此外，该地区还以白葡萄或红葡萄单独制成白香槟酒或玫瑰红香槟酒。

（七）普罗旺斯（Provence）

普罗旺斯地区（Provence）位于赤道以北，在法国东南部，毗邻地中海并与意大利接壤。从阿尔卑斯山经里昂南流的罗讷河（Rhone）在普罗旺斯地区分为两大支流而注入地中海。普罗旺斯属于地中海气候，冬季温和，夏天炎热。其山区气候是冬季漫长而多雪，夏天炎热而多雷雨。实际上，该地区是著名的大学城，也是世界闻名的古都。同时，普罗旺斯以古罗马遗迹、哥特式和文艺复兴风格的建筑、烹饪技术、桃红葡萄酒和薰衣草而闻名于世界（见图 2–29）。根据记载，公元 2600 年古希腊人将葡萄种植技术带入普罗旺斯地区。从此，普

图 2–29　普罗旺斯种植的薰衣草

罗旺斯开始了葡萄酒的酿造，而当时该地区酿造的第一瓶葡萄酒就是桃红葡萄酒。因此，该地区的桃红葡萄酒的生产具有悠久的历史。

17世纪至18世纪普罗旺斯生产的葡萄酒成为法国王室喜爱饮用的葡萄酒之一。19世纪，普罗旺斯出产的葡萄酒不断地被人们认可，被冠以普罗旺斯优质葡萄酒名称“Cote de Provence”。1955年普罗旺斯地区中的23个葡萄酒生产区被法国国家原产地命名管理局（INAO）授予优秀的葡萄酒生产地（Cru classé）。1977年普罗旺斯葡萄酒生产区出产的葡萄酒列入法国“原产地名称监制酒（AOC）”。目前，该地区已成为法国为数不多的既生产红葡萄酒和白葡萄酒，又生产桃红葡萄酒的地区。其中，白葡萄酒产量占其葡萄酒生产总量的5%，红葡萄酒占生产总量的15%，桃红葡萄酒占生产总量的80%，特别是该地区生产的桃红葡萄酒占目前法国生产桃红葡萄酒总产量的45%，已成为全世界最大的桃红葡萄酒生产区。当今，普罗旺斯地区已经成为拥有349个家庭葡萄酒酒庄，49个联合经营的葡萄酒酒厂和58个葡萄酒贸易公司的葡萄酒生产与贸易综合区，每年生产1亿多瓶葡萄酒。其中，1300万瓶葡萄酒出口世界各国。

第三节 意大利葡萄酒

一、意大利葡萄酒概况

意大利是世界上最大的葡萄酒生产国和消费国之一，其葡萄酒生产遍及全国各地，不像法国葡萄酒生产区那样集中。意大利生产的葡萄酒种类繁多，风味各异。根据记载，意大利人生产葡萄酒有悠久的历史。根据研究，2000多年前古罗马人已经饮用葡萄酒。意大利葡萄酒的名称常采用葡萄名称、地名、历史典故名或历史传说。葡萄酒对古罗马人非常重要，部落的繁荣随着葡萄酒的发展而壮大，葡萄酒成为意大利最有价值的商品之一。由于地中海明媚的阳光及温和的气流使意大利葡萄成长茂盛，因此人们将意大利称为“葡萄酒之乡”（Oenotria）。

二、意大利葡萄酒的发展

历史上，希腊人和伊特鲁里亚人（Etruscans）在意大利南部、中部和西西里岛（Sicily）定居，给意大利带来了葡萄园和种植葡萄的新工艺。几个世纪以来，罗马人不断总结和改进传统的希腊人与伊特鲁里亚人的葡萄种植技术，并且发明了为葡萄树剪枝技术。公元前2世纪，意大利的葡萄无论在数量上还是质量上都发展很快，达到最佳效果。中世纪，随着罗马帝国的衰退，意大利葡萄酒的生产量不断下滑。后来，天主教堂的出现对意大利葡萄种植业的发展产生了很大动力。当时葡萄酒作为意大利人集会的饮用酒，质量不断得到改善。天主教的僧侣们在意大利种植葡萄并带着葡萄在各地传道。葡萄的种植方法通过僧侣传道在意大利进一步发展，葡萄种植区不断扩大。后来由于各地的气候和土壤不同，培育的葡萄品种不断增加。因此，出现了越来越多的意大利著名的葡萄酒生产区和不同风味的葡萄酒。18 世纪，意大利北部的葡萄园被霜冻破坏，种植葡萄的人们不得不寻找更能抵抗低温天气的新品种葡萄，建立新的葡萄园。当时，欧洲人已经意识到葡萄酒的制作应当依靠科学。19 世纪，由于使用新方法种植葡萄，以及新的葡萄酒制作工艺及软木塞的发明，意大利葡萄酒的酿造技术和质量发展相当快。那时，著名的马萨拉（Marsala）、巴鲁罗（Barolo）和希安蒂（Chianti）地区生产的葡萄酒已经进入欧洲的优秀葡萄酒行列。19 世纪末，葡萄的瘤蚜病几乎毁坏了所有的意大利葡萄园。20 世纪初，意大利葡萄园开始种植新品种，当时由于只顾大量种植和生产，再加上世界大战和经济萧条，忽视了对葡萄和葡萄酒的质量管理，使意大利葡萄酒成为低级葡萄酒的代名词，损害了意大利的形象。20 世纪 60 年代，意大利政府通过 DOC 葡萄酒质量管制法，促使意大利葡萄酒实现复兴，质量也得到了提高。1980 年，意大利政府又通过 DOCG 法，促使意大利生产更高级别的葡萄酒。目前，意大利种植的葡萄品种比世界任何国家都多，被官方承认的品种已超过 100 多种。而意大利生产的著名葡萄酒的种类在世界也名列前茅。由于意大利种植的葡萄饱受阳光照射，所以意大利红葡萄酒的酒精含量比欧洲其他各国都高，而且原酒在橡木桶中至少成熟两年。以意大利东南方的半热带地区种植的葡萄为原料酿制的红葡萄酒圆润、浓烈，略带甜味。例如，洛卡罗唐都红葡萄酒（Locorotondo）。意大利北部多雪的阿尔卑斯山脚下出产的葡萄酒常带有德国葡萄酒的豪爽风味。

三、著名的葡萄酒生产地

（一）皮埃蒙特（Piedmont）

意大利最佳的葡萄酒来自皮埃蒙特地区。皮埃蒙特位于意大利西北部，面积 25 399 平方公里，其中山区占 43%、丘陵占 30%、平原占 27%。该地区可生产意大利 DOCG 级葡萄酒及大量的 DOC 葡萄酒。该区内的巴鲁乐（Barolo）、巴巴里斯科（Barbaresco）、尼伯奥罗（Nebbiolo）、巴巴拉爱斯提（Barbera D'Asti）和爱斯提斯波曼特（Asti Spumante）地区都是著名的葡萄酒生产区。这里的冬天气温常在－4℃左右，夏季干燥无雨，天气炎热，气温常达 35℃ ~38℃，春秋两季昼夜温差大。在皮埃蒙特地区有着波浪起伏的丘陵、小山村、农场和古堡。这里树木成林，果树和葡萄园到处可见。该地区葡萄酒产量在意大利排在第 7 位，质量名列前茅。根据近几年的统计，该地 DOC 和 DOCG 级别葡萄酒占意大利全国总产量的 15.3%，仅次于维尼托的 17.5%。此外，著名的都灵市（Turin）位于该区内，是意大利美思葡萄酒生产中心。

（二）托斯卡纳（Tuscany）

托斯卡纳位于意大利的中部，面积 22 993 平方公里，著名的城市——佛罗伦萨就位于托斯卡纳，是著名的红葡萄酒和白葡萄酒生产区。该地区拥有 5 个著名的红葡萄酒和 1 个白葡萄酒生产区。托斯卡纳地区的气候温和，尤其是沿海地带。海滨地区常受来自非洲撒哈拉沙漠的大风影响，降雨频繁。由于该地区有许多山脉，所以阻止了来自东北方的冷气流进入。该地区均匀地分布着山地、平原和丘陵。托斯卡纳生产著名的凯安提（Chianti）红葡萄酒。其特点是红宝石色，清澈晶亮、酒质优秀，酒味浓烈、爽朗，是世界上著名的红葡萄酒。该地区生产 DOCG 级葡萄酒，数量和质量在意大利排名第 2。

（三）威尼托（Veneto）

威尼托位于意大利北部，波河（Piave）的下游及入海处，宽广肥沃的波河平原给该地区葡萄种植业提供了得天独厚的自然条件。该地区总面积约 1839 平方公里，人口约 454 万，著名的水城——威尼斯就位于该地区。威尼托有着悠久的历史，并拥有数百个艺术价值很高的建筑物。该地区气候宜人，温度适中，夏天平均最高温度 29.9℃，平均最低温度为 16.8℃，冬天平均最高温度 9.3℃，平均最低温度－3.2℃。因此，该地区的旅游业非常发达。该地区生产的葡萄酒世界闻名，在意大利为前 3 名。其中，苏华菲（Soave）、威尔波西亚（Valpolicella）和巴多利诺（Bardolino）三个地区是最著名的葡萄酒生产核心地块。

（四）伦巴第（Lombardia）

伦巴第地区位于波河之畔，四周环绕阿尔卑斯山，南部处在波河平原中心地带，西边与皮埃蒙特交界，东邻阿尔托－阿迪杰（Alto-Adige）并与威尼托接壤。著名的城市——米兰（Milan）位于该区内。该地区地势由南向北逐步升高。伦巴第山脉属于阿尔卑斯山脉的延伸，在较高的山峰顶部有许多长年不化的冰川，位于瑞士边界，海拔 4049 米，有大片的草原和森林，几条小河缓慢地穿过此地，注入大海。该地区土壤成分适合葡萄成长。伦巴第是著名的葡萄生产区，该区内各地生产的红葡萄酒深红色、干醇，白葡萄酒呈麦秆黄色，酒体丰满、干爽。该地区生产的葡萄汽酒（Franciacorta）限定在布雷西亚区（Brescia）和波哥莫地区（Bergamo）。这种酒要经过瓶中发酵制成并以霞多丽葡萄为主要原料，在瓶中至少发酵 18 个月，酒精含量为 11.5 度。

（五）坎帕尼亚（Campania）

坎帕尼亚位于意大利南部。这里的坡地被火山灰所覆盖，土质肥沃，阳光普照。该地区是意大利少数几个能保持葡萄酒为地方风味的地区。近 10 年来，该地区葡萄酒质量大幅度提高。坎帕尼亚的葡萄种植在山上的面积占 71%，坡地占 15% 以上。目前，坎帕尼亚已对当地的葡萄品种进行了改良，特别是对土壤进行了精确的检测，以确定最适合的葡萄品种。该地区的托拉茨地区（Taurasi）生产的葡萄酒获得了 DOCG 级别的认证。此外，坎帕尼亚还有 19 个能生产 DOC 级别的葡萄酒区。

（六）其他地区

除了以上最著名的葡萄酒产区外，阿布鲁齐（Abruzzo）、巴西利卡塔（Basilicata）、卡拉布里亚（Calabria）、马尔希（Marches）、普格利亚（Puglia）、罗马（Roma）、西西里岛、撒丁（Sardinia）和阿尔多–阿迪杰等也都是意大利重要的葡萄酒产区。（见图 2–30）

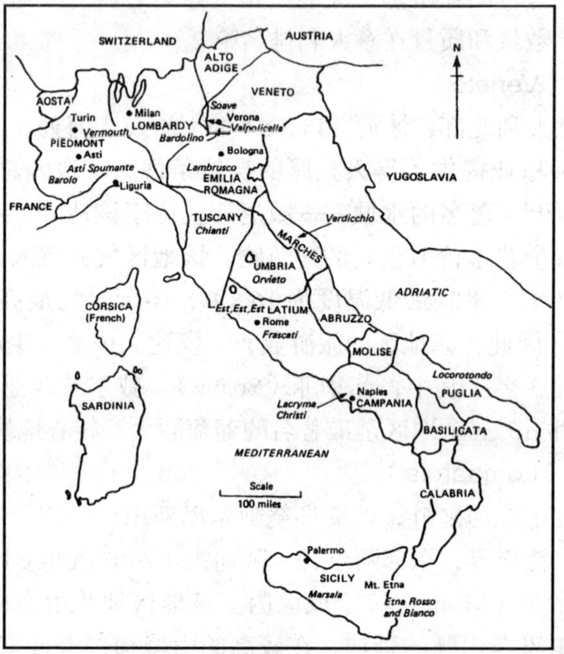

图 2–30　意大利葡萄酒生产区地图

第四节　德国葡萄酒

一、德国葡萄酒概况

德国是世界著名的葡萄酒生产国。白葡萄酒生产量占全国葡萄酒的 2/3 以上，而红葡萄酒生产只占全国总产量的一小部分。德国以迟摘葡萄为原料生产的葡萄酒在世界上享有很高的声誉。由于德国白葡萄酒的味道干爽且甜酸适宜，因此德国白葡萄酒品质极佳。近年来，德国葡萄酒在市场上加强了营销，一些厂商将德语商标变为英语，将烦琐的德文简化。1992 年，德国葡萄酒协会通过了约 30 项的新守则，加强对葡萄酒质量的管理。新守则严格限制葡萄品种，防止滥用新培育的杂交葡萄，减少使用化学肥料和杀虫剂。

二、德国葡萄酒的发展

根据考证，德国从公元前 100 年，由罗马人开始种植葡萄。最早的葡萄园从莱茵河西部开始，至 3 世纪扩大到莫泽尔地区。8 世纪查理曼大帝（charlemagne）规范了葡萄栽培和葡萄酒交易。中世纪，德国的葡萄园主要通过教堂和僧侣的细心管理得到扩大。15 世纪，德国葡萄的种植面积达到历史最高点，是现在种植面积的 4 倍。当时，德国种植的葡萄品种有希尔文纳葡萄（Silvaner）、马斯凯特葡萄和凯米尔葡萄等。1435 年，雷司令葡萄首先在莱茵高地区种植，然后扩大到莫舍河附近。当时，葡萄园采用混合种植方法，一个葡萄园同时种植各种葡萄。17 世纪，由于葡萄酒生产过多，以及啤酒加入竞争，造成德国葡萄酒价格大跌。特别是由于连续 30 年的战争，至阿尔萨斯回到法国怀抱后，德国开始重视葡萄的种植环境，将不适宜种植葡萄的土地改作他用。此后，德国葡萄酒的质量不断得到改进。17 世纪初期，教堂的牧师颁布法令，规定必须以雷司令葡萄代替原来葡萄品种。1720 年，雷司令葡萄首先在斯考拉丝·约翰内斯堡（Schloss Johannisberg）葡萄园单独种植。1753 年一次偶然的机会，德国人发现了贵腐葡萄。由于耽搁，葡萄被晚收了，收获了大量的贵腐霉菌侵袭过的葡萄而造成葡萄脱水，从而使葡萄的糖分和酸度增高，产生了浓郁的香气。1755 年，德国首次生产了以贵腐葡萄为原料制成的葡萄酒。19 世纪，德国葡萄酒的发展进入了黄金时代，莱茵法尔兹（Rheinpfalz）、莫泽尔－萨尔－鲁瓦尔（Mosel-Saar-Ruwer）和莱茵高（Rheingau）地区已经成为德国著名的葡萄酒区。那时，莱茵河地区生产的葡萄酒价格已经超过法国波尔多葡萄酒。1921 年，莫舍河地区萨尼希村（Thanisch）的波卡斯泰勒葡萄庄园（Bernkasteler）开发了德国最早的特级半干葡萄酒（Trockenbeerenauslese）。20 世纪 80 年代，德国的干白葡萄酒的生产量不断上升。目前，德国约有 6 5000 余家葡萄种植企业分散在德国西部和西南部葡萄种植区。

三、著名葡萄酒生产地

莱茵河和莫泽尔地区的河岸及其周围地区是德国主要的葡萄酒产地。两河流域的丘陵地带生长着茂密的葡萄。

（一）莱茵地区（Rhein）

莱茵地区包括莱茵高、莱茵黑森（Rheinhessen）和法尔兹，是世界闻名的3个葡萄酒生产地。莱茵地区生产的白葡萄酒是世界著名的白葡萄酒，该地区平均年销售量为1.5亿瓶，其中大部分销往国外。该酒以干爽、新鲜并有果香味而著称。（见图2–31）

1. 莱茵高（Rheingau）

莱茵高地区葡萄园面积只有3288公顷，是出产世界最高级别的白葡萄酒区域。该酒区内有一个核心小区——波瑞赫（Bereich），这个小区被认为是真正的雷司令葡萄发源地。莱茵高分为10个著名的酒村和119个葡萄庄园。雷司令的种植面积占该地区葡萄种植面积的81%。莱茵高生产的白葡萄酒不论是颜色、香气、口感，还是酒体都非常出色。

2. 莱茵黑森（Rheinhessen）

莱茵黑森是德国最大的葡萄酒产区，葡萄园面积共计约26 372公顷。其中23%种植米勒·特高葡萄（Muller Thurgau），13%种植希尔文纳葡萄（Silvaner），9%种植雷司令葡萄，其余面积种植斯卡雷波葡萄（Scheurebe）、科纳葡萄（Kerner）和巴克凯斯葡萄（Bacchus）。该酒区有3个著名的小酒区：彼诺恩（Binern）、尼尔斯坦（Nierstein）和温尼高（Wonnegau），24个酒村，434个葡萄园。莱茵黑森地区由富饶而平坦的平原构成，适合葡萄成长。该地区以生产白葡萄酒而著名。

图2–31　莱茵地区葡萄种植区

3. 法尔兹（Rheinphalz）

法尔兹原意为“宫殿”，因古罗马皇帝奥古斯都在此建行宫而得名，是德国著名的旅游胜地。该地区葡萄园面积达23 804公顷，是德国第二大葡萄酒产区，所产77%为白葡萄酒。这里种植的葡萄品种比较丰富，其中雷司令葡萄占总面积的21%，米勒·特高葡萄占10%，其他面积种植科纳葡萄、琼州牧葡萄（Portugieser）、希尔文纳葡萄和斯卡雷波葡萄。法尔兹酒区有3个著名的小产区：米特哈德（Mittelhardt）、德希·维斯塔西（Deutsche Weinstrasse）和苏德莱·维斯塔西（Sudliche Weinstrasse）共有25个著名的酒村、333个葡萄园。最好的法尔兹葡萄酒来自该区北部种植的雷司令葡萄和米勒特高葡萄的葡萄园。

（二）莫舍河（mosel）

莫舍河地区是指莫舍河流域一带，其中较著名的地区是莫舍－萨尔－鲁瓦尔（mosel–saar–Ruwer）。莫舍河地区气候温和，阳光充足，土地肥沃。该地区土质由板岩风化而成，非常适合雷司令葡萄成长。该地区生产的白葡萄酒色泽金黄，味道柔和、干爽，气味清新、芬芳，酒精度低。莫舍河发源地在法国境内的浮日山脉，通过德国西部边境蜿蜒245公里，最后与莱茵河汇流，作为莱茵河的支流。萨尔河（Saar）与鲁瓦尔河（Rewer）是莫舍河的两大支流。这些河流带来的水源对于寒冷的德国北部地区是非常重要的，它在寒冷的冬季起着调节温度的作用。同时，水面的反光对于葡萄也十分有利。莫舍－萨尔－鲁瓦尔地区被世界公认是德国最优秀的白葡萄酒产区之一，一般简称莫舍河地区。整个地区一共有12 809公顷葡萄园，其中54%的面积种植雷司令葡萄，22%种植米勒·特高葡萄。该酒区内有6个著名的小产区：泽尔/莫舍尔（Zell/Mosel）、波卡斯泰勒、奥波尔莫泽尔（Obermosel）、萨尔（Saar）、卢瓦泰尔（Ruwertal）、莫舍托（Moseltor）。该酒区还划分成19个著名的酒村（Grosslagen），525个葡萄园（Einzellagen）。该酒区内有德国著名的葡萄酒厂：爱哥莫尔（Egon Muller）、卢森（Dr. Loosen）、约翰·约瑟夫·波拉姆（Johann Josef Prum）和希尔巴哈·奥斯托（Selbach Oster）等。莫舍河白葡萄酒酒质优良，通常盛装在绿色的直形酒瓶内。

（三）阿尔（Ahr）

阿尔地区仅有632公顷葡萄园，其中红葡萄——斯波贡德（Spatburgunder）的种植面积占总面积的52%，琼州牧葡萄占总面积的18%，另有米勒·特高和雷司令白葡萄。该地区生产的葡萄酒主要在本地消费，该地区有1个著名的产区：瓦尔波黑姆/阿特尔（Walporzheim/Ahrtal），1个著名的酒村，43个葡萄园。该地区生产的红葡萄酒酒精度较高，雷司令葡萄酒新鲜且具有良好的酸度。

（四）米特尔莱茵（Mittelrhein）

米特尔莱茵地区是个风景宜人的地方。该地区有 662 公顷葡萄园，75% 种植雷司令葡萄，8% 种植米勒・特高葡萄。米特尔莱茵地区包括两个著名的小酒区：罗尔莱（Loreley）和希本伯格（Siebengbirge），11 个著名的酒村和 112 个葡萄园。由于该地区地理位置偏北，气候寒冷，白葡萄酒的酸度较高。

（五）那赫（Nahe）

那赫位于莱茵黑森与莫舍河酒区之间，出产的葡萄酒兼有这两区的特色。那赫土壤结构比较复杂。全区共有 4665 公顷葡萄园，26% 种植雷司令葡萄，23% 种植米勒・特高葡萄，11% 种植希尔文纳葡萄（Silvaner）。该地区有 1 个著名的小葡萄酒区：那赫泰尔（Nahetal），7 个著名的酒村，323 个葡萄园。那赫葡萄酒具有高酸度水果味，还带有香草味道。

（六）富登堡（Wurttemburg）

富登堡是德国最大的红葡萄酒产区。该地区的 11 204 公顷葡萄园，24% 种植雷司令葡萄，22% 种植特伶格葡萄（Trollinger）、16% 种植斯凯沃雷司令葡萄（Schwarzriesling），其余种植科纳葡萄、米勒葡萄、特高葡萄、兰姆波格葡萄（Lemberger）。该地区有 6 个最著名的核心地块：兰斯泰尔・斯塔格特（Remstal-Stuttgart）、沃特波兹・安特兰德（Wurttembergisch Unterland）、科赫・佳斯特・塔伯（Kocher-Jagst-Tauber）、贝莱斯・波登希（Bayrischer-Bodensee）和沃特波兹・波登希（Wurttembergischer Bodensee）和奥波尔・尼克（Oberer Neckar），16 个著名酒村，205 个葡萄园。这里靠近德国南部，气候温暖，出产平淡的白葡萄酒和红葡萄酒。

（七）巴登（Baden）

巴登是德国著名的葡萄产区之一，共有 16 371 公顷葡萄园，其中大约有 1/3 面积种植红葡萄。该地区有 8 个著名的小葡萄酒区：巴德希・波斯塔希・克莱高（Badische Bergstrasse Kraichgau）、塔伯弗兰克（Tauberfranken）、波登希（Bodensee）、马克格拉夫兰德（Markgraflerland）、凯塞图尔（Kaiserstuhl）、图尼伯格（Tuniberg）、布莱高（Breisgau）和奥凡诺（Orfenau），16 个著名的酒村，351 个葡萄园。巴登地区是德国最南部的葡萄酒产区，位于上莱茵河谷（Upper Rhein Valley）和布莱克森林（Black Forest）之间，气候温暖，该地区主要生产干红葡萄酒。巴登地区居民有饮用葡萄酒的习惯，平均每人每年的葡萄酒消费量比普通德国人消费量高 50%。

（八）弗兰肯（Franken）

弗兰肯地区位于法兰克福东部，以生产白葡萄酒为主。该地区共有 6078 公顷葡萄园，46% 种植米勒・特高葡萄、20% 种植希尔文纳葡萄、11% 种植巴克哈斯葡萄（Bacchus）。该地区有3个生产葡萄酒的核心地区：梅沃莱克（Mainviereck）、梅德莱克（Maindreieck）和斯坦格瓦尔德（Steigerwald），23个著名的酒村，212个葡萄园。该地区以生产干白葡萄酒为主，酒体较重，带有泥土的香味。质量高的葡萄酒装在独特的扁圆形酒瓶内。（见图2–32）

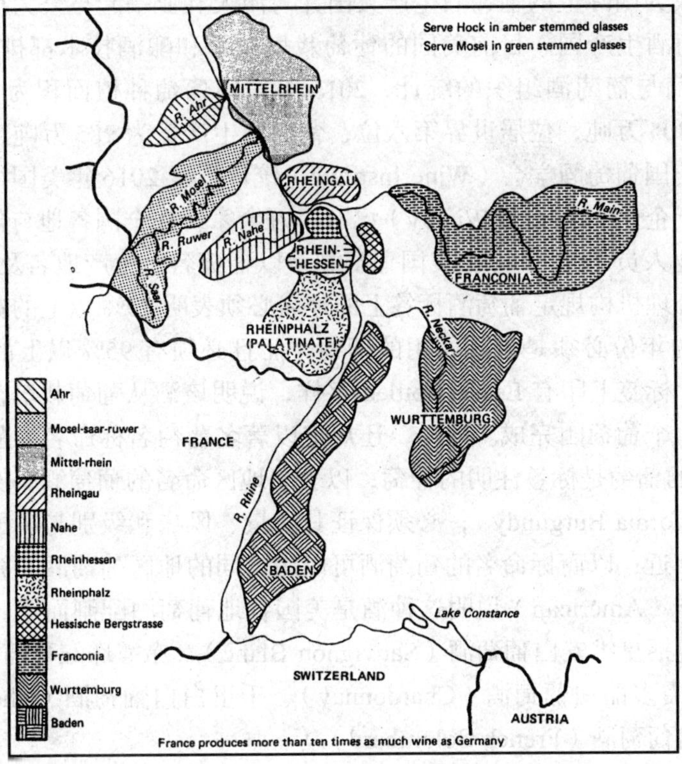

图2–32　德国葡萄酒生产区地图

（九）其他地区

1. 黑森山道（Hessische Bergstrasse）是德国最小的葡萄种植区。其名称来自于它的历史。在古代，这块山道是古罗马人的商道。黑森山道酒区生产的葡萄酒味道芳香，带有酸味。

2. 萨克森（Sachsen）是德国最东部的葡萄酒生产区。其酿造葡萄酒自1161年开始。

3. 萨勒—温斯图特（Saale–Unstrut）是德国最小的葡萄酒生产区之一。其地理位置在欧洲北部的葡萄酒生产区。

第五节　美国葡萄酒

一、美国葡萄酒概况

美国已成为国际上的葡萄酒生产大国并与澳大利亚一起被誉为世界最成功的2个新兴葡萄酒生产国。目前美国的葡萄栽培技术和酿酒技术都排名世界前列。根据国际葡萄与葡萄酒组织的统计，2015年美国葡萄种植面积为42.5万公顷，葡萄产量为805万吨，位居世界第六位；葡萄酒生产量为285万吨，跃升为世界第四位。据美国葡萄酒学会（Wine Institute）统计，至2016年美国注册外销资格的葡萄酒生产企业（Bonded Winery）已有1万余家，在全国各地与葡萄种植和葡萄酒生产从业人员超过82万。美国葡萄酒常以葡萄名、生产地名及商标名命名。美国葡萄酒管理机构规定葡萄酒标签上的地名必须表明75%以上的葡萄产自该地区。标签上的年份必须是该酒所用的葡萄，而且必须有95%以上的比例是该年收获的葡萄。标签上印有Estate Bottled字样，说明该酒从葡萄栽培，生产至装瓶全部工作在1个葡萄园完成。同时，还规定以著名葡萄名称命名的葡萄酒必须含有75%以上的葡萄是标签注明的葡萄；以著名地区命名的葡萄酒，例如，加州波根第酒（California Burgundy），必须保证其质量、风味和级别与法国波根第地区质量和特色相近；以商标命名的葡萄酒可以用不同的地区葡萄酒勾兑。当商标上印有美国生产（American）说明这种酒是美国各地葡萄酒配制而成。美国生产的葡萄酒主要包括夏维安白葡萄酒（Sauvignon Blanc）、赤霞珠红葡萄酒（Cabernet Sauvigon）、霞多丽白葡萄酒（Chardonnay）、千里白白葡萄酒（Chenin Blanc）、法国科龙伯白葡萄酒（French Colombard）等。

二、美国葡萄酒发展

美国葡萄酒生产有着悠久的历史，其最早可追溯到1562年至1564年由修道院的教徒使用佛罗里达州周边的野生葡萄酿制葡萄酒。1769年由修道院修士开始从加州南部到北部建立葡萄园。那时，美国葡萄酒生产都是以本地种植的葡萄为原料，葡萄酒质量较差。1830年美国开始引进优质的葡萄。然而，由于19世纪后期葡萄的根瘤病和20世纪初期美国的禁酒令严重地影响了当时美国葡萄酒的生产。1946年，乔义·赫兹（Joe Heitz）建立了赫兹葡萄酒厂（Heitz wine cellars），而迪科·克拉夫（Dick Graf）在1965年建立了霞龙葡萄园（Chalone vineyard）。罗伯特·曼德维（Robert Mondovi）在1966年自己开办了葡萄酒厂。当时，加州不论在葡萄的种植面积还是种植的品种等方面都比以前有较大的进步。

三、著名葡萄酒生产地

美国主要有 4 个葡萄酒生产区：它们是加州、华盛顿州、纽约州和俄勒冈州。

（一）加州（California）葡萄酒生产区

加州全称加利福尼亚州，位于美国西南部，是沿太平洋东海岸的一片狭长地带。四周为连绵不断的山脉，中央为山谷地区，具有夏天干燥、冬天潮湿等气候特点。这里不仅拥有美丽的海滩、迷人的景色、和煦的阳光，而且是美国最著名的葡萄和葡萄酒生产地。多年来加州的葡萄种植业、酿酒业与加州大学密切合作，以科学方法改良葡萄种植和酿酒技术，使葡萄栽培技术、葡萄酒生产工艺和葡萄酒口味持续地提高，从而吸引了世界各地酒厂技术人员和学者到加州参观和学习。同时，加州是世界上少有的适宜葡萄种植的地区之一，由于有多种类型的地势特征，形成了各具特色的微气候，因而适宜种植各种风味的葡萄（见图 2–33）。这里每年有超过 200 天的阳光，有适宜葡萄生长的稳定气候。春夏季节既有漫长、光照充足的白天，也有凉爽并晴朗的夜晚，为葡萄生长提供了一个完美的环境。加州生长的葡萄既有浓郁的果香味，又有适合的酸度。此外，加州的地质结构多样性造就了多样的土壤类型，包括白垩土、石灰石、黏土、壤土及火山灰等。因此，对于葡萄生长而言，果农可根据土壤的不同类型种植不同的葡萄品种以获得最大的收益。该地区著名的那帕山谷（Napa）生产的葡萄酒在 1976 年巴黎评酒会中，由于其质量与特色超过了法国的某些葡萄酒区的优质产品而一举得名。加州广泛地种植了霞多丽白葡萄（Chardonnay）、法国科隆白葡萄（French Colombard）。其次，还有千里白（Chenin blanc）、夏维安（Sauvignon Blanc）、雷司令（Riesling）、占美娜（Gewrztraminer）、白比诺（Pinot Blanc）和马斯凯特（Muscat）等优秀的白葡萄品种。同时，种植的红葡萄有增芳德（Zinfandel）和赤霞珠（Cabernet Sauvignon）。此外，还种植了少量的格丽娜齐（Grenache）、巴巴拉（Barbera）、佳丽德娜（Carignane）、黑比诺（Pinot Noir）、美露（Merlot）、宝石红（Ruby Cabernet）、小赛乐（Petite Syrah）、甘美（Gamay）、甘美保祖利（Gamay Beaujolais）和赛乐（Syrah）等红葡萄。这些优秀的品种葡萄为加州葡萄酒酿造业奠定了基础。目前加州生产的葡萄酒占美国高级葡萄酒生产量的 95%。其中，75% 由加州山谷地区葡萄酒厂生产，尽管这些酒厂不是很有名气，然而由于其使用现代酿酒技术和先进的生产设备及优秀的葡萄品种等原因使其葡萄酒的质量比传统的葡萄酒提高了很多。更由于加州山谷地区空气凉爽并湿润，为那帕山谷（Napa）、索纳摩山谷（Sonama）和中央山谷（Central Valley）等创造了适宜的葡萄生长环境。

图 2–33　加州葡萄种植区

图 2–34　那帕山谷

因此，当今的美国葡萄酒在国际市场的影响力不断上升，以加州那帕山谷为代表的美国葡萄酒受到市场的关注和青睐。不仅如此，那帕山谷（见图 2–34）还成为了特色葡萄酒生产和观光为一体的旅游景区，每年约吸引 300 万游客并收入 6 亿美元。

（二）华盛顿州（Washington）葡萄酒生产区

华盛顿州位于美国西北部太平洋沿岸，北接加拿大，东接爱达荷州（Idaho），南邻俄勒冈州（Oregon State），西濒太平洋，面积约 176000 平方公里，人口 600 多万。华盛顿州地貌丰富多彩，其葡萄种植总面积约 2 万公顷，全部以酿酒用的葡萄为主，超过 40% 的面积是近 10 年随着葡萄酒产业的迅速发展而种植的。2014 年全州葡萄产量达到 22.7 万吨，葡萄酒产值超过 30 亿美元，已经成为美国的第二大葡萄酒生产地。华盛顿州内主要葡萄产地包括雅吉玛（Yakima）、瓦拉瓦拉（Walla Walla）、哥伦比亚山谷（Columbia valleys）、普吉湾（Puget Sound）、赤山（Red Mountain）和哥伦比亚峡谷（Columbia Gorge）等。其栽培的葡萄品种有 30 余个。华盛顿州在葡萄酒生产中全部应用滴灌或者喷灌技术，基本实现了种植和采收葡萄的机械化管理。因而，人工成本有了很大幅度的降低。根据美国国家农业统计局（National Agricultural Statistics Service）发布的数据，2014 年华盛顿州白葡萄的产量占葡萄生产总量的 53%。其中，种植最广泛的白葡萄品种是雷司令（Riesling），其他白葡萄品种包括霞多丽（Chardonnay）、长相思（Sauvignon Blanc）、琼瑶浆（Gewurztraminer）、赛美蓉（Semillon）、灰比诺（Pinot Gris）、唯欧尼（Viognier）。红葡萄品种主要是赤霞珠（Cabernet Sauvignon）、美乐（Merlot）、赛乐（Syrah）和品丽珠（Cabernet Franc）。

2014 年，华盛顿州出产的葡萄每吨均价为 1110 美元，在所有的葡萄品种中，歌海娜（Grenache）每吨均价最高，达到 1674 美元。华盛顿州的葡萄酒畅销全美 50 余个州及世界 40 多个国家和地区，高档酒的生产成为华盛顿州葡萄酒产业的发展趋势。华盛顿州对葡萄酒产业的研发起着很大的支持，早在 1987 年成立了华盛顿州葡萄酒委员会；2003 年开始与教育机构合作，开展职业培训以提供所需的专业人才；2015 年由行业协会出资，在华盛顿州立大学里奇兰（Richland）校区成立了葡萄酒科学中心，这些措施巩固了华盛顿州作为高档葡萄酒产区的位置。这种由行业协会投资，与学校、科研机构合作研发的模式，值得其他地区的借鉴。州内的喀斯喀特山脉（Cascade Mountains）全长 1127 公里，是华盛顿州内最大的山脉。它贯穿华盛顿州的南北，几乎把华盛顿州一分为二。这样，将喀斯喀特山脉的南北地区造就了截然不同的自然气候和景观。因此，华盛顿州的主要葡萄产区和葡萄酒厂分布在喀斯喀特山脉东侧。由于这一山脉的充足阳光和沙质土壤，而且与法国葡萄酒产地勃艮第和波尔多地区处于同一纬度。同时，该地区的平均日照时间达 17.4 小时，因此特别适合葡萄的生长。此外，该地区夜间气温较低，可以使果实的自然酸度得以保留而拥有丰富的香气与独特的味道。

（三）纽约州（New York ）葡萄酒生产区

纽约州位于美国东北部，其葡萄酒生产地主要分布在 4 个地区：埃尔湖和朝德瓜地区（Lake Erie & Chautauqua）、手指湖地区（Finger Lakes）、长岛（Long Island）和哈德森山谷（Hudson Valley）。其中，每一个葡萄酒生产区都有各自的土质和天气特色。由于纽约州天气凉爽，适合葡萄生长。因此，该地区生产的葡萄酒，香气浓，味清淡。纽约州种植的葡萄品种主要有霞多丽（Chardonnay）、黑比诺（Pinot Noir）和雷司令（Riesling）。目前该州葡萄种植面积和葡萄酒生产量在美国排列第三。其中，长岛是纽约州开发较晚的酒区。1973 年长岛仅有 1 个葡萄园，但是目前已建立了 50 余个葡萄园和 26 个葡萄酒厂。至 2016 年长岛东部葡萄种植面积已超过 3 千英亩（acres），每年生产约 300 万瓶葡萄酒。手指湖地区代表着美国纽约州西北部的一个多湖泊地区，由多达 14 条大大小小的湖泊组合而成，南北纵向排列，形同手指，故名手指湖。其中最长的一条大湖为卡尤加湖（Cayuga Lake），全长 61 公里。该地区不仅是美国著名的白葡萄酒生产区，还是旅游胜地。该地区湖光山色，伏牛般的山形蜿蜒起伏，布满了峡谷、瀑布、溪涧和岩洞。该地区气候湿润，土壤肥沃，温度适宜，特产丰富，在山野湖畔遍布着葡萄酒生产厂。美国人认为，尽管纽约州葡萄酒不像加州葡萄酒那样细腻和豪爽。然而，与相邻的俄亥俄州（Ohio）和加拿大安大略湖地区（Ontario）生产的葡萄酒味道很相似。

（四）俄勒冈州（Oregon）葡萄酒生产区

俄勒冈州葡萄种植于 19 世纪 40 年代，而其葡萄酒的优秀质量和浓郁地方风味于20世纪60年代受到人们的关注。目前，已成为美国的精品葡萄酒生产区。该州位于美国西北部，太平洋西北沿岸。该州气候温和，季节分明，西部沿岸多雨，沿海地区年降水量1500~3000毫米。俄勒冈州的葡萄园土壤组成特点是花岗岩带有少量的火山岩和海洋沉淀物及黏土。因此，很适合葡萄的生长，特别是黑比诺葡萄（Pinot Noir）。近年来，俄勒冈州的葡萄生产区还成功地种植了美露（Merlot）、赤霞珠（Cabernet Sauvignon）、赛乐（Syrah）、增芳德（Zinfandel）、黑比诺（Pinot Gris）、霞多丽（Chardonnay）、雷司令（Riesling）等著名的葡萄。俄勒冈州种植葡萄面积约有12000英亩，有5个著名的葡萄酒生产区，它们是哥伦比亚约翰种植区（Columbia Gorge）、哥伦比亚山谷种植区（Columbia Valley）、蛇河谷种植区（Snake River Valley）、南俄勒冈种植区（Southern Oregon）和威拉米特山谷种植区［Willamette Valley（见图2-35）］。在这5个产区中，包括了该州的70%的葡萄酒生产商。其中，最著名的产区是威拉米特山谷种植区。近年来，该州葡萄酒生产区以优质的黑比诺葡萄酒受到世界葡萄酒市场的青睐。消费者们认为俄勒冈州的酿酒企业有着非凡的创造力，他们不沉迷于传统的葡萄酒生产工艺和橡木桶酿造方法制作葡萄酒。而是，认真研究和改良葡萄的种植，创新葡萄发酵技术和生产设备而生产优质的葡萄酒。目前，俄勒冈州已出产出质量稳定和优秀的黑比诺葡萄酒并且每年出口量持续上升，其中大部分葡萄酒销往英国伦敦、日本东京和加拿大等地区。近年来，丹麦、瑞典和挪威等北欧国家对俄勒冈州葡萄酒的需求量也不断上升。同时，威拉米特山谷葡萄种植区已成为美国和世界最重要的黑比诺葡萄酒生产区之一。此外，威拉米特山谷葡萄酒厂还成为了一个特别受欢迎的旅游景点。

图2-35　威拉米特山谷种植区

第六节 澳大利亚葡萄酒

一、澳大利亚葡萄酒概况

澳大利亚人认为，一瓶葡萄酒是“一瓶阳光”（A Bottle of Sunshine）。这说明澳大利亚人民的日常生活离不开葡萄酒。澳大利亚的葡萄酒制造业不仅保持了欧洲传统的酿酒工艺，近年来还采用了先进的酿造方法和现代化的酿酒设备，生产大众化的优质葡萄酒。一些葡萄酒从葡萄进厂发酵到成品酒只需8个星期，不经过橡木桶熟化。酒的口味柔和，果香丰富，口感清新，极易入口。许多欧洲人评价澳大利亚的葡萄酒厂实际上是一个精炼厂，那些由不锈钢组成的先进设备向传统的橡木桶提出了挑战。澳大利亚最大的葡萄酒厂每年生产7000万升葡萄酒，相当于英国葡萄酒年产量的3倍。近年来，澳大利亚葡萄酒的出口量以年平均两位数增长，主要针对美国、英国和其他欧洲国家出口，特别是对美国的出口增长幅度较为明显。2002年以来对美国出口上升了55%，总量为1.736亿升。同时，对英国和其他欧洲国家的出口总量，增幅了11.2%。澳大利亚是葡萄酒生产大国，目前，该国成为世界第六大葡萄酒生产国。

二、澳大利亚葡萄酒的发展

澳大利亚葡萄酒已有200余年历史。第一批葡萄树自1788年由英国人带入，种植在悉尼附近的农场。1791年，菲利普总督种植了3亩葡萄园。后来，许多人开始种植葡萄，开设葡萄酒作坊。其中比较有名的是约翰·马可阿瑟船长（John McArthur），当时他在悉尼附近种植了30亩葡萄，并将葡萄园命名为康顿花园。1822年，格丽格瑞·伯莱克兰德（Gregory Blaxland）首次将136升葡萄酒通过水路运到伦敦，赢得英国皇家艺术和制造业二等奖。5年后，他又通过水运向伦敦送去1800升葡萄酒，获得女神金奖。20世纪初，澳大利亚葡萄酒出口量稳步增长，平均每年出口约4500万升。第二次世界大战后，澳大利亚每年葡萄酒产量约11 700万升。由于澳大利亚葡萄产区多数位于赤道以南31°～38°，因此葡萄收成好的年份多；又由于澳大利亚葡萄产区的气候与欧洲著名的地区基本相似，所以澳大利亚的葡萄风味和质量都是上乘的。后来欧洲移民不断增加，带来葡萄种植技术和葡萄酒酿造技术，使澳大利亚葡萄酒业飞速发展。从1994年开始，澳大利亚平均每年生产5027亿升葡萄酒，其中36%的产量向77个国家出口。

三、著名葡萄酒生产地

澳大利亚著名的葡萄酒生产地有西澳大利亚（Western Australia）地区、南澳大利亚（South Australia）地区、新南威尔士（New South Wales）地区和维多利亚（Victoria）地区。

（一）西澳大利亚（Western Australia）

巴克山脉（Barker）位于澳大利亚西部，该山脉附近广阔无垠的土地是澳大利亚最大葡萄酒区之一。这里景色宜人，一块块葡萄园依偎在美丽的国家公园和南部海港之间。这里不仅出产高质量的葡萄酒，还是旅游胜地。这块面积长约90公里，宽60公里，分为阿尔巴尼（Albany）、巴克山（Mount Barker）、弗兰克兰德河流域（Frankland River）和派姆布顿（Pemberton）等酒区。其中，巴克山区共有葡萄园40余个，每年生产的葡萄酒占澳大利亚相当大的比例。该地区主要种植雷司令葡萄、霞多丽葡萄和芝华士葡萄。该地区的土质含有大量的有机物和碎石块，很适合葡萄生长。其中，宏德瑞镇的葡萄园位于黑河山谷的山坡上，葡萄在潮湿和肥沃的土壤中茁壮成长。该地区气候凉爽，夏季平均23℃，冬季平均温度17℃。平均年降雨量725毫米。葡萄在凉爽的温度下逐渐成熟，使得该地区的葡萄酒味道特别香醇。

（二）南澳大利亚（South Australia）

1. 爱德莱德（Adelaide）

澳大利亚的南部地区爱德莱德（Adelaide）山脉的葡萄园位于海拔400米高的位置，距海边城市——德莱尔（Delaide）仅30分钟的开车路程。这里的葡萄园基本是陡峭的地形，享受着充足的阳光照射。这里的天气凉爽，是种植葡萄和建立葡萄酒厂理想的地方。该地区生产优质的葡萄酒并以葡萄名命名。著名的葡萄酒有霞多丽葡萄酒、黑比诺葡萄酒和优质的葡萄汽酒。

2. 巴罗莎山谷（Barossa Valley）

巴罗莎山谷是澳大利亚南部地区著名的葡萄酒产区。它位于爱德莱德（Adelaide）北部，开车只有1小时距离。该酒区不仅包括巴罗莎山谷，还有爱登山谷（Eden Valley）。该地区在1842年曾由德国管理，因此生产的葡萄酒具有德国酒的干爽特点。这里至今还保留着当年德国人的陆德教会（Lutheran）的30多个以石头为材料建立的教堂，这些教堂的玻璃尽管已经褪色，但是它的华丽装饰和精制的管风琴依然可见。该地区共有48个葡萄园，每个葡萄园平均每年收获约6万吨葡萄，占澳大利亚葡萄总产量的25%。该地区主要种植芝华士、格丽娜齐和赤霞珠等葡萄。这里的白葡萄也很著名，包括赛米龙（Semillon）、雷司令和霞多丽等品种。南澳大利亚出产多种葡萄酒，有大众餐酒、高级葡萄酒、白葡萄酒、红葡萄酒和葡萄汽酒。

3. 克莱尔山谷（Clare Valley）

美丽的克莱尔山谷位于爱德莱德市北部80公里处，以生产雷司令白葡萄酒而闻名。该山谷面积只有 20 公里长，2 公里宽，由多个小山组成，树木茂密，雨量充沛，褐红色的土地很肥沃并带有石灰石、岩石和砂岩，是葡萄生长的理想地方。根据历史记载，1842 年约翰·哈罗克斯（John Horrocks）和他的助手——詹姆斯·哥伦（James Green）开始在该地建立葡萄园。同年杰素斯（Jesuits）首先在克莱尔山谷建立葡萄酒厂。如今，克莱尔山谷已成为著名的花园地区，并拥有 5000 英亩葡萄园。

4. 兰宏·克力科（Langhorne Creek）

兰宏·克力科地区是南澳大利亚最古老的酒区，也是发展最快的酒区。该地区是广阔的平原，覆盖着红色的橡胶树，附近有著名的波莱姆河（Bremer）和安哥斯河（Angas）。该地区的葡萄园在 1850 年由弗兰克·波兹（Frank Potts）首先建立。1990 年已经发展到 440 公顷土地。近几年经过努力，又扩大了 4535 公顷，成为大型葡萄园。该地区天气凉爽，每年平均降雨量 380 毫升，以生产著名的赤霞珠和芝华士红葡萄酒而闻名，也生产少量的白葡萄酒。

5. 麦克莱瑞（McLaren）

麦克莱瑞山谷位于爱德莱德市南部 50 公里处，是南澳大利亚传统的红葡萄酒区。目前，该酒区以生产圆润、醇厚的葡萄酒而闻名。20 世纪早期该地区生产的红葡萄酒已出口英国。

（三）新南威尔士（New South Wales）

1. 海斯庭地区（Hastings）

在新南威尔士地区中部偏北的海岸线上，有著名的海斯庭河（Hastings）流域。该流域位于悉尼以南 400 公里处，形成了著名的葡萄园。该地区享受着太平洋的温和气候，每年 2 月该地区天气最热，但也只有 26℃，雨量充沛，适合葡萄生长。该地区种植有霞多丽、赛米龙、夏维安、赤霞珠与黑比诺等多种优质葡萄，生产有干爽芳香的玫瑰红葡萄酒和味道醇厚的红葡萄酒。海斯庭酒区有着悠久的葡萄种植历史。1837年，当时任移民助理官员的亨利·凡科特·怀特（Henry Fancourt White）首先在该地区建立了葡萄园。1890 年，已有 33 个葡萄园并建立了葡萄酒厂。1980 年，约翰·凯斯格林（John Cassegrain）又继续建立了葡萄园和葡萄酒厂，并对该地区葡萄酒生产起着很大的推动作用。目前，该地区有 200 多公顷土地种植葡萄。

2. 汉特山谷（Hunter）

汉特山谷是南威尔士葡萄酒的另一主要产地，距悉尼市 100 公里处，是澳大利亚最古老的酒区。像美国旧金山的那帕山谷和索纳摩山谷一样，这个酒区受到葡萄酒商们的青睐，至今该地区已有 80 多个酒厂，生产多种葡萄酒。汉特山谷种植约 7000 英亩葡萄，其中 60% 面积都在赛斯诺科镇（Cessnock）附近。这里土壤保留着火山爆发后的特点。这种红色并含有沙石的土地出产着澳大利亚优质的葡萄。该地区传统上只生产赛米龙白葡萄酒和芝华士红葡萄酒。目前，又增加了霞多丽葡萄酒、赤霞珠红葡萄酒和美露红葡萄酒。经过数年的努力，汉特酒区的葡萄酒风味正朝着细致、新鲜并带有酸味芳香等特点迈进。

3. 坦巴瑞波（Tumbarumba）

坦巴瑞波地区是澳大利亚新指定的葡萄酒生产区。该酒区的葡萄园集中在坦巴瑞波和特米（Toomy）两个地区西部的雪山上，种植面积达 41 公顷。由于该地区肥沃的土地和丰富的水资源，从 19 世纪 30 年代就吸引着传教士们在这里定居。1982 年，该地区建立了第一家葡萄酒厂。1997 年，已经拥有 25 家酒厂。目前已经有 32 家酒厂并且都以酒厂名称为商标销售葡萄酒。由于该地区的气候与法国波根第北部地区很相近，比较凉爽，因此种植的葡萄品种也基本相同。该地区以生产霞多丽白葡萄酒和黑比诺红葡萄酒而闻名。目前，也生产少量的夏维安白葡萄酒和赤霞珠红葡萄酒。

（四）维多利亚（Victoria）

维多利亚位于新南威尔士州的南部，其中的大河区（Big Rivers）是近年发展速度较快的葡萄酒生产区，位于新南威尔士州中部，南靠玛丽河（Murray），西部直伸新南威尔士的文特沃斯镇（Wentworth）。这里许多酒厂位于玛丽河岸及其支流地区。澳大利亚最长的河流——玛丽河像密西西比河一样有着悠久的历史，长度达 3000 多公里。每年新南威尔士山脉的融化雪水灌满了古老的玛丽河，然后穿过平原不断徘徊，将新南威尔士与维克多利亚地区分开，疲惫地流向南部海洋。因此，玛丽河及其支流灌溉了该地区的 2.7 亿英亩土地，占该州土地总面积的 1/7。这里种植着大片的葡萄园，生产的葡萄酒有多个品种。（见图 2–33）

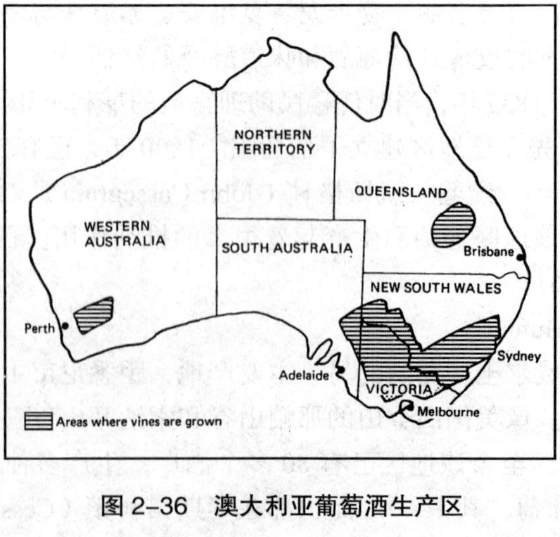

图 2–36 澳大利亚葡萄酒生产区

第七节　西班牙葡萄酒

一、西班牙葡萄酒概况

西班牙是历史悠久的葡萄酒生产大国，其生产量在欧洲仅次于法国和意大利。早在 14 世纪，西班牙已经向英国出售葡萄酒。西班牙是多山的国家，中部地区及首都马德里周围的平原高度平均海拔 668 米。这些地方冬季寒冷，夏季炎热。西班牙是世界葡萄种类最多的国家，目前该国种植的葡萄品种超过 100 种。许多葡萄酒生产区一方面种植和改进本国优秀品种的葡萄，一方面试种法国和其他国家的优秀品种，并通过勾兑工艺开发和创造了许多优秀的风味葡萄酒。近年来，西班牙葡萄酒出口量不断增加并在国际市场上占有重要位置。西班牙生产的雪利酒（Sherry）闻名全球。西班牙葡萄栽培面积占全国耕地的 1/3。1970 年，西班牙政府确定了优质葡萄酒产区，制定了葡萄酒质量标准以加强质量管理。

二、西班牙葡萄酒的发展

根据历史考证，安德鲁西亚地区（Andalucia）于公元前 100 年已开始栽培葡萄，品质很好，举世公认。西班牙的葡萄品种在葡萄栽培国家中占首位，葡萄园面积在全国耕地中占第 3 位，仅次于谷物和油橄榄的种植面积。西班牙现有葡萄园 1 646 950 公顷，占世界葡萄栽培总面积的 17%，占欧洲葡萄栽培总面积的 22%。葡萄酒的生产量，西班牙为世界第 4 位。1868 年，法国葡萄园遭受根瘤蚜虫病，很多法国波尔多地区酿酒师来到了西班牙的利奥加地区（Rioja），带来了法国的技术与经验。当时，法国葡萄园被大面积铲除，葡萄酒紧缺，并从西班牙进口了相当数量的葡萄酒。从而，为西班牙葡萄酒生产提供了机遇。20 世纪 60 年代，特拉丝葡萄酒厂（Torres）酿酒师米吉尔·托纳斯（Miguel Torres）从法国留学回国，带来优秀的葡萄品种，引进了不锈钢控温发酵技术，使西班牙酿酒水平进入了新的阶段。1972 年，西班牙农业部借鉴法国和意大利的成功经验，成立了原产地葡萄酒管理协会（Instito de Denominaciones de Origen），简称 INDO。同时建立了西班牙的原产地名监控制度。目前，西班牙共有 55 个原产地名优质酒区（DO），其中 1994 年后批准的有 20 个。1986 年，在原有葡萄酒等级制度基础上又加入了原产地优质保证酒（Denominaciones de Origen Calificada），简称 DOC，这个级别略高于 DO 级。目前，西班牙只有利奥加地区被授予原产地优质保证酒称号。

三、著名葡萄酒生产地

1986年，在欧洲共同体（EEC）注册的西班牙原产地葡萄酒控制区分布在6大地区的29个原产地，1994年后又批准了20个。6大地区包括加利西亚（Galicia）、利奥加（Rioja）、凯特鲁尼亚（Catalunia）、中部地区（Central Spain）、拉曼特（Lavante）和安德鲁西亚（Andulusia）。其中，利奥加地区被授予西班牙最优质的葡萄酒生产地。

（一）加利西亚（Galicia）

加利西亚地区包括2个原产地优质葡萄酒生产区，它们是瑞贝罗（Ribeiro）和瓦尔多纳斯（Valdeorras）酒区。加利西亚在西班牙的最北部，靠近葡萄牙。因此，生产的葡萄酒与葡萄牙葡萄酒风味很相似，清爽并带有水果的香气。亚斯巴塞斯镇（Rías Baixas）是该地区著名的葡萄酒生产区。这个镇生产的白葡萄酒在西班牙名列前茅。由于该地区受大西洋的凉爽气候和加勒比海潮湿气候的影响，适合葡萄的生长。因此，亚斯巴塞斯镇出产的白葡萄酒新鲜、干爽、味道酸，比临近的葡萄牙名豪地区（Minho）生产的白葡萄酒更细腻，带有鲜花的香气和杏仁味道。这里主要种植阿尔巴瑞娜白葡萄、千里白葡萄、泰萨多拉（Treixadura）和卢瑞罗（Loureiro）等优秀白葡萄。

（二）利奥加地区（Rioja）

西班牙东北部的利奥加河谷最繁荣，周围地区的广阔土地是西班牙最著名的葡萄酒产区。传统上人们称该地区为老凯斯帝罗地区（Old Castille）。该地区与艾波罗河（Ebro）呈平行状态，直达西班牙南部地中海，利奥加河从中穿过。利奥加葡萄酒生产不仅包括利奥加地区本身，还包括周围其他6个酒区：堪波博雅（Campo de Borja）、佳利诺亚（Carinena）、罗艾达（Rueda）、纳瓦拉（Navarra）、苏门塔纳（Somantana）和利波亚·多尔图（Ribero del Duero）。19世纪末，法国波尔多地区葡萄园发生了根瘤蚜虫病，许多优秀的葡萄种植人和制酒专家穿过西班牙边界来到利奥加地区并将优秀的品种葡萄、制酒技术带入该地区。当时他们生产法国风味的葡萄酒以满足法国市场的需要。目前，该地区还保留着传统法国式的小旅馆和当年使用的葡萄酒桶等纪念品。

1. 利奥加镇（Rioja）

利奥加镇距西班牙首都马德里（Madrid）开车约4小时的路程。该酒区充满小山，有48 444公顷土地，分为3个小酒区：阿尔塔（Rioja Alta）、阿尔维莎（Rioja Alavesa）和巴嘉（Rioja Baja）。阿尔塔和阿尔维莎生产气味芳香的、平和的葡萄酒。这两个酒区的天气和土质基本相似，坐落于艾波勒河南部和北部，互相面对；而巴嘉酒区在艾波勒河下游，天气比前两个酒区更加温暖。该地区生产的葡萄酒酸度高。在所有西班牙酒区中，利奥加镇受它的邻居法国葡萄酒生产工艺的影响最深。该地区以出产红葡萄酒为主，占生产量的80%，最著名的是熟化的红葡萄酒。同时，也生产少量不熟化（joven）的红葡萄酒及经过熟化和不熟化的玫瑰红葡萄酒和白葡萄酒。此外，还生产葡萄汽酒。利奥加红葡萄酒主要以泰波尼罗（Tempranillo）和格娜莎（Garnacha）葡萄为主要原料，配少量其他葡萄。利奥加酒区约有14 000个葡萄庄园主，他们的产品向30多个合作酒厂销售。因此，高质量的利奥加葡萄酒实际上是多种葡萄液勾兑的葡萄酒。目前，该地区采用不锈钢发酵桶与现代冷发酵工艺。

2. 苏门塔纳（Somantana）

在该地区著名的克斯特塞格莱村（Costers Del Segre）位于苏门塔纳地区。东部紧靠地中海。该地区气候恶劣，冬冷夏热，属于半沙漠地带，年降雨量只有380毫米。但是，一位有事业心的赖莫特（Raimat）在该地投入巨资进行改造，使这块不毛之地成为现代葡萄园。该地区种植赤霞珠、美露、黑比诺、霞多丽等著名的葡萄。除此之外，还种植一些当地的品种。如泰波尼罗红葡萄、派罗莱达（Parellada）白葡萄和沃拉（Viura）白葡萄等。这里出产的优质酒有赤霞珠红葡萄酒，该酒有黑莓和草药的香味。

3. 纳瓦拉（Navarra）

纳瓦拉位于利奥加的东北方。该地是著名玫瑰红葡萄酒出产地，当今该地区出口大众化的清淡利奥加风味葡萄酒。该地区种植的红葡萄有泰波尼罗、格娜莎、赤霞珠和美露，白葡萄有富莱和莎白丽。

4. 利波亚·多尔图（Ribero del Duero）

利波亚·多尔图地区是西班牙葡萄酒发展最快的地区，特别是在生产红葡萄酒方面。由于受当地贝加·西西里亚（Vega Sicilia）葡萄园主的启发，将当地深红色泰波尼罗葡萄酒与20%的赤霞珠红葡萄酒进行勾兑，配制成优秀的红葡萄酒。近百年来，利波亚·多尔图地区注重开发传统工艺，集中种植传统葡萄并将红葡萄酒在橡木桶中熟化10年。该地区的其他葡萄园生产的红葡萄酒采用传统葡萄液与法国优秀品种葡萄液进行勾兑，含有较多的单宁并带有巧克力的香气。目前，该地区也生产优质的白葡萄酒。

5. 卢伊达（Rueda）

卢伊达位于利波亚·多尔图东部，在艾伯罗河（Ebro）南岸，从东向西延伸。如今这个小酒区已经成为葡萄牙最优秀的白葡萄酒生产地之一。这些酒由当地白葡萄——沃德佳（Verdejo）为主要原料，配以少量的沃拉葡萄（Viura）或夏维安葡萄。该地区白葡萄酒的主要特点是：有坚果味，熟化期短，清爽、典雅，价格适中。

（三）凯特鲁尼亚（Catalunia）

凯特鲁尼亚地区位于西班牙东北地区，包括6个原产地优质葡萄酒控制区。它们是：派娜帝斯（Penedès）、波力奥瑞图（Priorato）、安波登（Ampurdan）、阿尔拉（Alella）、泰拉格纳（Tarragona）和泰拉阿尔塔（Terra Alta）酒区。

1. 派娜帝斯

西班牙著名的派娜帝斯酒区坐落在凯特鲁尼亚东北部与地中海接壤处。该地区经过多年努力，使用现代酿造技术，采用低温发酵和不锈钢酒桶熟化葡萄酒，截至目前，可生产出清爽的、优质大众化的葡萄酒。该酒区也生产部分价高质优的葡萄酒。同时，该地区还生产带有香槟风味的葡萄汽酒。在派娜帝斯附近的山·莎德尼·诺亚镇（San Sadurní de Noya）使用现代方法制作传统的香槟风味葡萄汽酒，当地人们称这种葡萄酒为科瓦（Cava）。此外，派娜帝斯人还为本地区拥有欧洲最佳葡萄酒博物馆而自豪。

2. 波力奥瑞图

波力奥瑞图地区以生产红葡萄酒为主。该酒颜色深，味圆润，酒精度可达18度。同时，还生产优质的白甜葡萄酒。波力奥瑞图从12世纪就开始生产葡萄酒，有悠久的历史。该地区土地贫瘠，带有岩板石和石英石，种植传统品种的葡萄，产量很低，当地葡萄园平均每英亩地只生产0.3吨葡萄。但是，正因为出产量低，使葡萄的味道和甜度浓缩。因此，波力奥瑞图地区使用普通葡萄——格丽娜齐和卡丽南（Carignan），生产出了世界著名的葡萄酒。更令人惊奇的是当地玫瑰红葡萄酒和红葡萄酒清淡、澄清，含有较多的单宁，适于瓶中长期熟化。现在，该地区的发展趋势是增加新葡萄园，种植法国著名的品种葡萄——赤霞珠、美露和赛乐并采用法国的橡木桶替换美洲木桶。当地酒的特点是酒精度高，细致，圆润并带有较高的单宁。目前，该地区还生产干爽的白葡萄酒。

3. 安波登

安波登地区主要以当地传统的葡萄为原料，生产普通的白葡萄酒与红葡萄酒。

4. 泰拉格纳

泰拉格纳地区生产甜味酒精度高的红葡萄酒。

5. 泰拉阿尔塔

泰拉阿尔塔地区是小酒区，位于艾波罗河南岸山坡上，生产优质的红葡萄酒。

（四）中部地区（Central Spain）

中部地区包括4个原产地优质葡萄酒生产区。它们是拉曼查（La Mancha）、曼奎达（Mentrida）、曼库拉（Manchuela）和沃仑西亚（Valencia）。拉曼查位于首都马德里以南，是干旱的高原，海拔615米，面积41.9万英亩。年平均降雨量

400 毫升，目前是欧洲最大的单独原产地酒生产区。过去，由于该地区使用传统的生产技术，葡萄酒在成熟前就遭到氧化，因而曾被消费者轻视。当今该地区采用温度控制技术，使用不锈钢容器发酵并采用提前或延时采摘葡萄的方法，使葡萄酒质量得到改进。当地的沃尔德畔纳斯地区（Valdepeñas）海拔 700 米，是西班牙质量控制酒区。该地区生产的红葡萄酒与利奥加风味很相似，酒精度高，约 16 度，有香草的味道。该地区的白葡萄酒酒精度为 13 度至 14 度，味道圆润。此外，该地区生产的葡萄酒还作为西班牙白兰地酒的原料，以桶为单位销售。其他三个酒区，曼奎达、曼库拉和沃仑西亚采用分层熟化法生产具有雪利酒风味的红葡萄酒和白葡萄酒。

（五）拉曼特（Lavante）

拉曼特地区位于拉曼查高原的东山坡上，包括 6 个原产地优质葡萄酒生产区。它们是：艾丽坎特（Alicante）、乌泰尔·瑞坎纳（Utiel–Requena）、阿尔曼莎（Alimansa）、沃仑西亚、朱密拉（Jumilla）和伊克拉（Yecla）。沃仑西亚和乌泰尔·瑞坎纳酒区在北部，阿尔曼莎酒区在中部，艾丽坎特、朱密拉和伊克拉酒区在拉曼特的南部。这 6 个酒区分别以酒区名称为品牌销售葡萄酒。拉曼特地区著名的葡萄酒有清淡型红葡萄酒和玫瑰红葡萄酒以及含有 13 度至 17 度酒精的红葡萄酒。

（六）安德鲁西亚（Andalucia）

安德鲁西亚地区在西班牙的最南部，几乎接近非洲。包括 4 个原产地优质葡萄酒生产区。它们是康多·赫尔瓦（Condado de Huelva）、马拉加（Malaga）、赫雷斯（Jerez/Xeres/Sherry）和曼特拉—莫瑞莱斯（Montilla–Moriles）。

1. 赫雷斯

赫雷斯市周围的葡萄园是著名的葡萄酒生产地。它在西班牙的最南部，临近直布罗陀海峡。世界著名的雪利酒三个生产中心，赫雷斯·拉弗朗特拉（Jerez de la Frontera）、山路卡·巴拉达（Sanlúcar de Barrameda）和波尔图·山塔·马瑞拉（Puerto de Santa Maria）位于该地区的西海岸，形成约 10 公里范围，形成三角形。大西洋的微风和地中海温和气候及当地优秀的土质使那里的帕罗米诺葡萄（Palomino）茁壮成长。当地出产的葡萄酒具有杏仁和橄榄清香味。目前，该地区种植葡萄面积约 32 000 英亩。该地区还生产少量派多·希姆娜兹（Pedro Ximénez）和马斯凯特葡萄酒，年产量约 9000 万升。

2. 马拉加

马拉加地区位于西班牙的南海岸，赫雷斯市以东 150 公里处。作为安德鲁西亚州（Andalucía）最小的葡萄酒质量生产区，该地区有悠久的历史。19 世纪后半期，该地区被根瘤蚜虫病侵害，许多土地不再种植葡萄。现在由于旅游业的兴起和竞争加剧，当地山坡上到处是葡萄园，出产的葡萄酒以干葡萄为原料并在发酵中，勾兑了白兰地酒，中断发酵，保持葡萄酒的部分糖分。当地种植的葡萄主要有：派多·希姆娜兹、埃尔伦（Airén）、马斯凯特等葡萄。马拉加葡萄酒酒精度高，在马拉加橡木桶中熟化，酒精度为15度至23度，有干味和甜味两种。但是，该地区出口的马拉加酒是甜味的并带有葡萄干香气，可作为甜点酒。

3. 曼特拉—莫瑞莱斯

曼特拉—莫瑞莱斯地区位于赫雷斯市的东北部，是安德鲁西亚州（Andalucía）最炎热和干旱地区。该地区生产的葡萄酒与著名的雪利酒质量与等级基本相同。但是，由于缺少宣传，很少被人们认识。这里种植的葡萄品种以派多·希姆娜兹为主，总种植面积约占当地葡萄的70%。其他品种是埃尔伦和马斯凯特。曼特拉地区主要生产菲诺型（Fino）干雪利酒、曼赞尼拉型（Manzanilla）干葡萄酒、阿蒙提拉图（Amontillado）干葡萄酒和奥乐路索型（Oloroso）甜葡萄酒。但是根据西班牙的酒法，这些优秀的葡萄酒只能以干白葡萄酒（Pale Dry）、半干葡萄酒（Medium Dry）或甜味葡萄酒（Cream）出口各国家。一些当地出产的优质酒运送到赫雷斯市或马拉加市与当地出产的葡萄酒进行勾兑而成为真正的雪利酒和马拉加酒。（见图2–34）

图2–37 西班牙葡萄酒生产区

四、西班牙葡萄酒专业术语

Tinto：红葡萄酒。

Vino de Mesa：餐酒。

Seco：干味。

Rosado：玫瑰红葡萄酒。

Consecha：收获年份。

Dulce：甜味。

Blanco：白葡萄酒。

Vendimia：丰收年。

Espumoso：葡萄汽酒。

Sangria：含柑橘汁的葡萄酒。

第八节 葡萄牙葡萄酒

一、葡萄牙葡萄酒概况

葡萄牙是著名的葡萄酒生产国。该国种植葡萄的人口占国家农业人口总数的25%。根据调查，葡萄牙著名的波特酒已有300多年历史，葡萄牙的白葡萄酒和红葡萄的质量和声誉不断提高。近年来，葡萄牙不断加大资金投入，采用冷发酵技术，使用不锈钢发酵罐，不断创新和开发新品种。当今，葡萄牙著名的葡萄酒推销组织称为G7。G7是由葡萄牙全国7家生产优质葡萄酒的公司组成，这个组织有广泛的代表性。其中，包括名豪地区（Minho）、杜罗河地区（Douro）、顿河地区（Dao）、百立达地区（Bairrada）、里斯本市周边地区（Lisbon）的赛特波尔市（Setubal）、布斯拉兹市（Bucelas）、卡克维罗斯市（Carcavelos）和克拉瑞斯市（Colares）等周边地区；艾斯瑞姆德尔地区（Estremadura）、阿尔格沃地区（Algarve）和马德拉岛（Madeira）等优秀葡萄酒生产地区。这个组织从1993年开始工作，从介绍葡萄品种开始，介绍品牌直至合作出口业务，取得了很大成绩。目前，葡萄牙葡萄酒在国际上的知名度越来越高。当今，葡萄牙葡萄酒可以与世界各国葡萄酒媲美。近年来，葡萄牙管理机构加大葡萄酒质量管理力度并规定葡萄酒区的标志。葡萄牙葡萄酒常勾兑各地葡萄酒并以商标出售。从1855年至今，已经获得国际上的各种奖章200多枚。葡萄牙共有多个政府授权酒区，通常在购买葡萄酒时，酒瓶颈有1张小标志标明。

二、葡萄牙葡萄酒的发展

根据历史考证，葡萄牙的葡萄酒生产历史可以追溯到公元前700年。从古代伊比利亚半岛被凯尔特人占领开始，经历了腓尼基人、古希腊人直至罗马人4个历史时期。8世纪以后，莫尔人长期统治着这块地方，带来了建筑技术和农业技术及莫尔人文化。12世纪后期葡萄牙成为独立的王国。实际上，葡萄牙的葡萄酒生产技术可以追溯到腓尼基人，后来通过古希腊人和罗马人的改进，以及葡萄牙人多年的不断努力。几个世纪以来葡萄牙的葡萄园得到了广泛的发展。目前，葡萄种植面积已达到982万英亩，平均每年生产10亿升葡萄酒。尽管葡萄牙是小国，然而它的葡萄酒生产量位于世界前列。根据葡萄牙历史记载，12世纪葡萄牙已经开始向英国出口葡萄酒。1353年英国人与葡萄牙人签订了友好条约，鼓励葡萄牙人经商。从那以后，许多葡萄牙人开始了葡萄酒的贸易。

三、著名葡萄酒生产地

（一）名豪（Minho）

名豪地区位于葡萄牙西北部，在杜罗河以南地区。该地区出产著名的带有柠檬香气的早摘白葡萄酒（White Vinhao Verde）和干性早摘红葡萄酒（Red Vinhao Verde）。该地区的早摘葡萄酒（Vinhao Verde）清爽，酸度高，含有少量二氧化碳。“Verde”一词是指早摘葡萄而不代表葡萄酒颜色。名豪地区以生产红葡萄酒为主，也生产少量的白葡萄酒。这种酒装瓶后，要分别放在阴凉酒窖木架的格子上进行熟化，保持酸度，而这种酸度正是该地区早摘葡萄酒的典型特点。一些酒商增加该酒的甜度是为了外销其他国家。

（二）杜罗（Douro region）

杜罗地区位于杜罗河畔山上，以河流名称命名。该地区大多数葡萄园位于杜罗河南部，少量葡萄园在杜罗河北部。由于地势险峻，带有大量的板岩。因此，葡萄园都呈梯田形式。该地区是著名波特酒（Port）生产地。波特酒圆润，酒精度高，通常要在橡木桶中熟化。但是，该地区70%的生产量仍然是静止葡萄酒。杜罗河地区的红葡萄酒质量上乘，红宝石色，芳香、柔和、口味好。该地区白葡萄酒爽口、轻柔、橙黄色、酒香浓，与西班牙利奥加白葡萄酒风味很相似。该地区最著名的村庄是瑞格拉（Regua）和维拉瑞尔（Vila Real），它们都生产著名的麦特斯葡萄汽酒（Mateus）。这种酒的颜色既不白，也不红，是带有少量二氧化碳的葡萄汽酒，有干味和甜味两种。近几年该地区的葡萄酒生产工艺和质量整体发展很快。同时，杜罗地区的迪克尼波特酒商（Dirk Nieport）不仅自己带头生产优质的杜罗地区葡萄酒，还号召各葡萄酒商联合经营，提高质量，增加知名度。

（三）百立达（Bairrada）

百立达地区在葡萄牙的西部，蒙德格河（Mondego）以南地区。传统上主要生产红葡萄酒，80%的产量来自伯格镇（Baga）。由于那里的葡萄皮厚，酸度大，含有较高的单宁，因此过去该地区的红葡萄酒涩度高。目前，当地都是分散的小型葡萄园，种植者约4700人，而且经常变更。但是，其中2/3的葡萄园都有50年以上的种植历史。比较著名的葡萄园有恺撒·希马（Casa de Saima）、路易斯·派特（Luis Pato）、昆塔·百索（Quinta do Baixo）等。当今，该地区试种国际优秀的品种葡萄，不断改进生产工艺，已成为著名的葡萄汽酒生产区，生产以香槟方法制成的葡萄汽酒。同时，该地区还生产普通葡萄汽酒、优质红葡萄酒、白葡萄酒和玫瑰红葡萄酒。

（四）顿河（Dao）

顿河葡萄酒区位于顿河和蒙德河之间。Dao的发音与英语Dun相似。该地区主要的城市是维苏（Viseu）。顿河葡萄酒区生产优质白葡萄酒和红葡萄酒。该地区的葡萄酒经过勾兑后，再经橡木桶熟化才装瓶。顿河的葡萄酒很早就出口英国。该地区传统的红葡萄酒质量粗糙，单宁高，不受欢迎，近十几年经过种植优良的葡萄品种，改进酿酒设施和技术，葡萄酒被市场认可。该地区冬季潮湿温和，夏季干燥。土地是含有花岗岩的高山梯田，葡萄成熟度高，含有较高的酸度，适合生产优质的红葡萄酒。

（五）里斯本地区（Lisbon）

里斯本地区（Lisbon）包括赛特波尔市（Setubal）、布斯拉兹市（Bucelas）、卡克维罗斯市（Carcavelos）和克拉瑞斯市（Colares）等的周围地区。里斯本是生产甜白葡萄酒的产地。著名的马斯凯特·赛特波尔甜白葡萄酒就是在这里酿制的。在里斯本市郊的沙土葡萄园中还生产着较有名气的葡萄酒。它们是布斯拉兹干白葡萄酒（Bucelas）、卡克维罗斯干白葡萄酒（Carcavelos）和克拉瑞斯红葡萄酒（Colares）。

（六）马德拉岛（Madeira）

马德拉岛位于西非外海的大西洋，夏季炎热雨量少，其他季节气候温和，雨量充沛。该地区是盛产马德拉甜葡萄酒（Madeira）的产地。马德拉不仅作为岛屿的名称，还是著名的葡萄酒名，马德拉葡萄酒就是以岛名命名的著名葡萄酒。（见图2–35）

四、葡萄牙葡萄酒专业术语

Meio–Seco：半干葡萄汽酒。

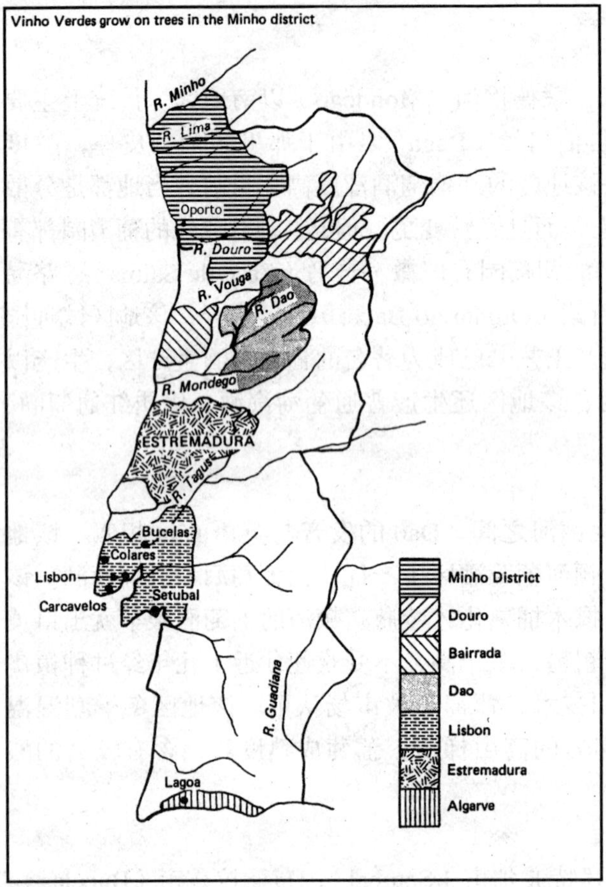

图 2-38　葡萄牙葡萄酒生产区

Tinto：红葡萄酒。

Vinho：葡萄酒。

Vinha：葡萄园。

Vinho Espumante：使用香槟酒工艺制作的葡萄汽酒。

Vinho Espumoso：葡萄牙人工汽酒。

Branco：白葡萄酒。

Bruto：干葡萄汽酒。

Casta：品种葡萄。

Casta predominante：著名的品种葡萄。

Colheita：丰收年。

Engarrafado por：由……装瓶。

Engarrafado na Origem or na Quinta：葡萄园生产葡萄酒。

Engarrafado na Regiao：原产地生产，非单一葡萄园生产。

Carrafa：整瓶葡萄酒。

meia-garrafa：半瓶葡萄酒。

Garrafeira：质量保证葡萄酒。质量标准根据厂商而定。葡萄牙酒法规定，白葡萄酒至少在酒桶成熟半年，在酒瓶中熟化半年；红葡萄酒至少在酒桶成熟 2 年，在酒瓶中熟化 1 年。

Quinta：经过正式注册，带有酿酒设施的葡萄园。相当于法国的“chateau”。

Produzido por：由……酒商生产。

Reserva：经过储存的葡萄酒，没有任何法律界定，只是一般修饰。

第九节 中国葡萄酒

一、中国葡萄酒概况

根据历史考证，中国人很早就酿制葡萄酒。根据文献记载，我国葡萄栽培已有2000多年历史。近年来，中国葡萄酒业迅速发展，许多国际著名的葡萄酒商与中国葡萄酒业合作生产具有法国、意大利和德国风味的葡萄酒。目前，中国葡萄酒在颜色、透明度、香气、味道、酒精含量、糖含量、酸含量等方面都有严格的规定。

二、中国葡萄酒的发展

我国引入欧亚葡萄始于汉代，公元前138年，汉武帝派遣张骞出使西域，将西域的葡萄及酿造葡萄酒的技术引进中原，促进了中原地区葡萄栽培和葡萄酒酿造技术的发展。唐朝是我国葡萄酒酿造史上很辉煌的时期，葡萄酒的酿造已经从宫廷走向民间。13世纪，葡萄酒成为元朝的重要商品，已经有大量的葡萄酒在市场销售。意大利传教士——马可·波罗在《中国游记》中记载了有关山西太原的葡萄园和葡萄酒的销售。明朝李时珍在《本草纲目》中，多处谈及葡萄酒的酿造方法和葡萄酒的药用价值。1892年，爱国华侨实业家——张弼士从国外引进品种葡萄，聘请奥地利酿酒师，在山东烟台建立了中国第一家新型的葡萄酒厂——张裕葡萄酿酒公司。目前，随着人民生活的提高和饮食习惯的变化，中国的葡萄酒的需求量逐年提高。2008年我国的葡萄酒产量已达到69.83万吨。

三、中国葡萄酒主要产地

（一）渤海湾地区

这一地区包括华北北半部的昌黎、唐山、卢龙、抚宁、蓟县丘陵山地、天津滨海区、山东半岛的烟台与大泽山等。由于渤海湾地区受海洋气候影响，热量丰富，雨量充沛，年降水量560毫升至670毫升。土壤类型复杂，有沙壤、海滨盐碱土和棕壤。优越的自然条件使这里成为我国著名的葡萄酒产地，其中昌黎的赤霞珠、天津滨海区的玫瑰香、山东半岛的霞多丽和品丽珠等葡萄都在国内久负盛名。渤海湾地区是我国较大的葡萄酒生产区。约占我国葡萄酒生产总量的三分之二。该地区有著名的中国长城葡萄酒有限公司、天津王朝葡萄酿酒有限公司、青岛华东葡萄酿酒有限公司、烟台正大葡萄酒（烟台）有限公司、青岛东尼酿酒有限公司、烟台蓬莱阁葡萄酒有限公司、青岛市葡萄酒厂、烟台威龙葡萄酒有限公司、烟台张裕葡萄酒有限公司和青岛威廉彼德酿酒公司。

（二）河北地区

河北地区包括宣化、涿鹿和怀来。这里地处长城以北，光照充足，热量适中。昼夜温差大，夏季凉爽，气候干燥，雨量偏少。年平均降水量410毫升，土壤为褐土，质地偏沙，多丘陵山地，十分适于葡萄的生长。传统的龙眼葡萄是这里的特产。近年来已推广赤霞珠和甘美等著名葡萄。著名的酿酒公司有北京葡萄酒厂、中国长城葡萄酒有限公司、北京红星酿酒集团、秦皇岛葡萄酿酒有限公司和中化河北地王集团公司等。

（三）山西地区

山西生产葡萄酒有悠久的历史。其葡萄酒生产区主要包括汾阳、榆次和清徐西北山区，这里气候温凉，光照充足。年平均降水量450毫升。土壤为沙壤土，含砾石。葡萄栽培在山区，着色极深。国产龙眼是当地的特产。近年赤霞珠和美露等优秀葡萄也开始用于酿酒。著名的酒厂有山西杏花村葡萄酒有限公司、山西太极葡萄酒公司、山西清徐露酒厂。

（四）宁夏地区

宁夏葡萄酒生产区位于河西走廊东部地区。主要包括沿贺兰山东部的广阔平原，特别是武威地区。这里天气干旱，昼夜温差大，年平均降水量180毫升至200毫升。土壤为沙壤土，含砾石。这里是西北新开发的最大葡萄酒基地。目前种植以著名的赤霞珠和美露为主的多种葡萄，年产量已达到2万吨。该地区有宁夏玉泉葡萄酒厂等。

（五）甘肃地区

甘肃包括武威、民勤、古浪和张掖等地区，是我国新开发的葡萄酒产地。这里气候冷凉干燥，年平均降水量110毫升。由于热量不足，冬季寒冷，适于早中熟葡萄品种的生长。近年来该地区种植黑比诺和霞多丽等葡萄。该地区有莫高酒业公司甘肃凉州葡萄酒业责任有限公司等。

（六）新疆地区

新疆吐鲁番盆地周边地区，包括鄯善、玛纳斯平原和石河子地区。土质为砂质土。该地区气候属于暖温带干旱区，日照充足，昼夜温差大。热风频繁，夏季温度极高，达45℃以上。这里雨量稀少，全年仅有16毫升，是我国无核白葡萄生产和制干基地。该地区种植的葡萄含糖量高，酸度低，该地区生产的甜葡萄酒具有特色，品质优良。

（七）河南与安徽

这一地区包括黄河故道的安徽萧县，河南兰考和民权等县，这里气候偏热，年降水量800毫升以上并集中在夏季，因此葡萄生长旺盛。近年来通过引进赤霞珠雷司令、品丽珠等葡萄并改进栽培技术，葡萄酒品质不断提高。著名的葡萄酒厂有民权葡萄酒厂、安徽古井双喜葡萄酒公司、民权五丰葡萄酒有限公司。

（八）云南地区

云南地区包括云南高原海拔1500米的弥勒、东川、永仁及与四川交界处攀枝花，土壤多为红壤和棕壤。该地区光照充足，热量丰富，降水适时，在上年11月至次年6月有明显的旱季。云南弥勒降水量为330毫升，四川攀枝花为100毫升，适合葡萄生长和成熟。目前，云南葡萄酒生产区选用赤霞珠等著名葡萄为原料采用先进的酿造工艺，坚持以单一葡萄品种酿造葡萄酒。著名的酿酒公司有云南红酒业集团有限公司、云南高原葡萄酒公司。

本章小结

本章系统地介绍了葡萄酒的起源与发展、葡萄酒的种类及其特点、葡萄酒的生产工艺等。葡萄酒是以葡萄为原料，经破碎、发酵、熟化、添桶、澄清等程序制成的发酵酒。目前世界上有许多国家和地区生产葡萄酒。最著名的生产国有法国、意大利、德国、法国、西班牙、葡萄牙和澳大利亚等。根据考古，波斯是世界最早酿造葡萄酒的国家，希腊是欧洲最早种植葡萄并酿造葡萄酒的国家。根据统计，世界葡萄总产量的80%用于酿酒并且葡萄的质量与葡萄酒的质量有着紧密的联系。葡萄酒有不同的分类方法。通常根据葡萄酒的糖分、酒精度、二氧化碳、颜色、葡萄品种和出产地将葡萄酒分为不同的种类。世界各地葡萄酒名称通常来自4个方面：葡萄名、地名、公司名和商标名。许多著名的葡萄酒，在葡萄酒标签上既有商标名，又有出产地名和葡萄名以增加葡萄酒的知名度。

练习题

一、多项选择题

1. 下列关于葡萄酒描述正确的是（　　）。

A. 葡萄酒是以葡萄为原料，经发酵方法制成

B. 以葡萄酒为原料，加入少量白兰地酒或食用酒精的配制酒也常称为葡萄酒

C. 玫瑰红葡萄酒常斟倒在红葡萄酒杯中

D. 世界许多著名的葡萄酒多以著名的葡萄酒产地或葡萄名称命名

2. 下列关于香槟酒描述正确的是（　　）。

A. 法国香槟地区生产的葡萄酒总称

B. 必须通过人工加入二氧化碳

C. 是自然发酵制成的葡萄汽酒

D. 是以地名命名的葡萄汽酒

3. 下列关于葡萄酒描述正确的是（　　）

A. 以法国原产地命名的葡萄酒（Appellation Controlee）简称 AC 葡萄酒

B. 罗讷酒区也称龙谷酒区，由罗讷河两边的葡萄园组成

C. 传统的法国香槟酒乙醇含量在 11% 至 15% 之间，有不同的甜度，经两次发酵而成

D. 法国是世界上著名的葡萄酒生产国，法国常被称为葡萄酒的故乡

二、判断改错题

1. 葡萄酒不属于发酵酒。因此，存放葡萄酒时应使酒瓶立放，使瓶塞不接触到酒液以保持木塞的干燥。

2. 国际葡萄酒组织将葡萄酒分为葡萄酒和特殊葡萄酒两大类：葡萄酒是指白葡萄酒和葡萄汽酒；特殊葡萄酒指玫瑰红葡萄酒（桃红葡萄酒）、香槟酒、加强葡萄酒和加味葡萄酒。

三、名词解释

葡萄酒　强化葡萄酒　加味葡萄酒　香槟酒　葡萄汽酒　静止葡萄酒

四、思考题

1. 简述法国葡萄酒的级别。

2. 简述德国葡萄酒的级别。

3. 简述意大利葡萄酒的级别。

4. 简述葡萄酒的种类与特点。

5. 简述白葡萄酒的生产工艺。

6. 简述红葡萄酒的生产工艺。

7. 简述葡萄酒的鉴别方法。

8. 简述葡萄酒的分类方法。

9. 简述葡萄酒的命名方法。

10. 论述法国葡萄酒的概况。

11. 论述各种葡萄酒的服务方法。

12. 论述啤酒的生产工艺。

第3章

啤酒

本章导读

啤酒是酒店业和餐饮业销售的主要饮品之一。啤酒主要由大麦、啤酒花、酵母和水等制成。通过本章学习，可了解啤酒的含义、啤酒历史与文化、啤酒生产工艺、啤酒种类与特点，啤酒销售与服务方法。此外，可掌握国际著名啤酒商及其产品知识。

第一节 啤酒概述

一、啤酒含义与特点

啤酒是以大麦芽、酒花、水为主要原料，经酵母发酵并含有二氧化碳的低酒精度酒。啤酒是英语Beer的音译和意译的合成词。啤酒酒精度低，常在3%至5%之间，一些特制啤酒酒精度可达7%。啤酒含有一定量的二氧化碳，在0.35%至0.45%之间，人工充气的啤酒二氧化碳可达0.7%并形成洁白细腻的泡沫。由于啤酒使用了啤酒花，使啤酒增加了香气和味道，同时增加了啤酒的防腐能力。

啤酒含有人体需要的酒精、糖类、蛋白质、氨基酸、多种维生素及无机盐等，其中的酒精、糖类和氨基酸可供给人们的能量。一瓶640毫升的啤酒可以产生400至700大卡热量，这些热量相当于4个鸡蛋或450克牛奶或180克面包所发出的热量。啤酒所含的营养成分容易被人体吸收，其含有的酒精度也适合人体吸收，而糖类被人体吸收率可达90%，因此在1972年的墨西哥世界第九次食品会议上，啤酒被选定为营养食品。人们将啤酒誉为“液体面包”。此外，啤酒还是烹调中常用的调味品，例如，在烹调牛肉和鱼肉菜肴中，放入少量啤酒可增加香味，减少腥味。值得注意的事情是啤酒的健康饮用量成年男士一次的最高饮用量是750毫升，而女士为450毫升。啤酒是酒店业和餐饮业销售的主要饮品之一。

二、啤酒历史与文化

啤酒是人类最古老的并含有乙醇的饮品，于20世纪初传入中国，属外来酒种。传说，世界最早的啤酒酿造记录约在6千年前，由居住在中东的底格里斯河（Tigris）和幼发拉底河（Euphrates）的美索不达米亚（Mesopotamia）平原的古巴比伦与乌尔（Ur）城中的苏美尔人（Sumerians）首先开始。苏美尔人偶然间发现了面包潮湿后的发酵现象，然后模仿发酵过程，直至创造了人类最早的啤酒。一枚大约4000年前苏美尔人印章上记载着制作啤酒的配方。上面用象形文字写着，“将烤过的面包捣碎放入水中形成糊状，然后制成饮料，这种饮料使人们感觉到愉快”。公元前2000年，苏美尔王朝灭亡后，古巴比伦王朝成为了美索不达米亚地区的统治者。他们继承了苏美尔人文化，掌握了酿造啤酒的艺术，从而制作了20种不同类型的啤酒。由于古代啤酒不经过滤，混浊，为了避免吸入杂质，饮酒者必须使用草秆作为吸管。大约公元前1750年，根据古巴比伦王国的汗莫拉比王（Hammurabi）颁布的法典规定，每日每人得到的啤酒量要按照人的等级配给。普通劳动者每天配给2升啤酒，国家官差每天3升、管理者及牧师每天5升。在古代，啤酒只作为交易物，不出售。根据记载，古埃及人使用面团制作啤酒并在酒中添加红枣以提高啤酒的口味。当时埃及医生所开的治胃病和治牙痛的药方都有啤酒。根据考古，金字塔工人的伙食里包含着啤酒，法老的陵墓里也有啤酒作陪葬物。古埃及人认为，以纯麦酿制的啤酒味道单调，所以在啤酒中添加药草。这种添草药酿制啤酒的方法一直延续很长的时间。

公元前800年，古日耳曼人已经酿制啤酒，根据公元1世纪古罗马史学家——塔西特斯（Tacitus）所著的“日耳曼史”记载，日耳曼人除了喝蜂蜜酒之外，还常喝以大麦、小麦制成的类似葡萄酒的酒。近年来，在德国的科姆贝尔城（Kulmbach）附近出土了约公元前800年的早期铁器时代（Hallstatt）盛装啤酒的双耳细颈瓶（amphora）可以证明在德国境内酿造啤酒的历史和年代。根据历史考证，欧洲最早有关使用啤酒花的记录出现在8世纪末，始于一座修道院。至14世纪，啤酒花才作为酿造啤酒的主要原料之一。1516年，巴伐利亚国王威廉4世发布了啤酒纯化法（the German Beer Purity Law），该法规定了啤酒只能用大麦、啤酒花及水来酿造。从那时，德国啤酒品质不断地提高。同时，也促进了巴伐利亚地区啤酒花的种植业。1837年在丹麦首都——哥本哈根出现了世界第一家工业化啤酒厂。

1876年由路易斯·巴斯德（Louis Pasteur）开始了著名的科研项目“关于啤酒的研究”（Etudes sur la Biere）。通过这个项目，巴斯德发现了微生物，进而建立了现代微生物学。此外，他还研究出了低温杀菌法（Pasteurization），将啤酒以65℃的条件下，加热30分钟的处理法，杀死啤酒中的全部病菌，使啤酒的保存期大幅度延长。在啤酒酿造领域中，另一项开创性的研究是丹麦科学家克里斯汀汉森（Christian Hansen），他从啤酒中分离出了单个酵母细胞并在人造介质上进行了酵母繁殖。通过使用这项成果，人类提高了啤酒发酵过程的纯净度从而提高了啤酒的质量。1964年德国首先开始使用金属啤酒桶，金属酒桶比木质酒桶更清洁，更容易操作。长期以来，欧美各国啤酒消量名列世界前列，其中德国人均年消费啤酒达130公斤。我国随着人们生活的提高，啤酒消费量在逐年增加，由80年代的每人年平均消费量约2升增至2018年的37升。目前，世界上有许多国家都生产啤酒，其中最著名的国家是德国、美国、英国、澳大利亚、荷兰和丹麦等。2018年我国啤酒销售额达5636亿元。

第二节　啤酒种类与特点

啤酒有多种分类方法，可以根据啤酒颜色、生产工艺、发酵工艺及啤酒特点等分类。

一、根据原料分类

1. 大麦啤酒

大麦啤酒是以大麦芽为主要原料，经发酵制成的酒。目前，大麦啤酒的生产和消费占啤酒总生产量的90%以上，而且世界著名的大麦啤酒产品很多。大麦啤酒有不同的颜色和酒精度。同时，由于采用不同种类的大麦、不同的烘烤方法，因此，产品味道不同。

2. 小麦啤酒

以小麦芽为主要原料之一（至少含量达35%），制成的啤酒成为小麦啤酒（Wheat Beer）。这种啤酒由英国首先推出，成为一类新型啤酒，目前满足了欧洲各国、日本和东南亚等地一些消费者的需求。一些小麦啤酒加入了适量的大麦使其味道更佳柔顺。例如，德国小麦啤酒（Hefeweizen）。

3. 综合原料啤酒

以大麦、小麦或玉米等，参与水果、蔬菜或带有保健功能的其他植物等原料制成的啤酒。

二、根据颜色分类

由于啤酒采用不同的原料，使用不同的烘烤麦芽方法，因此啤酒颜色各不相同。其颜色的描述也有不同的形式。（图3–1）

1. 淡色啤酒

淡色啤酒外观呈淡黄色、金黄色或麦秆黄色。例如，比尔森啤酒（Pilsner）。我国绝大部分啤酒属此类。传统的捷克比尔森啤酒（Pilsner）、德国的多特蒙德啤酒（Dortmunder）都是淡色啤酒的代表。

2. 深色啤酒

深色啤酒呈红棕色、红褐色、深褐色和黑褐色（简称黑色），麦汁浓度较高，麦芽香味突出，口味醇厚，泡沫细腻，口味浓，略有苦味。部分原料采用深色麦芽。其外观呈琥珀色（Amber）、古铜色（Copper）、褐色、红褐色（Red–brown）和黑色等。例如，德国生产的伯克啤酒（Bock）和慕尼黑黑啤酒（Mumich dark）等。

三、根据保存时间分类

1. 鲜啤酒

包装后不经巴氏灭菌的啤酒。不能长期保存，保质期在 7 天以内。

2. 熟啤酒

包装后经过巴氏灭菌的啤酒。保质期可存 3 个月以上。

四、根据发酵工艺分类

1. 底部发酵啤酒（拉戈啤酒）

拉戈啤酒（Lager）是指传统的德国式啤酒。使用溶解度稍差的麦芽，采用糖化煮沸法，使用底部酵母，采用低温，常需用较长时间发酵，酒液可分为浅色或深色，中等啤酒花香味，酒精度低。根据不同拉戈啤酒特色，可分为比尔森啤酒（Pilsner）、伯克啤酒（Bock）和多特蒙德啤酒（Dortmunder）等。

（1）比尔森啤酒

比尔森啤酒（Pilsner）是传统的捷克风味啤酒，浅金黄色，啤酒花含量较高，约 400g/100L，采用底部发酵法，发酵度高，口味清淡，有啤酒花香味，熟化期 3 个月。例如，德国比尔森啤酒（Pilsner，German），这种啤酒麦芽味清淡，干爽，酒花味较浓，泡沫多。美国比尔森型啤酒（Pilsner，American）颜色浅，酒花味平淡，原料中加入少量的玉米和大米作为辅料，二氧化碳含量高，冷藏后饮用效果更佳。捷克皮尔森型啤酒（Pilsner，Czech）有悠久的历史，该啤酒发源于 1842 年。这种啤酒呈麦秆黄色，麦芽和酒花味较浓，干爽。捷克皮尔森原创啤酒（Pilsner Urquell）也是著名的比尔森类啤酒。

（2）伯克啤酒

伯克啤酒（Bock）原产于德国，是采用底部发酵方法，棕红色，发酵度低，有醇厚的麦芽香气，口感柔和醇厚，酒精度较高，约 6 度，泡沫持久，颜色较深，味甜。伯克啤酒常在秋季酿造，春季上市。美式的伯克啤酒不论在颜色还是口味比德国产品清淡。根据伯克啤酒的特色，可将其分为，普通伯克啤酒（Bock）、深色伯克啤酒（Doppelbock）、墨尼黑伯克啤酒（Hellesbock）、浅色伯克啤酒（Maibock）、德国冰黑啤酒（Eisbock）、德国小麦伯克啤酒（Weizenbock）、酒花味浓的酒窖啤酒（Kellerbier）、苦中略甜的黑啤酒（Schwarzbier）、慕尼黑淡啤酒（Munich Helles）、麦芽味浓的库尔姆巴希黑啤酒（Kulmbacher）、浅褐色而味醇的三月 / 十月假日啤酒（Marzen / October fest）等。

（3）多特蒙德啤酒（Dortmunder）

一种淡色，底部发酵啤酒。该啤酒起源于德国西部的多特蒙德市（Dortmunder），颜色浅，酒精含量较高，口味略苦，是一种醇厚的高级拉戈型啤酒，兼有比尔森型风味。这种啤酒在德国称作"出口型"（Export），表示为较高级别。代表产品有"斯托兹金色出口啤酒（Stoudts Export Gold）。

图 3–1 不同颜色的啤酒和不同形式的啤酒杯

（从左至右，1、4 和 5 为高脚啤酒杯，2. 比尔森啤酒杯，3. 生啤杯（mug）6. 平底杯）
（从左至右，1. 麦秆黄色 2. 深褐色 3. 黑褐色 4. 红褐色 5. 古铜色 6. 浅黄色）

2. 上部发酵啤酒（爱尔啤酒）

爱尔啤酒（Ale）为传统英国式啤酒，以易于溶解的麦芽为原料，采用上部发酵，高温和快速的发酵方法。其种类包括浅色爱尔啤酒和深色爱尔啤酒。浅色爱尔啤酒有不同的麦芽含量，酒花味浓，二氧化碳含量高，酒精度高。深色爱尔啤酒麦芽香味浓，味甜，有水果香气。著名的品种有，比利时高度爱尔啤酒（Belgian Strong Ale）、比利时浅色爱尔啤酒（Pale Ale Belgian）、比利时红啤酒（Belgian Red Ale）。英国棕色爱尔啤酒（Brown Ale）、爱尔浓啤酒（Cream Ale）、爱尔兰红啤酒（Irish Red Ale）、老牌爱尔啤酒（Old Ale）、浅色爱尔啤酒（Pale Ale）、苏格兰爱尔啤酒（Scotch Ale）和淡味爱尔啤酒（Mild Ale）等。此外，淡味爱尔啤酒的酒精度含量在 3% ~3.5%之间，酒味清淡，略带甜味，颜色从浅褐色至深褐色，是低麦汁的深色爱尔啤酒。

（1）司都特啤酒

司都特啤酒（Stout）是英国的黑啤酒。这种啤酒采用上部发酵方法，用中等浅色麦芽为原料，加入 7% 至 10% 的深色麦芽或大麦。有时，加入少量的焦糖。酒花含量高，约 600g/100L 至 700g/100L。这种啤酒颜色深，味甜，带有较多的麦芽焦香味，泡沫多。例如，英国强生啤酒公司（Guinness）开发和生产的司都特啤酒是典型的代表产品。

（2）波特啤酒

波特啤酒（Porter）首先由英国开发和生产，是英国著名的啤酒。这种啤酒苦味浓，深色，营养成分高。例如，英国传统的波特啤酒常加入少量黑麦芽和焦糖，加入少量苦艾熏过的大麦，使用弗格勒斯啤酒花（Fuggles）和凯伦格啤酒花（Challenger），并将新生产的爱尔啤酒与陈年啤酒勾兑。

五、根据麦汁分类

啤酒常根据麦汁浓度分类。麦汁浓度由啤酒体积百分比表示。麦汁浓度的内涵是酿造啤酒中的麦芽汁含糖量的浓度，常以每公斤麦芽汁含糖量计算。通常分为低麦汁浓度啤酒、中麦汁浓度啤酒和高麦汁浓度啤酒。

1. 低浓度啤酒

低浓度啤酒，其麦汁浓度为 2.5 度至 8 度，乙醇含量 0.8% 至 2.2%。近 10 余年来产量日增，以满足低酒精饮料的需求。

2. 中浓度啤酒

中浓度啤酒，其麦汁浓度为 9 度至 12 度，乙醇含量 2.5% 至 3.5%，几乎淡色啤酒都属于这个类型。我国啤酒多为此类型。

3. 高浓度啤酒

高浓度啤酒，其麦汁浓度为 13 度至 22 度，乙醇含量 3.6% 至 8%，为深色啤酒。

六、根据啤酒特点分类

1. 苦啤酒

苦啤酒（Bitter）是投入较多啤酒花的产品，其特点是干爽，浅色，酒精度高。这种啤酒采用桶中后熟工艺。具有代表性的产品是伦敦富勒-史密斯-特纳啤酒厂（Fuller's Smith & Turner）生产的克斯维克啤酒（Chiswick Bitter）和伦敦优质啤酒（London Pride）。（图 3–2）

图 3–2 伦敦优质啤酒

2. 果味啤酒

果味啤酒（Fruit Beer）在麦汁发酵前或发酵后放入水果原料制成。有时，将果汁与冷麦汁混合发酵而成。一些果味啤酒以啤酒为酒基（主要原料）勾兑一定量的果汁。果味啤酒于 80 年代中期在我国生产，首先在上海、广州、武汉和天津，以后普及全国各地。果味啤酒受到特定的消费群体青睐，尤其是南方消费者。果味啤酒的特点是，营养比普通啤酒丰富，口味适合儿童、女士和老人。国际上的代表产品有，比利时山莓啤酒（Framboise），这种啤酒含有山莓味，多泡沫，酸味，酒液浑浊，酒花味清淡；比利时堪迪伦啤酒厂（Cantillon）生产的樱桃啤酒（Kriek）等。

3. 兰比克啤酒

兰比克啤酒（Lambic）是以大麦芽为主要原料，常加入 30% 未发芽的小麦和少量水果（桃子、樱桃或山莓），采用野生酵母和乳酸菌发酵而成。其特点是，酒液浑浊，红褐色，味清淡，多泡沫，带有柠檬酸味，有桃红香滨酒之称。著名的比利时法罗啤酒（Faro）是兰比克啤酒的代表产品。这种啤酒有，古铜色和棕色等品种，口味略甜，口感柔滑，有葡萄酒味道。

4. 印度淡色啤酒

印度淡色啤酒（India Pale Ale）英语缩写成“IPA”，是增加了大量啤酒花的拉戈型啤酒。根据传统，这种啤酒是高消费的英式爱尔啤酒的标志，酒花味浓，酒精度高。由于这种啤酒曾在历史上的驻印英国部队中流行，因此得名。代表产品有，美国布鲁克林啤酒厂（Brooklyn Brewery）生产的印度淡色爱尔啤酒。

5. 爱尔特啤酒（Altbier）

爱尔特（Alt）啤酒是德国传统的爱尔啤酒。其生产特点是在室温下发酵。然后，长时间在低温的酒窖中贮存，采用上部发酵方式。这种啤酒深褐色，啤酒花含量高，有着明显的苦味和酒花味。代表产品有，德国迪贝尔斯私人啤酒厂生产的爱尔特啤酒。（Diebels Alt）。

6. 春天啤酒（Biere de Mars）

这种啤酒颜色较淡，是一种采用夏季大麦和秋季啤酒花酿造的季节性的爱尔啤酒。在冬季发酵。这种啤酒来源于 14 世纪的法国，用于庆祝春天的到来而饮用。其特点是口味浓，味圆润。代表产品有，比利时卢湾（Louvain）啤酒厂生产的三月啤酒（Mars）。

7. 假日啤酒（Fest Bier）

用于假日饮用的拉戈型啤酒，常作为德国圣诞节、复活节等节假日专用啤酒。酒液呈红棕色，麦汁含量高，味浓郁。代表性的假日啤酒有，德国的维尔茨堡－霍夫啤酒厂（Wurzburger–Hofbrau）生产的巴伐利亚假日啤酒（Bavarian Holiday）。

8. 优质啤酒（Grand Cru）

用于庆祝活动饮用的啤酒，麦汁浓度达 17.5 度，酒精含量高，约 5%，酒液中加入了橘皮和其他增香的草药。代表产品有，比利时塞利斯啤酒厂（Celis Brewery）生产的塞利斯优质啤酒（Celis Grand cru）。

9. 盖兹啤酒（Gueuze）

这种啤酒是将陈年啤酒和新鲜的兰比克啤酒勾兑，然后在瓶中发酵一年。代表产品有，比利时凯迪伦啤酒厂（Brasserie Cantillon）生产的盖兹啤酒（Cantillon Gueuze）。

10. 修道院啤酒

修道院啤酒，通常由修道院酿酒厂生产，麦芽含量高，红棕色，味甜，有坚果味，采用瓶中后熟方法。此外，修道院啤酒常根据用餐功能制成不同的品种。包括开胃啤酒、餐中啤酒和甜点啤酒。著名的产品有，德国生产的艾塔尔登克尔出口型啤酒（Ettal's Dunkel Exert）、比利时阿弗吉姆浓啤酒（Affiigem Dubbel）和奇梅啤酒（Chimay）等。

11. 科隆啤酒（Kolsch）

德国科隆地区传统型啤酒，浅色，酒液较浑浊，味清淡，干爽，略带乳酸味，酒精度高。代表产品是德国长尾科隆啤酒（Long Trail Kolsch）。

第三节　啤酒生产工艺

一、啤酒的主要原料

啤酒主要由大麦、啤酒花、酵母和水等构成。一些企业加入淀粉物质作为啤酒添加剂以增加啤酒味道和减少成本。

1. 大麦

大麦（Barley）是制作啤酒的基础原料。大麦含有大量的营养素，蛋白质、脂肪、磷酸盐、无机盐和维生素等。由于大麦酶系统完全，便于发芽。因此，大麦在水中浸泡 2 至 3 天后，就可增加 50% 的体重。然后，送至一定温度和湿度的发芽床上，经温度和湿度控制生长出浅绿色的麦芽和白色的根，经烘干处理，形成了干麦芽。干麦芽含有大量的淀粉酶，可使芽中的淀粉溶解并糖化，形成大量的麦芽糖，而麦芽糖正是酿制啤酒不可缺少的原料。科学家们认为，大麦比小麦和其他谷物更适合作啤酒的原料。

2. 啤酒花

啤酒花（Hop）是制作啤酒四大原料之一，是制作麦汁不可缺少的添加物，它给麦汁特殊的苦味和香味（见图 3–3）。啤酒花能析出蛋白质，使麦汁澄清并增加麦汁和啤酒的防腐力，改善啤酒泡沫，使啤酒泡沫细腻而持久。啤酒花是多年蔓生攀缘草本植物，其名称很多，除了被人们称为啤酒花外，还常被称为忽布花、蛇麻花。啤酒花为雌雄异株的植物，只有雌株才能结出花体。因此，用于酿造啤酒的是雌花。每年 6 月底至 7 月初，当啤酒花植株达到棚架高度，啤酒花就含苞待放。当浅绿色花蕾缀满枝头时发出阵阵的清香，并在花体表面布满了粉状的香脂腺，香脂腺中含有苦味质、单宁、芳香油及矿物质等。苦味质的含量大约是 4%，啤酒中清爽的苦味就由此而来。啤酒花中的单宁含量约 13%，它可使麦汁中的蛋白质沉淀，加速啤酒净化。啤酒花中的芳香油虽然只有 0.3% 至 1% 的含量，但足以使啤酒清香四溢。啤酒花是一种高成本原料，为了提高啤酒花的利用效果，国际市场已生产出多种啤酒花制品。如啤酒花浸膏、啤酒花粉和啤酒花油等。各国啤酒厂商根据所酿造啤酒的类型及啤酒花的品种和质量为啤酒添加不同的啤酒花。

图 3–3 啤酒花

3. 酵母

酵母（Yeast）是制作啤酒不可缺少的原料，它用于冷麦汁发酵，产生酒精和二氧化碳，使啤酒在风味、泡沫和色泽等方面具备特性。啤酒酵母是一种不可运动的单细胞低级植物，其细胞只能借助显微镜才能识别，人的眼睛看到乳白色湿润的酵母泥是无数酵母细胞的集合体。自然界存在的酵母很多，但不是所有的酵母都可以用来酿造啤酒。科学家们把适应啤酒发酵的酵母称为啤酒酵母。啤酒酵母营养丰富，含有大量的蛋白质、人体必需的氨基酸、多种维生素和矿物质。

4. 水

水（Water）对啤酒酿造起着关键作用。水是啤酒的血液。通常，啤酒约有 95% 的水分。酿造啤酒应当使用优质水，即无色，无味，透明，无悬浮物和无大肠杆菌，无沉淀，总溶解盐类在 150 毫升 / 升至 200 毫升 / 升之间，PH 值为中性，有机物小于 0.3 毫升 / 升，水的硬度为 1 毫摩尔 / 升（1mmol/L）。在 37℃，每毫升水中经过 24 小时培养，细菌总数不超过日常饮用水标准。为了保证啤酒质量，各啤酒厂商建立自己的水质处理系统。常用的方法有活性炭处理法、电渗析法、离子交换法、酸类中和法及定量添加饱和石灰法等。

5. 辅助原料

谷物（Grains）在制作啤酒中起着辅助作用，因为大麦中的淀粉在生芽中常被消耗一部分，而啤酒的糖化工序则需要尽可能多的淀粉变成糖。为了弥补大麦生芽过程中淀粉损失，在糖化时加入部分含淀粉丰富的谷类，通过酶的作用，把淀粉变成糖，这样可以代替部分麦芽，从而降低成本。啤酒酿造的辅助原料主要包括大米、玉米和蔗糖等。有些国家规定酿造啤酒的原料只有大麦，啤酒花、酵母和水，不允许加入淀粉类原料。

二、啤酒生产工艺

啤酒有不同的风格，而不同的风格由不同的生产工艺形成。通常啤酒生产工艺主要由选麦、浸麦、发芽、干燥、制汁、发酵和熟化等组成。

1. 选麦

酿造啤酒首先对啤酒的主要原料——大麦进行筛选和分级。原粒大麦中常含有破损粒、杂谷、秸秆和土石等。这些杂质会妨碍大麦发芽，降低麦芽质量。因此，在大麦进入浸渍前必须去除杂质，并根据麦粒腹部直径的大小分级，使大麦发芽均匀。被分级的大麦，整齐度应达到93%以上。

2. 浸麦

经过筛选和分级的大麦要经过水浸，使大麦达到适当的含水量，从而使大麦发芽。浸麦的目的是为了供给大麦发芽时所需的水分，给予充足的氧气，使大麦开始发芽。同时，充分清洗大麦。浸渍在水中的大麦，通常在12℃至15℃时开始吸收水分，6至10个小时后大麦吸收水分的速度加快，含水量可达35%。15个小时后，速度缓慢下来。经过20个小时浸泡，大麦含水量可达到48%。浸渍后的大麦应具有新鲜的麦秆味道，外表清洁，无黏附物，无酸味和异味，麦粒具有弹性，发芽率在70%以上。浸麦程序常在60小时内完成。

3. 发芽

发芽是将浸渍后的大麦控制在适当的温度和湿度，使其发芽的过程。发芽的目的使麦粒形成大量的酶，并将麦粒中的淀粉、蛋白质和半纤维素等高分子物质得到分解以满足啤酒酿造的糖化需求。目前，不同的企业习惯使用不同特点的发芽箱，最传统的是地板式发芽设备。发芽温度通常在12℃至18℃，湿度在85%左右，经5至6天时间，就可以得到叶芽（绿麦芽）。这种麦芽有弹性和光泽，具有黄瓜的清新味道，长度是麦粒长度的3/4。

4. 干燥

干燥指使用热空气将麦芽干燥和烘烤麦芽的过程。干燥的目的是终止麦芽生长和酶的分解，除去麦芽的水分，易于麦芽贮存。麦芽通过烘烤后可以产生特定的香气、颜色和味道。麦芽干燥和烘焙要经过3个阶段：首先是麦芽凋萎阶段，麦温在40℃，经过12小时以上干燥，麦芽水分降至20%。然后是麦芽干燥阶段，经过8至10小时的干燥，麦温50℃，麦芽含水量降至12%，再经过8小时，75℃条件下的烘烤，麦芽含水量降至约1.5%。最后阶段，在80℃麦温的前提下，烘烤2至3小时，麦芽成淡黄色并生成麦芽香味物质。然后，迅速冷却，降至45℃，即可出炉。出炉后的干麦芽应立即除根并冷却到室温。

5. 麦汁制作

麦汁制作是将固态的麦芽、非发芽谷物和啤酒花用水调制成澄清透明的麦芽汁过程。这一过程俗称糖化。这一过程包括原料粉碎、原料糖化、麦汁过滤，煮沸与添加啤酒花，冷却和通氧等过程，并将麦汁泵入发酵设施中。

（1）粉碎麦芽。用湿式粉碎机粉碎麦芽，用粉碎机粉碎干谷物，加水调浆，泵入糖化锅。

（2）麦汁糖化。糖化是指在60℃至70℃条件下，利用麦芽本身的酶使麦芽及其辅助原料（淀粉）逐渐分解为可溶性物质，制成符合要求的麦汁过程。糖化工序结束后意味着麦汁已经形成。

（3）麦汁过滤。过滤是将麦汁与麦糟分离的过程。经过糖化的麦汁必须迅速过滤。

（4）煮沸与添加啤酒花。过虑后麦汁需煮沸70分钟至90分钟。煮沸的目的是蒸发水分，浓缩麦汁。当麦汁煮沸中，啤酒花分为3次向麦汁添加。这样可保证成品啤酒的光泽、味道和稳定性。

（5）冷却与通氧。麦汁煮沸定型后应分离啤酒花，将麦汁冷却到规定的温度，冲入一定量氧气后进入发酵阶段。

（6）发酵。将煮好的麦汁冷却至5℃，泵入发酵灌，添加啤酒酵母进行发酵。大约1周的时间，麦芽汁中的糖转化为酒精。（见图3-4）

（7）熟化。将发酵好的酒液送入熟化罐进行熟化，大约2个月的熟化，啤酒中的二氧化碳溶解成啤酒的芳香物质，酒渣沉淀，酒液澄清。经过离心器除去杂质，注入二氧化碳后装瓶成为生啤酒，经过巴氏低温灭菌后成为熟啤酒。

图 3–4 啤酒发酵罐

第四节 啤酒销售与服务

啤酒销售与服务水平影响啤酒的质量和特色。因此，销售啤酒时，首先要保证啤酒杯的清洁。啤酒杯不能有油迹，否则会影响啤酒泡沫的产生。通常，啤酒杯不能与餐具一起洗涤，手指不可接触杯内。一些顾客青睐冷藏啤酒，少数顾客购买室温的啤酒。斟倒啤酒时，酒瓶应离酒杯约 1 厘米，沿杯边斟倒，斟倒七成满。

一、啤酒质量鉴别

啤酒质量可以通过感官指标、物理化学指标及保存期指标鉴别。在室温 20℃时，啤酒应清亮透明，不含悬浮物或沉淀物。啤酒盖被打开后，瓶内泡沫应升起，泡沫白，细腻，持久挂杯，泡沫高度常占杯子的 1/4 以上并持续 4 至 5 分钟。啤酒应有明显的酒花香味，纯净的麦芽香和酯香。入口后，留下凉爽、鲜美、清香、醇厚、圆满、柔和等特点。啤酒应没有明显的甜味和苦味（不包括特别酿制的苦啤酒和特色啤酒），无明显涩味。通常，麦汁浓度误差在 0.4% 内，应有适量的二氧化碳，通常的含量不低于 0.32%。鲜啤酒贮存期应在 7 天以上，熟啤酒的贮存期不应低于 3 个月。

二、酒杯选择

销售啤酒常用的酒杯包括平底杯（Tumbler）比尔森杯（Pilsner）和高脚杯。生啤酒常以生啤杯（Mug）盛装。啤酒杯选用容量在 240 毫升至 450 毫升之间。

目前，啤酒杯的造型和名称在不断地发展。（见图 3–3）

三、著名啤酒商及其产品

当今国际上有众多著名的啤酒生产商，其产品也多种多样，各有特色。以下仅介绍具有悠久历史的著名啤酒商及其产品。

1. 美国铁锚啤酒公司（Anchor Brewing Company）

1896 年建厂，是一家有着较长历史的啤酒厂。铁锚啤酒厂沿用了传统手工工艺，使用铜制酿酒设备，采用最新卫生设施，保证产品的新鲜。该厂主要产品是：带有麦芽香味的特制爱尔啤酒（Special Ale），呈金黄色并带有酒花香味的自由艾尔啤酒（Liberty Ale）、呈深褐色并带有清新酒花味的铁锚蒸汽啤酒（Anchor Steam Beer），高酒精度和麦芽浓度的波特黑啤及干爽的小麦啤酒等。

2. 英国巴斯啤酒厂（Bass Brewers）

1777 年建厂，由威廉·巴斯（Willian Bass）创建。目前，该公司年产量为英国第一。最著名的产品是干爽的巴斯生啤酒（Bass）、浅色爱尔出口啤酒（Export Pale Ale）和带有麦芽香味的名门黑啤酒（Highgate Dark）。

3. 德国柏林金德尔啤酒厂（Berliner Kindl Brauerei）

1872 年创建，是仅存两家生产经典德国白啤酒（Berliner weisse）的制造商之一。其特色产品为干爽的柏林人金德尔白啤酒（Berliner Kindl Weisse）。这种啤酒被柏林人誉为“德国的北方香槟”。

4. 捷克百威啤酒厂（Budweiser Budvar）

1895 年建立。该厂生产拉戈型啤酒、无酒精啤酒等，该厂著名的特色产品为捷克百威啤酒（Budweiser Budvars）。

5. 比利时凯迪伦啤酒厂（Brasserir Cantillon）

创建于 1900 年，一直是家族企业，最初该厂建立在莱贝克镇（Lembeek），后来该厂移至布鲁塞尔。1930 年，凯迪伦（Catillon）家族开始酿造品牌产品。其著名的产品有，采用野生酵母和乳酸菌发酵而成的兰比克樱桃啤酒（Kriek Lambic）；玫瑰红啤酒（Rose De Gambrinus）及将陈年啤酒和新鲜兰比克啤酒勾兑而成的超级盖斯啤酒（Super Gueuze）。

6. 美国塞利斯啤酒厂（Celis Brewery）

1991 年创建，目前已有 10 家连锁企业。该厂特色产品为，金黄色并干爽的金塞利斯啤酒（Celis Golden）、高麦汁浓度的塞利斯名啤酒（Celis Grand Cru）、带有草莓味的塞利斯浅伯克啤酒（Celis Pale Bock），带有橘子味的并可作为餐前使用的塞利斯白啤酒（Celis White）和加入山梅酿制的塞利斯山梅啤酒（Celis Raspberry）。

7. 澳大利亚库珀啤酒厂（Coopers Brewery）

创建于1862年，由汤玛斯·库珀（Thomas Cooper）创建的家庭啤酒厂。著名的产品是库珀爱尔汽啤酒（Sparking Ale），这种啤酒酒体比较混浊，带有较多的二氧化碳，因此称作汽酒。

8. 德国迪贝尔斯私人酿酒厂（Privatbrauerei Diebels）

创建于1878年，由酿酒师约瑟夫·迪贝尔斯（Josef Diebels）建立。目前，由家族第四代管理。该厂采用热发酵，冷贮存的传统方法酿制啤酒。特色产品为，迪贝尔斯爱尔特啤酒（Diebels Alt）。这种啤酒深褐色，酒花含量高，有着明显的苦味和酒花味，受到市场的欢迎。

9. 比利时迪比逊兄弟啤酒厂（Brasserie Dubuisson Freres）

建厂1769年，是一家小型家庭式啤酒厂。该厂的特色产品：待有干爽风味的斯凯迪斯啤酒（Scaldis）、斯凯迪斯圣诞啤酒（Scaldis Noel）是比利时著名的产品，受到市场的好评。

10. 德国艾因贝克啤酒厂（Einbecker Brauhaus）

建于1967年。传说在17世纪，艾因贝克镇有742个啤酒家庭作坊合并成一家大型作坊并于1844年联合成啤酒厂。1967年，这家企业成为合资公司。代表产品有，呈浅金黄色并带有果香味的酿造师皮尔森型啤酒（Brauherren Pils）、呈深金黄色，高麦汁浓度和高酒精度的原创邓克尔伯克黑啤酒（Urbock Dunkel）。

11. 英国古山脊大师啤酒公司（Eldridge，Pope & Company）

建于1837年。其著名产品：带有细腻泡沫的皇家橡树淡色爱尔啤酒（Royal Oak Pale）、橘红色的汤姆斯－哈代家乡苦啤酒（Thomas Hardy Country Bitter）和传统黑褐色并带有坚果香味的汤姆斯－哈代爱尔啤酒（Thomas Hardy's Ale）。

12. 英国富勒－史密斯－特纳啤酒厂（Fuller，Smith & Turner）

建于1845年，是英国著名的苦啤酒生产商。其著名产品有，清淡型的科斯威克苦啤酒（Chswick Bitter）；带有明显麦芽和酒花味的特苦啤酒（ESB）；味道圆润的伦敦优质啤酒（London Pride）

13. 亚瑟健力士父子有限公司（Arthur Guinness & Son ltd）

该公司创建于1759年的都柏林，并于19世纪初，市场扩大到世界各国。目前健力士啤酒已成为世界上最著名的司都特啤酒（stout），并销往150余个国家。其著名产品包括带有巧克力和咖啡香味的美式超级司都特黑啤酒（Extra Stout–U. S.）；清爽并呈麦秆黄颜色的爱尔兰人拉戈啤酒（Harp Larer）及味清淡并带有较多白色泡沫的卡利波低酒精啤酒（Kaliber）；呈红褐色的基尔肯尼爱尔兰啤酒（Kilkenny Irish Beer）。

14. 比利时利夫门斯啤酒厂（Brouwerij Liefmans）

建于1679年。1990年与里瓦集团（Riva）合并。其著名的产品有，带有香槟酒特征和水果味的山梅啤酒（Frambozenbier）；带有葡萄酒香气并长期后熟的戈顿班德啤酒（Goudenband）；呈棕红褐色并带有水果香气的樱桃啤酒（Kriek-Bier）。

15. 美国门多西诺啤酒公司（Mendocino Brewing Company）

建于1983年。该厂代表美国微型啤酒厂的产品风格。其生产工艺采用传统的后发酵技术。著名产品有，酒液呈模糊的金黄色，酒精度高并干爽的蓝鹭浅色爱尔啤酒（Blue Heron Pale Ale）；麦汁浓度高并带有清新酒花味的秃鹰精选爱尔啤酒（Eyeof The Hawk Select Ale）；麦汁浓度高，酒精度高并呈红褐色的红尾爱尔啤酒（Red Tall Ale）。

16. 比利时姆特盖特啤酒厂（Brouwerij Moortgat）

建于1871年。其著名产品有杜弗啤酒（Duvel），这种酒的国际知名度很高，金黄色，带有丰富的啤酒泡沫和香气；贝尔皮尔森啤酒（Bel Pils）呈浅金黄色，具有麦芽甜味和酒花香味。

17. 德国伯兰尔－萨尔维特－托玛斯啤酒厂（Paulener-Salvator-Thomas-Brau）

1631年建厂。1923年形成规模。近年来，该厂成为墨尼黑最大的啤酒厂。其特色产品为，待有苹果味的酵母型德国小麦啤酒（Hefe-Weizen）；呈深金黄色并带有麦芽香气的高级拉戈啤酒（Premium Lager）；酒精度高并带有巧克力和焦糖香味的萨尔维特啤酒（Salvator）。（见图3-5）

18. 美国内华达山脉啤酒公司（Sierra Nevada Brewing Company）

建于1978年，坐落于美国加州内华达山脉。该公司的著名产品有，红棕色，味浓郁并圆润的大脚大麦啤酒（Bigfoot Barleywine），在1987年、1988年、1992年和1995年获全美啤酒节金奖。高麦汁浓度和酒精度的节庆爱尔啤酒（Celebration Ale）。这种啤酒采用二棱大麦麦芽、焦糖麦芽和糊精麦芽等原料酿制，该产品酒液醇厚，味浓郁。此外，淡色爱尔啤酒（Pale Ale）深琥珀色，有着特殊酒花味和焦糖麦芽香味。

19. 比利时希丽啤酒厂（Brasserie De Silly）

建于1850年，位于比利时希尔河畔（Sylle）的埃诺（Hainault）地区，是家族啤酒厂。该厂特色产品有，淡雅而芳香的后熟型蒂特亚白啤酒（Titje Bl-An-Che）；苏格兰风味的后熟型希丽啤酒（Scotch Silly）；高酒精度的英吉恩啤酒（Double Enghien）。这种啤酒可分为金黄色和褐色，其中，褐色双倍英吉恩啤酒酒精度高于金黄色。

图3-5 萨尔维特啤酒

20. 比利时韦斯特麦尔啤酒厂（Abdij Der Trappisten Van Westmalle）

建于1794年，由法国修道士创办。该厂采用上发酵并采用瓶中后熟技术。著名产品有，韦斯特麦尔深色啤酒（Westmalle Dubbel），该酒麦汁浓度高，带有果香味和酒花香味；韦斯特麦尔浅色啤酒（Westmalle Tripel），这种啤酒有明显的啤酒花和水果味。

21. 德国威恩斯特芬啤酒厂（Bayerische Staatsbrauerei Weihenstephan）

建于1040年，是历史悠久的啤酒厂并有着高声望的啤酒酿造培训学校，曾为德国和美国的微型啤酒厂培养多名酿酒师。其著名的产品有，红棕色并有带麦芽香味的登克尔出口型啤酒（Export Dunkel）；深红色并带有咖啡味道的科比纳啤酒（Korbinian）。

22. 英国伊昂啤酒公司（Yong & Co's Brewery）

建于1831年，是伦敦地区唯一生产小桶啤酒。该厂采用传统工艺，其生产的啤酒曾12次获奖。著名的产品有，高麦芽味的燕麦型司都特黑啤酒（Oatmeal Stout）；带有水果香味并呈红褐色的老尼克啤酒（Old Nick）；雷姆罗德啤酒（Ram Rod）采用后熟技术，有浓厚的麦芽香味；特制伦敦爱尔啤酒（Special London Ale）带有新鲜的啤酒花香味，1990年被英国瓶装啤酒协会评为金奖；冬季暖啤酒（Winter Warmer）带有黑麦芽和水果的综合香味。

23. 查尔斯－威尔斯有限公司（Charles Wells Ltd.）

建于1876年，至今仍由家族管理。该企业著名的产品有，深褐色并带有麦芽和坚果味的投弹手高级苦啤酒（Bombardier Premium Bitter）（见图3-6）；带有干果味和啤酒花味的法果全熟爱尔啤酒（Fargo Fully Matured Strong Ale）。

24. 比利时兰特门斯啤酒厂（Lindemans）

建于1869年，该厂以生产传统的兰比克啤酒与盖斯啤酒混合啤酒而著名。其特色产品有，酒液模糊，玫瑰色，具有像香槟一样泡沫的山梅啤酒（Frambolse）；经过橡木桶后熟三年，呈浅棕色，带有浓郁的葡萄酒味的盖斯啤酒（Gueuze）（图3-7）；呈浅玫瑰色，带有的甜樱桃芳香，含二氧化碳的樱桃啤酒（Kriek）；古铜色并含有新鲜桃子香味的桃子啤酒（Peche）。

25. 英国曼斯菲尔德啤酒公司（Mansfifeld Brewery Co）

由威廉·贝利（William Bailey）于1855年创建。该公司以传统酿酒方法而著称。著名的产品有，干爽的曼斯菲尔德苦味生啤酒（Mansfield Bitter-Draught）（图3-8）和城区传统苦啤酒（Riding traditional Bitter）。

图 3-6　投弹手高级苦啤酒

图 3-7　图盖斯啤酒

图 3-8　曼斯菲尔德苦味生啤酒

本章小结

啤酒是英语Beer的音译和意译的合成词。通常，是以大麦芽为主要原料，经发酵制成的酒。传说，世界最早的啤酒酿造记录大约在6000年前，由居住在中东的底格里斯河（Tigris）和幼发拉底河（Euphrates）的美索不达米亚（Mesopotamia）平原的古巴比伦与乌尔（Ur）城中的苏美尔人（Sumerians）首先开始。公元前800年，古日耳曼人已经酿制啤酒。啤酒主要由大麦、啤酒花、酵母和水等构成。啤酒有不同的风格，而不同的风格由不同的生产工艺形成。通常啤酒生产程序主要由选麦、浸麦、发芽、干燥、制汁、发酵和熟化等。

啤酒有多种分类方法，可以根据啤酒颜色、生产工艺、发酵工艺及啤酒特点等。销售啤酒时，首先要保证啤酒杯的清洁。啤酒杯不能有油迹，否则会影响啤酒泡沫的产生。啤酒杯不能与餐具一起洗涤，手指不可接触杯内。一些顾客青睐冷藏啤酒，少数顾客购买室温的啤酒。斟倒啤酒时，酒瓶应离酒杯约1厘米，沿杯边斟倒，斟倒七成满。

练习题

一、多项选择题

1. 下列关于啤酒描述正确的是（　　）。

A. 啤酒由大麦、啤酒花、酵母和水等构成

B. 啤酒是英语Beer的音译和意译的合成词

C. 啤酒生产程序主要由选麦、浸麦、发芽、干燥、制汁、发酵和熟化等过程

D. 根据啤酒制作的原料分类，啤酒可分为大麦啤酒、小麦啤酒和综合原料啤酒

2. 拉戈啤酒（Lager）是指传统的德国式啤酒，根据发酵工艺，拉戈啤酒可以为（　　）。

A. 比尔森啤酒　B. 伯克啤酒　C. 司都特啤酒　D. 多特蒙德啤酒

3. 麦汁糖化简称糖化，是指（　　）

A. 在60℃至70℃条件下，利用麦芽本身的酶使麦芽等逐渐分解为可溶性物质

B. 是制成符合要求的麦汁过程

C. 糖化工序结束后意味着啤酒已经制成。

D. 发酵是将煮好的麦汁冷却至5℃，泵入发酵灌，添加啤酒酵母进行发酵的过程

二、判断改错题

1. 啤酒花（Hop）是制作啤酒四大原料之一，是制作麦汁不可缺少的添加物。

2. 干麦芽含有大量的淀粉酶，可使芽中的淀粉溶解并糖化，形成大量的麦芽糖。

三、名词解释

啤酒　酵母　啤酒花　糖化　底部发酵

四、思考题

1. 简述啤酒的含义与特点。

2. 简述啤酒质量鉴别。

3. 论述啤酒原料及其意义。

4. 论述啤酒的种类与及其特点。

5. 论述啤酒生产的主要程序及其作用。

第4章

蒸馏酒

本章导读

本章主要论述蒸馏酒的含义、特点、种类、生产工艺及世界上著名的蒸馏酒。主要内容包括白兰地酒、金酒、朗姆酒、伏特加酒、特吉拉酒和中国白酒等的特点、发展、文化和生产工艺。通过本章学习，全面了解蒸馏酒的生产工艺、种类与特点。掌握法国白兰地酒、西班牙白兰地酒、意大利白兰地酒和德国白兰地酒知识；掌握纯麦威士忌酒、混合威士忌酒、利口威士忌酒、谷物威士忌酒、苏格兰威士忌酒、爱尔兰威士忌酒、加拿大威士忌酒和美国威士忌酒的知识；掌握荷兰金酒、伦敦干金酒、普利茅斯金酒、香甜型金酒和美国干金酒的知识；掌握中性伏特加酒、加香伏特加酒、餐前伏特加酒、水果伏特加酒、甜点伏特加酒和提神伏特加酒的知识；掌握无色特吉拉酒、金黄色特吉拉酒和特吉拉陈酿酒的知识；掌握中国清香型白酒、浓香型白酒、酱香型白酒、米香型白酒、混香型白酒及中国白酒命名等的知识。从而为蒸馏酒销售和服务打下良好基础。

第一节　蒸馏酒概述

一、蒸馏酒含义与特点

蒸馏酒是指通过蒸馏方法制成的烈性酒。蒸馏酒酒精度在38度以上，最高可达66度。世界上大多数蒸馏酒酒精度在40度至46度。某些国家把超过20度的酒也称为蒸馏酒。蒸馏酒的特点基本是乙醇的特点，乙醇是蒸馏酒的关键原料。蒸馏酒酒味十足，气味香醇，可以长期储存，可以纯饮，也可以与冰块、无酒精饮料或果汁混合后饮用。蒸馏酒还是配制鸡尾酒不可缺少的原料。

二、蒸馏酒的起源与发展

蒸馏技术在烈性酒制中扮演着重要的角色。历史上许多国家把蒸馏酒称为生命之水。“蒸馏”一词可追溯到阿拉伯历史和文化，该词原意为精炼，指将鲜花精炼成香水或将粮食，水果精炼成酒。实际上，蒸馏技术很早就被人们广泛使用。蒸馏是根据乙醇和水的不同沸点，将水与乙醇分离的原理。我国一些学者认为，我国蒸馏酒起源于东汉。日本学者认为，印度在公元前 800 年已经有了蒸馏酒——阿拉克（Arrack）。欧洲学者认为，公元 1100 年法国第一次从含酒精的液体中将酒分离。尽管蒸馏技术在欧洲早已使用，然而该技术用于商业目的仅有 500 多年历史。因此，人们经过漫长的历史才逐渐地意识到烈性酒的社会作用和经济价值。

三、蒸馏酒生产工艺

蒸馏酒生产是根据乙醇的物理性质，通过蒸馏酒水混合体获取的酒精度较高的液体。由于乙醇在正常大气压下的沸点约是 78.3℃，而水的沸点约为 100℃。因此只要将酒水混合物或发酵酒加温 78.3℃ ~100℃，可将乙醇汽化，从而使乙醇与水分离，再通过冷却方法获得乙醇，经过熟化和勾兑后，制成各种风味的烈性酒。

四、蒸馏酒种类

由于蒸馏酒的原料不同，工艺不同，因此世界各地和各厂商生产的蒸馏酒有不同的特点，从而产生了不同的种类。最著名的蒸馏酒有白兰地酒（Brandy）、威士忌酒（Whisky）、金酒（Gin）、朗姆酒（Rum）、伏特加酒（Vodka）、特吉拉酒（Tequila）和中国白酒。（见表 4–1）

表 4–1　世界主要蒸馏酒种类、原料、乙醇含量和著名的生产国

蒸馏酒种类	主要原料	酒精度	主要生产国
白兰地酒（Brandy）	葡萄	38~40	法国、意大利
威士忌酒（Whisky）	麦芽、玉米	38~48	英国、爱尔兰、美国、加拿大
金酒（Gin）	麦芽、玉米、杜松子	40~55	荷兰、英国、美国
朗姆酒（Rum）	蔗糖、糖蜜	40~60	古巴、牙买加、南美各国
伏特加酒（Vodka）	麦芽、玉米	40~60	俄罗斯、波兰、美国
特吉拉酒（Tequila）	龙舌兰	38~44	墨西哥
中国白酒	高粱、麦类、玉米、大米	38~65	中国

第二节　白兰地酒

一、白兰地酒概述

“白兰地酒”是英语“Brandy”的音译。白兰地酒是以葡萄为原料，经发酵、蒸馏制成的烈性酒。白兰地酒为褐色，酒精度在 40 度至 48 度。此外，以其他水果为原料制成的蒸馏酒也称为白兰地酒，但是必须在白兰地酒前加原料名称。例如，以樱桃为原料制成的蒸馏酒，称为樱桃白兰地酒（Cherry Brandy）。但是，以苹果制成的白兰地酒称为“Apple Jack”。

二、白兰地酒的发展

白兰地酒的发展可以追溯到公元 7—8 世纪。那时阿拉伯炼金术人在地中海国家多次利用发酵和蒸馏技术，将葡萄和水果制成医用白兰地酒。到 8 世纪末，爱尔兰和西班牙已经生产白兰地酒。16 世纪，意大利、西班牙、法国和荷兰普遍使用两次蒸馏程序并通过橡木桶熟化方法制成优质的白兰地酒。白兰地酒不仅改变了葡萄酒味道过酸的缺点，而且成为具有独特风味而醇厚的烈性酒。18 世纪，白兰地酒已占法国酒类出口量的第一位。目前白兰地酒受各国人们的喜爱，其用途也愈加广泛。著名的白兰地酒生产国家有法国、德国、意大利、西班牙和美国等。

三、白兰地酒生产工艺

白兰地酒是以葡萄为原料，经过榨汁、发酵、蒸馏得到酒精度较高的烈性酒。通常，制作白兰地酒要经过两次蒸馏。第 1 次蒸馏得到含有 23%~32% 乙醇的无色液体，第 2 次蒸馏得到含有 70% 乙醇的无色白兰地酒。白兰地酒中的芳香物质主要通过蒸馏获得。白兰地酒虽然是一种蒸馏酒，但它不像其他蒸馏酒那样要求很高的纯度，酒精度常在 60%~70%，保持适量挥发性混合物，以保证白兰地酒固有的芳香。虽然近代蒸馏技术发展迅速，但典型的白兰地酒蒸馏方法仍停留在壶式蒸馏器蒸馏法。壶式蒸馏器也称为夏朗特蒸馏锅，由蒸馏器、鹅颈管、预热器、冷凝器等组成。酒厂为了使白兰地酒有特殊的香味，燃料不用煤炭而用木炭。壶式蒸馏器近些年来有了不少改进，但实际上仍大同小异。壶式蒸馏器属于两次蒸馏设备，因此，白兰地酒用这种蒸馏器须经两次蒸馏才能得到。在制作白兰地酒时，经过蒸馏的原酒必须在橡木桶里熟化才能成为产品。通常，白兰地酒在新橡木桶熟化 1 年后，呈金黄色，倒入老桶再熟化数年，经过勾兑才能达到理想的颜色、芳香、味道和适宜酒精度。最后经过滤和净化，装瓶。（见图 4–1 和图 4–2）

图 4-1 熟化中的白兰地酒

图 4-2 壶式蒸馏器

四、法国白兰地酒

（一）法国白兰地酒概况

法国是生产白兰地酒最著名的国家。它生产的白兰地酒在质量和数量方面都名列世界之冠。目前法国每年近两亿瓶白兰地酒销往美国、英国、德国、日本和我国香港及内地，占全国生产量的 95%。

根据历史记载，公元初期法国夏朗特地区（Charente）已经开始了葡萄酒酿造。12 世纪由夏朗特地区生产的一种干白葡萄酒在英国和斯堪的纳维亚地区（Scandinavia）流行。但是这种酒不易保存，一旦带到温暖地方就变质了。当时法国政府对酒类的税很高，一些制酒者为了避免酒税，开始蒸馏葡萄酒。这样，饮酒者在葡萄蒸馏酒中加些水就可以得到葡萄酒了。但是，人们逐渐喜欢上了这种葡萄蒸馏酒。后来人们发现这种酒在橡木桶熟化后可以提高酒的口味，降低浓烈的酒精原味并可获得理想的颜色。

（二）著名生产地

在法国有许多地方都生产白兰地酒，但是最著名的产地是干邑（Cognac）和亚玛涅克（Armagnac）地区。

1. 干邑镇（Cognac）

干邑也称作科涅克，是一座古镇，位于法国西南部，在著名葡萄酒生产区——波尔多（Bordeaux）北部的夏朗特地区内，面积约 50 万英亩。该地区气候宜人，土质好，栽培的葡萄格外茂盛。16 世纪干邑镇已开始制作白兰地酒。18 世纪该地区开始出口白兰地酒，出口量在法国各酒类中排名第一。由于该地区生产的白兰地酒工艺严谨，酒质上乘并有独特的风味，因此，干邑镇越来越有名气，已经成为世界上最著名的白兰地酒生产区。至今干邑已成为优秀白兰地酒的代名词。同时，干邑白兰地酒以夏朗特地区葡萄园生产的干葡萄酒为原料，经两次蒸馏并在橡木桶中长期熟化而成为褐色，通过勾兑成为著名的口味和谐的白兰地酒。（见图 4–3）

图 4–3 夏朗特地区

根据市场调查，干邑这个词已经被世界广泛熟知，据说连因纽特人都很了解。根据记载，公元 18 世纪干邑白兰地酒已经传播到俄罗斯、斯堪的纳维亚和美国路易斯安那州（Louisiana）、几内亚（Guinea）以及亚洲各国。目前，法国政府根据干邑地区的土质、气候和雨量等葡萄生长条件和白兰地酒质量等，将干邑地区划分为 6 个生产区。

（1）大香槟地区（Grande Champagne）

夏朗特河左岸是干邑白兰地酒最核心的生产区，称大香槟地区。这里生产世界最优质的葡萄酒。

（2）小香槟区（Petite Champagne）

该地区在大香槟区外围。这块土地生产着优质的白兰地酒。

（3）香槟边缘区（Borderies）

该地区在小香槟区北部，紧挨小香槟区的小型地块，出产优质的白兰地酒。

（4）优质葡萄园区（Fins Bois）

该地区在香槟区和香槟边缘区的外围一片较大的土地和位于这块土地西南方的单独一小块土地，出产优质的白兰地酒。

（5）外围葡萄园区（the Bons Bois）

该地区在优质葡萄园区外围的边缘土地，出产优质的白兰地酒。

（6）边缘葡萄园区（Bois Ordinaires）

该地区在外围葡萄园区南部和北部分开的数块葡萄园，出产优质白兰地酒。（见图 4–4）

2. 亚玛涅克（Armagnac）

亚玛涅克位于波尔多（Bordeaux）地区的东南部。根据记载，17 世纪时该地区的白兰地酒就很有名气，并且通过海路向北欧国家出口。亚玛涅克生产的白兰地酒酒质优秀，酒味浓烈，具有田园风味。同时亚玛涅克也是优秀白兰地酒的代名词。法国政府根据该地区土质、自然条件和白兰地酒质量将该地区分为 3 个产酒区：巴士亚玛涅克（Bas–Armagnac）、豪特亚玛涅克（Haut–Armagnac）和泰纳莱斯（Tenareze）。巴士亚玛涅克生产该地区最优质的白兰地酒；豪特亚玛涅克的白兰地酒质量仅次于巴士亚玛涅克地区；泰纳莱斯生产的白兰地酒清淡，熟化期略短。

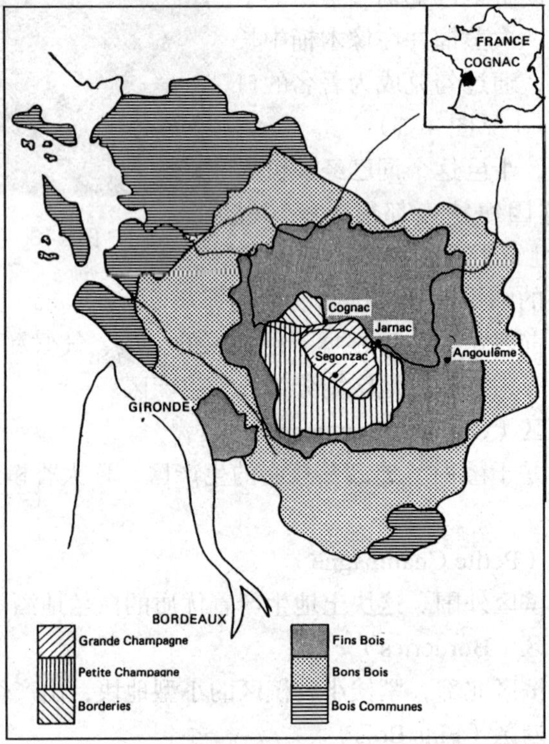

图 4–4 干邑地区白兰地酒生产区

（三）著名品牌

法国是世界白兰地酒品牌最多的国家。著名的白兰地酒品牌有奥吉尔（Augier）、百事吉（Bisquit）、金花（Camus）、克尔波亚杰（Courvoisier）、轩尼诗（Hennessy）、海因（Hine）、马爹利（Martell）、人头马（Remy Martin）等。

1. 奥吉尔（Augier）

该品牌以酿酒公司名命名，该公司创建于 1643 年，是干邑地区最古老的制酒公司。奥吉尔牌白兰地酒有多个著名产品。其中 3 星白兰地酒散发着橡木桶香气。V.S.O.P. 白兰地酒，用传统工艺生产，贮存期在 4 年以上，口味顺畅、平滑。奥吉尔拿破仑酒（Napoleon）经过 5 年以上的熟化，精心调配，入口柔顺，深受顾客好评。

2. 百事吉（Bisquit）

百事吉牌白兰地酒以酿酒公司名命名。该公司在 1819 年，由亚历山大·百事吉（Alexander Bisquit）创建。19 世纪该公司已经向德国、美国和英国出口白兰地酒。该公司自己开发的干邑麦森酒（Cognac Maison）已成为世界著名的白兰地酒。1965 年，该公司成为波纳特·理查德公司（Pernot–Ricart）成员之一。目前，它是欧洲最大的酿酒公司。该公司位于法国著名的大香槟区，拥有 8.23 万英亩葡萄园。该公司将传统工艺与现代酿酒方法相结合，制成优质的白兰地酒。由于该公司严格的质量管理，赢得了广泛的信任。百事吉牌 V.S.O.P. 陈酿白兰地酒自称熟化 8~12 年，有干果和葡萄香味。该公司百事吉世纪珍藏酒（Bisquit Privilege）自称是 100 年以上的珍藏品。该酒酒味芳香，酒质浓郁，入口柔顺，是天然熟化的优质酒。该公司的古典白兰地酒（Classique），自称熟化 35 年，浅棕色，有清淡的水果和香料气味。普莱斯蒂奇白兰地酒（Prestige），自称熟化 12 年，以干邑地区葡萄为原料，勾兑了自 1878 年以来的陈酿，酒精度 41.5 度。该公司的 XO 极品白兰地酒（X.O. Excellence），自称由 30~35 年优质香槟地区陈酿白兰地酒制成。百事吉·拿破仑优质干邑酒（Bisquit Napoleon Fine Champagne），自称熟化 15 年，味稍苦，带有新鲜水果香气。此外，该公司还生产百事吉特酿（Bisuit Extra）、百事吉大香槟区白兰地酒（Bisquit Grande Champagne）和百事吉亚历山大酒（Bisuit D'Alexandre）等。

3. 金花（Camus）

金花牌白兰地酒以酿酒公司名命名。该公司创建于 1863 年，由吉姆·百帝斯·金花（Jean Baptiste Camus）在干邑地区创立。金花酿酒公司制酒工艺特点是使用旧橡木桶熟化白兰地酒，淡化橡木桶的颜色和味道，保持酒质清淡。该公司在大香槟区和边缘区都有葡萄园。该公司产品常以这两个地区生产的白兰地酒为主要原料，勾兑其他白兰地酒而成。该酒厂非常重视酒瓶的包装，以赢得顾客欢迎。该公司的拿破仑白兰地酒（Napoleon）采用大香槟区生产的原酒为主要原料，受到世界各地的好评。该公司的 V.S.O.P. 陈酿白兰地酒是针对亚洲顾客口味设计，采用边缘区原酒为主，精心调配而成。而 X.O. 特别陈酿白兰地酒自称由 170 余种储存期在 50 年以上的各种白兰地酒勾兑而成。该公司生产的金花高级 V.S.O.P. 白兰地酒（Camus Grand V．S.O.P.）以香槟地区、香槟边缘区和优质葡萄园区生产的葡萄酒为原料，勾兑制成，经过 10~15 年熟化，略带苦味和干果味，酒瓶设计非常精美。金花拿破仑陈酿白兰地酒（Camus Napoleon Vieille Reserve）自称熟化 20 年，金黄色，酒中带有香草和杏仁味道。金花 X.O. 白兰地酒（Camus X．O.）自称熟化 30 年，散发着水果和鲜花香气。X.O. 极品白兰地酒（X.O. Superior）自称由 170 种干邑白兰地酒勾兑而成，熟化期超过 50 年。

此外，该公司还生产少量的特级白兰地酒。特级干邑白兰地酒（Cognac Extra），自称熟化 40~50 年。在每年的公司纪念日时，还生产一种称为庆典白兰地酒（Celebration）。

4. 马爹利（Martell）

马爹利牌白兰地酒以酿酒公司名命名。该公司创建于 1715 年，一直由马爹利家族经营和管理并获得“稀世罕见美酒”美誉。目前，该公司已成为施格兰公司的一员。目前，马爹利公司是法国第二大干邑白兰地酒酿制公司。该公司创始人，英国国籍的吉安·马爹利（Jean Martell）从英国泽希岛（Jersey）来到干邑镇，在亲属的帮助下投资经营白兰地酒生意。该公司是干邑地区第一个将白兰地酒出口到英国和德国的公司。目前该公司由第八代人管理。该公司在大香槟区拥有 400 万平方米葡萄园，28 套蒸馏生产线和熟化设备，每年生产 200 万箱干邑白兰地酒，出口 140 个国家，占世界干邑白兰地酒总量的 17.5%。该公司的马爹利三星白兰地酒（Martell V. S. ☆☆☆）经过 3~7 年熟化，带有香蕉和鲜桃味道。马爹利 V.S.O.P. 白兰地酒（Martell V. S.O.P.）经过 7~12 年陈酿，有茉莉花和紫罗兰香气并带有水果味道。马爹利蓝带白兰地酒（Martell Cordon Bleu）装饰豪华，自称勾兑了 1912 年以来的大香槟和小香槟地区生产的白兰地酒，经过 20~30 年熟化，带有紫罗兰香气和干果味道。马爹利诺比利白兰地酒（Martell Noblige）代表高尚和尊贵，自称经过 50 年熟化，带有蜂蜜的甜味和香草香气。该公司的干邑拿破仑酒（Cognacs Napoleon）被人们称作“拿破仑中的拿破仑”，是白兰地酒中的极品，熟化期 15~20 年。红带白兰地酒（Cordon Ruby）是由酿酒师们从酒窖中挑选的香味俱全的白兰地酒混合而成。特酿白兰地酒（Extra）、X.O. 极品白兰地酒（X.O. Supreme）等都是该公司的著名产品。（见图 4–5）

图 4–5 马爹利干邑白兰地酒 V.S.O.P.

5. 克尔波亚杰（Courvoisier）

克尔波亚杰牌白兰地酒由酿酒公司名命名。该公司于 1790 年由伊马诺尔·克尔波亚杰（Emmanuel Courvoisier）创建。该公司在拿破仑一世时，由于其酿制的优质白兰地酒而受到赞赏，因此被指定为皇家白兰地酒承办商。克尔波亚杰 V.S. 白兰地酒（Courvoisier V. S.）自称熟化 5~8 年，由优质葡萄园区和大香槟区白兰地酒勾兑制成，带有新鲜的水果香气。克尔波亚杰 V.S.O.P. 白兰地酒（Courvoisier V. S.O.P.）自称熟化 8~12 年，由香槟区葡萄制成，带有水果和鲜花香气。克尔波亚杰拿破仑酒（Courvoisier Napoleon）自称经过 15~20 年陈酿，由香槟地区葡萄制成，酒质细腻，带有成熟水果的香气。克尔波亚杰 X.O. 皇帝酒（Courvoisier X．O.Imperial）自称成熟期 20~30 年，由大香槟区、小香槟区和香槟边缘区葡萄为原料，散发着鲜花和水果的香气。特别陈酿白兰地酒（Initiale Extra）自称勾兑了 50 余年的陈酿白兰地酒，由香槟区和香槟边缘区葡萄制成，酒体精制，带有香草、葡萄干和杏仁的香气。X.O. 特别陈酿白兰地酒在 1986 年国际葡萄酒和烈性酒大赛中，被选为世界第一优质白兰地酒。目前酒瓶标签上的"拿破仑干邑"（Le Cognac de Napoleon）的专利权只限克尔波亚杰酿酒公司使用。该公司现属于艾丽德·里昂公司（Alid Lyon）的子公司。目前该公司拥有 4 个生产厂。每年由 2500 个葡萄种植人提供葡萄原料，采用自己的独特生产技术和配方生产优质干邑白兰地酒。

6. 轩尼诗（Hennessy）

轩尼诗牌白兰地酒以酿酒公司名命名，该公司创建于 1765 年，由理查德·轩尼诗（Richard Hennessy）创立。在拿破仑三世时，该公司已经使用能够证明白兰地酒级别的星号，目前轩尼诗这个名字已经成为优质白兰地酒的代名词。轩尼诗家族经过 6 代人努力，使它的产品质量不断提高，生产量不断扩大，已成为干邑地区最大的 3 家酿酒公司之一。目前该公司拥有 500 多公顷葡萄园，28 套蒸馏设施，25 处熟化白兰地酒的酒窖并存有原酒 18 余万桶，每年有 20 余个葡萄园向其供应优质葡萄。该公司有约 20 种不同级别和熟化期的白兰地酒，出口世界各国。著名的品种有轩尼诗·理查德（Richard Hennessy）白兰地酒，该酒是轩尼诗公司的极品，自称经过百年珍藏的稀世白兰地酒。轩尼诗天堂（Hennessy Paradise）是轩尼诗公司陈年老窖。轩尼诗 V.S.O.P. 酒（Hennessy V．S.O.P.）选用干邑地区优质葡萄为原料，经过长期熟化而成。轩尼诗 X.O.（Hennessy X．O.）以香槟地区葡萄为原料，酒质醇厚。

7. 海因（Hine）

海因牌白兰地酒以酿酒公司名命名。该公司全称是托马斯·海因公司（Thomas Hine & Co.）。该公司创建于 1763 年，一直由英国的海因家族经营和管理。1962 年该公司被英国伊丽莎白女王指定为英国王室酒类承办商。目前，该公司由海因家族第六代的波纳德（Bernard）和雅克（Jacques）经营管理。其产品向 150 多个国家出口。该公司生产的大香槟珍藏 V.S.O.P. 白兰地酒（Hine Rare & Delicate V．S.O.P. Fine Champagne）以夏朗特地区葡萄为原料，经过长期熟化而成，金黄色，带有鲜花味。海因古董白兰地酒（Hine Antique）以大香槟和小香槟地区葡萄为原料，是圆润可口的白兰地陈酿酒，浅褐色带有成熟的水果和蜂蜜香气。海因纯富白兰地酒（Hine Triomphe）只使用大香槟区葡萄为原料，经过长期熟化，具有高雅口味，有生姜和烟草香气。海因珍藏白兰地酒（Reserve）自称采用海因家族秘藏的古酒制成，标签上有手写的编号。海因大香槟区丰收年1966白兰地酒（Hine Early Grande Champagne Vintage 1966）自称熟化24年，由于它的奇特芳香，带有甜瓜和杏仁味道，特别受市场欢迎。除此之外，海因公司还生产家族珍藏酒（Family Reserve）和干邑大香槟丰收年1948珍品酒（the Cognac Grande Champagne Vintage 1948）。该酒为查尔斯王子出生而创作。

8. 人头马（Remy Martin）

人头马牌白兰地酒以酿酒公司名命名。该公司创建于1724年，是著名的并具有悠久历史的酿酒公司。由于该公司的产品选用大小香槟区葡萄为原料，以传统蒸馏器蒸馏，品质上乘，被法国政府冠以特别荣誉名称——特优香槟区干邑白兰地酒（Fine Champagne Cognac）（见图4-6）。该公司生产的拿破仑酒（Napoleon）不是以白兰地酒级别出现的，而是以商标出现，酒味刚烈。优质香槟区人头马X.O. 非凡白兰地酒（Remy Martin X. O. Special Fine Champagne）自称采用20~25年的陈酿干邑白兰地酒混合而成，深褐色或金黄色，带有茉莉花香气。人头马俱乐部白兰地酒（Remy Martin Club）以优质葡萄为原料，经10年熟化和陈酿，口味淡雅，有鲜花清香味道。X.O. 特别陈酿白兰地酒（X.O.）具有浓郁芬芳的特点。人头马优质香槟V.S.O.P. 白兰地酒（Remy Martin Fine Champagne V. S.O.P.）以大香槟和小香槟地区葡萄为原料，自称经过7年熟化制成，琥珀色，干型，带有玫瑰花香气。人头马香槟区特优白兰地酒（Remy Martin Extra Perfection Fine Champagne）自称熟化30年，以最优质的葡萄为原料，浅褐色，有橙子、生姜、肉桂和干果的香气。人头马路易十三大香槟白兰地酒（Remy Martin Louis XⅢ Grande Champagne）是干邑地区最著名的白兰地酒之一。该酒从1715年就开始生产，盛装在精致的、显示路易十三时代特色的水晶玻璃瓶中。自称经过50余年熟化和陈酿，深金黄色，带有水果、咖啡、巧克力和干果味道。该公司每年生产1万瓶。此外，著名的德尔陈酿白兰地酒（L'Age D'Or）仅以大香槟区葡萄为原料，将两代酿酒师酿造的陈酿进行勾兑，经长期熟化而成。该酒深褐色或金黄色，有新鲜茉莉花香气，同时带有蜂蜜、生姜、藏红花和豆蔻的味道。

RÉMY MARTIN
FINE CHAMPAGNE COGNAC

图4-6 特优香槟区人头马白兰地酒标识

（四）法国白兰地酒年限表示法

法国白兰地酒重视熟化年限，通常入桶3年，带有辛辣味，色泽不深。

入桶50年的酒，味醇和，颜色很深。入桶100年的陈酒，不仅颜色很深，而且酒味很差。因此，适当储存年限和勾兑才能使白兰地酒味道甘醇。许多专业人士总结，一些白兰地酒的标签上写有储存期几十年，不等于该瓶酒所有的酒液都是标签所注明的年限，只是在勾兑的酒液中可能有储存年限较长的酒液，其含量各公司有所不同。

（1）☆☆☆或V.S.（Very Superior的缩写），表示熟化3年的优质白兰地酒。

（2）V.O.（Very Old的缩写），不少于4年熟化的佳酿酒。

（3）V.S.O.P.（英语Very Superior Old Pale的缩写），不少于4年熟化优质酒。

（4）X.O.（Extra Old的缩写），熟化期不少于5年的优质陈酿白兰地酒。

（5）Reserve，表示储存期不少于5年的优质陈酿白兰地酒。

（6）Napoleon（拿破仑），储存期不少于5年的优质陈酿白兰地酒。

（7）Paradise（伊甸园），表示储存6年以上的优质陈酿白兰地酒。

（8）Louis XⅢ（路易十三），表示储存6年以上的优质陈酿白兰地酒。

（9）Fine Champagne，表示只使用大香槟地区和小香槟地区生长的葡萄或酒中至少含有50%的香槟地区酒液。

五、西班牙白兰地酒

西班牙制作白兰地酒有很长的历史。他们制作的白兰地酒有着独特的芳香。近年来西班牙白兰地酒在国际市场的销售量不断增长。由于西班牙白兰地酒都是在赫雷斯市（Jerez）用雪利酒桶熟化，因此西班牙白兰地酒有独特的芳香味。著名的西班牙白兰地酒品牌有亚鲁米兰特（Acmırante）。该酒出著名的伊比利亚半岛公司生产，该公司还是生产雪利酒的著名公司。亚鲁米兰特白兰地酒最大特点是散发糖果的香气。此外，康德·欧士朋白兰地酒（Conde De Osborne）也很著名，该酒以酿酒公司名命名。该公司创建于1772年，是西班牙著名的雪利酒和白兰地酒酿造公司。该酒无任何添加剂，是优质的白兰地酒。

六、意大利白兰地酒

意大利在生产白兰地酒方面有着悠久的历史。根据资料记载，意大利的沙鲁族人从12世纪开始蒸馏葡萄酒。目前意大利许多地方都生产白兰地酒，这些白兰地酒以本国消费为主，少量优质白兰地酒出口他国。意大利白兰地酒至少在橡木桶中熟化1~2年。欧培拉（Opera）是著名的意大利白兰地酒品牌，该酒采用意大利北部地区的葡萄酒蒸馏而成，口感柔和，甘醇。其中，欧培拉12酒（Opera

12）在橡木桶中熟化 12 年。斯托克（Stock）牌白兰地酒以酿酒公司名命名。该公司创建于 1884 年，是意大利大型白兰地酒酿制公司。该公司的产品斯托克 84（Stock 84）及 X.O. 特别陈酿等产品在众多白兰地酒中销量第一。该酒与冰或饮料混合后仍能保持原酒主要的风味。维基亚・罗马格那（Vecchia Romagna）牌白兰地酒由意大利罗马格那市琼旁尼普顿酿酒公司生产，采用意大利陈年葡萄酒为原料，以传统蒸馏技术制作。该酒销量在意大利白兰地酒总销量中占很高比例，并在全世界各种白兰地酒销量排行榜中排在前 100 名内。

七、德国白兰地酒

早在 14 世纪，德国已经制作白兰地酒。德国有许多著名的酿酒公司生产白兰地酒。由于德国的白兰地酒酒质饱满、味道醇香，因此受各国人民的好评。阿斯巴哈（Asbach）是著名的德国白兰地酒品牌。该酒以创始人名命名，由莱茵河畔的卢地斯哈姆村酒厂生产。该酒在国内评比中，获德国金奖。葛罗特（Goethe）牌白兰地酒以酿酒公司名命名，该酒由汉堡市葛罗特酿酒公司生产。它的最大特点是具有甘甜醇厚的味道，其中 X.O. 特别陈酿酒以储存 6 年以上的陈酒混合而成。玛丽亚克朗（Mariacorn）牌白兰地酒，品牌的含义是“圣母的皇冠”。该酒起源于玛丽亚克朗修道院，后来在莱茵河畔酒厂生产。它的最大特点是口感柔和并具有德国白兰地酒的品质保证书。

第三节　威士忌酒

一、威士忌酒概述

威士忌酒是英语“Whisky”的音译。古代苏格兰人和爱尔兰人的盖尔语（Gaelic）将威士忌酒称为“uisge beatha”。威士忌酒是以谷物为原料，经过蒸馏制成的烈性酒，颜色为褐色，酒精度常在 38 度至 48 度。威士忌酒的英语拼写方法不同。苏格兰和加拿大生产威士忌酒的拼写方式是 Whisky，而爱尔兰和美国的威士忌酒拼写是 Whiskey。威士忌酒可以纯饮，与冰块一起饮用，也可以与果汁或碳酸饮料混合饮用。威士忌酒主要作为餐后酒或餐酒。

二、威士忌酒的发展

根据记载，爱尔兰人首次蒸馏威士忌酒是在 1172 年，后来爱尔兰人又将威士忌酒生产技术传到苏格兰。苏格兰人为逃避国家对威士忌酒生产和销售的税收，躲进苏格兰高地继续酿造威士忌酒。在那里他们发现了优质水和原料，因此威士忌酒酿造技术在苏格兰得到发扬光大。15世纪，威士忌酒的配方与工艺得到定型。19世纪威士忌酒开始工业化生产。威士忌酒对苏格兰和爱尔兰的社会和经济起着重要的作用。目前许多国家都生产威士忌酒。著名的生产国有苏格兰、爱尔兰、美国、加拿大和日本等。但是，苏格兰威士忌酒是世界最著名的产品。

三、威士忌酒生产工艺

威士忌酒以大麦、玉米、稞麦和小麦等为原料，经发芽、烘烤、制浆、发酵、蒸馏、熟化和勾兑等程序制成。不同品种或不同风味的威士忌酒生产工艺不同，主要表现在原料品种与数量比例、麦芽熏烤方法、蒸馏方法、酒精度、熟化方法和熟化时间等。制作威士忌酒首先将发芽的大麦送入窑炉中，用泥炭烘烤，这就是许多纯麦威士忌酒带有明显泥炭味的原因。传统上许多苏格兰酒厂的窑炉采用宝塔形建筑。后来这种建筑就成了威士忌酒厂的标志。通常，麦芽在60℃的泥炭烟气中进行干燥、约烘烤48小时，碾碎后制成麦芽糊，然后发酵制成麦汁。麦汁冷却后进行蒸馏。传统工艺用壶式蒸馏器蒸馏，至少要蒸馏两次。然后酒液在橡木桶中至少熟化3年，一些威士忌酒要熟化8~25年。通常，酒液熟化期间应当密封储存，这样可以保持室内凉爽。当然，土壤地面可以保持室内理想的温度和湿度。一般而言，熟化中的威士忌酒每年的乙醇流失量约2%。木桶对威士忌酒的口味影响很大，木桶会使威士忌酒有着特殊的香味。通常酒厂使用两种不同风格的木桶，一种是西班牙雪利酒木桶，另一种是美洲波旁橡木桶。有些制酒厂使用一种木材制成的桶，有的制酒厂使用多种木材制成的桶。木桶在使用前要烘烤，释放香兰素。当然，木桶的质量和特色非常重要，某些木桶会制造出优良的威士忌酒并重复使用，而另一些木桶可能用过一次后就无法再使用了。（见图4-7）

四、威士忌酒种类

威士忌酒有多种分类方法。按照原料分类，威士忌酒可分为纯麦威士忌酒和谷物威士忌酒。按照威士忌酒在橡木桶中储存的时间分类，可分为数年至数十年不同年限的威士忌酒。按照威士忌酒的生产地，威士忌酒可分为苏格兰威士忌酒、爱尔兰威士忌酒、美国威士忌酒和加拿大威士忌酒等。此外，根据威士忌酒的麦芽生长程序、烘烤麦芽的方法、蒸馏方式、橡木桶的风格和勾兑技巧等，威士忌酒可分为多个种类。（见图4-8）

图 4–7　苏格兰威士忌酒蒸馏器

图 4–8　各种威士忌酒

（一）纯麦威士忌酒（Malt Whisky）

纯麦威士忌酒是只以大麦芽为原料，经制浆和发酵，用壶式蒸馏器制成的威士忌酒。

（二）混合威士忌酒（Blended Whisky）

混合威士忌酒常以纯麦威士忌酒和粮食威士忌酒勾兑制成。通常，纯麦威士忌酒占 40%，粮食威士忌酒占 60%。此外，混合威士忌酒包含有各种各样比例的麦芽威士忌酒和其他粮食威士忌酒。而便宜的混合威士忌酒中的纯麦酒含量低。

（三）利口威士忌酒（Liqueur Whisky）

利口威士忌酒是以威士忌酒为基本原料，勾兑香料、鲜花、水果或植物根茎或种子等原料制成的威士忌酒。

（四）谷物威士忌酒（Grain Whisky）

谷物威士忌酒是以不发芽的大麦、玉米或小麦等为原料，使用圆柱形蒸馏器，采用连续蒸馏方式制成威士忌酒。

五、苏格兰威士忌酒

（一）苏格兰威士忌酒（Scotch Whisky）概况

苏格兰产威士忌酒已有 500 年生产历史，其产品有独特的风格，色泽棕黄带红，清澈透明，气味焦香，带有烟熏味，给人以浓厚的苏格兰乡土风味，特别是纯麦威士忌酒更有特色。苏格兰纯麦威士忌酒仅以大麦为原料，至少熟化 3 年才能销售。由于使用煤泥熏烤麦芽，因此酒中有独特的熏烤芳香。目前随着市场需求，传统纯麦威士忌酒除满足一部分顾客需求外，主要作为勾兑威士忌酒的重要原料以保持苏格兰威士忌酒的风味。

（二）苏格兰威士忌酒产地

1. 高地（Highland）

自苏格兰东北部的敦提市（Dunee）起至西南的格里诺克市（Greenock），把这两点连成一条线，在该线的西北称为苏格兰高地。苏格兰高地约有近百家纯麦威士忌酒厂，占全苏格兰酒厂总数的70%以上，是苏格兰最著名的，也是最大的威士忌酒生产区，该地区生产不同风味的威士忌酒。高地西部有几个分散的制酒厂，它们生产的威士忌酒圆润、干爽，带有泥炭的香气而且各有特色；北部生产的威士忌酒带有当地泥土的香气；中部和东部生产的威士忌酒带有水果香气。目前，高地政府没有把各生产区划分级别，但是人们习惯地把高地的中北部——斯波塞德地区（Speysides）认定为最优秀的地区。这片区域包括恩弗内斯市（Inverness）与阿伯丁（Aberdeen）市之间的花岗岩构成的高山、峡谷以及土地肥沃的广阔乡村。斯波塞德纯麦威士忌酒以其优雅和复杂的风味而闻名，这种威士忌酒分为浓雪利酒味和清淡精细味。在斯波塞德地区，利维特河（Livet）非常著名，一些利维特河流域的酒厂借用利维特地区名作威士忌酒的品牌。通常人们认为只有一种名为格仑利沃（Glenlivet）的威士忌酒和另外三种在利维特河山谷附近地区生产的威士忌酒应当使用利维特品牌（Livet），因为这些威士忌酒均使用当地种植的大麦芽为原料，而其他山谷种植的麦芽是否具有利维特威士忌酒的特色还在争论中。

2. 低地（Lowland）

苏格兰低地在高地的南方，约有10家纯麦威士忌酒厂，是苏格兰第二著名的威士忌酒生产区。该地区除了生产纯麦威士忌酒外，还生产混合威士忌酒。这片土地生产的威士忌酒不像高地威士忌酒那样受泥炭、海岸盐水和海草的混合作用。相反，具有低地的轻柔风格。

3. 康贝尔镇（Campbel Town）

康贝尔镇位于苏格兰的最南部，在木尔·肯泰尔半岛（Mull of Kintyre）内。该地区是苏格兰传统的威士忌酒生产地，不仅带有清淡的泥炭熏烤风味，还带有少量的海盐风味。从前该地区共有30余个酒厂，目前只剩下3个。尽管如此，它们生产的威士忌酒都有独特的风味。其中，斯波兰邦克酒厂（Springbank）生产两种不同风味的纯麦威士忌酒。

4. 艾莱岛（Islay）

艾莱岛位于苏格兰西南部的大西洋中，风景秀丽，全长25公里。该地区常受来自赫伯里兹地区（Hebrides）的风、雨及内海洋气候的影响，土地深处还存有大量的泥炭。同时，该地区还受海草和石碳酸等因素的影响，因此艾莱岛生产的威士忌酒有独特的味道和香气。其中，该岛生产的混合威士忌酒较著名。（见图4–9）

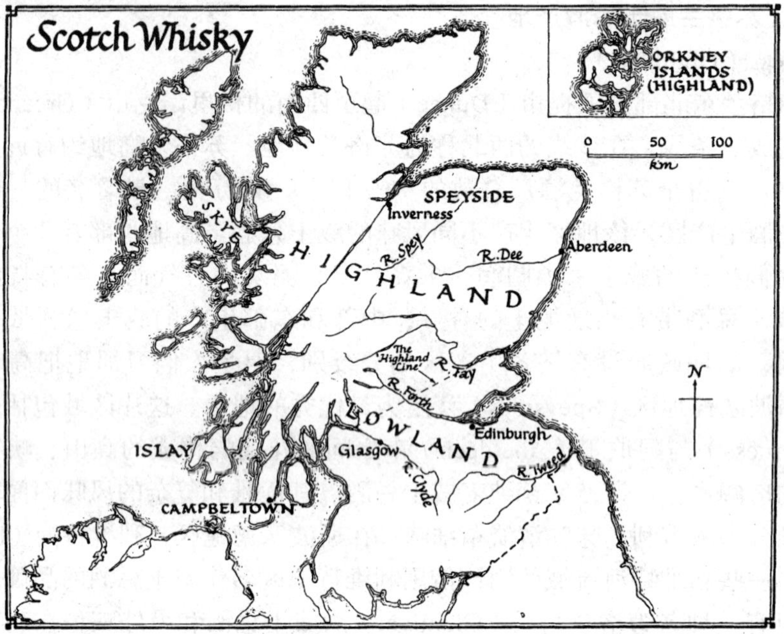

图 4–9　苏格兰威士忌酒生产区

（三）著名苏格兰威士忌酒品牌

1. 百龄（Ballantine's）

百龄牌威士忌酒以酿酒公司名命名。该公司创建于 1925 年，由乔治·百龄创建。该酒深受欧洲和日本等市场的欢迎。酒精度 43 度，有 17 年和 30 年熟化期两个著名的品种。

2. 金铃（Bell's）

金铃牌威士忌酒以酿酒公司名命名。该公司建于 1825 年。苏格兰人把这种酒作为喜庆日子和出远门必带酒。金铃牌威士忌酒通常为 43 度，分为陈酒（Old）、陈酿（Fine Old）、佳酿（Extra）、特酿（Special）和珍品（Rare）等品种。该品牌创建于 1851 年，由阿瑟贝尔酒厂首先生产。

3. 族长的选择（Chieftain's Choice）

传统上，苏格兰高地族对族长的称呼为 Chieftain。由于这种威士忌酒是生产商自己选择的配方，因此被命名为“族长的选择”。该酒以高地和低地麦芽为主要原料。有熟化期 12 年、18 年等产品。酒精度分别为 43 度、55 度和 61 度等。

4. 高地女王（Highland Queen）

高地女王牌威士忌酒由马克德奈德缪尔公司生产，该公司创建于 1893 年。该酒以 16 世纪苏格兰高地女王命名，酒精度 43 度，有 15 年和 21 年等品种。

5. 格兰菲迪（Glenfiddich）

格兰菲迪牌威士忌酒由苏格兰高地斯佩塞特酒厂生产，该酒品牌含义为“鹿之谷”。该酒采用传统的配方和工艺。酒精度为43度，有15年和21年等品种。

6. 詹姆士·马丁（James Martin’s）

詹姆士·马丁牌威士忌酒以酿酒公司创始人名命名。该创始人年轻时是拳击运动员。该产品43度，有17年特酿（Special）、佳酿（Extra）和珍品（Rare）等品种。

7. 强尼沃克（Johnnie）

强尼沃克牌威士忌酒以酿酒公司创始人名命名。该酒43度，有红牌（Red Label）、黑牌（Black Label）和金牌（Gold Label）等品种。

8. 珍宝（J&B）

珍宝牌威士忌酒以公司创始人和后来接管公司人名称的第一个字母组成。该产品在世界上畅销100余个国家，有不同口味和不同熟化期的酒，酒精度43度。

9. 老牌（Old Parr）

老牌威士忌酒以休罗布夏州的100岁以上老农“汤玛斯帕尔”命名，酒精度43度，有12年与佳酿（Extra）等产品。

10. 古圣安德鲁（Old St.Andrews）

古圣安德鲁牌威士忌酒以酿酒公司名命名，圣安德鲁是高尔夫球发祥地。该商标在当地很有名。

11. 先生（Teacher’s）

先生牌威士忌酒以酿酒公司名及该酒创始人名命名。酒精度43度，有浓郁的麦香，口味平和。

12. 芝华士（Chivas）

芝华士威士忌酒是苏格兰著名的混合型蒸馏酒。创始人詹姆斯·芝华士，他改变了威士忌酒的单一口味，经过多次试验，将麦芽和谷物威士忌酒巧妙地混合，创造了独特风味的芝华士威士忌酒，具有果香味。（见图4–10）

六、爱尔兰威士忌酒

爱尔兰威士忌酒（Irish Whiskey）已有800余年酿造历史。爱尔兰生产的威士忌酒有纯麦威士忌酒、谷类威士忌酒和混合威士忌酒等著名的品种。其纯麦威士忌酒以大麦芽、大麦、稞麦和小麦为原料，不像苏格兰威士忌酒中的麦芽比例那么高。同时，爱尔兰纯麦威士忌酒没有苏格兰威士忌酒传统的泥炭味，易于被人们接受，酒质轻柔、甜美。爱尔兰的谷类威士忌酒别具一格，享有一定的声誉。爱尔兰勾兑威士忌酒通过盛装过雪利酒的橡木桶熟化，别有风味。著名的爱尔兰威士忌酒品牌有：

（一）布什米尔（Bushmills）

布什米尔牌威士忌酒以酒厂名命名，该酒以精选大麦制成，生产工艺较复杂，有独特的香味，酒精度43度，是著名的爱尔兰威士忌酒。布什米尔酒厂创建于1608年。（见图4–11）

图4–10 芝华士威士忌酒（Chivas）

图4–11 布什米尔酒厂（Bushmills Distillery）

（二）詹姆士（Jameson）

詹姆士牌威士忌酒以酒厂名命名，该酒是爱尔兰威士忌酒的代表。詹姆士（Jameson）12年威士忌酒口感十足，是极受欢迎的威士忌酒。

（三）米德尔敦（Midleton）

米德尔敦牌威士忌酒以独特的爱尔兰威士忌酒工艺制成。该酒浅褐色，酒精度40度。其原料是在发芽的大麦中混合未发芽的大麦，因此没有泥炭味，口味甘醇柔细，在爱尔兰限量生产以保证质量。

（四）达拉摩尔都（Tullamore Dew）

该酒起名于酒厂名，该酒厂创立于1829年，酒精度为43度。酒瓶标签上的狗代表牧羊犬，是爱尔兰的象征。

七、加拿大威士忌酒

加拿大生产威士忌酒（Canadian Whisky）已有200余年历史。其著名的产品是稞麦威士忌酒和混合威士忌酒。在稞麦威士忌酒中，稞麦是主要原料，占51%以上，再配以麦芽及其他谷类等组成，该酒有稞麦的清香味。混合型威士忌酒由各种原料及成品的威士忌酒混合而成，口味清淡、圆润。该酒采用传统的工艺，由黑麦威士忌酒和其他威士忌酒勾兑而成。著名的加拿大威士忌酒品牌有：

（一）亚伯达（Alberte）

亚伯达牌威士忌酒以酒厂名命名，是著名的稞麦威士忌酒。该酒厂“亚伯达”以地名命名。该酒40度并分为泉水（Springs）和优质（Premium）两个著名品种。

（二）加拿大 O.F.C.（Canadian O. F.C.）

加拿大 O.F.C. 牌威士忌酒由魁北克省的瓦列非尔德公司生产。这种酒以白兰地酒木桶贮存威士忌酒的方式，使该酒有着香浓轻柔的口味。O.F.C. 是“Old French Canadian”的缩写形式，该商标中文含义是“集传统的法国风味与加拿大风味于一身”。

（三）皇冠（Crown Royal）

皇冠牌威士忌酒是加拿大威士忌酒的超级品，以酒厂名命名。1936 年，英国国王乔治六世在访问加拿大时饮用过这种酒，因此得名。

（四）施格兰 V.O.（Seagram’s V.O.）

施格兰 V.O. 牌威士忌酒以酒厂名命名。Seagram 原为一个家族，这个家族热衷于制作威士忌酒，后来成立酒厂并以“施格兰”命名。该酒以稞麦和玉米为原料，酒液熟化 6 年以上，经勾兑而成，口味清淡。

八、美国威士忌酒

美国是生产威士忌酒的著名国家。虽然美国威士忌酒的生产历史仅 200 余年，但是其产品紧跟市场需求，产品类型不断翻新，因此美国威士忌酒（American Whiskey）很受市场欢迎。美国威士忌酒以带有焦黑橡木桶的香味而著名，尤其是美国的波旁威士忌酒（Bourbon Whiskey）享誉世界。

（一）美国威士忌酒种类

1. 波旁威士忌酒（Bourbon Whiskey）

该酒以玉米为主要原料（占 51%~80%），配以大麦芽和稞麦，经蒸馏后，在焦黑木桶中熟化 2 年以上。该酒呈褐色，有明显的焦黑木桶香味。传统上，波旁威士忌必须在肯塔基州（Kentucky）生产。目前，伊利诺伊州（Illinois）、印第安纳州（Indiana）、密苏里州（Missouri）、俄亥俄州（Ohio）、宾夕法尼亚州（Pennsylvania）和田纳西州（Tennessee）都生产波旁威士忌酒。

2. 玉米威士忌酒（Corn Whiskey）

以玉米为主要原料（占 80% 以上）配以少量大麦芽和稞麦，蒸馏后存入橡木桶，熟化期可根据需要而定。

3. 纯麦威士忌酒（Malt Whiskey）

以大麦芽为主要原料制成的威士忌酒（大麦芽占原料的 51% 以上），配以其他谷物，蒸馏后在焦黑橡木桶中熟化 2 年以上。

4. 黑麦威士忌酒（Rey Whiskey）

以黑麦为主要原料（占 51% 以上），配以大麦芽和玉米，经蒸馏后在焦黑橡木桶中熟化 2 年以上。

5. 混合威士忌酒（Blended Whiskey）

以玉米威士忌酒加少量的大麦威士忌酒勾兑而成。

（二）著名美国威士忌酒品牌

1. 古安逊特（Ancient Age）

古安逊特牌威士忌酒以酒厂名命名。该酒厂位于肯塔基州的肯塔基河旁，由于使用肯塔基河的优质的水源，因此该酒味平稳、顺畅。实际上该酒商标的含义是“古年代”，由于该厂有悠久的历史，因此该酒标签突出2个“A”字母，非常醒目。

2. 波旁豪华（Bourbon Deluxe）

波旁豪华牌威士忌酒由得克萨斯州艾普斯泰酒厂出品，以地名命名。Bourbon含义是“肯塔基州”。在该酒原料中，玉米含量很高，口味圆润、丰富。

3. 四玫瑰（Four Roses）

四玫瑰牌威士忌酒以酒厂名命名。四玫瑰名字同酒厂创始人经历有关。该厂历史悠久，产品采用肯塔基州出产的谷物酿制并在焦黑橡木桶中熟化6年。

4. 乔治·华盛顿（George Washington）

乔治·华盛顿牌威士忌酒由肯塔基州生产，以人名命名。乔治·华盛顿是美国第一任总统。该酒的酒味和香气都属于标准的波旁威士忌产品。

5. 怀德·塔基（Wild Turkey）

怀德·塔基牌威士忌酒以酿酒公司名命名。该公司创建于1855年，位于肯塔基河旁。怀德·塔基威士忌酒是波旁威士忌酒代表产品。它精选当地出产的原料，以肯塔基河水酿造，经连续蒸馏方式生产，使用烧焦的橡木桶熟化8年，是著名的美国波旁威士忌酒。

第四节　金酒

一、金酒概述

金酒（Gin）也称为琴酒，是英语Gin的译音。有时人们习惯地称它为杜松子酒。Gin由荷兰字“Genever”缩写而成。Genever的本义代表杜松树（juniper）。金酒为无色液体，酒精度约40度。杜松子是金酒中主要的增香物质，这种物质由常青灌木——杜松的深绿色果实构成，产于意大利北部的克罗地亚、美国和加拿大等地区。

二、金酒的发展

金酒起源于16世纪。当时，荷兰莱登（Leiden）大学医学院西尔维亚斯

（Sylvius）教授发现杜松子有治疗作用，于是将杜松子浸泡在酒中，使用蒸馏方法制成医用酒。由于这种酒气味芳香并具有健胃、解热等功能，逐渐发展成饮用酒。这种酒当时称作 Genever，至今荷兰金酒仍用这一名称。1660 年，一位名叫塞木尔・派波斯（Samuel Pepys）的人曾记载用杜松子制成的强力药水治愈了一位腹痛病人。18 世纪，英国生产具有特色的干金酒随着大英帝国的扩张遍布世界。19 世纪中叶，在维多利亚女王时代（Victorian Era），金酒的声誉不断提高，传统风格的汤姆金酒（Old Tom）逐渐成为清爽风格的干金酒。那时，伦敦生产的干金酒几乎成为金酒的代名词。实际上，金酒尽管起源于荷兰，但是发展于英国。目前，金酒的主要消费国是美国、英国和西班牙。尽管伦敦干金酒的规模生产始于 1930 年，但是直至 1960 年金酒与可乐的混合饮料才开始流行。从此，金酒的生产量和销量不断地提高。

三、金酒生产工艺

金酒是以玉米、稞麦和大麦芽为原料，经发酵，蒸馏至 90 度以上的酒精液体，加水淡化至 51 度，然后加入杜松子、香菜籽、香草、橘皮、桂皮和大茴香等香料，再蒸馏至约 80 度的酒液，最后加水勾兑而成。金酒不需要放入橡木桶中熟化，蒸馏后的酒液，经过勾兑即可装瓶，有时也可熟化一段时间后再装瓶。不同风味的金酒，生产工艺不同，主要表现在不同的原料比例和蒸馏方式。例如，传统的荷兰金酒以大麦为主要原料，使用单式蒸馏方法，成本高，香气浓。目前，许多酒商降低麦芽在金酒中的比例，混合玉米等谷物并改变传统的蒸馏工艺，采用连续式蒸馏方法。伦敦干金酒就是以玉米为主要原料，通过连续蒸馏方法得到的干金酒。世界上许多国家都生产金酒，最著名的国家是英国、荷兰、加拿大、美国、巴西、日本和印度等国家。金酒可以纯饮，也可加入冰块或与非酒精饮料或果汁混合饮用。

四、金酒种类

（一）荷兰金酒（Genever）

荷兰金酒是以大麦芽为主要原料，加入其他谷物、杜松子、香菜籽和橘皮等制成的无色透明的烈性酒，酒味清香，香味浓重，辣中带甜，酒精度 36 度至 40 度，主要适于直接饮用或冷藏后饮用，传统上，佐酒的菜肴以烤鲱鱼为主。多年来，荷兰金酒使用圆形瓷坛做容器。荷兰金酒标签上注明的 Jonge 为新型酒，Oude 为陈酿。陈酿（Oude Genever）是古老风格，具有麦秆黄的色泽，味甜，芳香。新金酒（Jonge Genever）是口味干爽、淡雅的金酒。一些金酒要在橡木桶中熟化 1~3 年。荷兰金酒酒精度低于英国干金酒。其主要的生产国是荷兰、比利时和德国。

（二）伦敦干金酒（London Dry Gin）

伦敦干金酒是以玉米为主要原料，约占75%，配以大麦芽和其他谷物、杜松子和橘皮等，通过连续蒸馏方式制成的烈性酒。伦敦干金酒口味干爽，酒精度45度，易于被人们接受。因此，这种金酒广泛用于鸡尾酒的基酒。伦敦干金酒是金酒中的主要品种，世界上有许多国家都生产这种酒，如美国、印度等。但是，英国生产的伦敦干金酒最著名。

（三）普利茅斯金酒（Plymouth Gin）

图4–12 普利茅斯金酒（Plymouth Gin）

相对于伦敦干金酒，普利茅斯金酒更醇厚，酒味更浓烈，酒体更清澈，而且带有水果味，气味芳香。传统的英吉利海峡港口城市——普利茅斯生产的金酒与目前的普利茅斯金酒都是由当地唯一的著名酒厂——克泰斯酿酒公司（Coates & Co.）制造。现在，该厂仍然拥有和使用普利茅斯这一著名品牌。（见图4–12）

（四）香甜型金酒（Flavored Gin）

香甜型金酒，也称为老汤姆金酒（Old Tom Gin），这种金酒加入了糖浆、橘子或薄荷以丰富甜味和香味。老汤姆金酒在18世纪很流行。它的名字老汤姆（Old Tom）起源于世界上最早的自动售货机。传说，18世纪在英格兰酒吧有一种形状像黑猫的木质装饰板挂在酒吧外墙上。口渴的过路人会向猫嘴投入1便士，然后，顾客把嘴放在猫爪子下的小管子下面。服务员收到酒钱，在酒吧内向管中倒入金酒，然后流入顾客的口中。现在只有少量的老汤姆金酒还在生产。

（五）美国干金酒（American Dry Gin）

美国是世界上最大的金酒消费国。美国生产的干金酒酒精度40度，香味比英国干金酒更低。美国优质的干金酒需要在内部烧焦的橡木桶中熟化3个月，酒液呈浅麦秆黄色。

五、著名金酒品牌

（一）英王卫兵（Beefeater）

该酒产于英国杰姆斯巴沃公司。该公司创建于1820年。英王卫兵牌金酒以爽快和锐利的口味而著名，酒精度47度，是典型的伦敦干金酒。

（二）波尔斯（Bols）

该酒由荷兰波尔斯罗依亚尔、迪斯河拉利兹公司生产。该公司创建于1575年。波尔斯牌金酒是典型的荷兰金酒。酒精度有35度和37.5度等品种。

（三）巴内特（Burnett's）

该酒产于英国，以酒厂名命名，具有辛辣和爽快等特点，伦敦干金酒型。酒精度有40度和47度两个品种。

（四）哥顿（Gordon's）

该酒产于英国，以酒厂名命名。该酒厂创建于1769年，是著名的伦敦干金酒。酒精度47.3度。

（五）海文·希尔（Heaven Hill）

该酒以酿酒公司名命名，产于美国的肯塔基州，酒精度40度，是伦敦干金酒型。

（六）老汤姆（Old Tom）

该酒香甜易饮，酒精度40度，由加拿大亚库提克公司生产。

（七）伊丽莎白女王（Queen Elizabeth）

该酒产于英国，起名来自16世纪英国女王——伊丽莎白一世。酒精度47度，是伦敦干金酒。

（八）休塔恩黑贾（Riemerschmid）

该酒产于德国，酒精度40度。由于其生产工艺独特，从开始蒸馏时就将杜松子和大麦放在一起，因此杜松子香气十足。

第五节 朗姆酒

一、朗姆酒概述

英语朗姆酒（Rum）来自拉丁字“saccharum”，该字的含义是“糖”。因此Rum是拉丁字——“糖”的缩写形式。朗姆酒以甘蔗或糖蜜为原料，经发酵、蒸馏制成。朗姆酒是Rum的音译，一些地方将朗姆酒称为兰姆酒。朗姆酒酒精度40度，有深褐色、金黄色和无色三个品种。其味道有芳香型和清淡型，用途广泛，除了饮用以外还作为面点的调味酒。目前，有许多国家和地方生产朗姆酒，如古巴、多米尼加、海地、夏威夷、墨西哥、菲律宾、波多黎各、维尔京群岛、委内瑞拉等，这些地方生产清淡型朗姆酒；巴巴多斯、圭亚那、牙买加、新英格兰、千里达岛（Trinidad，委内瑞拉内）、马提尼克岛（Martinique，法属西印度群岛之一），这些地方生产浓烈型朗姆酒。朗姆酒常作为餐后酒饮用，可以纯饮，加冰块饮用，还与矿泉水、冰水、汽水或果汁混合饮用。

二、朗姆酒的发展

17世纪初，在巴巴多斯岛，一位精通蒸馏技术的英国移民成功地以甘蔗为原料，蒸馏出朗姆酒，这种酒当时称为 Rumbullion。当时，人们以浓烈、辛辣、可怕来形容朗姆酒的口味，这种酒主要给种植园的奴隶饮用，以缓解他们的艰辛。有时由于某些原因，欧洲或美洲的白兰地酒或威士忌酒不能及时运至美洲，种植园主也会品尝朗姆酒。18 世纪，朗姆酒开始在英国和它的北美殖民地流行。当时，新英格兰用进口的糖浆制作朗姆酒。早期的朗姆酒口味偏甜，辛辣。当今，朗姆酒的特点随着人们需求变化而发展。目前，朗姆酒的交易中心在西印度群岛、加勒比海和南美沿岸地区。朗姆酒在美洲的历史和世界经济中扮演着重要角色。

三、朗姆酒生产工艺

朗姆酒以甘蔗为原料，经榨汁和煮汁得到浓缩的糖汁，澄清后得到稠糖蜜，经过除糖程序，得到约含糖 5% 的糖蜜，再经发酵、蒸馏后得到 65 度至 75 度的无色烈性酒，放入木桶中熟化后，形成不同的香气和风格，排除辛辣，最后勾兑成不同颜色和酒精度的朗姆酒。

四、朗姆酒种类

（一）清淡型朗姆酒（Light and Silver Rum）

该酒无色，味道清淡，常做鸡尾酒的原料。

（二）芳香型朗姆酒（Flavored and Golden Rum）

该酒味道柔和，味甜，有芳香味。经过短时间橡木桶熟化，有蜜糖和橡木桶香味。一些芳香型朗姆酒由清淡型朗姆酒和浓烈型朗姆酒勾兑而成。

（三）浓烈型朗姆酒（Heavy and Dark Rum）

该酒深褐色，味浓郁芬芳。在焦黑橡木桶中熟化数年，是最有风味的朗姆酒，该酒产自牙买加。

五、著名朗姆酒品牌

（一）百加地（Bacardi）

百加地牌朗姆酒以牙买加百加地酿酒公司名命名。1862 年，都・弗汉都・百加地（Don Facundo Bacardi）在古巴建立百加地酿酒公司，他首先想到了使用古巴丰富优质的蜜糖来制造口味清淡、柔和、纯净的低度朗姆酒。1892 年，由于西班牙王室称赞百加地朗姆酒，从此百加地牌朗姆酒标签加上了西班牙皇家的徽章。根据统计，百加地朗姆酒在世界朗姆酒销量排名第一。目前，该公司转变传统的浓烈型产品为清淡型产品。其中，芳香型朗姆酒金黄色，酒精度 40 度，带有浓郁的芳香，口感温顺。开拓者选择酒（Founder Select）是百加地公司新开发的品种，无色，清爽顺口，酒精度 40 度，特别受到亚洲市场的欢迎。（见图 4–13）

图 4–13 百加地酒厂生产的各种朗姆酒

（二）摩根船长（Captain Morgan）

摩根船长取名于海盗队长“亨利摩根”，产于牙买加。在该品牌的各种产品中，有无色清淡型、金黄色芳香型、深褐色浓烈型。酒精度都是 40 度。摩根船长牌朗姆酒融合了热带地区乡土风味和各种芳香味，是著名的牙买加朗姆酒。

（三）克雷曼特（Clement）

克雷曼特牌朗姆酒以公司名命名，该品牌代表优质的朗姆酒。克雷曼特朗姆酒有数个著名品种，如 40 度与 45 度无色朗姆酒，42 度、44 度金黄色芳香型酒等。该酿酒公司位于朗姆酒生产的黄金地带——马提尼克岛。

（四）美雅士波兰特宾治（Myer’s“Planter”Punch）

美雅士牌朗姆酒以公司名命名，是牙买加著名的朗姆酒。该公司以创业人——佛列德 · L. 美雅士而得名。这种朗姆酒需熟化 5 年并与浓果汁混合。该酒深褐色、浓烈型，芳香甘醇，酒精度 40 度。它不仅可饮用，还广泛作为糕点和糖果中的调味品。该酒是著名的浓烈型朗姆酒。

第六节 伏特加酒

一、伏特加酒概况

英语伏特加酒（Vodka）来自俄语，而中文伏特加酒是英语 Vodka 音译而成。这种酒以玉米、小麦、稞麦、大麦及马铃薯等为原料，经发酵、蒸馏、过滤制成纯度高的烈性酒。该酒酒精度在 35 度至 50 度，以 40 度的伏特加酒销量最高。伏特加酒以无色、无杂味、无臭、不甜、不酸、不涩而著名。此外，一些伏特加酒配以药草或浆果以增加味道和颜色。著名的伏特加酒生产国有俄罗斯、波兰、美国、德国、芬兰、乌克兰和英国等。伏特加酒主要作为餐酒和餐后酒饮用，可以纯饮，加冰块饮用，还可以与汽水或果汁混合饮用。

二、伏特加酒的发展

根据1174年弗嘉卡（Vyatka）记载，世界首家制作伏特加酒的磨坊成立于11世纪，在俄罗斯的科尔娜乌思科地区（Khylnovsk）。然而波兰人认为，他们在8世纪就开始蒸馏伏特加酒。根据考证，波兰人当时蒸馏的不是伏特加酒，而是葡萄酒，是比较粗糙的白兰地酒。当时，人们将这种酒称为哥兹尔卡（Gorzalka），作为医学用酒。14世纪，英国外交大臣访问莫斯科时发现伏特加酒已成为俄罗斯人民的饮用酒。15世纪中叶，俄罗斯运用罐式蒸馏法制作伏特加酒，而且还采用了调味、熟化和冷藏技术并使用牛奶或鸡蛋作为酒液澄清的媒介，提高了酒的透明度。1450年俄罗斯开始大量生产伏特加酒，至1505年已经向瑞典出口。一年以后波兰的波士南市（Posnan）和克拉科夫市（Krakow）生产的伏特加酒也开始外销。16世纪中期，俄罗斯伏特加酒已经发展到3个品种：普通伏特加酒、优质伏特加酒和高级伏特加酒。那时，伏特加酒要经过2次蒸馏，酒精度非常高。当时，还开发了带有水果和香料的伏特加酒。18世纪初伏特加酒的品种不断增加，市场上出现了加香型伏特加酒。许多香料，例如苦艾、橡树果、茴香、白桦树、菖蒲根、金盏草、樱桃、菊苣、莳萝、生姜、山葵、杜松子、柠檬、薄荷、橡木、胡椒、麦芽汁和西瓜等被添加到伏特加酒中以增加香气。当时，伏特加酒成为俄罗斯王室宴会用酒，并且像面包一样出现在所有人们的正餐中。那时，在所有的宗教庆典活动中，伏特加酒成为必备酒。如果某人在庆典活动中拒绝饮用伏特加酒会被认为是不虔诚。18世纪中期俄罗斯圣彼得堡的一位教授发明了使用木炭净化伏特加酒的方法。1818年，彼得·斯米诺夫（Peter Smirnoff）在俄罗斯莫斯科市建立了伏特加酒厂后，伏特加酒从一个普通的商品发展为俄罗斯的知名产品。1912年该厂每天生产100万瓶伏特加酒。1917年，夫莱帝莫·斯米诺夫（Vladimir Smirnoff）在法国巴黎建立了一个小酒厂，生产伏特加酒，主要销售给在法国的俄罗斯人。19世纪末伏特加酒的生产采用了标准配方和统一的生产工艺。1917年十月革命后，苏联人把制作伏特加酒的技术带到世界各地。1934年乌克兰后裔的鲁道尔夫·库涅特（Rudolph Kunett）将斯米诺夫厂的伏特加酒配方带到美国，在美国开设了第一家伏特加酒厂。从此，美国人广泛认识和饮用伏特加酒。20世纪60年代，伏特加酒的声誉和销售量不断增加。

三、伏特加酒生产工艺

伏特加酒以玉米、小麦、稞麦、大麦及马铃薯为原料，经过粉碎、蒸煮、发酵、蒸馏和精馏，获得90%高纯度的烈性酒，再经过滤，用桦木炭层滤清和吸附等方法净化酒质，使酒液成为无色和无杂味的中性酒。然后，放入不锈钢或玻璃容器中熟化，经过一段时间熟化后，勾兑成理想酒精度的伏特加酒。此外，加香伏特加酒在最后的蒸馏阶段加入樱桃、柠檬、橙子、薄荷或香草精。

四、伏特加酒种类

（一）中性伏特加酒（Neutral Vodka）

该酒为无色液体，除了酒精气味外无其他气味和味道，是伏特加酒中最主要的产品。

（二）加香伏特加酒（Herbal Vodka）

在橡木桶中储藏或浸泡过花卉、药草、水果和果实等以增加芳香和颜色的伏特加酒。

（三）餐前伏特加酒（Aperitif Vodka）

在中型伏特加酒中增加了开胃物质的伏特加酒。

（四）水果伏特加酒（Fruit Vodka）

加入水果芳香物质的伏特加酒。

（五）甜点伏特加酒（Dessert Vodka）

增加甜度的伏特加酒。

（六）提神伏特加酒（Pickmeup Vodka）

带有辣椒和胡椒成分的伏特加酒。

五、著名伏特加酒品牌

（一）斯托丽那亚（Stolichnaya）

该商标的俄语含义表示“首都”，酒精度 40 度。红色商标的产品口感绵软，香味清淡，冷藏后，配鱼子酱，口味最佳。黑色商标的产品是特制伏特加酒。这种酒经过了石英砂和活性炭的 2 次过滤，酒质醇厚，口感自然。由俄罗斯莫斯科水晶蒸馏厂制造。

（二）莫斯科伏斯卡亚（Moskovskaya）

俄罗斯生产，酒精度 40 度，以 100% 谷物为原料，经过活性炭过滤的精馏伏特加酒。商标的含义是“莫斯科”。（见图 4–14）

图 4–14　莫斯科伏斯卡亚牌伏特加酒

（三）克莱波克亚（Krepkaya）

俄罗斯生产，酒精度高，含有 56% 乙醇的伏特加酒。

（四）乌波洛亚（Vyborova）

味道清淡的伏特加酒。

（五）奇博罗加（Zubrowka）

这种酒具有奇博罗加香草（Zubrowka grass）的香气，酒精度 50 度，浅绿色，甜味，瓶中常放有 2 株奇博罗加香草。

（六）比森（Bison）

是带有辛辣味道的伏特加酒。

（七）维尼奥科（Wisniowka）

与樱桃汁勾兑，经熟化制成的伏特加酒。这种酒酒精度 40 度，以稞麦为原料，常带有樱桃味道。

（八）斯米尔诺夫（Smirnoff）

从 1815 年开始生产，是俄国皇室御用酒。目前，由美国休布仑公司生产，成为世界知名的伏特加品牌。该酒酒精度 45 度，味道清爽，以 100% 玉米为原料。

（九）绝对（Absolut）

这种酒产于瑞典，1895 年开始生产，以 100% 当地出产的小麦为原料，使用连续方式生产工艺，充满芳香。该酒纯洁无瑕，已成为美国最热销的伏特加酒之一，年销售量约 250 万箱。（见图 4–15）

Stolichnaya 斯托丽那亚牌伏特加酒　Zubrowka 奇博罗加牌伏特加酒　Absolut 绝对牌伏特加酒　Smirnoff 斯米尔诺夫牌伏特加酒

图 4–15　著名的伏特加酒

（十）芬兰迪亚（Finlandia）

芬兰生产，以小麦为主要原料的伏特加酒。该酒口味清淡，酒精度 40 度。

第七节　特吉拉酒

一、特吉拉酒概况

特吉拉酒（Tequila）是以墨西哥著名植物——龙舌兰（Agave）的根茎为原料，

经过发酵、蒸馏等工艺制成。特吉拉酒酒精度在38度至44度，带有龙舌兰的芳香。该酒以生产地——墨西哥第二大城市格达拉哈拉附近的小镇——特吉拉（Tequila）命名。墨西哥是生产特吉拉酒最著名的国家。欧美人饮用特吉拉酒习惯有纯饮、加冰块饮用、与汽水或果汁一起饮用等几种方式。纯饮时，将切好的2小块柠檬放在小盘中，在另一个小盘中放少许盐粉，用柠檬蘸上盐粉，用手挤几滴酸咸汁在口中，然后再饮用特吉拉酒。特吉拉酒还可作为鸡尾酒的原料。著名的拉·罗伊娜·罗斯·库瓦酒厂（La Rojena Jose Cuervo）坐落在墨西哥吉利斯克州。该厂历史悠久，每年在世界特吉拉酒的产量中排名第一。该厂建于1795年，由罗斯·安托尼亚·德库瓦（Jose Antonia de Cuervo）创建。由于业绩突出，他被西班牙国王授予“特吉拉酒之父”称号。目前，该厂每年向世界各国出口4500万箱特吉拉酒。经过两个多世纪的经营，该公司仍由豪斯·库瓦家族（Hose Cuervo）管理。

二、特吉拉酒原料——龙舌兰

龙舌兰像芦荟一样，体积较大，含糖量高。这种植物叶子宽，多刺，早期的印第安人将龙舌兰叶子的刺作为缝纫针使用。后来将树叶造纸，果实的汁作为医疗药品使用。像法国香槟酒和干邑白兰地酒代表法国特色的产品一样，特吉拉酒正在被人们认为是墨西哥文化和传统的代表作。龙舌兰从种植至成熟需要8~12年。平均每个龙舌兰果实（根茎）的重量为150磅。龙舌兰根茎含有很高的淀粉成分。龙舌兰植物有许多种类，不是所有龙舌兰都能作为特吉拉酒的原料，只有称为蓝色龙舌兰的品种才适用制作特吉拉酒。传统上，只有墨西哥生长龙舌兰，因为当地的自然气候、温度、土质、阳光及降雨量适合龙舌兰生长。现在南非也开始种植龙舌兰了。（见图4–16）

三、特吉拉酒生产工艺

制作特吉拉酒首先将龙舌兰放入石头蒸笼中，温度在80℃~95℃，蒸24~36小时。通过加热，浅色的龙舌兰呈浅褐色并带有甜味和糖果香味，然后榨汁并加入酵母，放入大桶中进行发酵，凉爽天气需要12天，炎热天气需要5天。发酵后的龙舌兰液体必须通过两次蒸馏以保证特吉拉酒的味道和香气。根据墨西哥法律，特吉拉酒在制作中必须遵守以下规定：

图4–16　特吉拉酒原料——蓝色龙舌兰（blue agave）

（1）无色特吉拉酒（Bianco）需要熟化14~21天。

（2）金黄色特吉拉酒（Oro）需要熟化 2 个月。

（3）特吉拉陈酿酒（Reposado）需要熟化 1 年。

（4）特吉拉珍品酒需要熟化 6~10 年。

（5）特吉拉酒的原料——龙舌兰，必须产于墨西哥境内吉利斯克州（Jalisco）、纳加托州（Guanajuato）、米朱肯州（Michoacan）、那亚瑞特州（Nayarit）和塔纳荔波斯州（Tamaulipas）。

（6）特吉拉酒必须以 51% 上的蓝龙舌兰为原料，发酵后必须经过两次蒸馏。

（7）该酒标签必须写有墨西哥生产（Hecho en Mexico），经墨西哥政府批准（NOM）并注明生产厂商的 4 个注册号码及熟化期。

四、特吉拉酒种类

（一）无色特吉拉酒（Silver）

经过在橡木桶中熟化 14~21 天的特吉拉酒。

（二）金黄色特吉拉酒（Gold）

经过在橡木桶中熟化 2 个月以上的特吉拉酒。

（三）特吉拉陈酿酒（Anejo，Aged）

在橡木桶中熟化 1 年的特吉拉酒。（见图 4–17）

五、著名特吉拉酒品牌

库瓦（Cuervo）、卡米诺（Camino）、奥尔麦佳（Olmaca）、欧雷（Ile）、马利亚吉（Maruachi）和奥美加（Olmeca）等。（见图 4–18）

图 4–17 熟化中的特吉拉酒

图 4–18 不同种类的特吉拉酒

第八节 中国白酒

一、中国白酒概况

中国白酒是以高粱、玉米、大麦、小麦等为原料，经过制曲、发酵、多次蒸馏、长期熟化制成的烈性酒。由于中国白酒的制曲方法不同、发酵和蒸馏的次数不同及不同的勾兑技术，形成了不同特色的中国白酒。中国白酒是无色液体，因此称为白酒，酒精度常在38度至60度，品种很多，有不同的香型。近年来中国酿酒技术不断提高，白酒品种也日益增多并且向低酒精度方向发展。著名的中国白酒产地有北京、山西、江苏、安徽、陕西、四川和贵州等省市。中国白酒常作为世界华人的餐酒。

二、中国白酒的发展

中国白酒有着悠久历史。从2002年挖出的元代烧酒作坊的酒窖、水井及明代炉灶、晾堂、蒸馏设施等可以证明中国酿酒业始于元代，历经明清，连续不断，发展至今。当然，它反映了中国白酒业在技术和工艺等方面的特点、传统和进步。元代酒窖的发现不仅首次用实物印证了我国古代医药学专家李时珍在其专著《本草纲目》中记载的“烧酒非古法也，自元始创之”。然而，上海博物馆的马承原根据馆中收藏的东汉前期的蒸馏器推断，我国酿造蒸馏酒起源于东汉（公元25—220年）。

三、酒曲与生产工艺

中国白酒的制成首先从制作酒曲开始且具有悠久的历史。从北魏作者——贾思勰所著《齐民要术》中得到证实。酒曲是一种糖化的发酵剂，是中国白酒发酵的原动力。制曲本质上就是扩大培养酿酒微生物的过程，也是用破碎的谷物为原料富集微生物制成酒曲的过程。用酒曲的目的是促使更多的谷物糖化和发酵。

被酒曲糖化和发酵的淀粉原料经过蒸馏、熟化和勾兑成为各种风格的白酒。富集的含义是培养和集中。酒曲的质量优劣直接影响着酒的质量和产量。我国常用大曲和小曲酿制各种白酒。

（一）大曲

大曲以小麦、大麦和豌豆等为原料，经破碎、加水搅拌，压成砖块状的曲坯，在人工控制温度和湿度下培养而成，包括使用中温和高温等。大曲含有霉菌、酵母和细菌等多种微生物及它们生产的各种酶类。大曲形状似砖块，每块重量在2~3公斤，含水量在16%以下（见图4–19）。目前，我国绝大部分的名酒、

图 4–19　酒曲：大曲

优质白酒都使用传统的大曲法酿制。例如，茅台酒、五粮液酒和泸州老窖等。

（二）小曲

小曲也称酒药，是用米粉或米糠为原料，加入曲母，经人工控制温度培养而成。由于小曲呈颗粒状或饼状，其重量常在十几克至几十克。因此习惯称它为小曲。小曲中主要含有根霉菌和酵母菌等微生物，其中根霉菌的糖化能力很强，常作为小曲白酒的糖化发酵剂。因此，用小曲酿造白酒，酒味纯净，香气优雅，风格独特。例如，桂林三花酒、广西湘山酒等都是以小曲作为糖化剂和发酵剂制成的酒。

（三）白酒生产工艺

中国白酒有多种生产工艺，不同风味的白酒制作方法不尽相同。通常，将高粱、大麦和玉米等粮食粉碎后，用温水润料，放入蒸煮锅，通过蒸汽排除不良气味，投入糖化锅进行糖化，再将糖化醪压入发酵罐，加酒曲，进行发酵。最后，将发酵的酒浆导入蒸馏塔进行蒸馏。最后，陈酿和勾兑，得到成品白酒。

四、中国白酒种类

中国白酒通常按香型分类。它们常分为清香型、浓香型、酱香型、米香型和混香型等。

（一）清香型

以山西杏花村汾酒为代表，具有清香芬芳、醇厚绵软、甘润爽口、酒味纯净等特点的中国白酒。

（二）浓香型

以四川泸州特曲和宜宾五粮液为代表，具有芳香浓郁、甘绵适口、回味悠长等特点的中国白酒。

（三）酱香型

以贵州茅台为代表，具有香而不艳、低而不淡、香气优雅、回味绵长等特点的中国白酒。

（四）米香型

以桂林三花酒等为代表，具有清柔、纯净、入口绵甜等特点的中国白酒。

（五）混香型

以湖南长沙的白沙液为代表的兼有清香型和酱香型的中国白酒。

五、中国白酒命名

（1）以地点命名。如茅台、津酒等。

（2）以原料命名。如五粮液、高粱酒等。

（3）以生产工艺命名。如老窖酒、二锅头等。

（4）以酒曲种类命名。如洋河大曲、泸州特曲等。

（5）以寓意命名。如剑南春、刘伶醉等。

（6）以历史人物或地点命名。如孔府家酒、昭君特曲等。

六、中国白酒品牌

（一）茅台酒

茅台酒以生产地名命名，产于贵州省仁怀县茅台镇。传统的茅台酒的酒精度为53度至55度。茅台酒的特点是纯净透明、香气柔和优雅、回味悠长。目前，茅台酒已经有了新产品——38度茅台酒等。（见图4–20）

图4–20 贵州茅台酒

（二）五粮液酒

五粮液酒以酿制的五种原料命名，这五种原料是高粱、糯米、大米、小麦和玉米。该酒产于四川宜宾五粮液酒厂，有60度、45度和38度等不同酒精含量的产品。五粮液的特点是酒味全面、醇厚、清爽。

（三）泸州特曲

泸州特曲的全称是泸州老窖特曲。它产于四川泸州市酒厂，其传统的产品酒精度有60度、55度和38度等品种。它的最大特点是醇香浓郁、回味悠长且以独特的老窖发酵技术赢得顾客好评。

除此之外，传统的中国白酒还有古井贡酒、汾酒、西凤酒、剑南春、洋河大曲、董酒、北京二锅头和郎酒等。

本章小结

本章系统地介绍和总结了蒸馏酒的生产工艺、种类与特点。蒸馏酒是通过蒸馏方法制成的烈性酒。酒精度在38度以上，最高可达66度。某些国家把超过20度的酒也称为蒸馏酒。蒸馏酒酒味十足，气味香醇，可长期储存。该酒可以纯饮，也可以与冰块、无酒精饮料或果汁混合后饮用。蒸馏酒还是配制鸡尾酒不可缺少的原料。蒸馏酒的生产是根据乙醇的物理性质，通过蒸馏酒水混合体取得酒精度较高的液体，经过熟化和勾兑后，制成各种风味的烈性酒。

由于蒸馏酒的原料不同，工艺不同，因此世界各地和各厂商生产的蒸馏酒种类及特点也不同。最著名的蒸馏酒有白兰地酒、威士忌酒、金酒、朗姆酒、伏特加酒、特吉拉酒和中国白酒。白兰地酒是以葡萄为原料，经蒸馏和熟化制成的烈性酒；威士忌酒是以谷物为原料，经蒸馏、熟化制成的烈性酒；金酒常称为杜松子酒，是以粮食为原料，配以杜松子，通过蒸馏制成的烈性酒；朗姆酒以甘蔗或糖蜜为原料，经蒸馏和熟化制成的烈性酒；伏特加酒是以粮食为主要原料，经蒸馏、熟化和过滤制成纯度高的烈性酒；特吉拉酒是以龙舌兰为原料，经蒸馏和熟化制成的烈性酒；中国白酒是以粮食为原料，经制曲、蒸馏和熟化制成的烈性酒。

练习题

一、多项选择题

1. 下列有关蒸馏酒描述正确的是（　　）。

A. 蒸馏酒是指通过蒸馏方法制成的烈性酒

B. 蒸馏酒的酒精度常在 38 度及以上，最高可达 66 度

C. 白兰地酒是以葡萄为原料，经蒸馏制成的烈性酒

D. 蒸馏酒的特点是乙醇的特点，乙醇是蒸馏酒的关键原料

2. 下列关于著名的蒸馏酒种类、原料、酒精度和生产国的描述，正确的是（　　）。

A. 白兰地酒的主要原料为葡萄，酒精度为 38~40 度，主要生产国家为法国和意大利

B. 威士忌酒的主要原料为麦芽和玉米，酒精度一般为 38~45 度，主要生产国为英国、爱尔兰、美国、加拿大和日本

C. 朗姆酒主要原料为蔗糖或糖蜜，酒精度为 40~60 度，主要生产国是牙买加和南美各国

D. 中国白酒以高粱、麦芽、玉米和大米等为原料，酒精度为 48~65 度

3. 关于不同种类的烈性酒的功能描述正确的是（　　）。

A. 白兰地酒常作为开胃酒和餐后酒

B. 威士忌酒常作为餐后酒

C. 金酒常作为餐前酒或餐后酒

D. 伏特加酒只作为鸡尾酒的基酒（主要原料）

二、判断改错题

1. 中国白酒通常按香型分类，清香型是以山西杏花村汾酒为代表，浓香型是以四川泸州特曲酒和宜宾的五粮液酒为代表，酱香型是以贵州的茅台酒为代表。(　　)

2. 威士忌酒杯是高脚杯，杯口比杯身窄，利于集中威士忌的香气，使饮酒人更好地品闻酒中的香气。(　　)

三、名词解释

蒸馏酒　白兰地酒　威士忌酒　金酒　朗姆酒　特吉拉酒　干邑酒　亚马涅克酒　大曲　小曲　中国白酒

四、思考题

1. 简述蒸馏酒的含义与特点。

2. 简述蒸馏酒的生产工艺。

3. 论述白兰地酒的发展、特点与生产工艺。

4. 简述威士忌酒的发展、特点和生产工艺。

5. 简述金酒的发展、特点和生产工艺。

6. 简述朗姆酒的发展、特点和生产工艺。

7. 简述伏特加酒的发展、特点和生产工艺。

8. 简述中国白酒的发展、特点与生产工艺。

9. 论述法国白兰地酒的年限表示方法。

第5章

配制酒

本章导读

配制酒称为再加工酒。通常，配制酒以葡萄酒或烈性酒为原料，配以增香物质、增味物质、营养物质及增甜物质制成。本章主要论述配制酒的种类、特点和制作工艺，介绍国际上著名的开胃酒、甜点酒和利口酒。主要内容包括雪利酒、味美思酒、苦酒和茴香酒，波特酒、马德拉酒、马拉加酒和马萨拉酒，水果利口酒、植物利口酒、鸡蛋利口酒、奶油利口酒和薄荷利口酒等。通过本章学习，可以了解配制酒的含义和特点，掌握世界著名的开胃酒、甜点酒和利口酒的生产工艺、历史发展和著名的品牌，从而为其营销与服务打下良好基础。

第一节　配制酒概述

一、配制酒含义与特点

配制酒（Integrated Alcoholic Beverages）是以烈性酒或葡萄酒为基本原料，配以糖蜜、蜂蜜、香草、水果或花卉等制成的混合酒。配制酒有不同的颜色、味道、香气和甜度，酒精度从16度至60余度。法国、意大利和荷兰是著名的配制酒生产国。此外，鸡尾酒也属于配制酒范畴，但是鸡尾酒是在饭店、餐厅或酒吧配制，不是酒厂批量生产。由于鸡尾酒配方灵活，因此它常作为一个独立的种类。

二、配制酒种类

配制酒还称为再加工酒，因为所有的配制酒都是以葡萄酒或烈性酒为原料，配以增香物质、增味物质、营养物质及增甜物质制成。配制酒主要包括开胃酒、甜点酒和利口酒。

开胃酒是指人们习惯在餐前饮用并具有开胃作用的各种酒。一些开胃酒以葡萄酒为原料，加入适量的白兰地酒或食用酒精、自然药草和香料制成，酒精度为 16 度至 20 度。一些开胃酒以烈性酒为原料配以草药或茴香油制成苦酒或茴香酒，酒精度从 30 度至 40 度。除此之外，白葡萄酒、香槟酒和开胃型鸡尾酒也都具有开胃作用，但是它们不属于配制酒，本书将它们分别列入葡萄酒和鸡尾酒中。

甜点酒是指以葡萄酒为主要原料，酒中勾兑了白兰地酒或食用酒精，是欧美人与甜食一起食用的酒，因此也称作甜食酒或点心酒。甜点酒主要功能是与甜点一起食用或代替甜点。甜点酒的口味有甜味、半甜和干味，酒精度常在 16 度至 20 度。此外，由晚摘葡萄制成的甜葡萄酒，尽管人们将它作为甜点酒，但它是葡萄酒，不是配制酒。

利口酒由英语"Liqueur"音译而成，是人们在餐后饮用的香甜酒。它还称作利久酒、香甜酒或餐后酒。英语"Liqueur"是"Liqueur de Dessert"简写形式。英语利口酒"Liqueur"这个单词尽管被国际认可，但是美国人习惯地将利口酒称为考迪亚酒"Cordial"。利口酒常以烈性酒为基本原料，加入糖浆或蜂蜜并根据配方勾兑不同的水果、花卉和香料等增加甜味和香味。利口酒颜色诱人，味道香甜，可以帮助消化，酒精度常在 20 度至 60 度。利口酒可纯饮，也可与果汁或软饮料勾兑后饮用。此外，一些利口酒有独特的工艺、味道和气味，属于高级利口酒，不适合稀释，应直接饮用。例如，苏格兰利口酒（Scotch Liqueur）或干邑利口酒（Liqueur Cognac）。利口酒配方常是严格保密的，配方种类就像这类酒的颜色与口味一样变化无穷。

第二节　开胃酒

一、开胃酒概述

开胃酒是人们在休闲餐饮和宴会餐饮中经常饮用的酒。目前许多欧洲和北美的饭店、餐厅和酒吧有专营开胃酒的时间（Aperitif Hour）。但是，销售开胃酒的种类不尽相同，这主要取决于不同国家和不同地区的餐饮习惯及不同的需求。开胃酒的特点是气味芳香，有开胃作用。在欧洲，特别是法国，如果被邀请到家里用餐，主人会拿出各种开胃酒给客人品尝，同时准备薯片、花生、腰果等小吃做开胃菜。根据欧美人的餐饮礼节，喝开胃酒要在客厅进行，而不在餐厅饮用，大家一边品酒一边聊天，饮用开胃酒的时间通常在餐前半个小时。在商务宴请或正式宴请中，开餐前要吃些开胃菜和饮用开胃酒。根据商务宴请的级别，开胃菜有多种，消费比较高的法国餐厅（扒房），可以点鹅肝酱、黑鱼子、开那批（Canape）、迪普（Dip）等。这样的用餐程序表示是正式宴请，意味着客人很重要，主人非常重视。开胃酒有多种，主要包括味美思酒、雪利酒和苦酒等。

二、雪利酒

（一）雪利酒特点

雪利酒（Sherry），又称为些厘酒、雪梨酒。该酒名称是根据英语“Sherry”音译而成。雪利酒以葡萄为原料，经发酵，勾兑白兰地酒或葡萄蒸馏酒制成的加强葡萄酒。雪利酒为麦秆黄色、褐色或棕红色，酒精度常在16度至20度，一些品种可达到25度。雪利酒不仅有特殊的芳香，用途还很广泛。干味的雪利酒常作为开胃酒，甜味的雪利酒常作为甜点酒。雪利酒产于西班牙的赫雷斯·德拉·弗朗特拉地区（Jerez de la Fronte），是以地名命名的酒。

（二）雪利酒的发展

根据研究雪利酒的罗马历史学家——爱维纳斯（Avienus）的记载以及从近年出土的文物——古罗马双耳瓶、瓶上的封条和瓶中的西班牙雪利酒和橄榄油证实，赫雷斯市生产雪利酒有着悠久的历史。公元前1000年，腓尼基人把葡萄树从咖南（Canaan）引进赫雷斯。公元前5世纪，赫雷斯已经种植葡萄。公元前138年赫雷斯被罗马人征服后，每年平均向罗马出口葡萄酒800万升，持续约500年。公元711年许多外国人到西班牙赫雷斯定居，他们把赫雷斯称为“Sherish”。英国人从11世纪开始购买西班牙雪利酒。由于“Sherish”与英语“Sherry”发音相似，所以英国人称雪利酒为“Sherry”。公元1264年，阿方索国王在赫雷斯建立了自己的葡萄园，从而对西班牙雪利酒的发展起着很大的推动作用。17世纪末，第一批外国人在赫雷斯投资生产雪利酒。当时英格兰人、苏格兰人、爱尔兰人和荷兰人投资建立酒厂，树立葡萄酒品牌。由于赫雷斯地区的优秀自然条件，因此当地的葡萄很适合制酒。赫雷斯地区的葡萄园位于一块较高的三角形地域，位于赫雷斯·德拉·弗朗特拉、爱尔·波尔图·德·桑塔·马瑞拉（El Puerto de Santa María）和桑卢卡·德·巴瑞姆达（Sanlúcar de Barrameda）等地区的中间。当地人将这块地称为埃尔·马可葡萄园（El Marco）。该葡萄园位于瓜德莱特河（Guadalete）南部，大西洋以西，占地约11.250公顷。该地气候具有南方特点，冬天暖和，夏天炎热，年平均温度为17.5℃。尽管该地区夏季炎热，葡萄树要经受40℃以上的高温，但来自大西洋的西南风经常给该地区带来适量的潮湿，特别是夏季的早晨。该地区每年平均降雨量约600毫升。这一地区的土质结构由渐新世的内海沉降而成，充满白色有机泥炭。由于土壤长期积存大量有机物，如鱼类和贝壳等，因此其土壤肥沃，特别适合葡萄树生长。此外该地土壤结构还存有大量缝隙，能保持水分和湿度，使冬季的雨水维持到旱季以满足葡萄生长的需要。赫雷斯的葡萄园几乎全部在一个大山脉的西南部，该地区95%的面积种植帕洛米诺葡萄（Palomino）和它的变种。根据记载，这种葡萄最先由杨纳斯·帕洛米诺（Ya ez Palomino）爵士带入该地区。同时，该地区还种植派多·希姆娜兹葡萄（Pedro Ximénez）和马斯凯特葡萄（Moscatel）。派多·希姆娜兹葡萄是由一位名叫彼得·西曼斯（Pieter Siemens）的德国士兵在 1680 年引进的。这种葡萄是德国优秀的葡萄品种，而马斯凯特很早就是西班牙著名的品种。

（三）雪利酒生产工艺

雪利酒的生产工艺很特殊。由于，该酒采用分层熟化法，因此形成了以醛类化合物为主体的特殊芳香。雪利酒是典型的氧化型陈酒。雪利酒是以当地优秀的白葡萄——帕洛米诺为原料，经过 2~3 天暴晒后榨汁。然后，把葡萄汁放入长有菌膜的木桶中发酵。这种菌膜不是一般的有害菌膜，是由天然酵母和帕洛米诺葡萄发酵产生的。通常，葡萄汁的数量为木桶容量的 5/6，经过数天发酵后，泡沫从桶口溢出，然后平静下来，分离沉淀物后，再熟化 2~3 个月使空气与酒液接触而终止发酵。这种发酵方法使葡萄酒具有特别的香气和味道。

雪利酒在熟化期间，酒液分为上、中、下三层存放（Solera），如图 5–1 所示。最下面的木酒桶盛装着熟化好的酒液。这种酒液经过处理后就可以装瓶。第二层木桶盛装着半熟化的酒液，这层酒液不断流向最下层，属于继续熟化的酒液。最上层木桶盛装着准备发酵的酒液，根据熟化程序，它们不断地向第二层木桶流动。工人们每次将要发酵的酒液倒入最上层木桶并开始酒液的熟化过程。熟化后的雪利酒要经专家和技师们的评定并将酒液分出不同等级和类型。长出一层白色泡沫物的酒液将作为菲诺型雪利酒（Fino）原料。没有泡沫物的酒液作为奥乐路索型雪利酒（Oloroso）的原料。经过鉴定的酒液加入适当的白兰地酒，再经过一段时间的熟化，经杀菌、澄清、勾兑后就成了产品。（见图 5–2）

图 5–1 三层式熟化系统

图 5–2 雪利酒熟化储存库

（四）雪利酒种类

1. 菲诺雪利酒（Fino）

浅褐色，干型，以味道清淡著称。酒精度16度至17度，有新摘苹果或苦杏仁的香气，不宜久存。购买时应选择新装瓶的酒，现购现饮并冷藏后饮用。菲诺雪利酒包括以下品种：

（1）曼赞尼拉酒（Manzanila），口感清淡、干味，酒精度16度至17度，具有杏仁苦味。

（2）阿蒙提拉图（Amontillado），陈年菲诺型雪利酒，浅褐色，口味柔和，带有坚果味道，酒精度18度至20度。

（3）巴尔玛（Palma），出口或外销的菲诺型雪利酒名称。

2. 奥乐路索雪利酒（Oloroso）

图5-3　奥乐路索雪利酒（Oloroso Sherry）

这种酒是雪利酒中的芳香酒和甜味酒，颜色较深，半干味，尤其是出口的奥乐路索酒甜味较大。奥乐路索雪利酒具有核桃仁香味，酒精度在18度至21度，酒龄较长的可达25度。（见图5-3）奥乐路索雪利酒可分为：

（1）巴乐·克塔多酒（Palo Cotado），该酒为雪利酒中的珍品，口味干，味芳香，具有奥乐路索雪利酒的一切特点，还带有菲诺雪利酒的香气，常作为开胃酒。

（2）阿莫路索酒（Amoroso），颜色较深，近于棕红色，酒精度和甜味都高，用于出口，作为甜点酒。

（3）甜味雪利酒（Cream Sherry），棕红色，由奥乐路索酒（Oloroso）和派多·吉姆娜兹（Pedro Jimenez）甜葡萄酒勾兑而成。香气浓郁，口味甜润。这种酒作为甜点酒，酒精度20度至22度。

三、味美思酒

（一）味美思酒特点

味美思酒（Vermouth）是加入芳香物质的葡萄酒，由英语“Vermouth”音译而成，也称作苦艾酒。这种酒以葡萄酒为原料，加入少量的白兰地酒或食用酒精、苦艾和奎宁等数十种有苦味和芳香的草药制成。不同风味的味美思使用的香料品种和数量各不相同。主要的草药和香料有苦艾、奎宁、芫荽、丁香、牛至、橘子皮、豆蔻、生姜和香草等。某些味美思酒投入30余种草药和香料。世界上最著名的味美思酒生产国是意大利和法国。味美思酒主要品种有干味美思酒、白味美思酒和红味美思酒。著名的品牌有新加诺（Cinzano）和马丁尼（Martini）。

它们都产于意大利都灵市。

（二）味美思酒发展

根据传说，味美思酒由古希腊神医希伯克莱提斯（Hippocrates）制作的葡萄药酒演变而来。当时，人们用该酒治疗风湿、贫血和疼痛病。目前，人们对味美思的起源和发展主要有两种观点：许多意大利人认为味美思酒制作有悠久历史，这种酒与古罗马医用苦艾酒有一定联系。他们认为，古代人很早就了解苦艾的驱虫作用。几个世纪以来，由于古希腊和罗马人的饮食成熟度不高，在他们的肠内发现有蠕虫，他们饮用这种酒作为驱虫剂。一些欧洲人认为，味美思酒起源于德国。他们认为，中世纪巴伐利亚人已经掌握了有益健康的苦艾酒（Vermutwein）的制作技术。16世纪末，一位居住意大利的皮埃蒙特地区，名为西诺·艾利希奥（Signor d'Alessio）的男士揭开了巴伐利亚苦艾酒的制作秘密，并开始将这种酒用于商业目的。同时，他还将配方和制作技术带到法国。当时苦艾酒只被法国王室和贵族少数人饮用，经过数年后才被人们接受作为非医疗目的的饮用酒。1678年，意大利人莱奥纳德·费奥兰提（Leonardo Fiorranti）记录了味美思酒有帮助消化、净化血液、促进血液循环、帮助睡眠等作用。从一位英国人在1663年1月26日的日记中发现，英国人在17世纪已经饮用带有苦味的酒，并且通过这篇日记说明味美思酒已经传入英国。后来，英国人把这种酒称为味美思酒（Vermouth）。1976年，夫莱特洛（Fratello）和帝奥卡莫·新加诺（Giacomo Cinzano）家族开始了味美思酒酿造业。

目前，马丁尼牌（Martini）味美思酒由世界上最大的味美思酒厂生产，“马丁尼”已成为味美思酒的代名词。意大利人提起味美思酒时，常与马丁尼和罗希二人联系在一起。当时，他们二人在希埃里地区拜希纳镇（Pessione）制作味美思酒。现在，这个小镇被划分在都灵地区，该地区已经建立了马丁尼葡萄酒博物馆。根据马丁尼和罗希（Martini & Rossi）酿酒公司的记载，1847年意大利波希奥纳（Pessione）的四位商人创立了一家酿酒公司。开业不久，一位精明强干的销售代理商——阿莱森德·马丁尼（Alessandro Martini）加入了该公司。当时，该公司的主要产品是加香葡萄酒。经过多年的研究和试验，该公司的香料学家兼酿酒工程师——路吉·罗希（Luigi Rossi）研制成了马丁尼和罗希味美思酒（Martini & Rossi Vermouth）的秘方。今天，马丁尼和罗希酿酒公司——这个意大利家族企业正致力于进入全球一流品牌行列。经过100多年的艰苦奋斗，该公司已成为世界最大的酿酒出口公司之一，每年向世界各国销售大量的味美思酒。近50年来该公司克服了许多困难，整合资源，经营业绩不断上升。

图 5–4 意大利味美思酒

（三）味美思酒种类

1. 意大利味美思酒（Italian Vermouth）

意大利是生产味美思酒的著名国家，该国生产的味美思酒以甜味和独特的清香及苦味而著称。意大利味美思酒的标签多为色彩艳丽的图案。（见图 5–4）

2. 法国味美思酒（French Vermouth）

传统上，法国味美思酒以干味而著称并带有坚果的香味。目前，法国酒商也生产优质的甜味美思酒。

3. 干味美思酒（dry 或 secco）

干味美思酒的糖含量在 5% 以内，酒精度约 18 度，呈浅金黄色或无色。这种味美思酒是配制鸡尾酒——干马丁尼（Dry Martini）不可缺少的原料。（见图 5–5）

图 5–5 马丁尼味美思酒标志

4. 甜味美思酒（rosso 或 bianco）

甜味美思酒有红色和白色两种，含糖量约 15%，味甜。酒精度约 15 度至 16 度，色泽金黄，香气柔美。传统上，这种酒作为开胃酒，是鸡尾酒曼哈顿（Manhattan）的主要原料。

5. 半甜味美思酒（halfsweet）

放入少量糖的味美思酒，有甜味。

四、苦酒

（一）苦酒特点

苦酒（Bitters）是以烈性酒或葡萄酒为原料，加入带苦味的药材配制而成。该酒酒精度常在 16 度至 45 度。配制苦酒常用的植物或药材有奎宁、龙胆皮、苦橘皮和柠檬皮等。苦酒有多种风格，有清香型和浓香型。苦酒可分为淡色苦味和浓色苦味。苦酒可纯饮，或作为鸡尾酒的原料及与苏打水勾兑后饮用。苦酒的功能主要是提神和帮助消化。苦酒也称作比特酒或必达士酒，是英语“Bitters”的音译。苦酒主要生产国有意大利、法国、荷兰、英国、德国、美国和匈牙利等。

（二）苦酒种类

1. 安哥斯特拉酒（Angostura）

安哥斯特拉酒是著名的苦酒，该酒产于委内瑞拉的特立尼达岛（Trinidad）。这种苦酒常以朗姆酒为主要原料，配以龙胆草等药草调味，褐红色，酒香悦人，口味微苦，酒精度约 40 度。根据历史考证，该酒配方由一名高级军医——约翰 · 希格特（Johann Siegert）经过 4 年的努力，在 1824 年配制成功。当时约翰 · 希格特在南美北部委内瑞拉的希达 · 伯利华市（Ciudad Bolivar）附近的安哥斯特拉港工作。该酒开始用于部队保健，后来名声大振，使停靠在安哥斯特拉港口的船员们纷纷购买并带回各自国家，从此安哥斯特拉苦酒闻名于世界。目前，世界各地的餐厅和酒吧都销售这种苦酒。当今世界上只有 5 个人知道这种酒的配方。多年来，约翰 · 希格特家族从未透露过该酒的配方，他们除了说出其中的一些药材和香料名称外，其他原料一直对外保密。20 多年前存在美国纽约巴克利银行保险箱中的该酒配方，纸上的墨水痕迹已经褪色。而另一配方一直保存在安哥斯特拉苦酒的生产地——特立尼达岛，现在已经被家族取走。据说该配方已被秘密地抄写在 4 张纸上，分成 4 个部分并密封在不同的 4 个信封中，然后分别寄存在纽约某银行的保险箱中。

2. 干巴丽苦酒（Campari）

干巴丽苦酒于 19 世纪 60 年代产于意大利米兰市。该酒以葡萄酒为原料，配以奎宁、橘皮和草药，棕红色，药味浓郁，酒精度 24 度，糖度 19%，是著名的苦酒。凡是饮用过干巴丽苦酒的人都熟悉它的苦味，这种味道给人留下了深刻的印象。目前干巴丽苦酒已成为欧美人习惯饮用的餐前酒，并且是鸡尾酒中不可缺少的原料。根据人们的经验，饮用干巴丽苦酒最好伴随一些咸味的开胃菜。例如烤薯片等。这样，可以更突出酒的特色。目前，意大利人开发了多种饮用干巴丽苦酒的方法。

干巴丽苦酒是以干巴丽家族命名，这个家族多年致力于研究和开发开胃酒文化，并研制出带有玫瑰颜色的浓香味干巴丽苦酒。近年来，干巴丽苦酒平均年销售量超过 3300 万瓶。该酒创始人盖斯帕尔 · 干巴丽（Gaspare Campari）生于 1828 年，出生在伦巴地州（Lombardy）的卡斯泰尔娜瓦镇（Castelnuovo）。他 14 岁就在都灵市的巴思酒吧任领班。当时，都灵市是意大利开胃酒的主要消费地之一，他在配制开胃酒时不断使用各种草药和香料做试验，最后研制出了干巴丽苦酒的配方。该酒使用 60 多种自然草药、香料、树皮和水果皮配制。目前，干巴丽制酒公司还保存着这个古老秘方。19 世纪 40 年代，盖斯帕尔在意大利全国各地销售他的苦酒。1860 年，盖斯帕尔在米兰创建了干巴丽苦酒作坊。1862

年，他定居米兰并在米兰著名的大教堂前开设干巴丽咖啡厅。后来他的儿子——大卫·干巴丽（Davide Campari）一直经营这个咖啡厅。1932 年，大卫开发了干巴丽苏打水（Campari Soda），并装在由抽象派艺术家——弗塔娜图·戴普罗（Fortunato Depero）设计的圆锥形的酒瓶中。大卫还提出了全新的销售理念，这一理念被认为是意大利酿酒业最初的标准广告和营销策略。当时大卫提出，允许竞争对手在展示干巴丽苦酒标志的前提下，购买干巴丽产品并在他们自己的酒吧销售。大卫还聘用艺术家设计带有颜色的广告和海报，并且向艺术家提出了设计标准：广告必须带有商标，颜色不要过于复杂，广告画面设计应当自然。后来，大卫遇到了歌剧演员琳娜·卡沃丽尔莉（Lina Cavalieri）。当他获悉琳娜要去法国的尼斯（Nice）进行演出时，他决定跟随琳娜一起外出从事出口业务。大卫于 1936 年去世，他的销售技巧和创新营销策略使干巴丽苦酒闻名于世界。（见图 5–6）

图 5–6　各种著名的苦酒

3. 杜本那酒（Dubonnet）

杜本那苦酒产于法国巴黎，酒精度 15 度。它以葡萄酒为原料，配以奎宁和多种草药，酒味独特，苦中带甜，药香突出。该酒有深红色、金黄色和白色三个品种，是世界著名的苦酒。1846 年，法国葡萄酒商人约瑟夫·杜本那（Joseph Dubonnet）创制了杜本那苦酒的原始配方。由于这种酒的味道不是很甜，也不很干，并有提神作用，所以受到社会广泛青睐。杜本那苦酒配方经过了 150 年的锤炼和市场考验，变得越加完善。主要品种有：

（1）杜本那白酒（Dubonnet Blanc），干味，是加了植物药材的加强葡萄酒。

（2）杜本那红酒（Dubonnet Rouge），以红葡萄酒为原料，是加入奎宁和其他香料的甜香葡萄酒。

4. 菲那特·伯兰卡酒（Fernet Branca）

菲那特·伯兰卡酒是意大利著名的苦味开胃酒，薄荷味，酒精度40度。该酒以葡萄蒸馏酒为主要原料，配以大黄、柑橘、小豆蔻、藏红花等40多种草药和植物香料，味苦香浓，有“苦酒之王”称号。该配方在1845年由意大利的米兰市一位青年女士——玛利亚·思凯拉（Maria Scala）研究发明。她结婚后，改名为玛利亚·伯兰卡（Maria Branca）。因此，该酒名称来源于她的姓名。目前，在伯兰卡（Branca）家族的管理下，菲那特·伯兰卡酒仍在意大利米兰市由夫莱泰利·伯兰卡公司（Fratelli Branca）生产。该酒已成为欧美人习惯的开胃酒。

5. 安德伯格酒（Underberg）

安德伯格酒是德国著名的苦酒，从1846年开始问世，至今已有160多年的历史。这种酒以白兰地酒为酒基（基本原料），酒精度44度，糖度1.3%，采用43种自然草药和香料，用浸泡方法配制而成。按照德国传统，饮用这种酒必须使用高脚杯。该酒以家族名命名。此外，人们还经常把这种酒作为餐后酒，它有开胃和帮助消化的双重作用。

6. 爱马·必康酒（Amer Picon）

爱马·必康酒是法国生产的著名橘子苦酒，1837年问世，以法国人名佳顿·必康（Gaetan Picon）命名。该酒常作为欧美人习惯的开胃酒并以食用酒精为基酒，加入金鸡纳树皮、橘子和龙胆根等草药和香料制成。这种酒酒精度21度，糖度10.8%。

7. 莉莱特酒（Lillet）

莉莱特酒是法国生产的开胃酒。该酒以精选波尔多（Bordeaux）葡萄酒为基酒，在橡木桶中存放1年以上，加入水果与自然植物香料制成，具有甜橙和薄荷的香气。莉莱特酒起源于19世纪末法国的一个乡村——伯登赛克（Podensac）。目前，莉莱特酒有白莉莱特酒和红莉莱特酒两类。白莉莱特酒金黄色，红莉莱特酒红宝石色。法国人习惯将冰块放入莉莱特酒中，然后酒液中放一片橙子。

8. 邦特莓斯酒（Punt è Mes）

这种酒是以红味美思酒加香料制成的苦酒。

五、茴香酒（Anisette）

（一）茴香酒特点

茴香酒是以蒸馏酒或食用酒精配以大茴香油等香料制成的酒。这种酒无色或浅黄色，酒精度25度至40度，糖度约29%，香气浓、味重，加水稀释后成为乳白色。该酒有开胃作用，将这种酒作为开胃酒的国家主要是法国和西班牙。茴香酒的传统工艺是将大茴香子、白芷根、苦扁桃、柠檬皮和胡荽等香料和物质放在蒸馏酒中浸泡，然后加水精馏，在装瓶前加糖和丁香等。

（二）茴香酒种类

1. 巴斯帝斯酒（Pastis）

法国制作，带有茴香味的开胃酒。这种酒最大的特点是勾兑了少量椰子烈酒。

2. 潘诺 45（Pernod 45）

以食用酒精、茴香和 15 种香草配制而成，酒精度 40 度，糖度 10%。

3. 里卡德（Ricard）

法国生产，以食用酒精、茴香、甘草和其他香草配制而成，酒精度 45 度，糖度 2%。（见图 5-7）

图 5-7 里卡德苦酒（Ricard）

第三节 甜点酒

一、甜点酒概述

甜点酒是以葡萄酒为主要原料，加入少量的白兰地酒或食用酒精制成的配制酒。著名的生产国有意大利、葡萄牙和西班牙。甜点酒种类有波特酒（Port）、雪利酒（Sherry）、马德拉酒（Madeira）、马拉加酒（Malaga）和马萨拉酒（Marsala）。

二、波特酒

（一）波特酒特点

波特酒又称为钵酒，由英语“Port”音译而成，其葡萄牙语原名为 Vinho do Porto，该酒以葡萄酒为基本原料，在发酵中添加白兰地酒以终止发酵。然后，将酒精度提高 16 度至 20 度，以保留酒中部分糖分的加强甜葡萄酒。波特酒原产于葡萄牙的波尔图地区（Oporto）并通过杜罗河的河口运往世界各地，波特酒是根据生产地名命名的配制酒。

（二）波特酒生产工艺

波特酒酿造工艺很严谨，必须使用杜罗河谷种植的葡萄为原料。当葡萄酒发酵至 6 酒精度时，分离皮渣，加白兰地酒，使酒液中断发酵，然后熟化。其味道芳香，有干果的味道。秋季的 9 月至 10 月初是每年的葡萄收获季节，整个村庄热闹非凡，到处是音乐声和歌舞声，葡萄的榨汁工作昼夜不断，紧接着开始发酵工作。转年春天各葡萄园将发酵好的酒液运往波尔图市（Oporto）附近桂瓦镇（Guia）的维拉·诺娃村（Vila Nova）——波特酒收集地，然后经过熟化、勾兑就可以成为成品。

（三）波特酒的发展

1756年，在任葡萄牙首相的马克斯·伯尔（Marquês de Pombal）号召下葡萄牙人将杜罗河谷（Douro Valley）建成波特酒产地。目前波特酒只用葡萄牙北部杜罗河地区生长的葡萄为原料。传统上，最优质的地方是名豪（Minho）周围的葡萄园。目前，波特酒生产地已发展为Baixo Corgo、Cima Corgo和Douro Superior三个主要生产地区。杜罗河全长500公里，从上游穿过葡萄牙，灌溉着杜罗河畔的梯田。根据波特酒的传统历史，10年中约有3年是好年份酒。传统上，一些波特酒珍品要经过20年的漫长熟化。著名的波特酒品牌有很多，其中人们熟悉的有德斯牌（Dow's）、克拉夫特牌（Croft）、泰勒牌（Taylor's）、格拉哈姆牌（Graham's）和德来弗牌（Delafore）等。一些酿酒公司宣称，他们有2000年的好年份酒，即在2000年生产并获得理想的质量葡萄的年份。通常，年份波特酒价格昂贵。

（四）波特酒种类

1. 红宝石波特酒（Ruby Port）

红宝石波特酒属于勾兑型波特酒，使用不同年限的葡萄液勾兑而成。在木桶中经1年至3年的熟化，有果香味，颜色近似红宝石。酒液的配制过程中用陈酒与新酒混合而成。价格不高。

2. 优质红宝石波特酒（Fine Old Ruby）

这种酒由不同年份的葡萄酒勾兑而成，熟化期至少4年。有水果香味。被当地人们认为是茶色波特酒的二级品。

3. 白色波特酒（White Port）

白色波特酒由白葡萄液和去皮的红葡萄液混合，经过发酵、成熟和勾兑而成。有甜味和干味两个类型。这种酒不仅作为甜点酒，还可冷却后作为开胃酒饮用。

4. 茶色波特酒（Tawny Port）

茶色波特酒黄褐色，即茶色。这种酒常用不同年份的红葡萄酒与白葡萄酒勾兑制成。其工艺是应用快速氧化法，熟化期短。该酒富有浓郁的香气，口味醇厚，有甜味型和微甜型，属于波特酒的优秀产品。

5. 优质老茶色波特酒（Fine Old Tawny）

该酒浅褐色，由不同年限的葡萄酒勾兑而成，熟化期有10年、20年或更多

图 5–8　年份波特酒
（Vintage Port）

的年限。酒体细腻，有芳香的干果味。酒瓶标签注明装瓶年份和熟化年限。

6. 年份茶色波特陈酿（Vintagedated Tawny）

该酒以优质老茶色波特酒为原料。这种酒是好年份酒，即在丰收年收获。通常在木桶中熟化 20~50 年。

7. 年份波特酒（Vintage Port）

年份波特酒以杜罗河地区丰收年的品种葡萄为原料制成的酒。经过 15 年在木桶和瓶中熟化。年份波特酒是波特酒中级别较高的酒。通常年份波特酒在酒的标签上标明生产年份，是各种波特酒中酒液最稠的酒。（见图 5–8）

8. 陈酿波特酒（Crusted Port）

陈酿波特酒由若干年不同葡萄酒配制而成，经过约 4 年木桶熟化后装瓶，3 年瓶中熟化后才能销售。这种酒的瓶中常出现沉淀物。该酒深红色，酒味芳香。但是这种酒由于是由不同收获年份的葡萄液勾兑而成，所以它与年份酒毫无关系。

9. 单一葡萄园波特酒（Single Quinta Port）

以单一的葡萄园年份葡萄酒为原料制成的优质波特酒。

10. 晚装波特酒（LBV）

这种酒是其英语名称“Late Bottled Vintage”的缩写形式。由单一年份的波特酒在木桶中至少熟化 4 年，然后装瓶。酒瓶标签标注着装瓶年和丰收年。

11. 年份特色波特酒（Vintage Character Port）

这种波特酒常使人们误解。其含义是与年份波特酒风味相似的酒。实际上它只是一般的红宝石色波特酒，与年份酒毫无关系。

（五）著名波特酒生产商

（1）卡姆酿酒公司（Cálem），1859 年成立。

（2）丘吉尔公司（Churchill），1981 年成立。

（3）科波恩公司（Cockburn），1815 年成立。

（4）科拉弗兹公司（Crofts），1678 年成立。

（5）德来弗斯公司（Delaforce），1868 年成立。

（6）德卡公司（Dow & Co.），1798 年成立。

（7）弗瑞卡公司（Ferreira），1761 年成立。

（8）塞特公司（Fonseca），1822 年成立。

（9）科尔德·康拜尔公司（Gould Campbell），1797 年成立。

（10）WJ 哥丽哈姆公司（W & J Graham & Co.），1820 年成立。

（11）摩根公司（Morgan），1715 年成立。

（12）诺瓦尔公司（Noval），1813 年成立。

（13）奥夫莱·夫莱斯特公司（Offley Forrester），1737 年成立。

（14）博卡斯公司（Poas），1918 成立 。

（15）卡勒斯·哈里斯公司（Quarles Harris），1680 年成立。

（16）昆塔·歌德公司（Quinta do Ctto），1300 年成立。

（17）拉莫斯—宾托公司（Ramos–Pinto），1880 年成立。

（18）波尔图皇家公司（Royal Oporto），1756 年成立。

（19）罗伯逊兄弟公司（Robertson Brothers & Co.），1881 年成立。

（20）山地文公司（Sandeman），1790 年成立。

（21）史密斯·伍德豪斯公司（Smith Woodhouse），1784 年成立。

（22）泰勒、夫莱吉特和伊特曼公司（Taylor，Fladgate & Yeatman），1692 年成立。

（23）维尔公司（Warre & Co.），1670 年成立。

三、马德拉酒（Madeira）

（一）马德拉酒特点

马德拉酒产于马德拉群岛（Madeira），以地名命名。该酒是强化的葡萄酒，以葡萄酒为原料，加入适量的白兰地酒和糖蜜，经过 40℃保温及熟化达 3 个月或数年以上。酒精度约 20 度，酒色呈淡黄或棕黄，有独特的芳香。（见图 5–9）

图 5–9 马德拉酒

（二）马德拉酒的发展

根据历史记载，1419 年葡萄牙水手吉奥·康克午·扎考发现了马德拉岛。15 世纪马德拉岛广泛种植甘蔗和葡萄。17 世纪马德拉酒开始销往国外。18 世纪马德拉酒进入了其市场发展的黄金时代，包括是美国、英国、俄罗斯、巴西和北非各国。1913 年，马德拉葡萄酒公司成立，由威尔士与山华公司（Welsh & Cunha）和亨利克斯与凯马拉公司（Henriques & Camara）2 家公司组建。经过数年的发展，又有数家酿酒公司参加。后来规模不断扩大，成为马德拉酒酿酒协会。28 年后，该协会更名为马德拉酿酒公司（Madeira Wine Company Lda），简称 MWC。1989 年该公司采取了控股联营经营策略，投入大量资金，改进葡萄酒包装和扩大销售网络，使马德拉葡萄酒成为著名的品牌。马德拉公司多年来进行了大量的投资，提高葡萄酒的质量标准，并在 2000 年完成了制酒设施的革新，从而为优质马德拉酒的生产和熟化提供了先进的

设施。（见图 5–10）

在马德拉岛中心城市——芳希尔（Funchal），每年 10 月举行葡萄收获节。那时，整个岛屿的梯田到处是一串串准备运到加工厂榨汁和发酵的葡萄。著名的马德拉岛葡萄酒博物馆与马德拉酿酒学院（Instituto do Vinho da Madeira）坐落在该岛上，博物馆作为马德拉酿酒学院的一部分。该学院是葡萄牙专门研究与教授马德拉葡萄酒酿造工艺和经营管理的学院。该博物馆作为教学设施，使学生回顾马德拉岛葡萄酒酿造历史、制桶业历史和酒贸易历史。展览馆中展示古老的木桶、传统的葡萄压榨方法、羊皮及古老的牛车等。（见图 5–11）

图 5–10　传统的马德拉酒外包装

图 5–11　马德拉岛葡萄酒博物馆

（三）马德拉酒生产工艺

马德拉葡萄酒可以通过 3 个不同的发酵方法制成。一种方法是热管发酵法（Estufagem），第二种方法是自然暖窖法（Canteiro），第三种方法是暖窖加温法（Armazem de calor）。在热管发酵法中，发酵罐中有不锈钢管，里面装有 45℃温水。酒液在发酵罐保持 3 个月，然后冷却、勾兑并装瓶。这种生产工艺成本较低。然而，高质量的马德拉酒由自然暖窖法生产这种方法，暖窖常置于较高的空间，下面用支架支撑，或将暖窖放在发酵塔上。葡萄酒在自然的温度中进行发酵，需要 5 年至几十年的时间。暖窖加温法是人工提高暖窖的温度，约在 50℃，使橡木桶的酒液加速氧化，达到马德拉葡萄酒的各项标准。一般需要半年至一年的时间。

（四）马德拉酒种类

1. 舍希尔酒（Sercial）

这种酒以海拔 800 米葡萄园种植的葡萄为原料，熟化期较短。其特点是干型，淡黄色，味芳香，口味醇厚。

2. 弗得罗酒（Verdelho）

这种酒以海拔 400~600 米葡萄园种植的葡萄为原料。其特点是浅黄色，芳香，口味醇厚，半干略甜。

3. 伯亚尔酒（Bual 或 Boal）

这种酒以海拔 400 米以下葡萄园种植的白葡萄为原料。其特点是棕黄色，半干型，气味芳香，口味醇厚，是吃甜点时饮用的理想酒。

4. 玛尔姆塞酒（Malmsey）

这种酒是以玛尔维西亚葡萄（Malvasia）为原料。该酒的特点是棕黄色，甜型，香气悦人，口味醇厚，被认为世界最佳葡萄酒之一，是吃甜点时理想的饮用酒。

5. 新尼格拉·莫尔酒（Tin Negra Mole）

这种马德拉酒以新尼格拉·莫尔葡萄为原料。该酒有 4 种口味：干味、半干味、半甜味和甜味。此外，这种酒按熟化年限有 3 年、5 年和 10 年等品种。

四、马拉加酒

（一）马拉加酒概述

马拉加酒（Malaga）产于西班牙马拉加市（Malaga）以东的葡萄园区。该酒以地名命名。这种酒酿制工艺与波特酒很相似，以派度·希姆娜兹葡萄（Pedro Ximinez）和马斯凯特葡萄（Moscatel）为原料，颜色有浅白色、金黄色和深褐色，口味有干型和甜型。一些马拉加酒还配有草药，使它具有特殊的芳香。由于该地区天气炎热，葡萄成熟早，含糖高，使得马拉加酒在不掺配烈性酒的情况下，比葡萄酒含酒精度高。

（二）马拉加酒的发展

传说马拉加酒在公元前 600 年，由罗马人发明。最初马拉加酒称为马拉加果浆（Xarabal Malaguii），味道非常甜。公元 1500 年，人们在长途的海洋旅行中，为了不使葡萄酒变质，在马拉加葡萄酒中加入白兰地酒，因此马拉加酒成为了加强葡萄酒。目前，西班牙每年生产马拉加酒约 580 万加仑。

（三）马拉加地区概况

马拉加市（Malaga）位于西班牙南部安德鲁西亚省的科士达索尔地区（Costa del Sol），是安德鲁西亚省第二大海港城市。安德鲁西亚省约 680 万人口。马拉加市阳光充足，一年有 320 天晴朗的天气。不论该城市的美丽景色还是它的历史和传统文化都会给旅游者留下深刻的印象。根据历史考证，马拉加地区有史前古人类活动的遗迹。根据考证马拉加地区首先被腓尼基人（Phoenicians）发现，后来迦太基人（Carthaginians）和罗马人先后到达该地区。公元 1 世纪至 3 世纪，古罗马人和西哥特人也来到了该地区。公元 711 年，阿拉伯人建立了马拉加市。1057年该地区建设和发展速度相当快，促使马拉加地区向城市化发展。11世纪，莫尔人在当地建立了皇宫和埃尔塞巴（Alcazaba）要塞。1487年凯斯太尔人（Castilian）包围并进入了马拉加城。马拉加市经过多次磨难，包括1580年、1621年和1661年的三次洪水，1680年的地震等，几乎毁坏了所有的建筑物，只留下了天主教大教堂。18世纪，由于马拉加与美洲的贸易不断扩大，该城市开始向商业化发展。20世纪50年代，随着旅游者不断增加，马拉加市的经济不断发展。目前马拉加市已经成为欧洲重要的旅游城市之一。

（四）马拉加酒种类

1. 拉格瑞马酒（Lagrima）

非常甜的马拉加葡萄酒。

2. 马斯凯特酒（Moscatel）

只用马斯凯特葡萄为原料制成的马拉加酒。其特点是味甜，香味浓。

3. 派多·希姆娜兹酒（Pedro Ximinez）

只用派多·希姆娜兹葡萄为原料酿制的马拉加酒。这种酒味甜，香气浓。

4. 分层熟化的葡萄酒（Solera）

通过分层发酵法使酒液逐渐发酵成熟的甜马拉加酒。

五、马萨拉酒

（一）马萨拉酒概述

马萨拉酒是以地名命名的加强葡萄酒。马萨拉地区位于意大利西西里岛的西部，是意大利第三大葡萄酒生产地区。目前，马萨拉葡萄酒每年向世界各国出口6000万瓶。著名的马萨拉酒主要包括两大类。一类是以著名的格丽罗（Grillo）、凯塔瑞特（Catarratto）、银珠利亚（Inzolia）和德马士其诺（Damaschino）等白葡萄为原料制成，酒液呈金黄色和浅棕色；另一类是以皮纳特洛（Pignatello）、凯拉波丽斯（Calabrese）、尼尔罗·马斯凯丽斯（Nerello Mascalese）等红葡萄为原料制成的红宝石色的马萨拉酒。

（二）马萨拉酒生产工艺

马萨拉酒的制作方法与雪利酒很相似，以葡萄为原料，采用叠桶分层发酵与熟化法。马萨拉酒的酒味浓，带有甜味，酒精度在17度至20度。级别较高的马萨拉酒颜色为棕红色，带有明显的焦糖香气。

（三）马萨拉酒的发展

传统上，马萨拉地区生产的红葡萄酒，酒味平淡；而其生产的白葡萄酒，酸度过高。1798年，该地区的水手用掺配了白兰地酒的葡萄酒代替了朗姆酒以便在长时间航海中饮用，避免了葡萄酒变质。从而，形成了马萨拉酒。后来，英国人品尝了马萨拉酒后，觉得味道非常好，于是马萨拉酒的名气和销售量不断增长。

（四）马萨拉酒种类

1. 优质马萨拉酒（Fine）

酒精度 17 度，至少在橡木桶中熟化 1 年的马萨拉酒。

2. 高级马萨拉酒（Superiore）

酒精度 18 度，至少在橡木桶中熟化 2 年的马萨拉酒。

3. 高级马萨拉陈酿酒（Superiore Riserva）

酒精度 18 度，至少在橡木桶中熟化 4 年的马萨拉酒。

4. 纯叠桶熟化马萨拉酒（Vergine Soleras）

酒精度 15 度，至少在橡木桶中熟化 5 年的马萨拉酒。

5. 特色马萨拉酒（Speciali）

含有鸡蛋、草莓、樱桃及咖啡味道的马萨拉酒。

第四节　利口酒

一、利口酒概述

利口酒是人们在餐后饮用的香甜酒。利口酒有多种风味，主要包括水果利口酒、植物利口酒、鸡蛋利口酒、奶油利口酒和薄荷利口酒。许多利口酒含有多种增香物质，既有水果味又有香草味。

二、利口酒生产工艺

利口酒的配方常是保密的，制造商不对外公开。利口酒的种类不断地发展和更新，在欧洲各地几乎每个村子或酒厂都有它们自己独特的配方。但是不论是任何风味的利口酒，其制作方法主要有以下 4 种：

（一）浸泡法

将植物香料、水果或药材等直接投入酒液中，浸泡一段时间，取出浸泡物，将酒液过滤，装瓶或将酒液加水稀释并调整酒度，加糖和色素等，经过一定时间的熟化，过滤后装瓶。

（二）煮出法

将香料加水后蒸煮、去渣，取出原液后加入酒液和水，调整到需要的酒精度，加糖和色素，搅拌均匀，熟化 2~3 个月，过滤后装瓶。

（三）蒸馏法

将鲜花或新鲜水果投入酒中，密闭浸泡一段时期，取出鲜花或水果，加入适量的烈性酒和水进行蒸馏，将蒸馏出的酒液加水调制成需要的酒精度，加糖和色素，搅拌均匀，熟化一段时间后，过滤装瓶。

（四）配制法

中性酒或食用酒精按一定比例加入糖、水、柠檬酸、香精和色素等，搅拌均匀并熟化一段时间，过滤后装瓶即成利口酒。根据利口酒的质量标准，使用这一方法制成的利口酒不是优质的利口酒。

三、水果利口酒

水果利口酒是把水果肉和水果皮的味道和香气作为利口酒的主要特色制成的香甜酒。这种酒多采用浸泡法，将新鲜水果整只或破碎后浸泡在烈性酒中，然后经过分离和勾兑制成。水果利口酒的种类主要包括柑橘利口酒和樱桃利口酒。柑橘利口酒是以橙子或橘子为主要气味和味道，加入其他植物香料制成。樱桃利口酒是以樱桃为主要香气，加入丁香、肉桂和糖浆制成的利口酒。此外，许多水果都可以制成利口酒。例如椰子、桃、梨、香蕉、苹果和杏子等。常见的品牌有：

（一）亨利樱桃酒（Cherry Heering）

丹麦生产的樱桃酒，酒精度 24 度，糖度 38%，以哥本哈根出产的樱桃为原料，有独特的味道。（见图 5–12）

（二）君度（Cointreau）

橙子利口酒，以库拉索岛（Curacao）橙子为原料，酒精度 40 度，无色，糖度为 27%，以生产厂商名命名。（见图 5–13）

图 5–12　亨利樱桃酒

图 5–13　君度酒

（三）库拉索（Curacao）

该酒产于南美洲荷兰属地的库拉索岛，以地名命名。该酒原以库拉索岛橙子为主要原料，配以朗姆酒和砂糖等制成。这种酒有无色透明、粉红色、绿色、蓝色和褐色等颜色，酒精度约 30 度。其特点是橘香悦人，略有苦味，由著名的荷兰波士酒厂（Bols）生产。该厂成立于 1575 年，是荷兰最古老的利口酒厂。目前，该品牌属于普通橙味利口酒，使用各地生产的橙子为原料。但是，原料中必须包括库拉索群岛的橙子皮。这种利口酒也被称为泰伯赛克（Triple Sec）。

（四）金万利（Grand Marnier）

法国干邑地区生产并以白兰地酒为主要原料制成的优质橙味利口酒。从 1880 年开始生产，因此具有悠久的历史。

（五）曼达利（Mandarine）

法国生产的普通橙味利口酒，酒精度为 36%，糖度 35.4%，具有清爽的橘香味。

（六）马士坚奴（Maraschino）

该酒是意大利卢萨多酿酒公司（Luxardo Ltd.）生产的无色樱桃利口酒。马士坚奴樱桃酒不论在历史上还是目前都受到欧洲各国市场的青睐。这种酒酒精度约 32 度，糖度约 35 度，有浓郁的樱桃味和鲜花的香气，口味甘甜。

（七）洛亚莱（Royalé）

由巴哈马首都——娜索（Nassau）生产的利口酒。洛亚莱酒以朗姆酒为基酒（主要原料），是柑橘类利口酒并带有少量的咖啡味道。20 世纪 50 年代开始生产。传统上，只在巴哈马地区作为旅游纪念品销售。目前该酒在美洲的声誉不断扩大。

（八）南康弗（Southern Comfort）

这种酒是酒精度高的桃味利口酒。酒精度 40 度，糖度 12%，气味芳香。传统上，仅在美国新奥尔良地区（New Orleans）生产。现在，该利口酒也在圣路易斯地区（St. Louis）生产。这种利口酒也常作为鸡尾酒的基酒并受美国青年人的喜爱。

（九）塞波莱（Sabra）

以色列生产的橙味利口酒，该酒带有巧克力味道。Sabra 的含义是"仙人掌"。这种利口酒在德国的销量很高。目前，其酒瓶设计成古代腓尼基人的细长形的葡萄酒瓶状。

（十）斯罗金（Sloe Gin）

由英国哥顿公司（Gondon's）生产的黑刺李子利口酒。这种酒以金酒为主要原料，加入黑刺李子和白糖制成，酒精度 26 度，糖度为 21%。

（十一）可士（Kirsch）

德国生产的樱桃利口酒，白色、甜味，酒精度 21 度，糖度为 23%。该品牌还有其他酒精度和甜度的樱桃酒。这种酒冷藏后饮用，味道最佳。

（十二）马利宝（Malibu）

马利宝椰酒产于美国加州马利宝海滩，以地名命名。它以新鲜的椰子和牙买加清淡的朗姆酒完美结合并具有热带地区的风味，受到年轻人的喜爱，酒精度 24 度，糖度为 20%。

（十三）乐露桃子酒（Leroux Peach Basket Schnapps）

乐露酒以家族名命名。乐露家族酒厂位于比利时的布鲁塞尔，该家族从事利口酒的酿制已有 4 代人。该酒以新鲜的白桃汁配以优质的烈性酒制成，酒精度 24 度，糖度为 21%。

（十四）阿波力康提（Abricontine）

带有强烈杏味的利口酒。

（十五）凯伯瑞科尼亚（Capricornia）

澳大利亚生产的多种水果味的利口酒。

（十六）德库波（De Kuyper）

荷兰生产的樱桃味酒。

（十七）罗斯樱桃酒（Cherry Rocher）

法国生产的樱桃味酒。

（十八）格兰特莫尔勒（Grant's Morella）

英国生产的樱桃味酒。

（十九）可可莱波（Cocoribe）

美国生产，以维尔京群岛生产的朗姆酒和野生椰子制成的利口酒。

（二十）莱尔多（Laredo）

以威士忌酒为主要原料的鲜桃味利口酒。

（二十一）曼德哈姆（Van Der Hum）

南美生产的橙味利口酒，以葡萄蒸馏酒为酒基。

（二十二）苏娜利（Suomuurain）

芬兰生产的以当地野生黄梅为原料制成的利口酒，有特殊的香味。

（二十三）斯泰哥（Strega）

意大利生产的普通柑橘味利口酒。

（二十四）奥拉姆（Aurum）

以白兰地酒为主要原料，金黄色并带有甜味和少量苦味的橙味利口酒。

四、植物利口酒

植物利口酒是通过提取植物的花卉、茎、皮、根及其种子的香气和味道制成的利口酒。这种酒常有强身治病的功能，加香植物被粉碎后，浸泡在酒液中，然后蒸馏或勾兑配制成利口酒。植物利口酒主要包括香草利口酒、咖啡利口酒、可可利口酒和香茶利口酒。香草利口酒是以烈性酒为原料，调以香草或草药原料制成的酒。咖啡酒主要产地是南美洲，以咖啡为调香物质，将咖啡豆焙烘、粉碎，然后浸泡在酒液中，经蒸馏和勾兑制成。这种酒酒精度约30度，褐色，有明显的咖啡芳香味。可可利口酒主要产于南美洲国家，以可可为主要调香物质，经过粉碎，浸泡在酒液中，然后蒸馏和勾兑制成。这种酒有白色和褐色两种，有浓郁的可可香味，味道香甜。香茶利口酒以茶叶为主要香气，并在酒液中加入其他调香原料和糖蜜制成。植物利口酒常见的品牌有：

（一）阿姆瑞托（Amaretto）

这是带有传奇故事的意大利古典香草味利口酒，具有浓杏仁味，酒精度28度，糖度约26%。1525年由一位女士创作，作为献给艺术家伯纳迪努·卢尼（Bernadino Luini）的礼物。

（二）茴香利口酒（Anisette）

这是带有茴香和橙子味道的巴士帝型利口酒（Pastis），意大利生产，以白兰地酒为主要原料，酒精度25度，糖度为43%。

（三）加里昂诺（Galliano）

19世纪意大利米兰市生产的以白兰地酒为原料，配以约40种香草和草药而制成，酒精度35度的利口酒。该酒金黄色，糖度为30%，带有明显的茴香和香草味。该酒以意大利英雄人物——加里昂诺少校名命名，酒瓶细长并用途广泛，可以纯饮或勾兑鸡尾酒及烹调。

（四）班尼迪克丁（Benedictine Dom）

班尼迪克丁利口酒也称当姆酒、香草利口酒、丹酒或班尼狄克汀酒，这些名称都来自原酒品牌的不同译法，容易混淆。该酒由法国诺曼底地区（Normandy）的费康镇（Fecamp）生产。这种利口酒以干邑白兰地酒为原料，配以柠檬皮、小豆蔻、苦艾、薄荷、百里香和肉桂等草药制成，酒精度约40度，黄褐色，具有浓烈的芳香味和甜味。该酒由法国天主教班尼迪克丁修道院（Benedictine）修士——伯那得·文西里（Bernado Vincelli）于1510年研制而成。该酒D.O.M是拉丁语“Deo Optimo Maximo”的缩写，其含义是“献给至善至上的上帝”。从D.O.M的含义可以看出该酒经过苦心研制。目前，该酒仍然是世界上著名的利口酒。由于该酒味道特殊，纯饮这种酒不容易接受，常作为鸡尾酒的基酒，例如，配制B&B。（见图5-14）

图5-14 班尼迪克丁酒

（五）B 和 B（B&B）

法国生产的草药味利口酒，其配制方法是以 50% 的班尼迪克丁酒与 50% 的白兰地酒混合而成，以减少甜度和特殊的香气。

（六）沙特勒兹（Chartreuse）

沙特勒兹酒也称为修道院酒，产于法国，是世界著名的利口酒，它以修道院名称命名。该酒以白兰地酒为主要原料，配以 130 余种植物香料而成，有浅黄色和绿色两种，黄色酒味甜，酒精度 40 度；绿色酒酒精度高，酒精度在 50 度以上，味干，辛辣，芳香。该酒有治疗病痛的功效。17 世纪由法国格兰诺布地方的大沙特勒兹修道院的天主教加尔度西会（Carthusian）僧侣们研制成功，19 世纪才作为商业用酒。最珍贵的沙特勒兹酒称为艾丽舍威格特（élixir végétal），酒精度为 80 度。

（七）杜林标（Drambuie）

杜林标酒也称为确姆必酒、特莱姆必酒和蜜糖甜酒。前 3 个名称来自原名的音译，后 1 个名称根据该酒的特点命名。该酒产于英国，以优质的苏格兰威士忌酒为原料，配以蜂蜜和草药制成。酒色金黄，香甜味美。它不仅是著名的利口酒，还广泛用于鸡尾酒和烹调。Drambuie 的含义是"令人满意的饮料"。

（八）得安沃斯（d' Anvers）

比利时生产的著名的利口酒，金黄色。酒中带有 32 种植物香草。

（九）德阿尔比（d' Alpi）

以葡萄蒸馏酒为基本原料，加入阿尔卑斯山脉数百种的鲜花和香草酿制而成。

（十）盖尔威爱尔兰咖啡利口酒（Gallwey' s Irish Coffee Liqueur）

由爱尔兰埃特佛德地区生产的利口酒。这种利口酒加入多种植物香料、蜂蜜和爱尔兰咖啡，经勾兑和长时间熟化而成。

（十一）哥雷华（Glayva）

苏格兰生产的以威士忌酒为基酒的香草味利口酒。该酒近似杜林标利口酒。

（十二）哥伦密斯（Glen Mist）

爱尔兰生产的以当地威士忌酒为基酒的香草味利口酒。

（十三）格丹维斯（Goldwasser）

16 世纪在波兰丹泽地区生产的金黄色药酒。目前，在波兰的港口城市和德国柏林市都生产这种香草味利口酒。

（十四）绿茶利口酒（Green Tea Liqueur）

日本生产的以白兰地酒为酒基，以芳香的绿茶作为芳香物质的利口酒。

（十五）艾泽雅（Izarra）

法国生产的具有悠久历史的香草味利口酒。从1835年开始制作，是法国比伦纳安（Pyrenean）山脚下巴斯科人传统的利口酒。这种酒常以亚马涅克白兰地酒为主要原料。

（十六）吉哥密斯特（Jgermeister）

德国生产的深红色利口酒，酒中加入了龙胆根植物。该酒最大的特点是有消化作用。

（十七）嘉卢华（Kahlua）

墨西哥生产的咖啡味利口酒。这种酒是以朗姆酒为酒基配以优质的咖啡制成的香甜酒，酒精度26度，糖度为45%。

（十八）库麦尔（Kümmel）

以干金酒为原料，加入香菜籽、小茴香和大茴香制成的植物利口酒，味道强烈。这种酒有治疗消化不良的作用。

（十九）派菲艾末（Parfait Amour）

原产于法国东北部的洛林地区（Lorraine），是一种古老的利口酒，紫罗兰颜色。这种酒是可以帮助消化的杏仁味利口酒，酒精度25度，糖度约35%。

（二十）维艾莱库尔（Vieille Cure）

法国生产的香草味利口酒。从19世纪末成为商业酒，由波尔多地区修道院开始酿造。这种酒以干邑和亚马涅克白兰地酒为基酒，配以当地的香草制成。

（二十一）泰比斯丁（Trappistine）

由法国朱拉地区（Jura）的东北部，度伯省（Doubs）天主教西多会特拉普派（Trappist）的僧侣研制而成，并以亚马涅克白兰地酒为主要原料，加入香草制成。

（二十二）瑞典旁士（Swedish Punsch）

以牙买加朗姆酒为原料的咖啡利口酒，是制作鸡尾酒的理想原料。

（二十三）爱尔兰沃富（Irish Velvet）

以爱尔兰威士忌酒为主要原料，加入爱尔兰速溶咖啡、蒸馏水和浓奶油制成，酒精度23度，糖度为46%。

五、鸡蛋与奶油利口酒

鸡蛋类利口酒是以白兰地酒为原料，以鸡蛋黄、蜂蜜、香草等为调香物质配制成的利口酒，酒精度约30度。（见图5-15）奶油利口酒是将奶油、烈性酒和香料勾兑制成的利口酒。主要品牌有：

图5-15 鸡蛋利口酒

（一）爱德维克（Advocaat）

荷兰生产的鸡蛋利口酒。这种酒以白兰地酒为原料，加入鸡蛋黄、糖蜜和加香物质制成，酒精度 20 度，糖度约 30%。其主要的市场为荷兰、比利时、德国和澳大利亚等国。鸡蛋利口酒不仅作为餐后酒，还用于甜点的原材料和装饰品。

（二）康迪奇诺（Contichinno）

澳大利亚生产并以无色朗姆酒为基酒，加入咖啡和鲜奶油制成的利口酒。

（三）康迪克力姆（Conticream）

澳大利亚生产并以澳大利亚威士忌酒为原料，与巧克力和鲜奶油配制而成。

（四）巴利爱尔兰奶油酒（Bailey’s Irish Cream）

以爱尔兰威士忌酒为基酒，加入咖啡、巧克力、椰子、鲜奶油和糖蜜制成的利口酒。

六、薄荷味利口酒

一种带有甜味、薄荷清凉感和其他香味的利口酒。这种酒常以金酒为主要原料，加入薄荷叶、柠檬及其他香料，酒精度 30 度至 40 度，最高可达 50 度，酒体稠，有白色、绿色和红色三种。饮用时加冰块或加水稀释。例如：

（1）皇家薄荷巧克力酒（Royal Mint Chocolate Liqueur）。

英国生产的薄荷、巧克力味的利口酒。该酒配方经英国酿酒业多年研制而成。（见图 5–16）

图 5–16　皇家薄荷巧克力酒

（2）吉特（Get）。

该酒配方于 1797 年由简 · 吉特（Jean Get）创作，是薄荷味的利口酒。

（3）乐露薄荷味利口酒（Leroux Peppermint Schnapps）。

（4）波士绿薄荷味利口酒（Bol’s Creme de menthe Green）。

本章小结

本章系统总结了开胃酒、甜点酒和利口酒的生产工艺、种类和特点。开胃酒多用于正式宴请或宴会，也是欧美人多年的餐饮中习惯饮用的酒。目前，许多欧洲和北美的饭店、餐厅和酒吧有专营开胃酒的时间，但是销售开胃酒的种类不尽相同，这主要根据不同国家和不同地区的餐饮习惯及需求。开胃酒气味芳香，有开胃作用。开胃酒有多种，主要包括味美思酒、雪利酒和苦酒等。

甜点酒是以葡萄酒为主要原料，加入少量的白兰地酒或食用酒精制成的配制酒。它是欧美人在吃甜点时饮用的酒。著名的甜点酒有波特酒、雪利酒、马德拉酒、马拉加酒和马萨拉酒。

利口酒是人们在餐后饮用的香甜酒。因此，利口酒也称为餐后酒。利口酒有多种风味，主要包括水果利口酒、植物利口酒、鸡蛋利口酒、奶油利口酒和薄荷利口酒。许多利口酒含有多种增香物质，既有水果味又有各种香草味。利口酒的配方常是保密的，制造商不对外公开。利口酒的种类在不断发展和更新，在欧洲各地几乎每个村子或酒厂都有独特的配方。利口酒制作方法主要有浸泡法、煮出法、蒸馏法和配制法。

练习题

一、多项选择题

1. 关于配制酒描述正确的是（　　）。

A. 配制酒是以烈性酒或葡萄酒为基本原料，配以糖蜜、蜂蜜、香草、水果或花卉等制成

B. 配制酒有不同的颜色、味道、香气和甜度，酒精度为16~60余度

C. 鸡尾酒也属于配制酒的范畴

D. 配制酒主要包括开胃酒、甜点酒和利口酒

2. 关于开胃酒描述正确的是（　　）。

A. 开胃酒是指人们习惯在餐前饮用的各种酒

B. 开胃酒的制作方法包括浸泡法、煮出法、蒸馏法和配制法

C. 根据欧美人的餐饮礼仪，饮用开胃酒要在客厅进行，而不在餐厅饮用

D. 味美思酒、雪利酒和苦酒常作为休闲餐饮的开胃酒

3. 马德拉酒属于甜点酒，下列关于马德拉酒特点描述正确的是（　　）。

A. 马德拉酒产于马德拉群岛，以地名命名

B. 马德拉酒是著名的强化葡萄酒

C. 马德拉酒只有通过热管发酵法（Estufagem）才能制成

D. 马德拉酒属于开胃酒

二、判断改错题

1. 利口酒是以葡萄酒为主要原料，加入少量的白兰地酒或食用酒精制成的配制酒。著名的生产国有意大利、葡萄牙和西班牙。（　　）

2. 利口酒是人们在餐前饮用的香甜酒，有多种风味，主要包括水果利口酒、

植物利口酒、鸡蛋利口酒、奶油利口酒和薄荷利口酒。(　　)

三、名词解释

开胃酒　雪利酒　味美思酒　苦酒　茴香酒　甜点酒　波特酒　马德拉酒　马拉加酒　马萨拉酒

四、思考题

1. 简述配制酒的含义与特点。
2. 简述开胃酒的种类与特点。
3. 简述雪利酒的生产工艺。
4. 简述苦酒的种类与特点。
5. 简述波特酒的特点与生产工艺。
6. 论述利口酒的不同生产工艺。
7. 论述配制酒的种类及其特点。
8. 论述开胃酒的销售与服务方法。
9. 论述甜点酒的销售与服务方法。
10. 论述利口酒的销售与服务方法。

第6章

鸡尾酒

本章导读

鸡尾酒是饭店、餐厅和酒吧配制的混合酒，特别受到青年人的青睐。鸡尾酒常以各种蒸馏酒、利口酒和葡萄酒为原料，与增香和增味物质和饮料等混合而成。本章主要论述鸡尾酒种类、特点、作用、配制方法和销售方法等。本章主要内容是了解狭义鸡尾酒、广义鸡尾酒、传统鸡尾酒、现代鸡尾酒、不含酒精鸡尾酒、餐前鸡尾酒、俱乐部鸡尾酒、餐后鸡尾酒、夜餐鸡尾酒、喜庆鸡尾酒、短饮鸡尾酒、长饮鸡尾酒、热鸡尾酒、冷鸡尾酒的含义与特点，掌握鸡尾酒的开发、展示、宣传、服务、造型、装饰、营销与服务等策略。通过本章的学习，可以了解鸡尾酒的种类和特点，了解鸡尾酒的发展，掌握各种鸡尾酒的原料和配制原理，掌握鸡尾酒的命名方法，从而更广泛地开发市场需要的鸡尾酒，更好地开展鸡尾酒的展示和营销及控制鸡尾酒的生产质量。

第一节　鸡尾酒概述

一、鸡尾酒含义与特点

鸡尾酒由英语Cocktail翻译而成，是饭店、餐厅和酒吧配制的混合酒。然而，当前一些人们喜爱的或经常饮用的鸡尾酒已被酒厂成批生产。鸡尾酒常以各种蒸馏酒、利口酒和葡萄酒为基本原料，与柠檬汁、苏打水、汽水、奎宁水、矿泉水、糖浆、香料、牛奶、鸡蛋或咖啡等混合而成。因此，鸡尾酒的组成可以分为两部分：一部分是酒，它组成了鸡尾酒的主要原料；另一部分称为辅助原料。不同名称的鸡尾酒使用的原料不同，甚至同一名称的鸡尾酒，各企业使用的原料也不同，主要表现在原料的品牌和数量、产地和级别等方面。

二、狭义鸡尾酒

狭义鸡尾酒是指容量从60毫升至90毫升，酒精度较高，盛装在三角形酒杯中的鸡尾酒，这种鸡尾酒称作短饮鸡尾酒。

三、广义鸡尾酒

广义鸡尾酒是酒与碳酸饮料或新鲜果汁混合成的所有的混合饮料（Mixed Drinks）。许多有特色的咖啡、可可和茶含有酒的成分，实际上它们已经成为鸡尾酒。例如，爱尔兰咖啡（含有威士忌酒）、樱桃白兰地茶（含有樱桃白兰地酒）等。

四、传统鸡尾酒

传统的鸡尾酒只以烈性酒为主要原料，加入利口酒、苦酒、柠檬汁及糖蜜或糖粉等混合而成。例如，旁车（Sidecar）、马丁尼（Martini）、曼哈顿（Manhattan）等。

五、现代鸡尾酒

随着鸡尾酒的发展和人们口味的变化，现代鸡尾酒不仅使用烈性酒为主要原料，也常以葡萄酒、香槟酒、开胃酒、甜点酒、利口酒和啤酒等为主要原料，加入碳酸饮料和其他调味原料而成。例如，香帝格弗（Shandy Gaff）以 1/2 啤酒和 1/2 姜汁啤酒勾兑而成。

六、不含酒精鸡尾酒（Nonalcoholic Cocktail）

当今，许多酒吧和餐厅销售不含酒精的鸡尾酒。当鸡尾酒的酒精含量非常低，主要原料是果汁和碳酸饮料时，一些企业将这些混合饮料称为不含酒精的鸡尾酒。然而，根据顾客需求，不含酒精的鸡尾酒常常是以各种新鲜果汁配制成的软饮料，不含有任何酒的成分。

七、鸡尾酒作用

根据鸡尾酒的配方、原料及饮用时间，鸡尾酒可以增进食欲，帮助消化，使人精神饱满，创造热烈气氛，带来独特的口味等。鸡尾酒深受顾客的欢迎，有着无限的市场潜力。

八、鸡尾酒特点

鸡尾酒的特点实际上是混合酒的特点，或者说是含有酒的混合饮料的特点。一杯优质的鸡尾酒首先温度要适宜，温度对鸡尾酒的味道有影响。因此，冷鸡尾酒必须是冷的，酒杯要保持凉爽，所使用的饮料和果汁必须经过冷藏。许多冷鸡尾酒需要用冰块降温，冷鸡尾酒的温度通常在6℃~8℃。热鸡尾酒的温度常约80℃，热鸡尾酒的温度太低会影响酒的味道，温度太高，酒精容易挥发从而影响酒的质量。鸡尾酒必须有独特的口味，这种口味通常要超过各种单一酒的味道，否则鸡尾酒没有任何价值。鸡尾酒应有开胃、消除疲劳等作用，因为鸡尾酒常含有香草利口酒、咖啡利口酒、橙味利口酒、开胃酒及果汁等成分。鸡尾酒应该有漂亮的外观，这种外观的组成由酒的颜色、酒的装饰、个性化酒杯等互相衬托和协调组成。因此，一杯鸡尾酒摆在顾客面前要比一杯外观呆板的普通酒更能提高顾客的精神。

第二节　鸡尾酒种类

鸡尾酒有多种分类方法，可以根据它的功能、特点、主要原料、知名度和制作工艺等分类。

一、根据饮用目的分类

（一）餐前鸡尾酒（Appetizer Cocktail）

这种鸡尾酒以增加食欲为目的，酒的原料配有开胃酒或开胃果汁等。饮用时间应在开胃菜上桌前的时间。例如，马丁尼（Martini）、曼哈顿（Manhattan）和红玛丽（Blood Mary）都是著名的开胃鸡尾酒。

（二）俱乐部鸡尾酒（Club Cocktail）

这种鸡尾酒用于正餐，常代替开胃菜或开胃汤。酒的原料中常勾兑新鲜的鸡蛋清或鸡蛋黄，色泽美观、酒精度较高。例如，三叶草俱乐部（Clover Club）、皇室俱乐部（Royal Clover Club）都是著名的俱乐部鸡尾酒。

（三）餐后鸡尾酒（After Dinner Cocktail）

餐后鸡尾酒用于正餐后或主菜后饮用。这种酒常带有香甜味。酒中勾兑了可可利口酒、咖啡利口酒或带有消化功能的草药利口酒。例如，亚历山大（Alexander）、B和B（B&B）、黑俄罗斯（Black Russian）都是著名的餐后鸡尾酒。

（四）夜餐鸡尾酒（Supper Cocktail）

夜餐也称为夜宵或消夜。人们的夜餐通常在晚上10点至12点进行。夜餐饮用的鸡尾酒含较高的酒精度。例如，旁车（Side-Car）、睡前鸡尾酒（Night Cup Cocktail）等。

（五）喜庆鸡尾酒（Champagne Cocktail）

这类鸡尾酒是在喜庆宴会时饮用的，以香槟酒为主要原料，勾兑少量的烈性酒或利口酒制成。例如，香槟曼哈顿（Champagne Manhattan）、阿玛丽佳那

（Americano）等。

二、根据容量和酒精度分类

（一）短饮类鸡尾酒（Short Drinks）

容量约60毫升至90毫升，酒精含量高，烈性酒常占总容量的1/3至1/2以上，酒精度约在28%以上的鸡尾酒。这种鸡尾酒的香料味浓重并以三角形鸡尾酒杯盛装，有时用酸酒杯或古典杯盛装。种酒的饮用方法不适合持续较长的时间，时间过长会影响酒的温度和味道。（见图6-1）例如：

旁车（SideCar）

用料：白兰地酒20毫升、无色库拉索橙味利口酒（Curacao）20毫升、柠檬汁20毫升、冰块数块、红樱桃1个。

制法：将冰块、白兰地酒、库拉索利口酒、柠檬汁倒入摇酒器中摇匀，过滤，倒入三角形鸡尾酒杯中，将红樱桃插在杯边上作装饰。

图6-1　短饮类鸡尾酒（旁车）

（二）长饮类鸡尾酒（Long Drinks）

容量常在180毫升以上的鸡尾酒。该酒酒精度低，约占总容量的8%以下，用海波杯或高杯盛装。通常加入较多的苏打水（奎宁水或汽水）或果汁并放入冰块降温。这种鸡尾酒持续的饮用时间可以长一些。例如：

金汤尼克（Gin Tonic）

用料：干金酒30毫升、冰块4块、冷藏的汤尼克水（Tonic）约90毫升、柠檬片1片。

制法：将冰块、干金酒放入海波杯中，用吧匙轻轻搅拌，加入汤尼克水，将柠檬片放入鸡尾酒中。

三、根据温度分类

（一）热鸡尾酒（Hot Cocktails）

以烈性酒为主要原料，使用沸水、热咖啡或热牛奶调制的鸡尾酒。热鸡尾酒的温度常在80℃左右。温度太高，酒精易于挥发，影响质量。

1. 热威士忌托第（Hot Whisky Toddy）

用料：威士忌酒45毫升、糖粉3克、热开水适量、柠檬皮1块、丁香2粒。

制法：先将威士忌酒、糖粉放进带柄的金属杯或古典杯中，加热开水，放柠檬皮和丁香。

2. 爱尔兰咖啡（Irish Coffee）

用料：热咖啡140毫升、爱尔兰威士忌酒（Irish whisky）约30毫升、白糖5克、抽打过的奶油（Whipped Cream）少许。

制法：把威士忌酒倒入爱尔兰咖啡杯（必须是耐高温的专用爱尔兰咖啡杯）中，用酒精灯加热酒杯，点燃威士忌酒，用手握住杯柄轻摇数秒钟后，冲入热咖啡，放白糖，用吧匙搅拌，放入少量抽打过的奶油。（见图6–2）

图6–2 爱尔兰咖啡

3. 皇室咖啡（Cafe Royal）

用料：热浓咖啡1杯、方糖1块、白兰地酒30毫升、抽打过的奶油少许。

制法：将热浓咖啡倒入咖啡杯内，用火将一茶匙烧热，将方糖放在茶匙上，用白兰地酒浸泡白糖，点燃白兰地酒，几秒钟后，将酒和糖混合物倒入咖啡中，火苗继续燃烧，在咖啡上面上放入少量抽打过的奶油。

4. 嘉卢华咖啡（Kahlua Coffee）

用料：热咖啡120毫升、墨西哥嘉卢华咖啡酒60毫升、浓奶油60毫升。

制法：将咖啡和墨西哥嘉卢华咖啡酒放在爱尔兰杯中，轻轻搅拌，将奶油放在咖啡的表面。

（二）冷鸡尾酒（Cold Cocktails）

许多鸡尾酒在配制时都放有冰块，不论这些冰块是否被调酒师过滤掉，目的都是保持鸡尾酒的凉爽。此外，所有配制鸡尾酒的汽水、果汁和啤酒，需要提前冷藏。根据鸡尾酒销售量统计，大多数鸡尾酒是冷饮鸡尾酒，冷饮鸡尾酒的最佳温度应保持在6℃~8℃。例如：

自由古巴（Cuba Libre）

用料：深色朗姆酒30毫升、冷鲜柠檬汁15毫升、冷藏的可乐适量、冰块4块、柠檬1片。

制法：将冰块、深色朗姆酒、柠檬汁、冷藏的汽水依次放入海波杯中，稍加搅拌。放调酒棒和吸管，将柠檬片插在酒杯边上作装饰。

四、根据配制原料分类

（一）白兰地酒鸡尾酒（Brandy Cocktails）

1.B和B（B&B）

用料：干邑白兰地酒30毫升、香草利口酒（Benedictine）30毫升。

制法：先将香草味利口酒倒入雪利杯或利口酒杯中，然后，用茶匙将白兰地酒飘洒在香草甜酒上。

2. 白兰地考林斯（Brandy Collins）

用料：白兰地酒 30 毫升、柠檬汁 20 毫升、糖粉 15 克、冷藏的苏打水适量，冰块 4 块、串联的半片橙子和红樱桃酒签 1 个。

制法：将冰块、白兰地酒、糖粉、柠檬汁放入高平底杯中，用吧匙搅拌，待糖溶解后，加苏打水至 8 成满。用串联的橙子片和红樱桃酒签作装饰。

（二）威士忌酒鸡尾酒（Whisky Cocktails）

1. 曼哈顿（Manhattan）

用料：稞麦威士忌酒 45 毫升、红味美思酒 15 毫升、安哥斯特拉苦味酒 5 滴、冰块 4 块、红樱桃 1 个。

制法：把冰块、稞麦威士忌酒、红味美思酒、安哥斯特拉苦酒放在调酒杯中，用吧匙搅拌，过滤，倒入鸡尾酒杯。把红樱桃插在杯边上作装饰，或插在酒签上，然后放在酒杯内。

2. 生锈钉（Rusty Nail）

用料：苏格兰威士忌酒 30 毫升、杜林标利口酒（Drambuie）30 毫升、冰块 4 块。

制法：将冰块放入古典杯中，放威士忌酒和杜林标利口酒，轻轻搅拌即可。

3. 稞麦古典（Rye Old Fashioned）

用料：稞麦威士忌酒 45 毫升、安哥斯特拉苦酒 10 滴、糖粉 5 克、苏打水适量、冰块适量、柠檬皮 1 条、串联橙片和红樱桃的酒签 1 个。

制法：在古典杯中，用少许苏打水将糖粉溶化，放安哥斯特拉苦酒，放冰块至 7 成满，倒入稞麦威士忌酒，将柠檬皮用手拧成螺旋状，将果汁滴入鸡尾酒中，柠檬皮放进酒杯中，将酒签放进酒杯中作装饰。

（三）金酒鸡尾酒（Gin Cocktails）

粉红佳人（Pink Lady）

用料：干金酒 30 毫升、石榴汁 20 毫升、柠檬汁 1 滴、生鸡蛋白 1 个、冰块 4 块、红樱桃 1 个。

制法：将冰块、干金酒、石榴汁、柠檬汁、生鸡蛋白放入摇酒器中，摇匀，过滤，倒入三角形鸡尾酒杯内，将红樱桃插在杯边上作装饰。

（四）朗姆酒鸡尾酒（Rum Cocktails）

1. 百加地（Bacardi）

用料：百加地朗姆酒（Bacardi）45 毫升、青柠檬汁 15 毫升、石榴汁 5 毫升、冰块 4 块。

制法：将冰块、百加地朗姆酒、青柠檬汁、石榴汁放入摇酒器，摇匀后，过滤，倒入三角形鸡尾酒杯中。

2. 自由古巴（Cuba Libre）

用料：深色朗姆酒30毫升、柠檬汁15毫升、冷藏的可乐汽水适量、冰块4块、鲜柠檬片1片。

制法：将冰块、深色朗姆酒、柠檬汁、冷藏的汽水依次加入海波杯中，放调酒棒和吸管，将柠檬片插在酒杯边上作装饰。（见图6–3）

图6–3　自由古巴

（五）伏特加酒鸡尾酒（Vodka Cocktails）

1. 红玛丽（Blood Mary）

用料：伏特加酒30毫升、冷藏的番茄汁90毫升、辣椒酱（Tobasco）1滴、冰块2块、带叶的西芹茎1根、红樱桃1个。

制法：将冰块、伏特加酒、番茄汁、辣椒酱放入海波杯中，用吧匙轻轻搅拌。放西芹茎，将樱桃插入吸管中部，一起放在酒杯内，可以用辣酱油1滴代替辣椒酱1滴。

2. 咸狗（Salty Dog）

用料：伏特加酒30毫升、冷藏的新鲜西柚汁30毫升、冷藏的菠萝汁5滴、冰块4块、柠檬1块、细盐少许。

制法：用柠檬擦湿鸡尾酒杯边，将杯口朝下，在细盐上转动，蘸上细盐，酒杯边缘呈白色环形。然后，将冰块、伏特加酒、西柚汁、菠萝汁放入摇酒器中，摇匀，过滤，倒入三角形鸡尾酒杯中。

（六）特吉拉酒鸡尾酒（Tequila Cocktails）

1. 玛格丽特（Margarita）

用料：特吉拉酒40毫升、无色橙子利口酒15毫升、青柠檬汁15毫升、鲜柠檬1块、细盐适量、冰块4块。

制法：用柠檬擦湿杯口，将杯口朝下，在细盐上转动，蘸上细盐，成为白色环形。不要擦湿杯子内侧，使细盐进入杯中。然后，将冰块、特吉拉酒、无色橙子利口酒和青柠檬汁放入摇酒器内，摇匀后，过滤，倒入玛格丽特杯或三角形鸡尾酒杯内。

2. 戴可尼克（Tequonic）

用料：特吉拉酒30毫升、冷藏奎宁水（Tonic Water）适量、鲜柠檬片半片、冰块4块。

制法：将特吉拉酒放进装有冰块的高平底杯中，加奎宁水至8成满，将半片柠檬片插在杯边上作装饰。

（七）香槟鸡尾酒（Champagne Cocktails）

1. 阿玛丽佳那（Americano）

图 6–4　阿玛丽佳那

用料：香槟酒 120 毫升、波旁威士忌酒 4 毫升（1 茶匙）、苦酒 4 毫升（1 茶匙）、糖粉 2 克、樱桃 1 个。

制法：先将波旁威士忌酒、苦酒和糖粉放入大香槟杯内，搅拌均匀，冲入香槟酒。然后，将樱桃切一小口，挂在酒杯边作装饰。（见图 6–4）

2. 古典香槟（Classic Champagne）

用料：冷藏的香槟酒 120 毫升、安哥斯特拉苦酒 1 滴、糖粉 2 克、细长形的柠檬皮 1 条。

制法：先将苦酒与糖粉放入香槟酒杯中，使糖粉溶化，冲入香槟酒。然后，用手将柠檬皮拧一下，使柠檬汁滴入杯中。最后，将柠檬皮放入酒中作装饰。

（八）配制酒鸡尾酒（Integrated Alcoholic Beverage Cocktails）

1. 可可费斯（Cacao Fizz）

用料：可可利口酒 45 毫升、冷藏鲜柠檬汁 15 毫升、糖粉 5 克、冷藏的苏打水 90 毫升、冰块 4 块、鲜柠檬角 1 块。

制法：将冰块、可可利口酒、鲜柠檬汁、糖粉放入摇酒器中，摇匀，过滤，倒入海波杯，加苏打水至 8 成满。然后，将柠檬角插在杯边上作装饰品。

2. 外交官（Diplomat）

用料：甜味美思酒 45 毫升、干味美思酒 45 毫升、樱桃酒 2 毫升、安哥斯特拉苦酒 2 滴、冰块 4 块、红樱桃 1 个。

制法：将冰块、甜味美思酒、干味美思酒、樱桃酒放入摇酒器中，摇匀，过滤，倒入三角形鸡尾酒杯中。然后，将安哥斯特拉苦酒滴入酒中。最后，樱桃切个小口，挂在杯边作装饰。

（九）葡萄酒鸡尾酒（Wine Cocktails）

1. 莎白丽杯（Chablis Cup）（6 人用）

用料：香草利口酒（Benedictine D．O.M）40 毫升、冷藏莎白丽白葡萄酒（Chablis）1 瓶、冰块适量、柠檬片 3 片、菠萝片 3 片。

制法：把适量冰块放进玻璃容器中，倒入香草利口酒和白葡萄酒，用吧匙搅拌，放入柠檬片和菠萝片，用白葡萄酒杯盛装。

2. 凯蒂高球（Kitty High–ball）

用料：红葡萄酒 60 毫升、姜汁汽水 90 毫升、冰块 4 块。

制法：将冰块放入海波杯内，倒入红葡萄酒和姜汁汽水。

（十）啤酒鸡尾酒（Beer Cocktails）

啤酒珊格瑞（Beer Sangaree）

用料：糖粉5克、冷藏的苏打水30毫升、冷藏的啤酒适量、豆蔻粉少许。

制法：将糖粉、苏打水放入海波杯中，用吧匙轻轻搅拌，待糖粉溶解后，加入啤酒至8成满，撒上豆蔻粉。

五、根据知名度分类

（一）定型鸡尾酒

根据鸡尾酒的知名度和流行情况，某些鸡尾酒的原料、配方、口味、形状、温度、装饰、造型和盛装这种鸡尾酒的酒杯已经被顾客认可，企业不可随意更改，这种鸡尾酒称为定型鸡尾酒。

（二）不定型鸡尾酒

根据市场需求，企业自己开发的并带有本企业特色的鸡尾酒。这种鸡尾酒的原料、配方、口味、形状、温度、装饰、造型和盛装酒的杯子都是企业自己设计的。

六、根据配制特点分类

（一）亚历山大类（Alexander）

以鲜奶油、咖啡利口酒或可可利口酒加烈性酒配制的短饮类鸡尾酒并用摇酒器混合而成，装在三角形鸡尾酒杯内。例如：

亚历山大（Alexander）

用料：干邑白兰地酒40毫升、棕色可可甜酒20毫升、鲜奶油5毫升、冰块4~5块、红樱桃1个。

制法：将冰块、白兰地酒、可可酒、鲜牛奶放进摇酒器，摇匀后，过滤，倒入鸡尾酒杯中并在杯边插上红樱桃作装饰。

（二）霸克类（Buck）

以烈性酒为主要原料，加苏打水或姜汁汽水及冰块，直接倒入海波杯内，在杯中用调酒棒搅拌而成。然后，加入适量的冰块。例如：

伦敦霸克（London Buck）

用料：干金酒30毫升、青柠檬汁15毫升、冰块2块、冷藏姜汁汽水90毫升。

制法：将冰块、干金酒、青柠檬汁放入海波杯中，用吧匙轻轻搅拌，加姜汁汽水至8成满。

（三）考布勒类（Cobbler）

以烈性酒或葡萄酒为主要原料，加糖粉、碳酸饮料、柠檬汁，盛装在有碎冰块的海波杯中。考布勒常用水果片作装饰。此外，带有香槟酒的考布勒以香槟酒杯盛装，杯中加 60% 的碎冰块。例如：

白兰地考布勒（Brandy Cobbler）

用料：白兰地酒 30 毫升、橙味利口酒 15 毫升、樱桃白兰地酒 15 毫升、鲜柠檬汁 5 毫升、糖粉 5 克、碎冰块适量、鲜菠萝 1 条。

制法：在海波杯中放入 6 成满的碎冰块，放入白兰地酒、橙味利口酒、樱桃白兰地酒、鲜柠檬汁、糖粉，用吧匙搅拌。然后，把菠萝条切一个小口插在杯边上作装饰，杯中放一个调酒棒。

（四）哥连士类（Collins）

鸡尾酒哥连士也称作考林斯类鸡尾酒，以烈性酒为主要原料，加柠檬汁、苏打水和糖粉制成。用高平底杯盛装。例如：

约翰考林斯（John Collins）

用料：威士忌酒 30 毫升、冷藏鲜柠檬汁 20 毫升、糖粉 10 克、冷藏苏打水 90 毫升、冰块适量。

制法：将 4 块冰块放进摇酒器，倒入威士忌酒、柠檬汁和糖粉，摇匀后，倒入加有 2 块冰块的高的平底杯中，冲入苏打水。

（五）库勒类（Cooler）

库勒又名清凉饮料，由蒸馏酒加上柠檬汁或青柠汁再加入姜汁汽水或苏打水制成，以海波杯或高平底杯盛装。例如：

朗姆库勒（Rum Cooler）

用料：朗姆酒 30 毫升、柠檬汁 15 毫升、冷藏姜汁汽水适量、冰块 2 块。

制法：将冰块放入海波杯中，倒入朗姆酒、柠檬汁、加姜汁汽水至 8 成满，用吧匙搅拌。

（六）考地亚类（Cordial）

这是以利口酒与碎冰块调制的鸡尾酒，具有提神功能，用葡萄酒杯或三角形鸡尾酒杯盛装。通常考地亚类鸡尾酒的酒精度高。例如：

薄荷考地亚（Mint Cordial）

用料：薄荷利口酒 40 毫升、碎冰块适量、薄荷叶 1 片。

制法：在白葡萄酒杯装 6 成满的碎冰块，将薄荷利口酒倒入杯中，薄荷叶放在冰上面作装饰。

（七）科拉丝泰类（Crusta）

以白兰地酒、威士忌酒或金酒等为主要原料，以橙子利口酒为调味酒，配柠檬汁，用摇酒器混合而成。该酒常以红葡萄酒杯或较大容量的三角形鸡尾酒杯盛装，并将糖粉沾在杯边上制成白色环形作装饰。例如：

白兰地科拉丝泰（Brandy Crusta）

用料：白兰地酒 45 毫升、无色库拉索橙子利口酒（Curacao）15 毫升、柠檬汁 15 毫升、无色樱桃酒（Maraschino）2 滴、安哥斯特拉苦酒 1 滴、柠檬（擦杯边用）1 块、冰块 4 块、长形柠檬皮（作装饰）1 块。

制法：用鲜柠檬块涂擦红葡萄酒杯的边缘，将杯口放在白糖上转动，使酒杯边沾上糖粉成为一个白色环形。把冰块、白兰地酒、橙味利口酒、柠檬汁、樱桃酒和苦酒放入摇酒器，摇匀后过滤，倒入三角形鸡尾酒杯中。再用一块长条形柠檬皮，一半插在杯边，一半沉在杯内作装饰。

（八）杯类（Cup）

杯类鸡尾酒常是较大数量配制的，而不是单杯配制。传统上，以葡萄酒为主要原料，加入少量的调味酒和冰块而成。杯类鸡尾酒是夏季受欢迎的鸡尾酒，常以葡萄酒杯盛装。例如：

可莱瑞特杯（Claret Cup）（10 人用）

用料：红葡萄酒 1 瓶、橙味利口酒 100 毫升、鲜橙汁 200 毫升、柠檬汁 100 毫升、菠萝汁 50 毫升、冷藏的雪碧汽水 1000 毫升、冰块适量、鲜橙片适量。

制法：在饮用前半个小时，将以上各种原料放入不锈钢或玻璃容器内，用吧匙轻轻搅拌。然后，盛装在红葡萄酒杯或果汁杯中。

（九）戴可丽类（Daiquiri）

由朗姆酒、柠檬汁或酸橙汁、糖粉配制而成，以三角形鸡尾酒杯或香槟酒杯盛装。当戴可丽前面加上水果名称时，它常以朗姆酒、调味酒、新鲜水果、糖粉和碎冰块组成，用电动搅拌机搅拌成泥状。然后，用较大的鸡尾杯或香槟杯盛装。目前，已有企业成批成产的戴可丽鸡尾酒。例如：

香蕉戴可丽（Banana Daiquiri）、草莓戴可丽（Strawberry Daiquiri）等（见图 6–5）

用料：百加地朗姆酒 40 毫升、香蕉甜酒 20 毫升、柠檬汁 20 毫升、去皮香蕉半个、碎冰块适量。

制法：将碎冰块、百加地朗姆酒、香蕉甜酒、柠檬汁、香蕉放入电动搅拌机搅拌成泥状，倒入香槟酒杯中。

（十）戴兹类（Daisy）

烈性酒配柠檬汁、糖粉，经摇酒器摇匀、过滤，倒在盛有碎冰块的古典杯或海波杯中，用水果或薄荷叶作装饰。然后，加入适量的苏打水。例如：

金戴兹（Gin Daisy）

用料：金酒 30 毫升、鲜柠檬汁 15 毫升、糖粉 5 克、

图 6–5 企业生产的戴可丽

冷藏的苏打水适量、冰块 4 块、碎冰块适量、柠檬片 1 片、薄荷叶 1 片。

制法：将冰块、金酒、鲜柠檬汁、糖粉放入摇酒器摇匀，过滤，倒入装有碎冰块的古典杯或海波杯中，加苏打水至 8 成满。然后，将柠檬片切个小口，插在杯边，薄荷叶放在杯内作装饰。

（十一）蛋诺类（Egg Nog）

由烈性酒加鸡蛋、牛奶、糖粉和豆蔻粉调配而成，可用葡萄酒杯或海波杯盛装。例如：

朗姆蛋诺（Rum Egg Nog）

用料：深色朗姆酒 30 毫升、鲜鸡蛋 1 个、糖粉 5 克、牛奶 90 毫升、豆蔻粉少许、冰块数块。

制法：将冰块、深色朗姆酒、鸡蛋、糖粉、牛奶放入摇酒器摇匀，过滤，倒入海波杯中，撒上豆蔻粉。

（十二）费克斯类（Fix）

以烈性酒为主要原料、加入柠檬汁、糖粉和碎冰块调制而成的长饮鸡尾酒，用海波杯或高杯盛装，放入适量的苏打水和汽水。例如：

白兰地费克斯（Brandy Fix）

用料：白兰地酒 45 毫升、樱桃白兰地酒 15 毫升、鲜柠檬汁 15 毫升、糖粉 5 克、碎冰块适量、串联的柠檬片和红樱桃酒签 1 个。

制法：在古典杯或高脚水杯中装 8 成满的碎冰块，将白兰地酒、樱桃白兰地酒、鲜柠檬汁、糖粉放在装碎冰块的杯中，将串联好的柠檬片和红樱桃酒签摆在冰上作装饰。

（十三）费斯类（Fizz）

费斯类鸡尾酒与考林斯类鸡尾酒很相近。以金酒或利口酒加柠檬汁和苏打水混合而成，用海波杯或高杯盛装。这种鸡尾酒属于长饮鸡尾酒。有时费斯中加入生蛋清或生蛋黄后，再与烈性酒或利口酒、柠檬汁一起放入摇酒器混合，使酒液起泡，再加入苏打水而成。例如：

金色费斯（Golden Fizz）

用料：干金酒 30 毫升、柠檬汁 20 毫升、生鸡蛋黄 1 个、冷藏苏打水适量、冰块 4 块。

制法：将冰块放进摇酒器中，倒入干金酒、柠檬汁、生鸡蛋黄，认真摇匀后，滤入海波杯内，轻轻地加入苏打水至 8 成满。

（十四）菲丽波类（Flip）

以鲜生鸡蛋或蛋黄或蛋清，调以烈性酒或葡萄酒，加糖粉混合而成。然后，盛装在三角形鸡尾酒杯或葡萄酒杯内。例如：

白兰地菲丽波（Brandy Flip）

用料：白兰地酒45毫升、生鸡蛋黄1个、库拉索橙味利口酒2滴、糖粉5克、冰块数块。

制法：将冰块、白兰地酒、生鸡蛋黄、库拉索橙味利口酒、糖粉放入摇酒器内，摇匀后，过滤，倒进三角形鸡尾酒杯中。

（十五）飘飘类（Float）

飘飘类鸡尾酒也称作多色鸡尾酒。通常在配制鸡尾酒中，根据酒的密度，以密度较大的酒放在杯中的下面，密度较小的酒放在密度大的酒上面。这样，可制成颜色分明的鸡尾酒。例如：

彩虹酒（Pousse Cafe）

用料：石榴汁1/5、可可利口酒1/5、薄荷味利口酒1/5、无色橙味利口酒1/5、白兰地酒1/5、红樱桃1个。

制法：按照酒水的不同密度，先将密度较大的酒倒在酒杯的最下面，这样轻轻依次倒入各种酒水。首先在利口酒杯或彩虹杯中倒入石榴汁，然后将吧匙前端接触杯子的内侧，依次将可可利口酒、薄荷味利口酒、无色橙味利口酒、白兰地酒等轻轻地沿着吧匙与杯内侧流入杯内。然后，将红樱桃插在酒杯边上作装饰，也可将杯内最上层的白兰地酒用火柴点燃，使多色酒上面出现蓝色的火焰。（见图6–6）

图6–6 彩虹鸡尾酒

（十六）弗莱佩类（Frappe）

这是利口酒、开胃酒或葡萄酒与碎冰块混合制成的鸡尾酒。这种酒常用三角形鸡尾酒杯或香槟杯盛装。例如：

金万利弗莱佩（Grand Marnier Frappe）

用料：金万利柑橘利口酒（Grand Marnier）45毫升、李子白兰地酒15毫升、鲜橙汁15毫升、碎冰块适量、柠檬片1片。

制法：在香槟杯中装上碎冰块至 6 成满，加入柑橘利口酒、李子白兰地酒、鲜橙汁并用吧匙搅动，再将柠檬片插在杯边上作装饰。

（十七）螺丝锥类（Gimlet）

螺丝锥也称为占列。这种酒是以金酒或伏特加酒为主要原料，加入青柠檬汁。然后，在调酒杯中，用调酒棒搅拌而成，用鸡尾酒杯盛装，也可装在有冰块的古典杯中。例如：

金酒螺丝锥（Jin Gimlet）

用料：金酒 45 毫升、青柠檬汁 20 毫升、冰块 4 块、柠檬片 1 片。

制法：将冰块、金酒和青柠檬汁放入调酒杯中，用吧匙搅拌，过滤，倒入鸡尾酒杯中。也可在古典杯中放入 6 成满的冰块，然后将调制好的酒水倒入古典杯中。用柠檬片插在酒杯边上作装饰。

（十八）海波类（Highball）

海波类鸡尾酒也称作高球类鸡尾酒，前者是英语的音译，后者是英语的意译。这种酒是以白兰地酒、威士忌酒或葡萄酒为基本原料，加入苏打水或姜汁汽水，在杯中直接用调酒棒搅拌而成，装在加冰块的海波杯中。

1. 威士忌海波（Whisky Highball）

用料：威士忌酒 30 毫升、冷藏苏打水 90 毫升、冰块 4 块。

制法：将冰块、威士忌酒放入海波杯中，加苏打水至 8 成满。不要搅拌，以免气泡上升。

2. 金汤尼克（Gin Tonic）

用料：干金酒 30 毫升、冰块 4 块、冷藏汤尼克水 90 毫升、柠檬片 1 片。

制法：将冰块、干金酒放入海波杯中，用吧匙轻轻搅拌，加入汤尼克水。然后，将柠檬片放入鸡尾酒中作装饰。

（十九）朱丽波类（Julep）

以威士忌酒或白兰地酒为基本原料，加糖粉和捣碎的薄荷叶。然后在调酒杯中用调酒棒搅拌，倒入放有冰块的古典杯或海波杯中，用一片薄荷叶作装饰。例如：

香槟朱丽波（Champagne Julep）

用料：糖粉 5 克、薄荷叶 2 片、冷藏的香槟酒适量、串联的橙子片和薄荷叶的酒签 1 个。

制法：把糖粉和 2 片薄荷叶放入一容器内，将其捣烂并使糖溶化，放入香槟杯中。然后，将冷藏的香槟酒倒入杯中至 8 成满，将串联好的橙片和薄荷叶酒签放入杯中或杯上作装饰。（见图 6–7）

（二十）马丁尼类（Martini）

以金酒为基本原料，加入少许味美思酒或苦酒及冰块制成。然后，直接在酒杯或调酒杯中搅拌，用鸡尾酒杯盛装。最后，在酒杯内放一个橄榄或柠檬皮作装饰。例如：

甜马丁尼（Sweet Martini）

用料：干金酒 20 毫升、甜味美思酒 40 毫升、无色库拉索橙味利口酒 1 滴、冰块数块。

制法：将冰块、干金酒、甜味美思酒、库拉索橙味利口酒放入摇酒器摇匀，过滤，倒入三角形鸡尾酒杯内。（见图 6–8）

图 6–7 朱丽波类鸡尾酒

图 6–8 马丁尼

（二十一）提神类（Pick Me Up）

以烈性酒为基本原料，加入橙味利口酒或茴香酒、苦味酒、味美思酒、薄荷酒等提神和开胃酒，再加入果汁或香槟酒、苏打水等。最后，用三角形鸡尾酒杯或海波杯盛装。例如：

橙子醒酒（Orange Wake Up）

用料：干邑白兰地酒 15 毫升、红味美思酒 15 毫升、白朗姆酒 15 毫升、鲜橙汁 90 毫升、冰块适量、鲜橙片 1 片。

制法：将冰块、干邑白兰地酒、红味美思酒、白朗姆酒、鲜橙汁放进摇酒器混合并过滤，倒入带有冰块的海波杯中。然后，将鲜橙片切 1 小口，插在杯边上，杯中放一个调酒棒。

（二十二）帕弗类（Puff）

在装有少量冰块的海波杯中，加相等的烈性酒和牛奶，加冷藏的苏打水至 8 成满，用调酒棒搅拌而成。例如：

白兰地帕弗（Brandy Puff）

用料：白兰地酒 30 毫升、鲜牛奶 30 毫升、冰块 4 块、冷藏的苏打水适量。

制法：将冰块放入海波杯中，加白兰地酒和鲜奶，加苏打水至 8 成满，用吧匙轻轻地搅拌。

（二十三）宾治类（Punch）

宾治类鸡尾酒以烈性酒或葡萄酒为基本原料，加入柠檬汁、糖粉和苏打水或汽水混合而成。宾治类鸡尾酒常以数杯、数十杯或数百杯一起配制，用于酒会、宴会和聚会等。配制后的宾治酒用新鲜的水果片漂在酒液上作装饰以增加美观和味道并以海波杯盛装。目前，一些宾治常由果汁、汽水和水果片制成，不含酒精。这种宾治称为无酒精宾治或无酒精鸡尾酒。例如：

1. 开拓者宾治（Planter's Punch）

用料：金黄色朗姆酒 30 毫升、青柠檬汁 30 毫升、糖粉 5 毫升、橘子汁适量、橘子 1 片、红樱桃 1 个、冰块 4 块。

制法：将冰块放入摇酒器内，倒入朗姆酒、青柠檬汁、糖粉，摇匀后，过滤，倒入高平底杯中。然后，加橘子汁至 8 成满，杯内放 1 片鲜橙子，将红樱桃插杯边作装饰。

2. 节日宾治（Fiesta Punch）（10 杯）

用料：白葡萄酒 1 瓶、冷藏的苏打水 250 毫升、冷藏的鲜菠萝汁 250 毫升、冷藏的鲜柠檬汁 90 毫升、糖粉 20 克、少量的鲜菠萝和鲜橙碎片。

制法：将冷藏的苏打水、鲜菠萝汁、鲜柠檬汁和糖粉放入容器内，使糖粉充分溶化，倒入葡萄酒，稍加混合。然后，盛装在 10 个葡萄酒杯内，放入水果片作装饰。

（二十四）利奇类（Rickey）

利奇也常常称为瑞奎。这类鸡尾酒以金酒、白兰地酒或威士忌酒为主要原料，加入青柠檬汁和苏打水混合而成。利奇属于长饮类鸡尾酒。其配制方法是直接将烈性酒和青柠檬汁倒在装有冰块的海波杯或古典杯中，再倒入苏打水，用调酒棒搅拌均匀。例如：

金利奇（Gin Rickey）

用料：干金酒 30 毫升、青柠檬汁 10 毫升、冰块 2 块、冷藏苏打水适量、青柠檬片 1 片。

制法：将冰块、干金酒和青柠檬汁放入海波杯中，用吧匙轻轻搅拌，加苏打水至 8 成满，将青柠檬片放在酒中并在酒杯内放一个调酒棒。

（二十五）珊格瑞类（Sangaree）

传统上珊格瑞类鸡尾酒以葡萄酒加入少量糖粉和豆蔻粉调制而成。然后，放在有冰块的古典杯或平底海波杯中。例如：

白兰地珊格瑞（Brandy Sangaree）

用料：白兰地酒 30 毫升、马德拉酒 5 毫升、糖粉 3 克、冷藏苏打水适量、豆蔻粉少许、青柠檬皮1条、冰块4块。

制法：在古典杯中放入冰块，倒入白兰地酒、马德拉酒，放糖粉，搅拌，加入适量的苏打水至8成满。然后，将柠檬条拧成螺旋状，使柠檬汁滴入鸡尾酒中，再将柠檬皮放入酒杯中，撒上少量的豆蔻粉，放1个吸管和调酒棒。

（二十六）席拉布类（Shrub）

以白兰地酒或朗姆酒为主要原料，加入糖粉、水果汁混合而成。通常这种鸡尾酒的一次配制量大，将以上原料按配方的比例配制，放入陶器中，冷藏储存三天后饮用。最后，用加冰块的古典杯盛装。例如：

白兰地席拉布（Brandy Shrub）

用料：白兰地酒1000毫升、干雪利酒1000毫升、糖粉500克、冷藏的鲜柠檬汁300毫升、冰块适量、整只柠檬皮1个。

制法：将柠檬皮、柠檬汁和白兰地酒放在一个陶器内，加盖，放在冷藏箱内。3天后，加干雪利酒和糖粉，搅拌，待糖完全溶化后，装瓶，存入冷藏箱内。饮用时，用古典杯盛装并加冰块（随意）。

（二十七）司令类（Sling）

以烈性酒加柠檬汁、糖粉和矿泉水或苏打水制成，有时加入一些调味的利口酒。先用摇酒器将烈性酒、柠檬汁、糖粉摇匀后，再倒入加有冰块的海波杯中，然后加苏打水或矿泉水并以高平底杯或海波杯盛装。当然，也可以在饮用杯内直接调配。例如：

新加坡司令（Singapore Sling）

用料：干金酒30毫升、冷藏鲜柠檬汁20毫升、樱桃白兰地酒15毫升、冷藏七喜汽水适量、冰块2块、串联的柠檬片和红樱桃酒签1个。

制法：将冰块、干金酒、柠檬汁、樱桃白兰地酒放入海波杯中，加冷藏的汽水，用调酒棒搅拌并把调酒棒放在杯中。然后，将串联的柠檬片和红樱桃酒签作装饰。

（二十八）酸酒类（Sour）

以烈性酒为基本原料，加入冷藏的柠檬汁或橙子汁，经摇酒器混合制成。酸类鸡尾酒属于短饮类鸡尾酒，用酸酒杯或海波杯盛装。例如：

威士忌酸酒（Whisky Sour）

用料：威士忌酒30毫升、柠檬汁45毫升、糖粉5克、冰块4块、柠檬片1片、红樱桃1个。

制法：将冰块、威士忌酒、柠檬汁、糖粉放进摇酒器中，摇匀，过滤，倒入装有冰块的古典杯或酸酒杯中。然后，将红樱桃放酒杯内，将柠檬片切一小口，插在杯边上作装饰。

（二十九）四维索类（Swizzle）

以烈性酒为主要原料，加入柠檬汁、糖粉和碎冰块。然后，放在平底高杯或海波杯中，加上适量的苏打水，放一个调酒棒。例如：

金四维索（Gin Swizzle）

用料：金酒 30 毫升、鲜橙汁 15 毫升、糖粉 5 毫升、安哥斯特拉苦酒 2 滴、碎冰块适量。

制法：将碎冰块装在高平底杯中，装 6 成满，倒入金酒、鲜橙汁、糖粉和苦酒。在酒杯中放一个调酒棒。

（三十）托第类（Toddy）

以烈性酒为基本原料，加入糖和水（冷水或热水）混合而成的鸡尾酒。托第有冷和热两个种类。有些托第类鸡尾酒用果汁代替冷水。热托第常以豆蔻粉或丁香、柠檬片作装饰，冷托第以柠檬片作装饰。冷托第以古典杯盛装，热托第以带柄的热饮杯盛装。例如：

冷朗姆托第（Rum Toddy Cold）

用料：金色朗姆酒 30 毫升、糖粉 5 克、冷藏的矿泉水适量、柠檬片 1 片、冰块 4 块。

制法：将冰块放入古典杯中，倒入朗姆酒、糖粉、加入适量的矿泉水至 8 分满，将柠檬片放在酒中。

（三十一）攒明类（Zoom）

以烈性酒为主要原料、加入鲜奶油和蜂蜜混合而成，用摇酒器摇匀。然后，用三角形鸡尾酒杯盛装。例如：

威士忌攒明（Whisky Zoom）

用料：威士忌酒 50 毫升、蜂蜜 5 毫升、浓奶油 5 毫升、冰块 4 块。

制法：将冰块、威士忌酒、蜂蜜、浓奶油放入摇酒器内，摇匀，过滤，倒入鸡尾酒杯内。

第三节　鸡尾酒命名

鸡尾酒有多种命名方法。常用的命名方法有以原料名称命名、以基酒（鸡尾酒中的主要酒）名称和鸡尾酒种类名命名、以鸡尾酒种类名称和口味特点命名、以著名的人物或职务名称命名、以著名的地点或单位名称命名、以美丽的风景或景象命名、以动作名称命名、以物品名称命名、以酒的形象命名及含有寓意的名称命名等。

一、以原料名称命名

例如：金汤尼克（Gin Tonic）。金表示金酒，汤尼克表示奎宁水。

用料：干金酒 30 毫升、冰块 4 块、冷藏汤尼克水（奎宁水）90 毫升、鲜柠檬片 1 片。

制法：将冰块、干金酒放入海波杯中，用吧匙轻轻搅拌，加入汤尼克水。然后，将柠檬片放入鸡尾酒中。

二、以基酒名称和鸡尾酒种类名命名

例如：白兰地帕弗（Brandy Puff）。白兰地表示白兰地酒，帕弗表示帕弗类鸡尾酒。

用料：白兰地酒 30 毫升、鲜牛奶 30 毫升、冰块 4 块、冷藏的苏打水适量。

制法：将冰块放入海波杯，加白兰地酒和鲜牛奶，加苏打水至 8 成满，用吧匙搅拌。

三、以鸡尾酒种类名称和口味特点命名

例如：甜马丁尼（Sweet Martini）。通常用“甜”表示甜味；根据鸡尾酒的制作工艺，马丁尼是鸡尾酒的种类。

用料：干金酒 20 毫升、甜味美思酒 40 毫升、库拉索橙子利口酒 1 滴、冰块 4 块。

制法：将冰块、干金酒、甜味美思酒、库拉索橙子利口酒放入摇酒器摇匀，过滤，倒入三角形鸡尾酒杯内。

四、以著名人物或职务名称命名

1. 斗牛士（Matador）

用料：特吉拉酒 30 毫升、冷藏的鲜菠萝汁 45 毫升、冷藏的鲜柠檬汁 10 毫升、冰块数块、柠檬片 1 片、切好的菠萝角 1 个。

制法：将 4 块冰块、特吉拉酒、菠萝汁和柠檬汁放入摇酒器内充分摇匀，过滤，倒在装有冰块的海波杯中。然后，将柠檬片放在杯中，菠萝角插在杯边作装饰。

2. 船长（Commodore）

用料：威士忌酒 20 毫升、可可利口酒 20 毫升、冷藏的鲜柠檬汁 20 毫升、石榴糖浆 1 滴、冰块 4 块。

制法：将冰块、威士忌酒、可可利口酒、柠檬汁、石榴糖浆放入摇酒器中，摇

匀，过滤，倒入三角形鸡尾酒杯中。这种酒的最大特点是带有巧克力的香味和甜味。

3. 夏威夷人（Hawaiian）

用料：干金酒 45 毫升、冷藏鲜橘子汁 15 毫升、库拉索橙子利口酒 1 滴、冰块 4 块。

制法：将冰块、干金酒、橘子汁和库拉索橙子利口酒放入摇酒器，摇匀，过滤，倒入三角形鸡尾酒杯中。

五、以著名地点或单位名称命名

1. 哈得孙湾（Hudson Bay）

哈得孙湾在纽约州的东部，它的周围风景秀丽。

用料：金酒 30 毫升、樱桃白兰地酒 15 毫升、朗姆酒 10 毫升、鲜柠檬汁 6 毫升、鲜橙汁 15 毫升、冰块 4 块。

制法：将冰块、金酒、樱桃白兰地酒、朗姆酒、鲜柠檬汁、鲜橙汁放入摇酒器，摇匀，过滤，倒入三角形鸡尾酒杯中。

2. 圣地亚哥（Santiago）

圣地亚哥是智利的首都，景色非常漂亮。

用料：无色的朗姆酒 30 毫升、甜瓜利口酒 20 毫升、鲜柠檬汁 10 毫升、冰块 4 块。

制法：将冰块放入摇酒器内，倒入朗姆酒、甜瓜利口酒和柠檬汁，摇动，过滤，倒入三角形鸡尾酒杯内。

3. 哈佛（Harvard）

哈佛大学是美国著名的大学。

用料：白兰地酒 45 毫升、甜味美思酒 45 毫升、安哥斯特拉苦酒 2 滴、糖浆 1 滴、冰块 4 块、鲜柠檬皮 1 条。

制法：将冰块、白兰地酒、甜味美思酒、安哥斯特拉苦酒和糖浆放入调酒杯，用吧匙轻轻搅拌，过滤，倒入三角形鸡尾酒杯中。在酒杯上方将柠檬皮拧成螺旋状，放酒中作装饰。

六、以美丽风景或景象命名

1. 雪乡（Snow Country）

用料：伏特加酒 30 毫升、无色库拉索橙子利口酒 20 毫升、冷藏的鲜青柠檬汁 10 毫升、糖粉适量、绿樱桃 1 个、鲜柠檬 1 块、冰块 4 块。

制法：用柠檬涂擦酒杯口，将杯口放在糖粉上转动，使杯边沾上糖粉成白色环形。然后把冰块放进摇酒器内，再放入伏特加酒、库拉索利口酒、青柠檬汁，摇匀，过滤后倒入三角形鸡尾酒杯内，用绿樱桃插在杯边上作装饰。

2. 加州阳光（California Sunshine）

用料：冰块2块、冷藏的鲜橙汁60毫升、冷藏的香槟酒适量。

制法：将冰块、冷藏的鲜橙汁倒入葡萄酒杯中，然后倒入香槟酒至8成满。

七、以动作名称命名

1. 微笑（Smile）

用料：无色朗姆酒30毫升、甜味美思酒30毫升、糖粉2克、冷藏的鲜柠檬汁1滴、冰块4块。

制法：将冰块、无色朗姆酒、甜味美思酒、糖粉和柠檬汁放入摇酒器，摇匀，过滤，倒入鸡尾酒杯内。

2. 改革（Reform）

用料：干雪利酒45毫升、干味美思酒15毫升、安哥斯特拉苦酒1滴、冰块2块、红樱桃1个。

制法：将冰块、干雪利酒、干味美思酒和安哥斯特拉苦酒放入调酒杯，用吧匙轻轻搅拌，过滤，倒入三角形鸡尾酒杯。然后，将红樱桃切一小口，插在杯边作装饰。

八、以物品名称命名

1. 樱花（Cherry Blossom）

用料：白兰地酒15毫升、樱桃白兰地酒15毫升、库拉索橙子利口酒15毫升、冷藏的鲜柠檬汁10毫升、石榴汁5毫升、冰块4块、红樱桃1个。

制法：将冰块、白兰地酒、樱桃白兰地酒、库拉索橙子利口酒、柠檬汁和石榴汁装入摇酒器内，摇匀，过滤，倒入鸡尾酒杯中。然后，将红樱桃切个小口，插在杯边上作装饰。

2. 草帽（Straw Hat）

用料：特吉拉酒20毫升、冷藏的鲜柠檬汁10毫升、冷藏的鲜番茄汁30毫升、冰块4块。

制法：将冰块、特吉拉酒、柠檬汁、番茄汁放入调酒杯中，用吧匙搅拌均匀，过滤，倒入鸡尾酒杯中。

3. 玫瑰（Rose）

用料：干味美思酒45毫升、德国可士樱桃利口酒（Kirsch）15毫升、糖浆4毫升、樱桃1个、冰块4块。

制法：将冰块、干味美思酒、德国可士樱桃利口酒和糖浆放入调酒杯，用吧匙轻轻搅拌，过滤，倒入三角形鸡尾酒杯中。然后，将樱桃切一小口，插在杯边作装饰。

九、以酒的形象命名

1. 马颈（Horse Neck）。

用料：白兰地酒 30 毫升、冰块 4 块、冷藏的姜汁啤酒适量、柠檬皮（切成螺旋状）1 个。

制法：将螺旋状柠檬皮一端挂在海波杯的杯边上，其余部分垂入杯内（挂在杯边上的柠檬皮做马头，杯中的柠檬皮做马身），放冰块，倒入白兰地酒，再将姜汁啤酒倒入杯中，至 8 成满。

2. 天使之梦（Angel's Dream）

用料：棕色可可甜酒 45 毫升、浓鲜奶油 15 毫升。

制法：将棕色可可酒倒入较大的利口酒杯中，将吧匙放进杯中，把鲜奶油轻轻地沿匙柄流入杯中，使它漂在可可酒的上面。

十、含有寓意的名称命名

1. 五福临门

用料：五加皮酒 30 毫升、冷藏七喜汽水 90 毫升、冰块 4 块、柠檬片 1 片。

制法：将冰块放入海波杯内，放五加皮酒，倒入汽水，用吧匙轻轻搅拌，在酒上面放 1 片柠檬片。

2. 欢乐四季

用料：竹叶青酒 30 毫升、桂花陈酒 15 毫升、柠檬汁 7 毫升、冷藏的奎宁水适量、冰块 4 块、柠檬片 1 片、红樱桃 1 个。

制法：将冰块放入海波杯内，放各种酒和柠檬汁，加奎宁水，用吧匙轻轻搅拌。然后，杯内放 1 片柠檬和 1 个红樱桃作装饰品。

第四节　鸡尾酒配制

鸡尾酒常以 1 种酒为基酒，配以调色和调味物质，经摇酒器摇动或调酒棒搅拌而成。不同的鸡尾酒应配有不同的装饰品和酒杯。通常，制作鸡尾酒常有以下方法：

一、摇酒器摇动法

调制含有柠檬汁、鸡蛋或牛奶的鸡尾酒，必须用摇酒器摇动法以保证酒中的原料充分混合。摇酒器摇动法主要是配制短饮类鸡尾酒。然而，少量长饮类鸡尾酒也使用这种方法。这种方法必须使用新鲜且整块的冰块，不要使用碎冰块或开始融化的冰块，防止冰块在摇酒器中过快地融化。首先，在摇酒器中装入4块冰块（或调酒器容量的50%）。然后，用量酒杯量出各种基酒、调味酒和果汁与糖粉等并依次尽快地倒入摇酒器中。最后，将滤冰网装入摇酒器中，盖上盖子，摇酒。摇酒时，在肩与胸部之间有规律地上下摇动6~7周。此外，摇动带有鸡蛋或牛奶的鸡尾酒更应用力，增加1倍的摇动次数，使鸡尾酒混合均匀。摇匀后，取下盖子，用食指按住滤冰网，将鸡尾酒通过滤冰网，迅速小心地倒入凉爽的酒杯中。配制有苏打水或汽水的长饮类鸡尾酒时，应先将基酒和果汁放入摇酒器摇匀，再倒入饮用杯后，最后加苏打水。目前，这种鸡尾酒多用调酒杯搅拌法。应当注意使用摇酒器摇酒时，不能将苏打水或汽水放入摇酒器中。最常用摇酒方法是用右手，单手摇酒。右手食指压住调酒器的盖子，其他四指和手掌握住调酒器。通过右前臂的上下移动，手腕晃动将调酒器中的鸡尾酒混合均匀。

二、调酒杯搅拌法

配制不含柠檬汁、牛奶或鸡蛋，但需要过滤程序的鸡尾酒，通常使用调酒杯搅拌法。首先，在调酒杯中放4块冰块，用量杯量出各种基酒、调味酒和果汁。其次，放入调酒杯中并将吧匙放入调酒杯中，用左手握住杯子底部，右手拿吧匙，以拇指和食指为中心，以中指与无名指控制吧匙，转动吧匙2~3周。注意，吧匙应接触杯底，搅拌后轻轻拿出吧匙，最后，把滤冰器放在调酒杯口，用右手食指按住滤冰器，其他手指握住调酒杯，左手按住饮用杯，将酒通过滤冰器倒入酒杯中。（见图6–9）

图6–9 将鸡尾酒过滤冰块

三、饮用杯搅拌法

配制不需要过滤，不含柠檬汁、牛奶和鸡蛋的鸡尾酒时，在饮用杯直接配制。通常，在高平底杯、海波杯或古典杯中放2~4块冰块，倒入各种酒、冷藏的果汁或冷藏的苏打水，用吧匙或调酒棒轻轻地搅拌2~3次。

四、搅拌机搅拌法

配制带有雪泥状（冰块搅拌成泥）的鸡尾酒或带有草莓、香蕉等水果的鸡尾酒时，使用电动搅拌机。其程序是先将水果切成薄片，放进搅拌机内，再放入碎冰块。然后，量出各种基酒、调味酒，依次放入搅拌机内，盖上盖子，开动搅拌机。最后，将所有的原料充分地搅拌均匀，搅拌成雪泥状并斟倒在酒杯内。目前，带有鲜鸡蛋或牛奶原料的鸡尾酒也使用这种方法。这种方法可以使原料充分混合并提高工作效率。

五、酒杯漂流法

在配制层次分明的鸡尾酒时，使用漂流法。按照酒水不同的密度，先将密度较大的酒水倒在杯子的最下面，然后，轻轻地依次倒入各种酒水。其方法是用吧匙贴紧杯壁，将酒沿着吧匙慢慢地倒入以分清不同酒水的层次。例如，彩虹鸡尾酒等。

第五节　鸡尾酒销售与服务

一、开发市场需要的鸡尾酒

首先调查顾客的需求，根据市场需求开发和设计不同类型的鸡尾酒。根据销售经验，酒单中的鸡尾酒种类不要太多，通常是十几种。许多餐厅和酒吧鸡尾酒单是单独设计的，利于变化。一些餐厅在菜单后页设有鸡尾酒项目，其中介绍鸡尾酒种类、特点和价格等。

二、做好鸡尾酒的展示和宣传

许多餐厅和酒吧利用视觉效应展示鸡尾酒杯，例如，在餐厅吧台顶部挂有各式鸡尾酒杯。当然，这些酒杯是装饰，不是给顾客使用的。顾客使用的酒杯在吧台后面的工作台上。同时，酒单上印有鸡尾酒的照片和产品的说明。顾客通过照片能直接看到鸡尾酒的造型。此外，通过酒水说明或介绍使顾客了解鸡尾酒的原料和味道，增加了顾客的购买信心，提高鸡尾酒的销售量。

三、设计鸡尾酒服务的程序和方法

不论任何餐厅还是酒吧，鸡尾酒都是以杯为销售单位。因此，服务员为顾客点酒时，应为每个顾客递送 1 个酒单，使顾客充分地挑选最喜爱的鸡尾酒。服务员帮助顾客选鸡尾酒时，应以顾客购买的时间和目的、顾客购买的菜肴、顾客的习惯和爱好等为依据。服务员在推销鸡尾酒时，涉及的顾客购买因素越具体，顾客越满意，推销效果愈理想。通常，推销酒水后，应在 10 分钟内将鸡尾酒送至顾客面前。应当注意，配制好的鸡尾酒应立即上桌，否则会影响质量。上桌时，服务员应用托盘将鸡尾酒送至餐桌上。服务员在服务的时候，手指只能接触杯柄，不能接触酒杯，以免影响酒的温度。服务员将酒放在顾客面前时，应在桌子上放杯垫，将鸡尾酒放在杯垫上，然后说出鸡尾酒的名称并说“请您慢用”。

四、控制鸡尾酒的温度和质量

严格按照鸡尾酒的配方配制鸡尾酒（种类、商标、规格、年限和数量），严禁使用代用品或劣质酒水。同时，调酒杯必须干净，透明光亮。调酒时手只能接触酒杯的下部，用量杯准确地计量各种酒，不要随意把原料倒入酒杯中。使用摇酒器调酒时动作要快，应用力摇动，动作要大方，可用手腕左右摇动，也可用手臂上下晃动，摇至容器表面起霜时为止。注意，手心不要接触摇酒器，以免冰块过量融化，冲淡鸡尾酒的味道。使用调酒杯配制时，吧匙搅拌的时间不要过长。通常用中等速度，旋转2~3周，以免使冰块过量融化，冲淡酒水。配制鸡尾酒一定要使用新鲜的果汁、新鲜的冰块，使用当天切配好的新鲜水果作装饰物或配料，并使用经过冷藏的果汁、汽水及啤酒。使用电动搅拌机时，一定使用碎冰块。量杯和吧匙使用后要浸泡在水中，洗去它们的味道和气味，以免影响下一杯鸡尾酒的味道。此外，浸泡量杯的水应经常更换，保持干净和新鲜。注意，不用手接触冰块、酒杯边和装饰物，保持酒水卫生和质量。餐厅和酒吧应制定本企业鸡尾酒的标准配方、标准成本、标准酒杯、标准配制程序及标准服务方法等。配制鸡尾酒，应按企业的标准工作程序，先准备需用的酒水，放在工作台上，再准备好工具、酒杯、调味品和装饰品。然后，将配制好的鸡尾酒倒在酒杯内。配制后应立即清理台面，将酒水和工具放回原处，不可一边调制鸡尾酒，一边寻找酒水和工具。

五、讲究鸡尾酒的造型和装饰

根据鸡尾酒的配制原理，鸡尾酒的造型、装饰应与其特点紧密结合。通常，辛辣味的鸡尾酒以橄榄作装饰，将1个橄榄放在酒内，甘甜味的鸡尾酒用樱桃作装饰，将1个樱桃，柄朝上，下部切一个口，插在酒杯边上，而带有柠檬汁或橙汁的鸡尾酒，用柠檬或橙子制成的花、片、角作装饰，也可与樱桃串联在一起作装饰，也可直接将柠檬片、橙片或橙角切一个小口，插在酒杯边上。同时，橙子皮可以卷成环形，放入酒中，挂在杯边上。此外，一些企业用牙签将柠檬与樱桃串联在一起，放在酒杯口上。在调制带有菠萝汁的鸡尾酒时，常使用菠萝条、菠萝角或菠萝与红樱桃串联在一起的酒签作装饰，放在杯口上。同样，调制带有薄荷味的鸡尾酒时，使用薄荷叶作装饰。通常，将薄荷叶放在酒水表面上。某些鸡尾酒用柠檬擦一下杯口，然后将杯子口沾上细盐或糖粉成环形。例如，玛格丽特和科拉斯泰。调制带有番茄汁的鸡尾酒时，颜色常是桃红色。因此，使用带有芹菜叶的嫩茎作装饰，芹菜茎中镶上 1 个红樱桃。一些长饮类鸡尾酒应配有吸管，有时酒杯中放 1 个调酒棒，这样既方便顾客，又装饰了酒水。当然，吸管上还可镶 1 个樱桃作装饰物。

第六节　计量单位换算

一、酒的计量单位

在国际酒水经营中，酒的容量常以盎司 Ounce（缩写形式 oz）为销售单位。通常使用量杯测量酒水的重量。一些量杯两边都可以测量酒。例如，一边是 1 1/2 盎司，一边是 1 盎司的刻度。1 盎司约等于 2 茶匙多。此外，Cup 表示一普通杯的容量，使用普通量杯测量酒水很方便。

二、酒水容量换算表

少许（dash）＝ 4 to 5 滴（drops）

1 波尼杯（Pony）＝ 1 盎司（oz）

1 基格（Jigger）＝ 1 1/2 盎司（oz）

1 普通杯（Cup）＝ 8 盎司（oz）

1/2 新鲜的青柠檬汁（Fresh Lime）＝ 1/2 盎司（oz）

1/2 新鲜的柠檬汁（Fresh Lemon）＝ 1/2 to 3/4 盎司（oz）

1 盎司（Ounce），缩写形式（oz）≈ 28.4 毫升≈ 30 毫升（英制）；或 1 盎司（Ounce），缩写形式（oz）≈ 29.6 毫升≈ 30 毫升（美制）

1 茶匙（Teaspoon ），缩写形式 tsp ≈ 1/7 盎司≈ 4 毫升

1 汤匙（Tablespoon），缩写形式 tbs ＝ 3 茶匙 ≈ 3/7 盎司≈ 12 毫升

三、鸡尾酒容量表示法

一些鸡尾酒配方的容量以毫升计算，这种表示方法明确。然而，某些鸡尾酒配方以 1 份为 1 个单位。1 份表示 1 个短饮鸡尾酒的全部容量，约 60 毫升。而 1/2 常表示短饮鸡尾酒容量 1/2，约 30 毫升，即 1 盎司。依此，1/3 表示 20 毫升、1/4 表示 15 毫升。许多三角形鸡尾酒杯的容量是 75 毫升，杯中的酒水 8 成满时，约是 60 毫升。一些长饮类鸡尾酒，使用海波杯或高平底杯。这样，配方中的 6/10、3/10 表示该酒杯 8 成满容量的 6/10 或 3/10。因此，在配制鸡尾酒时应先明确其配方中各种原料的表示方法。

本章小结

本章系统介绍和总结了鸡尾酒的含义、起源、种类、命名、配制方法和营销策略。鸡尾酒有多种含义。鸡尾酒可以增进食欲，帮助消化，使人精神饱满，创造热烈气氛，有独特的口味。受顾客普遍的欢迎，有着无限的市场潜力。

鸡尾酒有多种分类方法，可以根据它的功能、特点、主要原料、知名度和制作工艺等分类。鸡尾酒有多种命名方法。常用的命名方法有以原料名称命名，以基酒名称和鸡尾酒种类名命名，以鸡尾酒种类名称和口味特点命名，以著名的人物或职务名称命名，以著名的地点或单位名称命名，以美丽的风景或景象命名，以动作名称命名，以物品名称命名，以酒的形象及含有寓意的名称命名等。

制作鸡尾酒常用摇酒器摇动法、调酒杯搅拌法、饮用杯搅拌法、搅拌机搅拌法和酒杯漂流法。企业开发鸡尾酒时，首先应调查市场的需求。同时，也应当注意酒单中的鸡尾酒种类不要太多。

练习题

一、多项选择题

1. 鸡尾酒的种类包括（　　）。

A. 狭义鸡尾酒　　B. 广义鸡尾酒

C. 传统鸡尾酒　　D. 现代鸡尾酒

2. 鸡尾酒的配制方法主要有（　　）。

A. 摇酒器摇动法　　B. 调酒杯搅拌法

C. 饮用杯搅拌法　　D. 搅拌机搅拌法

3. 随着鸡尾酒的发展和人们口味的变化，现代鸡尾酒可使用（　　）为主要原料。

A. 烈性酒　　B. 葡萄酒

C. 利口酒　　D. 开胃酒

二、判断改错题

1. 短饮类鸡尾酒容量约为60~90毫升，酒精含量较高。这种鸡尾酒的香料味浓重，常以老式鸡尾酒杯盛装。（　　）

2. 根据容量和酒精度，鸡尾酒常包括短饮类鸡尾酒和长饮类鸡尾酒。（　　）

三、名词解释

鸡尾酒　狭义鸡尾酒　广义鸡尾酒　传统鸡尾酒　现代鸡尾酒　餐前鸡尾酒　俱乐部鸡尾酒　餐后鸡尾酒　夜餐鸡尾酒　喜庆鸡尾酒　短饮类鸡尾酒　长饮类鸡尾酒　热鸡尾酒和冷鸡尾酒

四、思考题

1. 简述鸡尾酒的含义与特点。

2. 简述鸡尾酒的原料组成。

3. 简述 5 种鸡尾酒的配制方法。

4. 论述鸡尾酒的分类方法。

5. 论述鸡尾酒的命名方法并举例。

6. 论述鸡尾酒的销售与服务。

第7章

非酒精饮料

本章导读

当今，非酒精饮料的生产和消费已遍及世界各国。传统上，茶、咖啡和可可饮料被人们称为世界三大无酒精饮料。然而，随着经济和生活习惯的发展和改变，果汁、碳酸饮料和矿泉水已成为人们日常生活不可缺少的饮料。本章主要概述茶、咖啡、可可、碳酸饮料及果汁等的种类与特点及其历史与发展。通过本章学习可以掌握非酒精饮料的历史与发展、世界主要的茶生产国、我国主要的茶生产区、茶的种类及其特点、世界主要的咖啡种类及其特点等。

第一节　非酒精饮料概述

一、非酒精饮料含义

非酒精饮料（Non-alcoholic Beverage）简称软饮料。其狭义是指碳酸饮料，而广义是指任何不含乙醇的饮料。包括茶水、咖啡饮料（咖啡）、可可饮料、果汁、碳酸饮料和矿泉水等。饭店和餐饮业销售的不含酒精饮料主要有两大类：热饮料和冷饮料。当今不含酒精的饮料日新月异，像雨后的春笋蓬勃发展。

二、非酒精饮料种类与特点

（一）热饮料

热饮品包括热茶、热咖啡、可可饮料、牛奶巧克力、热果汁等。

（二）冷饮料

冷饮品包括冷咖啡、凉茶、果汁、碳酸饮料、矿泉水和勾兑的非酒精饮料等。

三、非酒精饮料发展

当今，非酒精饮料的生产和消费已遍及世界各国。其中，茶、咖啡和可可被人们称为世界三大无酒精饮料。包括具有自然清香的茶水，带有营养和芳香的可可，散发浓郁和香醇的咖啡。亚洲是世界著名的茶叶产区，且有着丰富的茶文化。茶水是亚洲最古老的饮料。世界上数亿中国人、日本人和其他东亚人每天都饮用大量的茶水，欧美国家饮用茶水的消费者愈来愈多。然而，每年人均茶叶消费量最高的国家是土耳其，人均每年茶叶消费量达 3.16kg，每人年均饮用茶水为 1250 杯，每天土耳其全国人均消费茶水达 2.45 亿杯；排名第二的是爱尔兰，该国每年人均消费量是4.831 磅茶叶；第三是英国，每年人均茶叶消费量是4.281 磅；中国每年的人均茶叶消费量是 1.248 磅，排名世界第十九位。

当今，咖啡在世界扮演着重要的角色。世界咖啡种植面积的 99.9% 和产量的 99.4% 在发展中国家。然而，咖啡消费主要集中在经济发达的国家。其中，以美国、西欧和日本为主。根据国际咖啡组织的研究，美国是全球咖啡消费最大的市场，每年消费约为 30 000 亿人民币。2017 年，美国咖啡消费量为 1 499 400 公斤。巴西已成仅次于美国的全球第二大咖啡消费国。2017 年，巴西咖啡消费量为 107 000 公斤咖啡。近年来，我国咖啡市场需求发展较快。目前，正从一个茶的消费大国而成为一个咖啡消费大国。2015 年中国咖啡市场的销量规模已达 700 亿元人民币，预计 2020 年预计将达 3000 亿元，2016 年中国咖啡店数量已经超过 100 000 家，年市场增长率高达 16%，我国当前人均年咖啡消费量为 5 杯，远低于世界平均消费 240 杯的水平。然而，我国咖啡消费量正以每年 15%~20% 的幅度增长而成为世界最具潜力的咖啡消费大国。

在世界三大热饮品中，可可饮料或热巧克力是最有营养和芳香味道的饮料。根据研究，可可的起源距今有 5000 余年历史，其发源地在美洲中部。然而，可可豆从南美洲传至欧洲、亚洲和非洲的过程是曲折而漫长的。16 世纪前，可可豆还没有被生活在亚马孙平原以外的人所知，那时它还不是可可饮料的原料。其原因是，当时可可豆十分珍贵和稀少。当今，秘鲁人平均每年消费 4500 万杯热巧克力，而其中 70% 的消费都是在每年的 12 月圣诞节期间与家人共同分享快乐时刻时饮用的。当今，对于冷饮料而言，随着人们对自然和健康的关注，新鲜果汁和维生素功能饮料的消费量持续增长，瓶装矿泉水和低热量饮料销售量也有少量的增加。然而，对于含糖量高的碳酸饮料和果汁饮料销售量的需求持续减少。目前，主要是青年和少年对一些碳酸饮料的味道保持一定的青睐。

四、非酒精饮料饮用习俗

根据人们的餐饮习俗，水果汁常在餐前和餐中饮用。在中餐宴会中，茶水常用于餐前、餐中和餐后。在西餐宴会中，咖啡多用于餐后。矿泉水在任何时候都可饮用。欧美人在餐前、餐中和餐后都饮用矿泉水。

第二节 茶

一、茶的概述

(一)茶的含义与特点

茶(Tea)是以茶叶为原料，经沸水泡制而成的饮料。同时，茶还常常指茶叶和茶树。根据茶叶的功能分析，茶叶含有丰富的维生素和矿物质，有益于身体健康。茶叶的主要功效是，清热、消暑、明目、防龋、防癌、助消化、降血脂及防治呼吸道疾病。同时，还有防治贫血和心血管疾病。此外，对抗衰老和美容也有一定效果。当今，茶饮料与咖啡饮料和可可饮料组成世界三大饮品，人们饮茶的习惯已经遍及全世界。

(二)茶的起源与发展

中国是最早发现和利用茶树的国家，被称为茶的国家，是世界最大的茶叶生产国和第二大茶叶出口国。目前，全国有20余个省生产茶叶。一些学者认为，5000年前古代中国人已经开始栽培和利用茶树。东汉(25–220)的药学著作《神农本草经》记述了"神农遍尝百草，日遇七十二毒，得茶而解之"。其中，茶的含义是茶。实际上，关于茶的文字记载约在公元前200年。那时，司马相如在《凡将篇》中将茶称为荈。公元350年东晋史学家常璩在其著作《华阳国志》中记载，公元前1066年巴国以茶为珍品纳贡给周武王。同时，还记录了人工栽培茶树的茶园。这说明，3000余年前四川人已经将茶叶作为贡品了。魏晋南北朝时期，饮茶已成为人们普遍的风俗和习惯，特别是在南方各地。公元8世纪的唐代，茶文化发展较快，从洛阳到长安随处可见销售茶水的店铺。唐代，陆羽(733—804)编写了专著《茶经》。该书系统地介绍了我国各地种茶、制茶、贮茶和饮茶的经验。随着历史的考证，人们发现茶树原产地为云南、贵州和四川一带。宋代(960—1279)茶叶在民间广泛流行，已成为人们生活的必需品。王安石在《临川集》卷七十《议茶法》中记载了"夫茶之为民用，等于米盐，不可一日以无"。根据《宋史·食货志》的记录，南宋时期我国已有66个生产茶叶地区。此外，当时还出现了一批有关茶学的著作。例如，蔡襄编著的《茶录》、宋子安编著的《东溪试茶录》、黄儒编著的《品茶要录》、宋徽宗赵佶编著的《大观茶论》等。明清时代，茶的形态由团茶转变为散茶，饮茶方式由煮茶转变为泡茶。茶叶的品种也不断丰富。其中主要包括绿茶、红茶、白茶、黑茶、黄茶和乌龙茶等。茶叶的产区进一步扩大，茶叶成为了中国对外贸易的主要商品之一。

根据历史记载，公元4世纪末，我国茶叶随佛教传入高丽国。公元805年，日本高僧从我国天台山国清寺师满回国时，带去茶种，种植于日本近江地区。17

世纪初，茶叶传入欧洲各国而作为一种高贵的礼品。17 世纪中叶，茶叶作为商品开始在欧洲销售。1660 年，英国开始进口茶叶。当时葡萄牙公主凯瑟琳·布拉甘萨（Catherine of Braganza）嫁给英国国王查理二世，她把喝茶的爱好带入英国的宫廷。1689 年英国东印度公司首次直接从中国厦门进口茶叶而运回伦敦。17 世纪末茶叶经济在英国起着明显的作用，至 18 世纪中期茶叶已经成为英国人的日常饮品。英国人喜爱在浓郁的红茶中加入牛奶和白糖。19 世纪初英国政府开始鼓励人们种植茶树。19 世纪 30 年代印度阿萨姆帮（Assam）地区大量种植茶树，生产茶叶出口英国，赚取外汇。1864 年第一家茶馆在英国开业。目前，世界约有 50 余个国家种植茶树，生产的茶叶各有特色，茶饮料受到世界各国人们的青睐。许多欧洲人喜爱饮用红茶，尤其喜爱印度大吉岭红茶（Darjeelings）和斯里兰卡种植的红茶。他们认为，这两个地区的茶叶香气浓。而法国人和比利时人多欣赏印度阿萨姆邦生产的茶（Assam）。大吉岭地区位于印度与中国交界处，靠近喜马拉雅山脉，常年被云雾笼罩，雨水充沛，长年低温，环境很适合茶树的生长，茶树生长于海拔 3000 至 7000 英尺的山坡地。目前，各国人们已经达成共识，中国茶是世界上香气最浓和特色最明显的。

图 7–1　茶树与茶叶

（三）世界著名的茶叶生产国

（1）中国，2017 年茶叶生产总量为 255 万吨，全球排名第一，占全球茶叶总产量的 44.8%，是全球第一茶叶生产大国。

（2）印度，2017 年茶叶生产总量为 127.883 万吨，全球排名第二。茶叶是印度国民经济的重要来源之一，全国有 22 个邦生产茶叶。阿萨姆邦是印度最大茶叶茶产区，产量约占印度总产量的 50% 以上。印度茶叶质量优良而稳定，其中大吉岭红茶是享有世界声誉的优质红茶。

（3）肯尼亚，2017 年茶叶总生产量为 43.9858 万吨，全球排名第三。同时，肯尼亚是世界最大的红茶出口国。

（4）斯里兰卡，2017 年茶叶总产量为 30.708 万吨，全球排名第四。斯里兰卡生产的锡兰红茶世界著名。这种茶叶与安徽祁门红茶叶、印度大吉岭红茶叶并称世界三大著名红茶。

（5）越南，2017 年茶叶总产量为 17.2 万吨，全球排名第五。其 61 个省中有 53 个省种植茶叶，其北部及中北部地区均适合种植茶叶。其主要的茶区在首都河内附近。茶在越南国民经济中占有重要的地位。

（6）印度尼西亚，2017 年茶叶共生产 12.45 万吨，产量在全球排名第六。印尼最著名的茶叶是红茶，其红茶种植历史悠久，从 1690 年开始荷兰人就在印尼尝试种植红茶。

（7）全球排名第七的国家是土耳其，2017 年该国共生产了 10.2447 万吨茶叶，全球排名第七。

（8）阿根廷，2017 年茶叶总产量为 8.2 万吨，全球排名第八。其国内生产的马黛茶（Mate Tea）是阿根廷的国茶。

（9）孟加拉，其 2017 年总共生产了 7.8949 万吨茶叶，全球排名第九。孟加拉国是世界红茶主要生产国之一，其茶叶芳香醇美，享有盛誉。

（10）日本，2017 年共生产 7.7 万吨茶叶，全球排名第十，日本生产的 90% 茶叶都是绿茶。

二、中国茶叶种植区分布

根据调查，中国现有茶叶（见图 7–1）种植面积约 110 万公顷，茶区分布辽阔，主要分布在北纬 18 至 37 度，东经 95 至 122 度的广阔地域。包括浙江、湖南、湖北、安徽、四川、福建、云南、广东、广西、贵州、江苏、江西、陕西、河南、台湾、山东、西藏、甘肃和海南等 21 个省区的近千个县市，地跨热带和亚热带及暖温带地区。茶树种植的最高地区约在海拔 2600 米，而最低的种植区域地区距海平面仅有几十米。这些茶叶种植区域种植着不同种类和特色的茶树，从而生产出不同品质和特点的茶叶。总体而言，我国茶树种植区可分为四大区域，即江北茶区、西南茶区、江南茶区和华南茶区。

1. 江北茶叶种植区

江北茶区地形复杂，土质酸碱度高。这一茶区位于长江中下游北岸，包括甘南、陕西、鄂北、豫南、皖北、苏北和鲁东南等地区。茶区年平均气温为 15℃ ~16℃，冬季最低气温为 –10℃左右，年降水量较少，约在 700 毫米 ~1000 毫米之间，且降水量分布不均匀。江北茶区土壤多属黄棕土壤或棕色土壤。其中一些山区中的茶园有良好的气候。所以，其产出的茶叶质量不亚于其他茶区。江北茶区的茶树品种主要是抗寒性较强的灌木型中叶种和小叶种。生产的茶叶品种主要为绿茶，例如，信阳毛尖和六安瓜片。

2. 江南茶叶种植区

江南茶区位于我国长江中、下游南部，包括浙江、湖南、江西安徽、江苏及鄂南等地，是我国茶叶主要生产区，年产量大约占全国总产量的 2/3。该地区生产的茶叶种类主要有绿茶、红茶、黑茶、花茶以及品质各异的特种名茶。例如，西湖龙井、黄山毛峰、洞庭碧螺春、太平猴魁、君山银针和庐山云雾等。该地区茶园主要分布在丘陵地带，少数在海拔较高的山区。例如，浙江天目山、福建武夷山、江西庐山和安徽黄山等。这些地区的气候四季分明，年平均气温为 15℃ ~18℃。年降水量为 1400 毫米 ~1600 毫米，春季和夏季雨水较多，占全年降水量的 60%~80%，秋季干旱。这一茶区的土壤主要是红色土壤，部分为黄色土壤或棕色土壤。

3. 西南茶叶种植区

西南茶区位于中国西南部，包括云南、贵州、四川三省以及西藏自治区东南部等地，是中国最古老的茶区。由于受热带及南亚热带季风影响，光照充足，雨量丰沛。这一地区温度和湿度的环境非常适合茶树的生长。由于这一茶区的地形比较复杂，多为盆地和高原，土壤类型也较复杂，云南中北部多为赤红土壤、山地红壤或棕色土壤，而四川、贵州及西藏东南部多以黄色土壤，所以茶树的品种丰富，生产的茶叶种类也多。包括红茶、绿茶、沱茶、紧压茶和普洱茶等。同时，这一地区还是我国大叶种红碎茶的主要生产基地之一。

4. 华南茶叶种植区

华南茶区位于中国南部，包括广东、广西、福建、台湾和海南等省，为中国最适宜茶树生长的地区。有乔木、小乔木、灌木等各种类型的茶树品种，可生产红茶、乌龙茶、花茶、白茶和花茶等。除闽北、粤北和桂北等少数地区外，华南茶区的年平均气温为 19℃ ~20℃。每年一月为温度最低月，平均气温为 7℃ ~14℃，年降水量为 1200~2000 毫米，其中台湾省雨量充沛，年降水量超过 2000 毫米。华南茶区的土壤以砖红土壤为主，部分地区也有红色土壤和黄色土壤，土层深厚且有机质含量比较丰富。该地区有森林覆盖的茶园，土壤肥沃，有机物质含量高，主要生产红茶、绿茶和青茶等。

三、茶叶种类与特点

茶叶自古至今有多个分类方法。主要的分类方法是根据茶叶的生产工艺、采集时间、生长环境、茶叶级别与茶叶外形等。

(一)根据茶叶生产工艺分类

1. 绿茶叶

绿茶叶(Green Tea)简称绿茶，是指不发酵的茶叶，翠绿色，泡制的茶水是碧绿色。绿茶叶有着悠久的历史，根据记载，绿茶叶起源于 12 世纪。绿茶叶要经过杀青、捻青和干燥等生产工序制成。绿茶叶较多地保留了新鲜茶叶的天然物质。因此，绿茶叶有气味嫩香或有栗子香味并味道持久。绿茶有多个著名的种类。例如，西湖龙井、洞庭碧螺春、黄山毛峰、太平猴魁、六安瓜片和信阳毛尖等。其中，西湖龙井是中国传统的著名的绿茶之一。西湖龙井茶产于浙江杭州西湖龙井村一带。其特点是色泽翠绿，香气浓郁，外形扁平，其茶水香气淡雅，滋味甘爽。洞庭碧螺春形状蜷曲似螺，边沿上有一层均匀的细白茸毛，泡在开水中，汤色碧绿，味道清雅，经久不散。黄山毛峰白毫显露，冲泡后，汤色清澈，味道鲜浓、醇厚并甘甜，叶底嫩黄。太平猴魁(见图 7–2)外形扁平挺直，色泽苍绿，味鲜醇厚，回味甘甜。六安瓜片叶似瓜子，自然平展，色泽宝绿，大小匀整，其茶水清香高爽，滋味鲜醇。信阳毛尖是河南省的著名特产，其茶水味浓，香气重，汤色绿。

图 7–2 太平猴魁

2. 红茶叶

红茶叶(Black Tea)简称红茶，是经过完全发酵的茶叶，干叶为褐红色，经过泡制的茶水为浓红色，香气宜人，甘甜，似桂圆味。根据记载，红茶约在 200 年前发源于福建武夷山茶区。红茶的生产过程要经过萎凋、揉捻、发酵和干燥等工艺。红茶的特点是味道温和、有治愈慢性气管炎、哮喘及肠炎等作用，适宜任何人饮用。红茶不仅受国内的顾客喜爱，更受欧美各国顾客的青睐。著名的红茶品种有工夫红茶、小种红茶和红碎茶。工夫红茶的种类有祁门红茶、滇红茶等；小种红茶主要有正山小种。正山小种产于福建省崇安县。红碎茶是将萎凋和揉捻的茶叶，进行发酵和干燥制成。其特点是，仅适合冲泡一次并加入牛奶与糖进行勾兑。

3. 青茶叶

青茶叶(Oolong Tea)简称青茶，也称作乌龙茶叶，是半发酵茶叶。实际上，乌龙茶叶仅仅是青茶叶中的一个著名的品种，由于乌龙茶叶香气馥郁，很有特色。因此人们常将乌龙茶叶作为所有青茶叶的代名词。青茶叶具有独特的风格和品质。其加工过程包括萎凋、发酵、炒青、揉捻和干燥等工艺。经过青茶叶泡制的茶汤为橙黄色，清澈艳丽。青茶叶有明显的降低胆固醇和脂肪的功效，受广东、福建、日本和欧美各国顾客的好评。青茶叶的品种可分为闽北乌龙、闽南乌龙、广东乌龙和台湾乌龙。闽北乌龙中大红袍最著名；闽南乌龙茶叶中铁观音最著名。

4. 花茶叶

花茶叶（Scented Tea）简称花茶，是一种复制茶叶，常以绿茶叶为茶坯，以鲜花窨制而成的茶叶。人们经常把花茶叶称为香片。经过加工的花茶叶为黄绿色或黄色，茶水颜色为黄绿色。花茶叶对芽叶要求很高，芽叶必须嫩，新鲜，匀齐和纯净。花茶叶的制作工艺要经过杀青、捻青和干燥，还要与新鲜的花放在一起，使茶叶的青香味与花的芳香味汇集在一起，进行味道融合。根据研究，茉莉花茶叶至今已有 1000 多年历史。其发源地为福州。玫瑰花茶由茶叶和鲜玫瑰花窨制而成，香气浓郁。玫瑰花茶所选用的茶坯通常有红茶和绿茶。

5. 黑茶叶

黑茶叶（Dark tea），简称黑茶，是中国独有的茶类。黑茶叶是以发酵方式制成的茶叶，叶片多呈暗褐色，因此称为黑茶叶。黑茶叶的生产工艺包括杀青、揉捻、渥堆和干燥等四道工序。黑茶叶主要产于我国中西部地区。包括湖南黑茶（安化黑茶）（见图 7–3）、四川黑茶（康砖茶）、云南黑茶（普洱茶）、广西黑茶（六堡茶）、湖北黑茶（老青砖）等。我国黑茶叶每年生产量仅次于红茶和绿茶，是我国第三大茶类，至今约有 500 年历史。实际上，在明万历二十三年（公元 1595 年）黑茶已经成为朝廷的官茶。黑茶叶的茶汤口味醇和、汤色橙红明亮。著名的普洱茶就是黑茶的代表作品之一。

图 7–3 安化黑茶种植区

6. 白茶叶

白茶叶（White tea），简称白茶，属于轻微的发酵茶叶，白茶叶一般不经过杀青或揉捻，仅通过晒或低温干燥后制成。其茶叶外形的芽毫完整与清鲜，白茶叶的茶水颜色黄绿清澈，口味清淡。白茶叶主要产区在福建福鼎、政和、松溪、建阳及云南的景谷等地区。福建省生产的白茶叶汤色清淡，味道鲜醇，受东南亚地区市场的好评。著名的白茶叶有白毫银针、白牡丹等。

7. 黄茶叶

黄茶叶（Yellow tea）简称黄茶，由绿茶叶演变而来，属于轻微的发酵茶叶。黄茶叶以鲜叶为原料，经茶青、揉捻、闷黄和干燥等工艺制成。黄茶叶泡制的茶水，香气清悦，滋味醇厚。根据记载，黄茶叶始于西汉，距今已有 2000 余年历史，主要产地为我国的浙江、安徽、湖南、广东和湖北等地区。黄茶叶的品种可分为“品种黄茶”和“工艺黄茶”。由于茶树的特点形成的茶叶颜色和味道属于“品种黄茶”类；而“工艺黄茶”是通过生产过程中改变了茶的颜色并产生了独特的味道。

8. 配制茶叶

配制茶叶（Blended Tea）简称配制茶，是近几年在欧美国家比较流行的一种新型茶叶，目前逐渐在我国市场流行起来，是以优质茶叶为主要原料，配以水果、药草或其他带有香气或滋补作用的植物及植物提取物制成。通常配制茶叶以纸袋包装，方便使用。许多欧美国家生产的配制茶叶不含咖啡因，对人的神经系统不产生刺激作用。配制茶叶的常用配料有柠檬、薰衣草或水果等。柠檬绿茶（见图 7–4）、伯爵红茶、薰衣草红茶、木莓绿茶和路易博士茶等都是具有特色的配制茶叶。其中，薰衣草红茶具有提神作用；路易博士茶具有桂花香气。

图 7–4　柠檬绿茶叶

（二）根据茶叶采集时间分类

由于茶树的成长受气候、品种及种植环境的影响。因此，茶叶的采集时间不同。江北茶区茶叶采集期为 5 月上旬至 9 月下旬，江南茶区茶叶采集期为 3 月下旬至10月中旬，华南茶区采集时间为1月下旬 至12月下旬。西南茶区茶叶采集期为12月上旬至1月下旬。总体而言，茶叶采集时间可划分为春、夏、秋三个季节。茶叶采集时间总是自南方向北方逐渐推迟，南北茶叶采集时间相差可达3至4个月。当然，即使是在同一个茶叶生产区，也可能因气候和栽培管理等原因，茶叶的采集时间相差5–20天。

1. 春茶

春茶是指3月下旬到5月中旬之前采集和生产的茶叶。其产量占我国茶叶全年总产量的40%~45%。春季温度适中，雨量充沛。茶树经半年冬季的休养生息，使春季茶树的茶芽肥硕，色泽翠绿，叶质柔软。春茶含有丰富的维生素和氨基酸，味道鲜美，香气宜人。

2. 夏茶

夏茶是指5月初至7月初采集与生产的茶叶。由于夏季天气炎热，茶树的新芽叶生长速度快，使得茶叶中浸出物含量减少，咖啡因和茶多酚含量增多。因此，夏茶味道和香气都不如春茶，味道苦涩。

3. 秋茶

秋茶是是指8月中旬以后采集和生产的茶叶。通常，茶树经春夏二季的生长、新的树梢内营养物质相对减少，叶片大小不一，叶底较脆，叶色发黄，茶叶味道与香气比较平和。然而，在比较凉爽和干燥的环境下制成的茶叶，其外形和内在质量的保持较为理想，茶叶内含有的水分较少而茶叶的香气会更加明显。

4. 冬茶

冬茶是指在10月下旬开始采摘和加工的茶叶。冬茶是在气候逐渐转冷后生长的茶叶。因其新芽生长缓慢，内含物质逐渐增加，所以茶叶的味道比较醇厚。其原因是冬茶的生长环境相优于秋茶的生长环境。一般而言，当冬茶采收后，茶农需要重新整理茶树的枝条，为来年春天采集好茶做相应的准备。

（三）根据茶叶生长环境分类

1. 高山茶

高山茶是指在较高的海拔环境下，种植的茶树而生产的茶叶。目前，茶叶生产商对茶树的生产地区对海拔高度的标准尚没有一个明确的标准。然而，一些茶农认为高山茶是指在海拔500~800米种植的茶叶。通常，不同高度的茶树种植环境，其气温、降雨量、湿度和土壤等的特点都不相同，这些环境对茶树以及茶芽生长都提供了不同的生长特点。一般而言，高山茶树的叶芽肥硕，颜色绿，香气浓，耐冲泡。

2. 平地茶

平地茶是对高山茶的海拔高度而言。由于，平地种植环境不如高山种植环境更适合茶树的生长，因此平地茶叶积累的营养物质相对较少。所以平地茶的茶叶片瘦小单薄，颜色比较暗淡，味道清淡。

四、茶饮料

目前，酒水生产商、酒店和餐饮企业等根据市场需求生产和配制一些具有特色的茶饮料受到市场的欢迎。包括凉茶、柠檬茶和水果茶等。

（一）凉茶

凉茶是配制茶的代表作之一，凉茶是以茶叶为原料，配以优质的金银花、红枣、胖大海、枸杞和菊花等，经过一系列的生产过程得到的风味独特，性能稳定的茶饮料。其特点是，味道甜而苦味并具有清热解暑等功效。近年来，随着人们消费水平的发展和饮茶爱好的变化，凉茶饮料受到越来越多的青年顾客青睐而受到国内外生产厂商的关注。

（二）柠檬茶

以红茶，鲜柠檬片和白糖调配成的茶饮料。

（三）水果茶

以红茶与新鲜水果配制成的茶饮料。

（四）冰茶

红茶和冰块配制的冷饮料。

（五）酒茶

茶水中勾兑了少量的酒制成。

例1，草莓热红茶

将草莓1个，切成薄片，放入茶杯中，倒入热红茶。

例2，维也纳朗姆茶

将20毫升抽打过的奶油放入玻璃杯中，倒入15毫升朗姆酒，放入15克白糖，将热红茶倒入至8分满。

五、茶的销售和服务

（一）根据顾客习惯推销茶饮品

根据习俗，广东人喜爱青茶，江苏、浙江、江西、安徽、福建和湖南人喜爱绿茶和花茶，北方人包括长江以北的人喜欢饮用花茶和绿茶。欧美人喜爱红茶。当然，同一地区，不同的顾客饮茶习惯不相同，其原因是根据个人背景、生活习惯和周围环境的影响。

（二）保证茶叶质量

一杯优质的茶饮品与茶叶的质量紧密联系。首先应选择质地鲜嫩的茶叶，当然不包括青茶（乌龙茶），青茶以陈为贵。新鲜的红茶有深褐色的光亮，绿茶呈碧绿色，青茶呈红褐色。色泽灰暗是老茶。优质茶叶外形整齐，叶片均匀，不含杂质，芽豪显露，完整饱满。新鲜的茶叶有香味，带有焦味和异味是老茶。

（三）使用优质的水

水质与茶饮料的质量有着紧密的联系。应选择纯净的水。

（四）讲究茶叶与水的比例

水多茶叶少，味道淡薄，茶叶多水少，茶汤会苦涩不爽。因此，除了顾客的特别需要外，茶叶与水的比例一般是1 ∶ 50。即，每杯放3克茶叶，用150克水。

（五）讲究水温

通常，花茶泡茶的最佳水温是85℃，红茶的温度是95℃，绿茶的温度85℃为宜，嫩芽茶叶的水温约为85℃，陈年茶叶的水温应在95℃以上。一般而言，刚煮沸的水会破坏茶叶的醇香味，而水温过低茶叶会浮在茶水的表面而使茶叶的特色没有被充分地发挥。

（六）讲究冲泡时间

茶叶通常的冲泡时间在3至5分钟内为宜，时间太短茶汤色浅，味淡。时间过长，茶叶的香味受损失。

（七）选用适合的茶杯

选用精美的，能发挥茶叶特色的茶杯。目前，人们已经达成共识，绿茶和花茶以玻璃杯为宜，红茶以瓷杯和紫砂茶具为宜，乌龙茶最讲究茶具，使用配套的茶具为宜；而配制茶常使用瓷杯。

（八）茶叶冲泡程序

1. 温杯

将茶杯用热水烫过，将水倒掉。

2. 置茶

将茶叶放入杯中。

3. 注水

将适当温度的水放入杯中。

4. 赏茶

适当的冲泡时间后，请顾客欣赏茶汤的香气和色泽。

第三节 咖啡

一、咖啡概述

（一）咖啡含义与功能

咖啡（Coffee）是以咖啡豆为原料，经过烘焙，研磨或提炼并经水煮或冲泡而成的饮料或饮品。同时，咖啡也经常是咖啡树和咖啡豆的简称。咖啡树是热带作物，是一种常绿的灌木或中小型乔木（见图7–5）。咖啡树原产于非洲埃塞俄比亚西南部的高原地区。目前，世界上咖啡豆生产国有70余个，主要分布在南北纬度25°之间的地区，被人们称为“咖啡种植带（Coffee Belt）”或“咖啡种植区（Coffee Zone）”。通常，咖啡种植区的年平均气温约在摄氏20℃。一般而言，咖啡树从栽种到结果需要3年时间，以后每年结果1至3次。

图7–5 咖啡树

图7–6 咖啡果实与咖啡豆

咖啡豆是咖啡树的种子，其生长在咖啡树的果实中（见图7–6）。因此，人们看到的咖啡豆，都是去掉咖啡树果实肉并经过一系列的加工处理而得到的咖啡树种子。咖啡豆含有蛋白质12.6%，脂肪16%、糖类46.7%，并有少量的钙、磷、钠和维生素B_2和少量的咖啡因。人们饮用咖啡饮料可使精神振奋，扩张支气管，改善血液循环及帮助消化。然而，饮用过多的咖啡可导致失眠，容易发怒且出现心律不齐等现象。

目前，世界上被人们广泛种植的咖啡树种类约有2种：一种是阿拉比卡（Arabica），另一种是罗布斯塔（Robusta）。阿拉比卡咖啡树生产的咖啡豆产量约占全世界产量的70%。这种咖啡树原产地为埃塞俄比亚的阿比西尼亚高原（埃塞俄比亚高原）。因此，阿拉比卡咖啡豆也称为高山咖啡豆。阿拉比卡咖啡豆具有明显的香味和酸味（见图7–7）。目前，主要种植在拉丁美洲、东非和亚洲的部分地区。这种咖啡树适合生长在日夜温差较大的高山及湿度低、排水性能好的土壤。其理想的种植区高度在海拔600米~2000米之间。一般而言，咖啡树种植地区的海拔越高，其品质越好。罗布斯塔咖啡树生产咖啡豆产量约占全世界产量的30%。这种咖啡树是一种介于灌木和高大乔木之间的树种，叶片较长，颜色亮绿，树高可达 10 米。其咖啡果实圆而小，具有独特的香味。罗布斯塔咖啡树原产地位于非洲的刚果，这种咖啡树常种植在海拔 200~600 米的较低地区，理想的种植温度在摄氏 24℃ ~29℃之间，而对降雨量的要求不高，对生长环境的适应性较强，可抵抗一般的气候问题和病虫害，是一种容易栽培的咖啡树。目前，广泛种植于印度尼西亚、印度、越南、老挝及我国的海南省和广东省等。

图 7–7　拉阿比卡咖啡树的果实

（二）咖啡的起源与发展

咖啡的起源至今没有确切的考证。根据传说，约公元 850 年，咖啡首先被一位牧羊人——凯尔迪（Kaldi）发现，当他发现羊吃了一种灌木的果实变得活泼时，他品尝了那些果实，觉得浑身充满了活力。他把这个消息报告了当地的寺院。寺院的僧侣们经过试验后，将这种植物制成提神饮料。另一种传说，一位称为奥马尔（Omar）的阿拉伯人与他的同伴在流放中，快要饿死了。他们在绝望中发现了一种无名的植物并摘取了树上的果实，用水煮熟充饥。这一发现不仅挽救了他们的生命，而且生长这种神奇树的地方还被附近居民作为宗教纪念地，并将那种神奇的植物和果实称为莫卡（Mocha）。

根据历史资料，公元 1000 年前非洲东部埃塞俄比亚的盖拉族人（Galla）将碾碎的咖啡豆与动物油搅拌在一起，作为提神食物。公元 1000 年后，阿拉伯人首先开始种植咖啡。1453 年咖啡被土耳其商人带回本国西部的港口城市——君士坦丁堡（Constantinople）并开设了世界第一家咖啡店。1600 年意大利商人将咖啡带到自己的国家并在 1645 年开设了第一家咖啡馆。1652 年英国出现第一家咖啡店，至 1700 年伦敦已有近 2000 家咖啡店。1690 年随着咖啡不断地从也门港口城市莫卡（Mocha）贩运到各国，荷兰人首先在锡兰（Ceylon）和爪哇岛（Java）种植和贩运咖啡。当时的锡兰是现在的斯里兰卡，爪哇岛是现在印度尼西亚的一个岛屿，面积近 14 万平方公里。1721 年德国的柏林市出现了第一家咖啡店。

1668年美国人将自己习惯的早餐饮料由啤酒转变为咖啡，并在1773年将咖啡正式列入人们日常的饮料。1884年咖啡在我国台湾首次种植成功。1892年咖啡苗由法国传教士带到我国云南省宾川县。19世纪人们多次对咖啡蒸煮方法进行研究并开发了用蒸汽加压法（Espresso）冲泡咖啡。1886年由美国食品批发商——吉尔奇克（Joel Cheek）将本企业配制的混合咖啡称为麦氏咖啡（Maxwell House）。根据伦敦国际咖啡组织的统计，目前全球咖啡销售量平均以2%的速度增加，中国咖啡消费量正以每年15%的速度增长，我国每年咖啡消费量已达700亿元人民币。

二、咖啡豆产地及其特点

世界上有许多地方都种植咖啡树并生产咖啡豆。然而，咖啡豆的生产主要在非洲、美洲和亚洲等地区。因此，咖啡豆的命名常以出产国、出产地和输出港等的名称而命名。

（一）巴西咖啡豆（Brazilian Coffee）

巴西位于南美洲，该国家大部分地区处于热带，北部为热带雨林气候，中部为热带草原气候，南部部分地区为亚热带季风湿润气候。巴西以优质和味浓的咖啡豆而驰名全球，是世界上最大的咖啡生产国和出口国并有着“咖啡王国”之美誉。其咖啡豆产量约占世界产量的35%。2015年巴西生产了3689万袋咖啡，每袋咖啡重量为60公斤。在巴西有17个州生产咖啡豆，其中有4个州的产量最高，占全国总产量的98%，它们是：巴拉那州（Parana）、圣保罗州（Sao Paulo）、米拉斯吉拉斯州（Minas Gerais）和圣埃斯皮里图州（Espirito Santo）。巴西咖啡树种植始于1727年，由一位称为弗兰赛斯科·麦尔·派尔海特（Francesco de Melo Palheta）的人将咖啡种子带到巴西。巴西咖啡豆的特点是口感顺滑，高酸度，中等醇度，略带坚果的味道。

（二）哥伦比亚咖啡豆（Colombian Coffee）

哥仑比亚位于南美西北部，其咖啡种植面积约110万公顷，是世界第3咖啡豆生产国，年产量约66万吨，占全球总产量的6%。该国家咖啡收入占其出口总收入的20%。该国约有35000个家庭间接或直接从事咖啡种植、加工和销售。全国约有30.2万个咖啡种植园，有30%~40%的农村人口的生活费直接依靠咖啡的生产和销售收入。哥伦比亚的咖啡豆有多种纯度和酸度且具有柔滑的口感，酸中带甘，低度苦味，独特的香味。

（三）印度尼西亚咖啡豆（Indonesian Coffee）

印度尼西亚是是世界上最大的群岛国家，其咖啡树的主要种植地区在苏门答腊岛、苏拉威西岛和爪哇岛等地区。这些地区的地理环境和海拔高度及气候都非常适合咖啡树的成长，特别是在一这些岛屿的内陆地区。印度尼西亚是世界第 4 咖啡豆生产大国，其年生产量约为 70.2 万吨，占全球市场的 7%。其中 25% 为阿拉比卡咖啡豆，75% 为罗布斯塔咖啡豆。根据记载，该国从 17 世纪就开始咖啡树的种植。其咖啡豆总体特点是颗粒适中，味香浓，醇度高。印度尼西亚咖啡豆非常适合与美洲和非洲一些地区生产的具有较高酸度的咖啡豆搭配使用。

（四）墨西哥咖啡豆（Mexico Coffee）

墨西哥位于北美洲，其北部与美国接壤，东南部与危地马拉等相邻，是世界第 5 大咖啡豆生产国，其生产量占全球市场约 3%。该国种植的 90% 的咖啡树是阿拉比卡并种植在海拔 400~900 米的地方。墨西哥咖啡豆生产者约有 30 万人，主要来自小型农场生产者。其生产的咖啡豆主要出口美国。墨西哥咖啡豆的特点是，酸度较高，醇度明显，略带坚果味，余味香甜。

（五）埃塞俄比亚咖啡豆（Ethiopian Coffee）

图 7–8　阿拉比卡咖啡树的故乡

埃塞俄比亚是多山地和高原的国家，该国家平均海拔约 3000 米，有“非洲屋脊”之称，是阿拉比卡咖啡树的故乡（见图 7–8）。至今，一直保持着采收野生咖啡豆的传统。该国咖啡豆产量居非洲前列，年平均产量达 39.6 万吨。其咖啡豆出口创汇占该国家出口额 60%。根据记载，大约 10 世纪埃塞俄比亚游牧民族就将咖啡果实（coffee cherries）、油脂与植物香料混合在一起，制成提神与补充体力的食品。13 世纪中叶，埃塞俄比亚人已经学会使用平底锅烘焙咖啡豆。在埃塞俄比亚，大部分咖啡树的种植在小型家庭庄园，而种植与采摘咖啡果实也以手工方式为主。目前该国有 1500 万人从事有关咖啡豆的生产，是世界第 6 大咖啡生产国。埃塞俄比亚拥有全球最多独特风味咖啡豆的国家。著名的耶加雪菲（Yirga–Cheffe）镇种植的咖啡树在海拔 1900~2200 米的山区。该地区生产的咖啡豆具有明显的柠檬味与鲜花味，口感清爽，甜度均匀；而西达摩（Sidamo）生产的咖啡豆生长在海拔 1400~2200 米之间的高原上。该地区生产的咖啡豆具有不同的味道。包括柑橘味、香草味及干果味等特点。

（六）牙买加蓝山咖啡豆（Jamaican Blue Mountain）

牙买加蓝山咖啡豆是世界著名的咖啡豆。由于蓝山山脉高达 2100 米，天气凉爽，多雾，且降水频繁。这里人们常使用混合种植咖啡豆的方法，在梯田中将咖啡树与果树混合种植。当今，蓝山是仅有一个 6000 公顷面积作为咖啡种植园，另外还有 12000 公顷土地用于高山级别咖啡豆的种植。牙买加蓝山咖啡豆的特点是芳香、顺滑、微甜且醇度高。由于蓝山咖啡产于牙买加西部的蓝山山脉（见图 7–9），故此得名。蓝山咖啡的年产量仅有 700 吨左右。蓝山咖啡豆形状饱满，比一般咖啡豆外形大，味酸、略带苦味，适合做单品咖啡。所谓单品咖啡实际上是用原产地生产的单一品种咖啡豆制成的咖啡饮料，饮用时不加牛奶和糖粉。单品咖啡饮料口味独特而明显，香醇而顺滑，由于单品咖啡豆成本较高，因此这种咖啡饮料的价格也高。

图 7–9　蓝山山脉

（七）肯尼亚咖啡豆（Kenyan Coffee）

肯尼亚是阿拉比卡咖啡树的原产国，年产量约 4.5 万吨。根据记载，该国在 19 世纪末开始种植咖啡树。该国优质和有特色的咖啡树多种植在山坡上，约海拔 1500~2100 米的地方，位于首都内罗比附近的尼耶力（Nyeri）和基里尼亚加（Kirinyaga）地区。在那里，咖啡豆一年收获 2 次，由无数家庭或小型的农商经营，占全国总产量的 55%~60%。由于他们持续地提高咖啡树的种植水平并开发高品质的咖啡豆，从而推动了肯尼亚咖啡豆的质量和特色。肯尼亚的咖啡豆味道香醇，有葡萄酒和水果的甜香味道。

（八）秘鲁咖啡豆（Peruvian Coffee）

秘鲁位于南美洲西部，海岸线长 2254 公里。秘鲁咖啡树主要种植在安第斯山脚下，安弟斯山脉位于南美洲的西岸，从北到南全长约 8900 公里，是世界上最长的山脉。该地区属于热带沙漠区，气候干燥而温和。这里生产的咖啡豆都是传统的中美洲顶级的咖啡豆并且是无污染的绿色食品。秘鲁咖啡豆的生产量占全球的 3%，其产量的 90% 为阿拉比卡咖啡豆。其特点是中等醇度，偏低酸度，有甘美的坚果味，余味有显著的可可味道。

（九）美国夏威夷咖啡豆（Hawaii Coffee）

夏威夷是美国的第 50 个州，由夏威夷群岛组成，距离美国本土 3700 公里，总面积为 16 633 平方公里，属于太平洋沿岸地区。夏威夷咖啡豆的优良品质得益于其生长的地理环境和气候。通常，咖啡树生长在火山的山坡上，其生长环境保证了咖啡树所需要的海拔高度。同时，深色的火山灰形成的土壤为咖啡树生长提供了所需的矿物质。早上的阳光温柔地穿过充满湿润的空气，而下午山地会变得潮湿多雾，空中浮现的白云成为咖啡树的遮阳伞，晚上又会变得晴朗而凉爽。这样适宜的自然条件使得夏威夷岛的科纳地区种植的阿拉比卡咖啡豆平均年产量约为 16740 吨且质量非常优秀。此外，独特的气候环境还造就了夏威夷咖啡豆的浓郁口味和完美的外观。人们认为，夏威夷生产的咖啡豆是世界上最完美的咖啡豆。

三、咖啡豆的烘焙

图 7–10　经过烘焙的咖啡豆

咖啡豆必须通过烘焙才能够呈现出本身所具有的独特芳香、味道与色泽（见图 7–10）。烘焙咖啡豆的过程就是将生咖啡豆炒熟的过程。生咖啡豆实际上只是咖啡果实中的种子。咖啡豆的烘焙可以分为 3 种：浅焙、中焙和深焙。在决定使用哪种方法烘焙豆时必须根据咖啡的特点和用途。通常，浅焙的咖啡豆颜色浅，味道较酸；中焙的咖啡豆颜色比较深，味道适中；深焙的咖啡颜色深，有苦香味。

（一）咖啡豆的烘焙程序

（1）采集咖啡果实。

（2）去掉果实外衣。

（3）去掉咖啡果肉。

（4）将咖啡豆干燥。

（5）去掉咖啡豆的外皮。

（6）将咖啡豆分等级。

（7）烘焙。

（8）咖啡豆的烘焙。

（9）咖啡豆成品。

（二）不同烘焙方法的咖啡豆特点

	浅焙	中焙	深焙
烘焙时间	时间短	时间中等	时间较长
咖啡豆颜色	黄褐色	褐色	深褐色
咖啡豆味道	比较酸	酸度适中	具有苦香味
咖啡豆香气	不明显	香气明显	带有独特的香味

四、餐厅销售的咖啡饮料

（一）普通速溶咖啡（Instant Coffee）

速溶咖啡是通过将速溶咖啡粉冲泡后形成的饮料。速溶咖啡粉可以很快地溶化在热水中，而且在储运过程中占用空间和体积较小，还耐储存。这种咖啡粉与传统咖啡粉比较更方便、便捷，方便携带。

（二）不含咖啡因的速溶咖啡（Decaffeinated Coffee）

目前，愈来愈多的顾客饮用不含咖啡因的速溶咖啡饮料。不含咖啡因的咖啡粉在加工中将咖啡因提取掉，饮用后不刺激神经系统，不影响睡眠。其形状和颜色与普通速溶咖啡粉基本相同。

（三）意式浓咖啡（Espresso）

意式浓咖啡，也被称为蒸气咖啡或爱斯波莱索咖啡，它常用两个意大利语名称表示，即 Espresso 或 Expresso，这两个词的含意完全相同。这种咖啡饮料以深色咖啡豆为原料，磨成细粉后，通过蒸汽压力，瞬间将咖啡液抽出，制成味道浓郁的咖啡饮料，达到最佳冲泡效果。欧美人习惯在正餐后饮用意式浓咖啡。这种咖啡饮料的制作过程和特点是，以 7~8 克经过深度烘焙的咖啡豆，研磨成极细的咖啡粉，以较高的气压和约 92℃的水，在约 15 秒的时间内萃取 30 毫升的浓咖啡液。意式咖啡饮料不仅可单独饮用，还常作为其他咖啡饮品的原料。例如，拿铁、卡布奇诺、玛奇雅朵以及摩卡咖啡等。

（四）卡布奇诺咖啡（Cappuccino）

卡布奇诺咖啡是一种以同等数量的三种原料材料制而成。包括三分之一热牛奶和三分之 ·的泡沫牛奶组成并在咖啡饮料的表面撒上少量的肉桂粉。

（五）拿铁咖啡

拿铁咖啡是将一小杯意大利浓咖啡饮料与一杯热牛奶混合而成的饮料。一般而言，在拿铁咖啡饮料中，牛奶多而咖啡少。拿铁咖啡饮料的制作方法比较简单，在刚煮好的意大利浓咖啡中倒入煮沸的牛奶。一般而言，由三分之一的意式浓咖啡（Espresso）加入三分之二煮沸的牛奶，不加入泡沫牛奶。这样，拿铁咖啡与卡布奇诺咖啡相比，有更多的鲜奶味道。当今，拿铁咖啡的配方中，牛奶数量已经没有具体的规定。同时，拿铁咖啡还经常加入浓果汁、焦糖、榛果和香草等以增加咖啡饮料的口味，满足消费者的不同需求。

（六）摩卡咖啡（Iced Mocha）

摩卡咖啡（Cafe Mocha）是一种古老的咖啡饮料，由意大利浓咖啡、巧克力酱、鲜奶油和牛奶混合而成，摩卡得名于有名的摩卡港。一些咖啡店以巧克力粉取代巧克力酱等放入咖啡饮料的上方用来提高咖啡的香气及为装饰之用。

（七）热墨西哥咖啡（Mexican Coffee）

热墨西哥咖啡是将碎咖啡粒 125 克、巧克力汁 60 毫升、肉桂 12 克、红糖 60 克、牛奶 200 毫升、肉豆蔻 1 克和香草粉 4 克等放在一起，煮成带有香味的咖啡。将红糖、巧克力汁和牛奶放在另一个平底锅煮开。将煮好的咖啡和巧克力牛奶混合在一起，加上香草粉，轻轻地搅拌，盛装在 2 个咖啡杯中。

（八）草莓咖啡（Strawberry Breeze）

冷藏并带有甜味的咖啡 100 毫升，冷牛奶 50 毫升，冷藏的草莓 3 个，碎冰块少许放在搅拌器里搅拌。然后，倒入海波杯中，杯中先放入少量的碎冰块。

（九）古典爱尔兰咖啡（Classic Irish Coffee）

古典爱尔兰咖啡是将威士忌酒 60 毫升（Bushmills）、8 克红糖、150 毫升热浓咖啡和少许抽打过的奶油完全搅拌在一起，上面漂上抽打过的奶油。

五、咖啡饮用礼节

（1）饮用咖啡时应当心情愉快。将咖啡趁热喝完（冷饮除外），不要一次喝尽，应分作三四次。饮用咖啡前，先将咖啡放在自己方便的地方。

（2）咖啡可以不加糖、不加牛奶或伴侣，直接饮用。也可只加糖或只添加牛奶。如果加糖和牛奶时，应当先加糖，后加牛奶，这样使咖啡更香醇。糖可以缓和咖啡的苦味，牛奶可缓和咖啡的酸味。常用的比例是糖占咖啡饮料的 8%，牛奶占咖啡饮料的 6%，也可以根据自己口味调制。

（3）饮用咖啡时，用右手持咖啡匙，将咖啡轻轻搅拌几下（在添加糖或牛奶的情况下），然后将咖啡匙放在咖啡杯垫上，再用右手持咖啡杯柄饮用。

六、咖啡饮料销售与服务

优质的咖啡豆收获后要经过适当的烘焙。烘焙的时间和火候对于咖啡饮料的味道影响很大。一些品牌咖啡豆是将不同味道的咖啡豆混合制成。通常，咖啡豆的烘焙程度愈小，其味道就愈酸；相反，味道就愈苦。而适当的烘焙可使咖啡豆达到最佳味道。

（一）使用新鲜的咖啡豆

一杯优质的咖啡饮料的制成与许多方面相关。首先要选择新鲜的咖啡豆。咖啡豆在磨碎后，其味道和气味流失很快，要在严密的容器内保存，要放在干燥和阴凉的地方。即便如此咖啡豆的芬芳味道也会流失。因此，要经常采购新鲜的咖啡豆，保持适当的库存量，注意咖啡容器的严密性和室内温度。

（二）讲究咖啡和水的比例

煮咖啡时，注意水与咖啡的比例。一般而言，其比例是 1 份咖啡，3 份水，也可根据各国和各地区的习惯进行搭配，咖啡和水的比例可调节。如果喜欢浓咖啡，比例是 1 份咖啡可与 2.5 倍水配合。通常，咖啡粒较粗，水的放入量要多一些；而冲泡速溶咖啡常用的比例是 1 克速溶咖啡粉与 5 倍或 6 倍水混合。

（三）讲究水质

水质对冲泡咖啡和煮咖啡都起着重要的作用。含有较多锰和钙的水会降低咖啡香味，不适用制作咖啡饮料。纯净水和经过滤的自来水适合调制咖啡。

（四）掌握适当的水温

不论煮咖啡还是冲泡咖啡，水温对咖啡的味道起着一定影响。水温太高，增加了咖啡的苦味，水温太低影响咖啡的芳香味。通常，冲泡咖啡的水温在 90℃至 95℃，煮咖啡的水温应接近沸点，否则会增加咖啡的苦味。

（五）讲究制作咖啡的器皿和设备

咖啡饮料的香味和味道与器皿有着密切联系，调制好的咖啡饮料应使用陶瓷和玻璃器皿盛装，这样可保持原有的风味。当然，必须保证器皿干净，没有油渍。煮咖啡的设备应常用自动过滤式并且水是一次性通过咖啡的装置。选用优质的过滤纸，以免影响咖啡质量。

第四节　可可

一、可可概述

可可（Cocoa）是由可可树的种子（可可豆），经过加工和磨粉，再经过冲泡制成的饮料。可可树属于乔木，原产于美洲中部和南部。在世界上，可可主要的生产国是加纳、巴西、尼日利亚、科特迪瓦、厄瓜多尔、多米尼加和马来西亚等。可可树是常绿树种，它的硕大光滑的叶子在幼小时是红色的，成熟后变成绿色。人工种植可可树可达 15 至 25 英尺高。通常，不同地区生产的可可豆有不同的风味。

可可豆广泛种植于全世界的热带地区。近年来，可可树在我国海南省和云南省东南部已经广泛种植。可可树的果实——可可豆经过发酵及烘焙后可制成可可粉及巧克力。可可树喜爱在温度高、湿度大、土壤肥沃的环境生长。可可树生产地区需要在年平均 22.4℃ ~26.7℃，可可豆由一层果肉包裹，外部是豆荚（见图 7–11）。可可豆有很多种类，质量最好的可可豆常产自委内瑞拉（Venezuela）和危地马拉（Guatemala）。其果肉呈红色，豆荚呈蓝紫色；厄瓜多尔（Ecuador）产的可可豆体形较大，果肉棕黑色，豆荚为棕色。巴西产的可可豆，果肉呈蓝紫色。圭那亚（Guiana）产的可可豆体形较小，灰色的豆荚和棕色的果肉。优质的可可豆气味清新，没有霉味，没有虫洞。可可豆（见图 7–12）有着很高的食用价值，含有多种营养素。主要包括 17% 的氮，25.5% 的脂肪和 38% 的碳水化合物。可可豆的香味来自多种生物碱。其中，最主要的成分是可可碱和咖啡因。因此，可可豆的作用像茶叶和咖啡豆一样，具有提神的功能。

图 7–11　可可豆荚

图 7–12　可可豆

二、可可豆生产工艺

可可豆带有轻微的香味和略微的苦味，必须经过烘焙、磨粉、提取脂肪和溶解处理后才能成为理想的产品。烘焙可可豆像烘焙咖啡豆一样，然后将可可豆磨成粉状，经过降低脂肪和溶解处理，才能适合人们饮用需求。

三、可可豆起源与发展

根据文献记载，3000 年前，美洲的玛雅人就开始种植可可树并将可可豆烘干后碾碎，加水和辣椒，混合成一种苦味的饮料。该饮料后来流传到南美洲和墨西哥。一些文献记载，可可豆的发现是从哥伦布（Christopher Columbus）在 1492 年发现美洲大陆开始。在哥伦布带给西班牙国王费迪南（Ferdinand）的珍奇物品中，有一个装满各种新奇植物和物品的包裹，其中包括棕黑色的可可豆。然而，当时没有人知道它的实际用途。16 世纪 20 年代，西班牙探险家——赫尔南科特斯（Hernando Cortez）发现了印第安人使用可可豆制作饮料。当时，这种饮料称为 Chcolatl，意思是“可可豆水”。1585 年第一艘从墨西哥运载可可豆的船到达西班牙，这说明欧洲已经出现了对可可饮料的消费需要，西班牙人开始饮用可可饮料并在其中加入蔗糖、肉桂和香草，成为热饮品并逐渐地从西班牙向欧洲国家流行。1606 年一名叫安托尼奥卡罗迪（Antonio Carlotti）的意大利商人成功地打破了西班牙对可可树和可可豆的垄断，将珍贵的可可豆带到意大利（见图 6–11）。1657 年，一位法国人在伦敦开了第一家销售巧克力的商店。17 世纪奥地利公主安妮（Anne）嫁给法国国王路易十二，把可可粉制成的巧克力带进法国王宫。

1765年美国人在英国创立了第一家巧克力工厂，巧克力开始了普及化。1828年，德国人温豪顿（Van Houten）发明了从可可中提取脂肪的工艺，减去了其中的2/3脂肪。20年后英国人约瑟夫·芬耐（Joseph Fry）将可可、奶油和糖混合在一起，制成巧克力糖。1875年，瑞士的丹尼尔彼德（Daniel Peter）创造了瑞士风味的巧克力糖。他经过多次试验，发现将浓缩牛奶加入巧克力改变了可可原有的苦味。自此之后，巧克力糖迅速盛行起来。1880年，瑞士的罗达夫·林特（Rodalphe Lindt）在他的林特工厂研制出了"只溶在口，不溶在手"的巧克力糖。

四、可可饮料的种类与制作

当今热巧克力饮料仍然有着理想的市场潜力，特别是对青少年和儿童。世界上各地的咖啡厅和快餐店每天销售着一定数量的热巧克力奶及其他热巧克力饮料。不仅如此。一些企业还将可可与酒配制成人们喜爱的鸡尾酒。

1. 热巧克力饮料

热巧克力饮料也称为热可可或饮用巧克力，是一种热饮料。典型的热巧克力饮料由牛奶、巧克力或可可粉和糖粉混合而成。当今，热巧克力饮料流行于世界，在欧洲尤其盛行。欧洲热巧克力饮料的特点是比较浓稠，而美国，热巧克力饮料在冬季常饮用的饮料。美国的热巧克力饮料，通常是将热水或牛奶与配好的巧克力粉（含可可粉、糖和奶粉）一起搅拌。英国的热巧克力饮料用巧克力粉（含巧克力、糖及奶粉）加入热牛奶而成。

2. 热巧克力奶

在许多地方，巧克力奶受到顾客的青睐。通常，巧克力奶所含的可可粉比较少，通常是1%~2%，由于可可粉不能溶于牛奶或水，故巧克力奶在静止时，可可粉会沉淀在容器底部，这样，会降低巧克力奶的市场吸引力。

3. 可可鸡尾酒

例，威士忌可可（Whiskey Cocoa）

用60毫升爱尔兰威士忌酒（Bushmills）与120毫升热巧克力混合，用调酒棒搅拌，上面漂上抽打过的鲜奶油，在奶油上面放少许碎巧克力片。

第五节　碳酸饮料

一、碳酸饮料概述

碳酸饮料（Carbonated Soft Drinks）通常是指汽水或含有二氧化碳的饮料。碳酸饮料主要成分是水、糖、柠檬酸、小苏打及香精等。碳酸饮料所含有的营养成分除糖外，还有极其微量的矿物质。碳酸饮料的主要作用是为人们提供水分和清凉作用。通常，小苏打与柠檬酸在碳酸饮料瓶内会发生化学反应，产生大量的二氧化碳，而人们饮用后，二氧化碳从人体排出时，可带走许多热量。此外，它还有解暑去热的作用。

根据记载，碳酸饮料的生产始于18世纪末至19世纪初。最初的发现是从饮用天然涌出的碳酸泉水开始的。碳酸饮料首先由化学家研制出来，起初作为医药品，称为苏打水。1789年日内瓦的尼古拉斯保罗（Nicholas Paul）完善了苏打水的制造配方。1792年尼古拉斯保罗的合作者——雅格布·斯威彼（Jacob Schweppe）来到英国并开始在英国制造苏打水。至1798年，雅各布取得了很大的成功并接手了3个合作者的股份。1886年，由药剂师约翰·派波顿（John S. Pemberton）博士在美国乔治亚州的亚特兰大市开发了可口可乐碳酸饮料。

当今，在美国碳酸饮料的名称各地各有不同，其中最有代表的碳酸饮料名称是美国东北部的Soda和中西部的Pop。这两个具有代表的碳酸饮料的名称几乎垄断了美国市场。如今，碳酸饮料的功能不断地变化及更加广泛。它不仅用于平时饮用，还成为配制鸡尾酒和混合饮料不可缺少的原料。尤其是汤尼克水（Tonic）和姜汁汽水是专门为配制鸡尾酒和混和饮料而生产。当今，随着人们健康的消费意识的升级，碳酸饮料的销售量逐年减少。在日本，以绿茶饮料为主的无糖茶饮料的需求不断地扩大；在美国，显现果汁需求量持续上升；在韩国，各种茶饮料受到人们对青睐。但是，尽管碳酸饮料市场份额有所下降。碳酸饮料的需求仍然占领着一定的市场份额。

二、碳酸饮料种类

1. 不含香料的二氧化碳饮料，如苏打水等。
2. 含有香料的二氧化碳饮料，如可口可乐、雪碧等。
3. 含有药味的二氧化碳饮料，如汤力克水（Tonic）等。
4. 含有果汁的二氧化碳饮料，如新奇士橙汁汽水等。

三、市场上销售的碳酸饮料

1. 可口可乐（Coke）

可口可乐，简称可乐（Cola），是指带有甜味、含有咖啡因的碳酸饮料。可乐由多种原料配制而成。主要包括果葡糖浆，白砂糖、焦糖色、二氧化碳、磷酸、咖啡因、食用香料等。在人们的印象中可乐是最著名的碳酸饮料之一。该配方在1886年，由药剂师约翰·斯蒂斯·彭伯顿（John Stith Pemberton）（见图7–13）在美国乔治亚州的亚特兰大市研制。最初他根据自己的想法在陶瓷容器中

图 7–13 彭伯顿

制成了一种糖浆并将这种糖浆作为冷藏饮料，以每杯 5 美分价格销售。他的合作者，弗兰克罗宾逊（Frank M. Robinson）建议使用“可口可乐”的名称并且手书了可口可乐的字体。在 1886 年，可口可乐在亚特兰大的药房首次销售，最开始的售价仅为五美分并作为药物出售。在销售的第一年仅售出了 400 余瓶。1887 年，彭伯顿由于健康原因需要钱，将可口可乐制造权和其 2/3 的所有权卖给了两个熟人并在 1888 年将剩余股份卖给了一位亚特兰大的制药商爱沙 · 坎德尔（Asa G. Candler）。后来，坎德尔取得了可乐的其他股权及全部控制权并于 1892 年成立了可口可乐公司，从此销售量不断提高。19 世纪初美国的可乐饮料年销售量达到 100 万加仑。20 世纪初美国境内的可乐生产企业达 400 余家。1919 年，坎德尔家族以 2500 万美元将可口可乐公司卖给了一位亚特兰大的银行家赫尼斯特 · 伍德拉夫（Ernest Woodruff）。在随后的几年，可乐（Coke）作为可口可乐公司的专有品牌而建立起来。1928 年可乐饮料首次在世界奥林匹克运动会亮相。今天，可口可乐的品牌价值已高达 200 多亿美元。传统上可乐碳酸饮料的最大的秘密是，其甜浆仅在亚特兰大的企业总部生产，然后分发至各地装瓶。现在可乐饮料在 135 个国家销售，可口可乐饮料已翻译成 80 多种语言。这种甜浆已在世界各地的制造中心生产。

2. 百事可乐（Pepsi–Cola）

百事可乐饮料诞生于 19 世纪 90 年代，是以水、糖、香草和二氧化碳等制成的碳酸饮料。该饮料开始用于治疗胃部疾病，由一位美国北卡罗来纳州新伯尔尼镇（New Bern）的名叫布雷德 · 汉姆（Caleb Bradham）的药剂师在自己的小药房，经过多年的研究，于 1890 年开发成的饮料并命名为百事可乐。1903 年他注册了百事可乐商标，1981 年百事公司进入中国并建立工厂，目前已有 30 多家。总投资接近 5 亿美元。其生产的主要饮料为“百事可乐”、“七喜”和“美年达”等。

3. 雪碧（Sprite）

雪碧是可口可乐公司 1961 年上市的产品，是具有柠檬味道的碳酸饮料，雪碧在全球 190 余多个国家销售，是全球第三大碳酸饮料。雪碧的主要原料是水、葡萄浆、白砂糖、食品添加剂（二氧化碳，柠檬酸，柠檬酸钠，苯甲酸钠）和食用香精等。

4. 胡椒博士（Dr Peppers）

胡椒博士是一种类似可口可乐，但比可乐更有水果香味的碳酸饮料。这种饮料由美国得克萨斯州的药剂师查勒斯·埃尔德顿（Charles Alderton）配制而成，是一种新型的碳酸饮料，这种饮料约在 1885 年开发。在 1904 年销售于全美。当今销售于亚洲、欧洲、澳洲和南美洲。

5. 其他碳酸饮料

图 7–14　泰兹

目前，英国生产的泰兹（Tizer）（见图 7–14）、维托（Vimto）和丹特伦与博达可（Dandelion & Burdock）。澳大利亚生产的宾得宝（Bundaberg）都是受市场欢迎的碳酸饮料。

四、餐厅和水吧生产与销售的碳酸饮料

当今，餐厅、咖啡厅和水吧根据顾客需求，自己配制各种有特色的碳酸饮料，受到顾客，特别是青年顾客的欢迎。

1. 柠檬碳酸饮料

用 2 个柠檬的柠檬皮，加入 500 毫升纯净水和 200 克砂糖，经过 15 分钟的中等温度煮成柠檬水，降温。然后用 40 毫升冷柠檬水，160 毫升碳酸水混合，装入水杯，用 1 片鲜柠檬和 1 个迷迭香嫩枝作装饰品。

2. 柑橘碳酸饮料

用柑橘 300 克，加入 300 毫升纯净水和 150 克砂糖，经过 20 分钟的中等温度煮成柑橘水，降温待用。然后，用 40 毫升冷柠檬水、160 毫升碳酸水混合，装入水杯，用 1 片鲜柑橘和 1 个鼠尾草嫩叶作装饰品。

（五）销售与服务

碳酸饮料的一些原料需要冷藏，制成后用海波杯盛装，根据顾客的需求，可放一些冰块。

第六节　其他软饮料

一、矿泉水

（一）矿泉水概述

矿泉水（Mineral Water）是含有一定量矿物质和某些有益健康的微量元素与气体成分的地下水。在天然条件下大气降水渗入地下深处后，长期与岩层发生相互作用而生成的液体矿产，经过勘查，开采与生产成为饮料。人类利用矿泉水已经有几百年历史了。19 世纪初法国已经有了矿泉水条例，并在 1863 年生产出第一瓶矿泉水。20 世纪 30 年代，矿泉水作为饮料被世界各国消费者重视。

（二）矿泉水功能

图 7–15 矿泉水

矿泉水（见图 7–15）作为饮料是因为它埋藏于地下深处，没有遭受污染，无色、无味、清澈甘甜。科学研究表明人体需要的营养素几乎在地球表层中都存在。一些营养素可以通过每日饮食得到，而另一些营养素通过平时饮食不容易得到，但是矿泉水却含有这些微量元素。实验表明，矿泉水含有偏硅酸（H_2SiO_3）和锶（Sr）。偏硅酸易被人体吸收，能有效地维持人体的电解质平衡和生理机能，对人体具有良好的软化血管功能，可使人的血管壁保持弹性，对动脉硬化、心血管和心脏疾病能起到缓解作用。同时，水中硅含量高低与心血管病发率呈负相关。矿泉水中的锶有美容，预防皮肤衰老的功能。此外，矿泉水还含有锌（Zn）、锂（Li）、硒（Se）、溴（Br），这些微量营养素可促进人的大脑发育，提高人的免疫力和智力，调节中枢神经。矿泉水还含有碘（I），可促进人体蛋白质的合成，加速人的成长发育，保持正常的身体形态。然而，不是所有的地下水都能成为人们饮用的矿泉水。标准的矿泉水必须含有对人体保健作用的化学元素、气体和化合物，不得含有过量的有害元素。世界各国对矿泉水的质量标准都做出了严格的规定。因此，适当饮用矿泉水可以平衡人体生理功能，起着保健作用。目前，天然矿泉水主要有 2 个种类：天然气泡矿泉水和天然静止矿泉水。天然静止矿泉水的含义是无气泡矿泉水；而天然气泡矿泉水含有少量的二氧化碳。例如，著名的法国巴黎矿泉水（Perrier）就是一种天然气泡矿泉水，简称巴黎水。巴黎水的水源位于法国南部的孚日山脉。实际上，巴黎水是自然矿泉水与天然二氧化碳及矿物质的结合。巴黎水是矿泉水中的精品，是数百万年前地质运动的产物，是天然有气矿泉水与天然二氧化碳及矿物质完美的结合，其独特的口感来自其丰富的气泡和低钠及丰富的矿物质。近年来，巴黎水被推销为“矿泉水中的香槟”，而德国生产的洛斯巴赫（Rosbacher）矿泉水由于含有人体需要的维生素受到市场的欢迎。

（三）矿泉水生产国

目前，世界上有许多国家都生产矿泉水，著名的国家有法国、意大利、德国、瑞典、比利时、匈牙利、澳大利亚、美国和新加坡等。我国已有近千种可饮用的矿泉水，分布在全国各地。

（四）矿泉水销售与服务

矿泉水应冷藏后销售。服务时将矿泉水倒入高伯莱杯（高脚水杯）或平底水杯，不要加冰块。征求顾客同意后，可放 1 片柠檬。

二、维生素饮料

维生素饮料也称作维生素功能饮料，是指在饮料中放入维生素，在一定程度上具有调节人体功能的饮料。目前，一些国家维生素饮料市场比较成熟，而我国维生素饮料的市场需求不断扩大。这种饮料的主要成分为纯净水、白砂糖、牛磺酸、维生素、柠檬酸、食用香料等。

1. 脉动（Mizone）

脉动是市场上常见的维生素饮料，2000 年诞生于新西兰，转年在澳大利亚上市。2003 年进入中国市场，2005 年进入印度尼西亚市场。该饮料有多种口味包括水蜜桃、青柠檬、橘子、荔枝、菠萝和杧果等。其中，菠萝和荔枝分别是 2009 年，2010 年上市的新口味。实际上，脉动饮料以天然的水果味道为特色并配以维生素而满足人们的需求。脉动主要含有四种维生素：维生素 C，维生素 B_3，维生素 B_6 及维生素 B_{12}。

2. 力保健

是通过在饮料中添加维生素和矿物质等，使饮料具有保健功能以满足顾客的需要。该产品由上海大正力保健有限公司生产，该公司是日本大正制药株式会社在我国投资的企业。力保健选用对人体很安全且具有营养成分的水溶性维生素和氨基酸等制成配方。该饮料有多个品种。其中，含牛磺酸、维生素 B 族的饮料具有抗疲劳、调节血脂的功效；而添加了人参和蜂王浆的饮料具有缓解人体疲劳、增强免疫力的功效。

三、果汁

果汁（Fresh Fruit Juice）是以新鲜水果为原料制作的饮料。果汁含有丰富的维生素 C 和各种营养素。果汁主要包括纯果汁和果汁饮料两大类。纯果汁是以新鲜成熟的水果直接榨出的果汁。例如，西瓜汁、橙汁等。近年来，市场出现一些较低质量的水果汁，由粉碎的水果、防腐剂、合成香料和水等配制的混合物。其果味差，价格便宜。果汁可以罐装、瓶装、冷冻，也可以制成粉末用于冲水饮用。纯新鲜的果汁——最流行的为橙汁，必须在冷藏箱保存，否则必须加入可食用的防腐剂和甜味剂。当然，果汁饮料一旦打开就很难再保持新鲜，一定要在规定的时间内饮用。果汁饮料是含有 6%~30% 的天然果汁或果浆的饮料。例如，杧果汁饮料、菠萝汁饮料、鲜荔汁饮料、苹果汁饮料等。

果汁在销售与服务时必须保持新鲜，放入冷藏箱内保存，最佳饮用温度约 10℃。服务时，将果汁斟倒在高脚杯中，不加冰块以免影响果汁的味道。

本章小结

非酒精饮料简称软饮料。包括茶水、咖啡饮料、可可饮料、果汁、碳酸饮料和矿泉水等。茶是以茶叶为原料，经沸水泡制而成的饮料。同时，茶还常常指茶叶和茶树。中国是最早发现和利用茶树的国家，被称为茶的国家，是世界最大的茶叶生产国和第二大出口国。目前，全国有20余个省生产茶叶。我国茶树种植区可分为四大区域，即江北茶区、西南茶区，江南茶区和华南茶区。茶叶的主要分类方法是根据茶叶的生产工艺、采集时间、生长环境、茶叶级别与茶叶外形等。

咖啡（Coffee）是以咖啡豆为原料，经过烘焙，研磨或提炼并经水煮或冲泡而成的饮料或饮品。然而，咖啡一词也经常作为咖啡树和咖啡豆的简称。根据历史资料，公元1000年前非洲东部埃塞俄比亚的盖拉族人（Galla）将碾碎的咖啡豆与动物油搅拌在一起，作为提神食物。目前，世界上咖啡豆生产国有70余个，主要分布在南北纬度约25°之间的地区，被人们称为“咖啡种植带（Coffee Belt）”或“咖啡种植区（Coffee Zone）”。这些地区主要分布在非洲、美洲和亚洲等。因此，咖啡豆的命名常以出产国、出产地和输出港等的名称而命名。

可可（Cocoa）是由可可树的种子，经过加工和磨粉，再经过冲泡制成的饮料。可可树属于乔木，原产于美洲中部及南部。其主要生产国为加纳、巴西、尼日利亚、科特迪瓦、厄瓜多尔、多米尼加和马来西亚等。通常，不同地区生产的可可豆有不同的风味。目前，可可豆广泛种植于全世界的热带地区。碳酸饮料通常是指汽水或含有二氧化碳的饮料。碳酸饮料主要的成分是水、糖、柠檬酸、小苏打及香精等。碳酸饮料所含有的营养成分除糖外，还有极其微量的矿物质。碳酸饮料的主要作用是为人们提供水分和清凉作用。

练习题

一、多项选择题

1. 关于非酒精饮料描述正确的是（ ）。

A. 非酒精饮料是不含乙醇的饮料或饮品

B. 非酒精饮料包括茶、咖啡、可可、水果汁、碳酸饮料、矿泉水和鸡尾酒

C. 根据温度，可将非酒精饮料分为热饮品与冷饮品

D. 热饮品包括茶、咖啡和可可，冷饮品包括果汁、碳酸饮料和饮用水等

2. 关于非酒精饮料杯的选用，描述正确的是（ ）。

A. 热饮杯有平底杯和高脚杯两种形状，带柄，容量常为 4~8 盎司

B. 果汁杯是平底玻璃杯，与海波杯的形状相同，容量少于海波杯

C. 三角形杯常称为老式杯，容量为 3~4.5 盎司

D. 高波莱杯是高脚的白水杯，容量常为 10~12 盎司

3. 关于中国茶的主要生产区的分布，描述正确的是（　　）。

A. 中国茶区主要分布在北纬 18°~37°，东经 95°~122° 广阔的地域内

B. 江北茶区主要生产绿茶和花茶

C. 江南茶区主要生产绿茶、青茶和花茶

D. 华南茶区主要生产红茶、绿茶和青茶等

二、判断改错题

1. 可可（Cocoa）是可可树的种子，经加工和磨粉，再经冲泡可制成饮料。这种饮料常由可可粉加糖，放入热水或牛奶混合而成。（　　）

2. 碳酸饮料是指含有二氧化碳的饮料。其中包括果汁型碳酸饮料、果味型碳酸饮料和可乐型碳酸饮料等。（　　）

三、名词解释

非酒精饮料　热饮料　冷饮料　咖啡　可可　碳酸饮料　矿泉水

四、思考题

1. 简述茶的含义与特点。

2. 简述茶叶的种类与特点。

3. 简述非酒精饮料饮用习俗。

4. 简述豆的产地及其特点。

5. 简述意式浓咖啡的特点。

6. 简述可可豆的生产工艺。

7. 议述咖啡豆的起源与发展。

8. 论述碳酸饮料的起源与发展。

第3部分
酒水经营管理

第8章

酒水经营企业

本章导读

随着我国社会经济发展，酒水经营企业愈加个性化。本章主要论述酒水经营企业的种类与特点、经营设备与用具等。其中，包括高级餐厅、大众餐厅、多功能厅、快餐厅、西餐厅、咖啡厅、中餐厅、鸡尾酒吧、酒廊、音乐酒吧、啤酒屋、葡萄酒吧、伏特加酒吧、快餐式酒吧、宴会酒吧、客房酒吧、外卖酒吧、其他酒吧和茶社等经营特点。同时，阐述酒水经营企业应具备的建筑风格、品牌与个性、地点选择、内部环境与布局和吧台与工作台设计等。通过本章学习，可以了解各种酒水经营企业的特点，酒水经营设备、用具和酒具，包括洗涤与消毒设备、储存设备、电源设施、酒水收款机、制冰机、生啤机、电动搅拌机、半自动咖啡机、全自动咖啡机、自动热饮售货机、苏打枪、葡萄酒储藏柜、酒水经营用具和常用的酒具。从而掌握酒水经营企业的特点，为酒水经营管理奠定良好的基础。

第一节　酒水经营企业种类

随着我国社会经济的发展，顾客对酒水种类、酒水特色、酒水功能、饮酒环境的需求越来越个性化。因此，不论酒水经营企业的种类，还是它们的设施与服务专业化水平都在不断地提高。现代酒水经营企业可分为三类：以销售酒水为主的企业，例如普通酒吧；以销售菜肴为主，兼营酒水的企业，例如餐厅；兼营酒水与娱乐业务的企业，例如保龄球馆、高尔夫球场、歌舞厅和音乐酒吧等。此外，许多酒水经营企业既属于餐厅又是酒吧。这种企业，在人们用餐时段以销售菜肴为主要业务；在非用餐时段，以销售酒水为主要业务。

一、餐厅

餐厅是经营菜肴和酒水的企业。根据顾客的需求，餐厅有多种类型。这些类型主要表现在菜肴风味、服务特色、消费水平、经营模式等。但是不论任何餐厅，菜肴和酒水的经营必须互相协调。

（一）高级餐厅（Upscale Restaurant）

高级餐厅是经营特色菜肴、传统菜肴，销售精细的餐饮产品的企业。这类餐厅具有雅致的空间、豪华的装饰、温柔的色调和照明、古典或传统音乐、宁静和高雅的用餐环境并提供周到的服务，一些餐厅还提供现场音乐表演。当然，这种餐厅经营的酒水全面，包括世界各种著名品牌的开胃酒、葡萄酒、啤酒、烈性酒、点心酒、餐后酒和各种咖啡、茶、新鲜果汁及软饮料等，并且现场配制鸡尾酒。此外，高级餐厅消费水平高。

（二）大众餐厅（Mid-priced Restaurant）

大众餐厅是经营大众化菜肴和酒水的场所，具有实用的空间、典雅的装饰、明亮的色调和照明、传统音乐或现代音乐等良好的用餐环境。这种餐厅用餐费用适应于大众消费，经营酒水全面。包括国际上的开胃酒、葡萄酒、啤酒、烈性酒、点心酒、餐后酒和各种咖啡、茶、新鲜果汁及其他软饮料等。酒水品牌和级别为大众化，以满足大众消费。

（三）多功能厅（Function Room）

多功能厅是用于举行各种宴会、酒会、自助餐会、鸡尾酒会、报告会、展览会和其他各种会议的餐饮经营场所。多功能厅常根据顾客的需求，搭建临时吧台并根据顾客需要经营不同的酒水。宴会吧台大小和台形由各种宴会和酒会的规模和需求决定。这种经营方式的最大特点是临时性强，酒水品种随意性大。通常普通宴会常消费一般的葡萄酒、啤酒、咖啡、果汁、碳酸饮料和茶等。较高级别的酒会现场配制鸡尾酒。这种经营模式要求服务人员在酒会前要做大量的准备工作，布置吧台、准备酒水、服务工具和各式酒杯等。酒会结束后还要做好整理工作和结账工作。

（四）快餐厅（Fast Food Restaurant）

快餐厅经营的菜肴和酒水都是有限的，菜肴快速制熟并快速服务。餐厅装饰常采用暖色调。餐厅布局显示明亮和爽快，菜肴价格大众化。这种餐厅常经营大众化的啤酒、果汁、茶、咖啡和各种碳酸饮料。顾客用餐时间短，用餐价格较低。

（五）西餐厅（Western Restaurant）

西餐厅包括法国风味餐厅、意大利风味餐厅、美国风味餐厅和俄罗斯风味餐厅等。这种餐厅通过菜单特色、酒水特色、服务特色、餐具特色、摆台特色及餐厅的装饰和餐厅的文化和语言等体现出来。通常，这种餐厅经营的酒水全面，包括世界各国著名品牌的酒水。例如，开胃酒、葡萄酒、啤酒、烈性酒、点心酒、餐后酒和各种咖啡、茶、新鲜果汁及软饮料等，并且现场配制鸡尾酒。西餐厅的用餐费用高。

（六）咖啡厅（Coffee Shop）

咖啡厅是销售大众化菜肴和各国小吃的餐厅。在非用餐时间还销售酒水和各国甜点等。通常，咖啡厅的经营方式比较灵活，是提供人们聚会和聊天的场所。许多咖啡厅营业时间比较长，销售品种常取决于顾客的需求。这种餐厅经营的酒水适合大众需要并品种齐全，包括世界各国的开胃酒、啤酒、葡萄酒、利口酒、咖啡、软饮料和茶等。其价格大众化。

（七）中餐厅（Chinese Restaurant）

中餐厅是销售中国菜肴的餐厅。中餐厅还可以分为中式风味餐厅、中式大众餐厅和中式快餐厅等。中餐厅根据顾客需要经营中国白酒、世界各国葡萄酒、啤酒、果汁和茶水等。一些较高级别的中餐厅还销售白兰地酒、威士忌酒，甚至现场配制鸡尾酒。有些中餐厅为了促销中国茶，还进行茶艺表演。

二、酒吧

酒吧是指经营各种酒水的场所。酒吧（Bar）一词来自英语，经翻译而成。根据历史考证，19 世纪中期酒吧先在欧洲和美国出现并于 20 世纪初期兴起。（见图 8–1）酒吧的经营特点是，除具备一般的餐饮企业经营特点外，还具有自身的特点。酒水销售单位小，服务随机性强。例如，一杯酒（不包括啤酒）的销售单位常是 1~2 盎司，顾客以散客为主，毛利率高，可达 70% 以上。酒水销售通常是现场结账，不占压资金，资金周转快。此外，酒吧讲究酒水文化和环境气氛。根据酒吧的功能和经营特色，酒吧有多种类型，如大厅酒吧、主酒吧、歌舞厅酒吧、宴会酒吧、商务楼层酒吧、餐厅酒吧、娱乐设施酒吧、咖啡屋、啤酒屋、葡萄酒吧和伏特加酒吧等。

图 8–1 1907 年德国某地区的酒吧

（一）鸡尾酒吧（Cocktail Bar）

鸡尾酒吧也称为专业酒吧。在这种酒吧，顾客喜欢坐在吧台前的吧椅上，缓解一天的疲劳，饮一些酒水，聊聊天。他们饮酒的时间较长，有些顾客直接面对调酒师，当面欣赏调酒师的调酒表演。这种酒吧装饰高雅、美观，有自己的风格，有浓厚的欧洲或美洲情调等。此外，视听设备比较完善，有足够的吧椅和世界名酒、酒杯及调酒器具等。许多鸡尾酒吧有不同风格的乐队表演或向客人提供飞镖游戏或台球。这样，来此消费的顾客目的大多是享受美酒、商务交流和休闲所带来的乐趣。鸡尾酒吧讲究内部的布局及酒水和酒具摆设。此外，还利用调酒师的艺术表演创造内部气氛，吸引顾客。这类酒吧经营世界著名的开胃酒、烈性酒、利口酒、啤酒和葡萄酒，并且为顾客现场配制各种鸡尾酒。

（二）大厅酒吧（Lounge）

大厅酒吧带有咖啡厅的特点，其装饰风格和布局与咖啡厅很相似。通常，经营各种冷热饮料、咖啡和茶，价格适中的开胃酒、葡萄酒、烈性酒和利口酒，各种点心和小吃。有些大厅酒吧还经营菜肴。一些大厅酒吧的吧台前有吧椅，但多数顾客喜欢坐在餐桌旁。许多大厅酒吧经营世界各地的开胃酒、葡萄酒、烈性酒、利口酒、咖啡、茶、果汁和小食品。一些大厅酒吧还经营简单的自助餐。有些小型的大厅酒吧只经营咖啡、茶、鸡尾酒和小食品。

（三）音乐酒吧（Music Bar）

音乐酒吧经营各种大众化的开胃酒、葡萄酒、利口酒、冷热饮、鸡尾酒和小食品，也经营少量的烈性酒。音乐酒吧的目标顾客主要是欣赏音乐、观看舞蹈表演并饮用酒水的顾客。一些音乐酒吧厅内设有舞池供客人跳舞。此外，还举办一些文艺表演和服装表演并有小乐队为客人演奏。音乐酒吧销售的酒水应当是大众化的。

（四）啤酒屋（Beer Room）

啤酒屋是专业经营啤酒的企业。这种酒吧装有生产啤酒的设施。餐厅自已生产和销售具有各种特色的啤酒和大众化的菜肴。

（五）葡萄酒吧（Wine Bar）

这是以经营葡萄酒为主要特色的酒水经营企业。这种酒吧销售世界各国著名的葡萄酒。同时，兼营菜肴和其他酒水。由于葡萄酒的功能主要是佐餐。因此，经营葡萄酒的企业必须经营菜肴。许多葡萄酒吧的环境非常高雅，菜肴制作精细。因为葡萄酒的消费比较高，因此这种企业的市场目标常是中级以上消费能力的顾客。（见图 8–2）

图 8–2　葡萄酒吧

（六）伏特加酒吧（Vodka Bar）

这是以经营伏特加酒为主要特色的

酒吧。这种酒吧销售世界著名的伏特加酒及以伏特加酒为基酒的鸡尾酒。该酒吧还兼营其他烈性酒、利口酒和非酒精饮料。伏特加酒吧通常是大众化的酒吧，装修既简单又有情调。

（七）快餐式酒吧（Bar and Dining）

当今许多欧洲和美国的酒水经营企业认识到酒水与菜肴是不可分割的两个餐饮产品。许多顾客饮用酒水时需要食品和菜肴。因此，一些餐饮企业将酒水和菜肴作为平行的两个经营项目。这种企业在吧台内装有简单的烹调设备，如电扒炉、比萨饼烤炉和微波炉等。这样，客人在吧台或餐台饮用酒水时，可以购买一些简单的快餐。这种酒吧的规模比较小，价格大众化。

（八）宴会酒吧（Restaurant & Function Center）

宴会酒吧是提供团队聚会的场所。该企业有适合的空间和设施、大众接受的菜肴和普通的酒水及大众化的价格，是各企业和社区团体举行活动的理想场所。这种酒吧常受欧洲人和美国人的青睐。（见图 8–3）

（九）客房酒吧（Mini Bar）

在饭店的客房内，一种装有酒水和小食品的柜子称为客房酒吧。这种酒柜通常分为三层。最上面层装有小瓶烈性酒。第二层放咖啡和茶叶。第三层装有小冷藏箱，里边存有各种啤酒、饮料及小食品，方便住店客人随时使用。一些高星级饭店将客房酒吧称为食品中心（Refreshment Center）。因为这种客房酒吧装有品种较多的酒水和小食品。（见图 8–4）

图 8–3　宴会酒吧

图 8–4　客房酒吧

（十）外卖酒吧（Catering Bar）

一些酒吧根据顾客需求和预订，对外经营酒会服务。这些企业根据顾客提出的地点要求，例如大使馆、某风景区或某一企业内部等地方临时设置吧台，销售各种酒水和小食品等，并提供现场服务。

（十一）其他酒吧

一些企业根据市场需求，在经营娱乐产品时还经营酒水。如，游泳池酒吧（Poolside Bar）为游泳顾客提供饮料、热茶和咖啡服务；保龄球馆酒吧（Bowling Alley Bar）为打保龄球的顾客提供热茶、咖啡和饮料服务等。

三、咖啡屋（café）

咖啡屋是经营咖啡饮料的企业。传统上，它也属于酒吧类。一些咖啡屋也经营开胃酒、水果汁和各种小吃。

四、茶社

茶社是经营茶水的企业。尽管它的文字表面不称为酒吧。然而，它确实是酒水经营企业。许多茶社以经营茶水为主，兼营各种冷热饮料和小食品。此外，越来越多的茶社还兼营有中国特色的菜肴，受到顾客的欢迎。

第二节　酒水经营企业特点

一、酒水经营企业概述

根据调查，酒水经营企业有着自己的特点。其主要特点是，酒水销售单位小，服务随机性强，毛利率较高，一般可达 70% 以上。当然，餐厅在经营酒水中，还可以促进菜肴的销售。高星级饭店的酒水收入占餐饮总收入的 30% 以上。因此，酒水销售已经成为饭店业、餐厅和酒吧的主要收入来源。当今，饭店业有多种酒水销售点：大厅酒吧、餐厅酒吧、客房酒吧和歌舞厅酒吧等。通常，规模较大的饭店和高星级饭店还设置鸡尾酒吧、宴会酒吧和娱乐设施酒吧。目前，所有饭店、餐厅和酒吧根据酒水市场的发展和需要，正朝着专业化方向发展。

二、企业建筑风格

酒水经营企业的建筑风格对酒水营销起着非常重要的作用。酒水经营企业的建筑被称为固体音乐和艺术语言，其空间组合、外观外貌、尺度质感、色调韵律等构成了丰富多彩的营销体系。当然，建筑艺术常被认为是想象力和科学技术的结晶。因此，建筑风格是企业不可忽视的营销手段。酒水经营企业应当讲究建筑风格，使建筑风格具有特色并体现经营特点。20 世纪 60 年代以来，新型建筑结构和现代建筑材料的广泛应用，使人们对建筑个性化的要求成为可能。当今，餐饮顾客不仅追求餐厅和酒吧的功能并且对环境方面有较高的需求。餐饮消费心理研究表明休闲餐饮顾客更有观赏自然美的心理。因此，一些以田园为主题的餐厅和酒吧受到顾客的青睐。这是因为它的美学价值在于自然质朴、不雕不琢，使人感受到清新和温馨。这些企业常有人造山石、小桥流水，使人感到清新幽雅。此外，生活在现代社会，人们可能有怀旧情绪。因此，一些酒水经营企业以古老的建筑形式展现在顾客面前。例如，仿造中世纪的客栈、别墅和城堡等以吸引顾客。

三、品牌与个性

酒水经营企业应当有鲜明的个性。首先，企业应当有经营特色，例如音乐酒吧、迪斯科酒吧、茶艺厅、咖啡厅或西餐厅等。根据对成功企业的调查，名称必须易读、易写、易听、易记，简单和清晰，易于分辨，字数要少而精，以2~5个字为宜。名称的文字排列顺序应考虑周到，避免将容易误会的字体和发音排列在一起。此外，字体设计应美观，容易辨认，易于引起顾客注意，加深印象和记忆。许多企业家认为酒吧和餐厅是人们聚会的地方，人们常通过电话进行约会，因此名称必须方便联络，容易听懂，避免使用容易混淆的文字、有谐音或可联想的文字。例如，称为“梅约翰”的音乐酒吧。该名称来自法国一位世界级音乐大师。该酒吧有高雅的欧式建筑风格，门前左边有高大的落地灯箱，上面是英语的酒吧名称，右面是小提琴艺术灯箱，门前是大理石地砖和木质的方格玻璃门，显得高雅和庄重。同时，室内有木质地板、墙护板、大理石的柱饰和欧式四角尖顶壁灯，显得高贵和气派，在钢琴伴奏的音乐中，喝着自制的特色咖啡等。当然，没有迪厅和歌舞厅的喧闹，只有轻柔的钢琴声和优雅的小提琴声环绕四周。又如，另一家被命名为“紫藤”的茶艺厅，举目皆是绿色植物，从脚边到头顶上，天花板四周是吊兰，茶座四周是散尾葵，在石头的隔栏上放着盆栽的绿色植物。绿色植物的里墙是自然石头，配上藤椅，给人和谐舒适的感觉。此外，石头墙挂着多幅向日葵和菊花画，玻璃天花板有坡度等，具有相当的诗情画意。

四、地点选择

企业的坐落地点对酒水经营起着关键作用。许多酒吧和餐厅的装潢非常有特色，酒水质量非常好。但是，其经营状况不乐观，原因是地点问题。著名的美国饭店企业家——爱尔斯沃斯·密尔顿·斯塔勒（Ellsworth M. Statler）在论述饭店的地点时说：“对任何饭店来说，取得成功的三个根本要素是地点、地点、地点。”根据酒水经营情况的调查，越是高消费的酒吧或餐厅，顾客购买产品越慎重。越是著名的酒吧和有特色的酒吧或餐厅，人们越是愿意用更多的时间，行驶较多的路程去购买。而顾客对大众化酒水基本上是即时性消费，不会为饮用普通酒水乘坐交通工具或走很远的路程。相反，一个有个性和人文气氛的酒水经营企业的位置可以在离市中心较远的地方，生意仍然很好。因此，确定酒水企业经营范围时，要注意地点的特点。当然，在选择地点时必须调查是否有与本企业相关的竞争者。通常，坐落在竞争者附近的酒水经营企业会受到竞争者的影响。

五、内部环境与布局

酒吧和餐厅是经营酒水的场所。通常，销售不同酒水的场所必须具有各自的环境特点。酒吧和餐厅应当安装一些具有文化情调和特色的灯饰，灯光要柔和，可以选用造型优美和有独特性的壁灯。根据调查，吧台的灯光十分重要，为了方便调酒师和服务员的工作及吸引顾客对吧台的注意力，吧台内外局部应有足够的照明。酒水经营场所应配备优质的音响设备，创造轻松的气氛，同时，采用天花板吸音装置以降低工作区的噪声。此外，配备空气调节设备，保持室内温度和湿度，不断地排出室内的烟味和酒味，保持空气清新。为了有效地运营，酒吧的经营面积应适应客人的周转率，通常将大块面积隔成小间，或以矮小的隔物或装饰物方式进行分隔，使酒吧安闲雅静。最后，家具要舒适，桌椅设计要有特色，既要便于使用，又要方便合并，为团体客人服务。

六、吧台与工作台设计

吧台是销售酒吧与餐厅酒水的台子。吧台设计既要简单并显示风格，又应具有营销功能和高效率工作等。因此，吧台必须方便服务，具有短时间内制出多种酒水的能力，使调酒师在同一个地方完成几项相关的工作，如切配水果，调制各种酒水，方便服务员取酒水等。同时，酒吧的吧台还要考虑方便顾客饮用酒水，方便酒水的储存与经营，易于酒杯和调酒用具的洗涤及消毒与储存等。吧台设计的关键在于实用性，包括吧台工作区、服务区、洗涤区和储存区。吧台的高度通常为 110~120 厘米，最高不超过 125 厘米，根据需要可配相应高度的吧椅，吧椅高度常为 80~90 厘米，可以调节高度。一般而言，吧台台面宽度是 60~70 厘米。吧台表面应使用易于清洁和耐磨的材料。吧台上的折叠板是为服务员取酒水准备的，应离开顾客的饮酒区。吧台下面突出的边沿和脚踏杆会给顾客带来舒适和愉快。吧台的形状通常有 4 种：直线形、U 形、圆形和 S 形。吧台内应有足够的空间使调酒师来回走动。吧台与它身后酒柜的距离约为 100 厘米。吧台的长度取决于经营情况和吧台内的工作人数。例如，有两名以上调酒师工作，每个调酒师应有自己的工作区。每个工作区应有自己的工作台和洗涤槽，有摆放杯具和用具的地方。调酒师必须容易取到酒水，而不必穿越另一个工作区。酒品陈列柜和吧台下的储藏区应当分开，以便分别控制各自的酒水。每个区域还应备有一个装空酒瓶的箱子，通常放在水槽下面。开瓶起子应固定在工作台的台面上，以方便使用。吧台内的地面应该选用防滑并易于清洁的材料。

工作台是酒水销售的基础设施，它位于吧台下面，是调酒师配制鸡尾酒的台子。各种酒水常放在工作台旁的酒架内，以便服务时能迅速取出以提高服务效率。

（一）直线形吧台

其特点是，调酒师在吧台内的各个角落都能面对顾客，吧台展示柜直观，吧台前的顾客易于相互了解、相互聚饮。（见图 8-5）

（二）U 形吧台

U 形吧台体现欧陆式风格，可为顾客提供更多的位置，方便顾客聊天。同时 U形吧台更多地突出座位，对顾客更具吸引力。但是，这种吧台占地面积大。（见图 8-6）

图 8-5　直线形酒吧

图 8-6　U 形酒吧

（三）圆形吧台

圆形吧台也称作环形吧台，吧台中常使用圆形展示柜。这种吧台方便服务，它适用于较大型的酒会和自助式宴会。（见图 8-7）

（四）S 形吧台

S 形吧台通常适用于大型企业。这种台形既美观，又可以突出不同位置的吧椅，方便顾客聊天。（见图 8-8）

图 8-7　圆形酒吧

图 8-8　S 形酒吧

第三节　酒水经营设备

一、洗涤与消毒设备

酒水经营企业必须安装洗涤槽和消毒柜，通常安装在工作台的旁边。为了操作方便和清洁卫生，吧台的每个工作区域至少应有两个以上的水槽，水槽通常用不锈钢制成。洗涤区应设有充足的冷热水和消毒剂。水龙头应是旋转的，不用时可推在一旁。一些酒吧还设有洗杯机和消毒柜。近年来，许多酒吧和餐厅都安装带有消毒功能的洗杯机，这种机器不仅节省人力，还可保持杯子的卫生。过去，洗涤槽既洗酒杯、餐具，又洗布巾等，很不卫生。当今，使用洗杯机可以将酒杯、餐具和其他物品分开洗涤，洗杯机不仅具有洗涤功能，还有消毒功能。小型洗杯机占地面积小，灵活方便，自动化强。这样，洗杯机可以专门洗酒杯，餐具可送到备餐间清洗。

二、储存设备

冷藏设备是酒水经营业的必要设备。冷藏箱有立式和卧式两类，白葡萄酒、啤酒和装饰鸡尾酒的水果应有规律地装入冷藏箱。同时，将先领用的酒水放在冷藏箱的前排，后领用的酒水放在后排，做到先领取的酒水先使用。根据需要，酒吧或餐厅应有酒水储藏室或有足够的空间和设施储存一定时期需要的各种酒水和服务用品。当然，酒水冷藏展示柜和酒架都是经营酒水不可缺少的储存设施。

三、电源设备

酒水销售常使用电器设备，如电动搅拌机、电热水器等。因此，吧台附近应当配备足够的电源插座，插座应位于工作台和吧台之间和接近冷藏设备的地方，远离水槽。

四、酒水收款机

酒水经营应使用收款机，方便收款和记录账目。

五、制冰机

制冰机是酒水经营不可缺少的设备，它有不同的尺寸和类型，制出的冰块有正方体、圆形、扁圆形和长方形及小颗粒形。这样，酒吧或餐厅可根据自己的需要选用各种制冰机。

六、生啤机

生啤机属于速冷型设备。通常在酒水经营企业，整桶的生啤酒无须冷藏，只要将桶装啤酒与生啤机连接，输出的啤酒便是冷藏的，泡沫厚度可根据需要控制。

七、电动搅拌机

一些带有冰块、水果、柠檬汁、鸡蛋或牛奶的鸡尾酒可在电动机的搅拌下将它们充分混合。因此，多功能电动搅拌机是酒吧必要的设备。

八、咖啡机

咖啡机是制作咖啡不可缺少的设备。咖啡机有自动型和半自动型。半自动咖啡机在制作咖啡中需要人工参与研磨咖啡豆或压咖啡粉等工作。这种设备可利用恰当的蒸汽压力，轻松地做出意式咖啡。许多咖啡机的顶部有温杯盘可预热咖啡杯。该机运转可由电脑控制。

自动型咖啡机也称作全自动型咖啡机。其主要的特点是研磨咖啡豆和制作新鲜的咖啡全过程自动化。可制作意大利香浓咖啡（ESPRESSO）、意大利奶沫咖啡（CAPPUCCINO）、普通咖啡（REGULAR）和美式清咖啡（AMERICANO）。此外，这种设备还可以自动做奶沫设计，直接吸取鲜奶，瞬间形成浓郁奶沫。这种咖啡机的运行功能包括自动省电模式，自动清洗内部水垢及自动清洗内部管路。它还具有温杯功能，可同时制作两杯咖啡。（见图 8 9）

图 8–9 全自动与半自动咖啡机

九、自动热饮售货机

该机器重量约 38 千克，能容咖啡豆 1.5 千克，奶粉 2.1 千克，可储存杯子

250 只，可存糖 250 份。该机器的特点是功能齐全，结构紧凑，可制作 7 种不同种类的热饮：热牛奶、热巧克力和热咖啡等。这种设备可现磨咖啡豆，制作出品质优秀的新鲜咖啡。根据需求，企业可设定输出的种类和容量。这种设备可采用投硬币或磁卡系统，自动完成销售的全过程。

十、苏打枪

苏打枪（Handgun for soda system）是销售二氧化碳饮料的设施。这种机器包括一个喷嘴和 7 个按钮，可销售 7 种饮料：苏打水（Soda）、汤尼克水（Tonic）、可乐（Cola）、七喜（7–up）、哥连士饮料（Collins Mix）、姜汁汽水（Ginger Ale）和薄荷水（Peppermint Water）等。这种设备使用方便，价格较高。

十一、葡萄酒展示柜

葡萄酒展示柜是展示和存放香槟酒和葡萄酒的设备。这种展示柜内部材料采用木头，里面分横竖成行的格子。香槟酒、葡萄酒横放入格内存放，酒的标签朝上，瓶口朝外，温度保持在 8℃ ~12℃，保持酒瓶木塞湿润，保证瓶中酒的芳香味。此外，许多餐厅和酒吧使用小型葡萄酒冷藏展示柜。（见图 8–10）

图 8–10　不同风格的葡萄酒展示柜

根据销售需要，餐厅和酒吧还设置奶昔机、果汁机和冰激凌机。一些高消费的酒吧和咖啡厅使用带有加热设备的咖啡车，可以现场制作爱尔兰咖啡。

第四节　酒水经营用具

酒水经营企业必须具备各种酒水服务的用具和酒具，这些器皿是酒水销售与服务不可缺少的工具。（见图 8–11）

图 8-11　酒水销售与服务用具

一、酒水经营用具

（一）冰桶（Ice Bucket）

盛装冰块的容器，通常用不锈钢材料制成。

（二）榨汁器（Juicer）

挤压新鲜柠檬汁和橘子汁的工具。

（三）调酒杯（Mixing Glass）

调制鸡尾酒和饮料的容器。将易于混合的鸡尾酒原料放入调酒杯，搅拌制成。

（四）开瓶钻（Corkscrew）

开葡萄酒瓶的工具。

（五）调酒棒（Stirrer）

搅拌酒水的工具。

（六）调酒匙（Bar Spoon）

搅拌酒水的工具，一端是匙状，另一端是叉状，中部呈螺旋状。

（七）冰锥（Ice Awl）

分离冰块的工具。

（八）量杯（Jigger）

量杯，也称为盎司杯，一种量酒工具。通常由金属制作，分为上下两部分构成，每一个部分可以计量不同的容量。例如，一部分量度是 1 盎司，另一部分量度为 1.5 盎司等。

（九）液体量杯（Liquid Measuring Cup）

测量果汁、牛奶等液体的量器。

（十）计量匙（Tablespoon）

计量干货原料，也可计量液体，包括糖和香料等。

（十一）调酒器（Shaker）

调酒器也称为调酒壶，是调制鸡尾酒的工具。由壶盖、滤冰器和壶身组成。调酒师通过摇动调酒器将不容易与烈性酒混合的柠檬汁、橙汁、鸡蛋或牛奶混合在一起。

（十二）开瓶器（Bottle Opener）

打开啤酒和汽水瓶盖子的用具。

（十三）砧板（Cutting Board）

切水果等装饰物的板子，由无毒塑料制成。

（十四）水果刀（Fruit Knife）

切水果和装饰物的小刀。

（十五）吸管（Straw）

放在高杯中，方便客人喝饮料的塑料吸管。

（十六）杯垫（Coaster）

为顾客服务酒水时垫杯用的纸垫。

（十七）冰夹（Ice Tongs 和 Ice Scoop）

取冰块用的夹子和铲子，配制饮料和鸡尾酒时取冰块用。

（十八）滤冰器（Strainer）

调制酒水时过滤冰块的工具。

（十九）红葡萄酒塞

这种酒塞（见图 8–12）可将开封的红葡萄酒，通过抽出瓶中的空气，使酒瓶的酒不与氧气接触，使瓶中的酒保持原味。

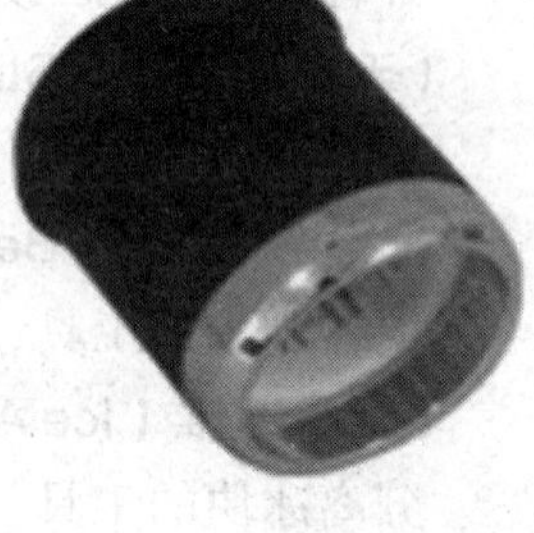

图 8–12 红葡萄酒酒塞

（二十）宾治盆（Punch Bowl）

调制混合酒或饮料的容器。

（二十一）水果签（Cocktail Picks）

串联樱桃、柠檬或橙片等鸡尾酒装饰物的竹签。

（二十二）托盘（Tray）

运送酒水与小食品用的塑料盘。

二、常用的酒具

酒具主要是指酒杯。酒杯是经营酒水的重要工具。不同的酒水必须使用不同的酒杯，酒杯应适合酒的风格，表现酒的特色。酒吧和餐厅应当重视酒杯的式样和容量。酒杯有不同的分类方法。按照酒的种类分类，酒杯可以分为白兰地酒杯、威士忌酒杯、葡萄酒杯、利口酒杯、啤酒杯、鸡尾酒杯及果汁杯等。根据酒的特点，酒杯又可细分为白葡萄酒杯、红葡萄酒杯、雪利酒杯和波特酒杯。鸡尾酒杯可分为酸酒杯、考林斯杯、海波杯和三角形酒杯等。酒杯的名称有很多，命名方法涉及许多方面，通常以酒水种类命名，如水杯、果汁杯、白葡萄酒杯、红葡萄酒杯、香槟酒杯、鸡尾酒杯、白兰地酒杯、威士忌酒杯和利口酒杯等。有时酒杯根据盛装的酒名命名，如库勒杯、考林斯杯、海波杯、王朝杯、雪利杯、波特杯等。此外，一些企业还根据酒杯的特点命名。例如，平底杯、郁金香杯、笛形杯、碟形杯和坦布勒杯等。少数酒杯根据品酒的动作命名，如欧美人把白兰地酒杯称为嗅杯（Snifter）。（见图 8-13）

烈性酒杯（Shot）

海波杯（High-ball）

老式杯（Old-Fashioned）

玛格丽特杯（Margarita）

三角形鸡尾酒杯（Cocktail）

考林斯杯（Collins）

比尔森啤酒杯（Pilsner）

热饮杯（Hot Beverage）

彩虹酒杯（Pousse）

白兰地酒杯（Brandy Snifter）

宾治杯（Punch Cup）

啤酒杯（Beer Cup）

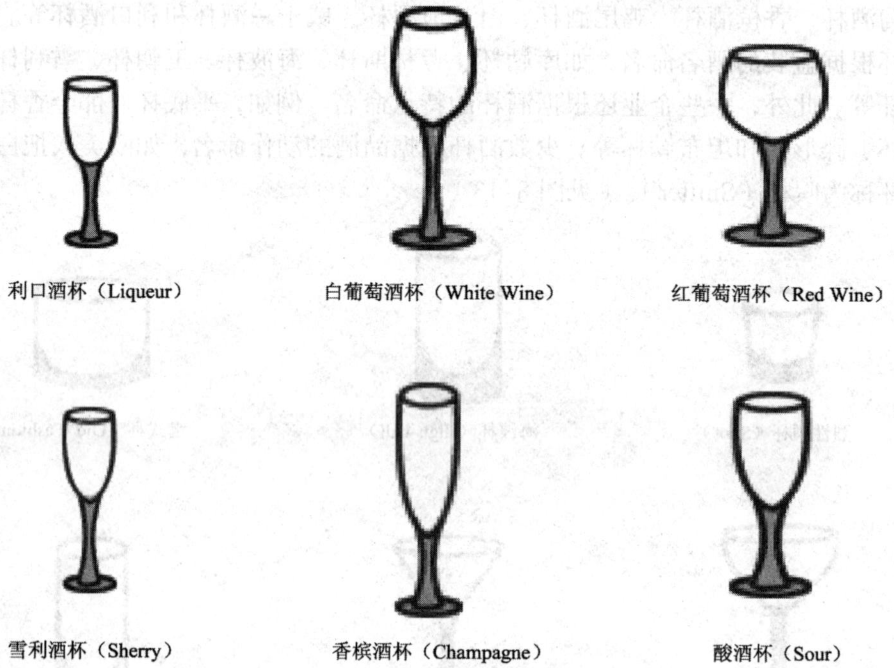

图 8-13　各种常用的酒杯

（一）白葡萄酒杯（White Wine）

该酒杯是高脚杯，杯身细而长，主要盛装由白葡萄酒、玫瑰红葡萄酒和白葡萄酒制成的鸡尾酒，常用的容量约 6 盎司，约 180 毫升。

（二）红葡萄酒杯（Red Wine）

该酒杯是高脚杯，杯身比白葡萄酒杯宽而短，主要盛装红葡萄酒和由红葡萄酒制成的鸡尾酒，常用的容量为 6 盎司，约 180 毫升。

（三）雪利酒杯（Sherry）

雪利酒是增加了酒精度的葡萄酒，因此雪利酒杯是容量较小的高脚杯，杯身细而窄，有时呈圆锥形。通常的容量是 3 盎司，约 90 毫升。

（四）波特酒杯（Port）

波特酒是增加了酒精度的葡萄酒。波特酒杯容量较小。形状像红葡萄酒杯，只不过是小型的红葡萄酒杯，常用的容量约 3 盎司，约 90 毫升。

（五）香槟酒杯（Champagne）

香槟酒杯是盛装香槟酒、葡萄汽酒和香槟酒配制的鸡尾酒的酒杯。香槟酒杯有三种形状，碟形（Saucer）、笛形（Flute）和郁金香形（Tulip）。香槟酒杯常用的容量为 4~6 盎司，120~180 毫升。

（六）威士忌酒杯（Whisky）

威士忌酒杯的形状是杯口较宽小型平底杯，容量为1.5盎司，约45毫升。它不仅可盛装威士忌酒，还作为烈性酒的纯饮杯。威士忌酒杯不盛装白兰地酒。威士忌杯常称为“吉格杯”（Jigger）。Jigger的含义是“任何可盛装1.5盎司容量液体的杯子”。

（七）白兰地酒杯（Brandy）

白兰地酒杯是销售白兰地酒的杯子。它是高脚杯，杯口比杯身窄，利于集中白兰地酒的香气。白兰地酒杯有不同的容量，常用的杯子是6盎司，即180毫升。白兰地酒杯还常称为干邑杯（Cognac）和嗅杯（Snifter）。欧美人在饮用白兰地酒前，习惯性地用鼻子嗅一嗅，享受酒的香气。

（八）利口酒杯（Liqueur）

利口酒杯也称为甜酒杯和考地亚酒杯（Cordial），这种酒杯是小型的高脚杯或平底杯。它的容量常在1.5~2盎司之间，45~60毫升。利口酒杯是根据英语“Liqueur”的音译，考地亚杯是根据英语“Cordial”的音译。英语“Liqueur”与“Cordial”是同义词，都表示利口酒、香甜酒或餐后酒。

（九）混合酒杯（Mixed Drinks）

混合酒杯是指不同的鸡尾酒杯的总称，有各种不同的形状，有的杯子是高脚型，有的杯子是平底型。

（十）三角形杯（Cocktail）

三角形杯是高脚杯，杯身为圆锥形或三角形，是盛装短饮类鸡尾酒的杯子。容量通常是3~4.5盎司，90~135毫升。

（十一）玛格丽特杯（Margarila）

玛格丽特是一种鸡尾酒的名称。该酒以墨西哥生长的植物——龙舌兰为原料制成的特吉拉酒为主要原料，加上柠檬汁混合而成。玛格丽特杯就是以这种鸡尾酒的名称命名的。这种酒杯是一种带有宽边或平台式的高脚杯，这个平台利于玛格丽特酒的装饰（盐粉）。玛格丽特杯容量约5~6盎司，约150~180毫升。

（十二）坦布勒杯（Tumbler）

坦布勒杯也称为平底杯，是所有平底杯的总称，是用来盛装长饮类鸡尾酒、带有冰块的鸡尾酒或饮料的杯子。根据它们盛装鸡尾酒的容量及杯身形状要求，平底杯有不同的容量，通常是从6~15盎司。有的杯子身宽而短，有的杯子身高而窄。最常用的平底杯有老式杯、海波杯、考林斯杯和库勒杯等。

（十三）老式杯（Old-Fashioned）

老式杯也称作洛克杯（Rocks）或古典杯（Classic）。这种杯子的杯身宽而短，杯口大，是盛装带有冰块的烈性酒和古典鸡尾酒的杯子。老式杯容量常在

5~8 盎司之间，150~240 毫升。老式杯是根据它盛装的著名的鸡尾酒——老式（OldFashioned）命名。洛克杯是根据英语“Rocks”的音译而成。英语“Rocks”含义是“任何不加水，只加冰块的烈性酒”。此外，双倍容量的老式杯（Double Old-Fashioned）容量可达 390 毫升。

（十四）海波杯（High-ball）

海波杯是盛装鸡尾酒——海波（High-ball）的平底杯，目前已经有带脚的海波杯。海波是英语“High-ball”的音译。海波杯还常被人们称作高球杯，这是因为英语“High-ball”的含义是“高球”。海波杯容量通常在 6~10 盎司，180~300 毫升之间，海波杯有多种用途，主要是盛装长饮类鸡尾酒。

（十五）考林斯杯（Collins）

考林斯杯也常称为高杯，它是盛装鸡尾酒——考林斯（Collins）的平底杯。由于杯子形状高而窄，因此称为高杯。考林斯杯容量常在 10~12 盎司之间，300~360 毫升。

（十六）库勒杯（Cooler）

库勒杯是较大型的平底杯，它以盛装鸡尾酒——库勒（Cooler）命名。它的容量是 15 盎司，约 450 毫升。

（十七）啤酒杯（Beer）

图 8-14　各式啤酒杯

啤酒杯是盛装啤酒的杯子。它主要有两种类型，平底的玻璃杯和带脚的杯子，常用的啤酒杯容量在 8~15 盎司之间（约 240~450 毫升）。

目前，啤酒杯的造型和名称越来越多。（见图 8-14）

（十八）高波莱杯（Goblet）

这种杯子实际上是高脚的白水杯，用于盛装冰水和矿泉水，其容量常在 10~12 盎司之间，约 300~360 毫升。

（十九）果汁杯（Juice）

果汁杯是平底的玻璃杯，它与海波杯形状相同。只不过它的容量常常比海波杯略少一些，容量常在 5~6 盎司之间，约 150~180 毫升。

（二十）热饮杯（Hot Beverage）

这是盛装热饮料的杯子，带柄，有平底和高脚两种形状，容量常在 4~8 盎司之间，即 120~240 毫升。

本章小结

本章系统地介绍和总结了各种酒水经营企业，包括各种餐厅和酒吧，总结了酒水经营企业内部环境与布局、吧台与工作台、经营设备与用具等。

餐厅是经营菜肴和酒水的企业。根据顾客的不同需求，餐厅有多个类型。这些类型主要表现在菜肴风味、消费水平、服务模式及服务功能等方面。但是不论任何餐厅，菜肴和酒水都必须协调经营。

酒吧是经营各种酒水的场所。“酒吧”一词来自英语，经翻译而成。酒吧在19世纪中期，先在欧洲和美国兴起。酒吧除具备一般的餐饮企业经营特点外，还具有自身的特点。主要表现在酒水销售单位小，服务随机性强，客源以散客为主，毛利率高，酒水销售以现金结账，资金周转快。根据酒吧的经营特色，酒吧有多种类型：大堂酒吧、主酒吧、歌舞厅酒吧、宴会酒吧、商务楼层酒吧、餐厅酒吧、娱乐设施酒吧、咖啡屋、啤酒屋、葡萄酒吧和伏特加酒吧等。

练习题

一、多项选择题

1. 酒水经营企业的建筑被称为固体音乐和艺术语言。包括它的（　　）等，构成了丰富多彩的营销体系。

A. 空间组合　　B. 外观外貌
C. 尺度质感　　D. 色调韵律

2. 酒吧的吧台设计应考虑方便顾客饮用酒水，方便调酒师对各种酒水的储存与服务。同时，应易于酒杯和调酒用具的洗涤、消毒与储存等。因此，酒吧的吧台设计的关键在于实用性。这一设计原理可用于吧台的（　　）。

A. 工作区　　B. 服务区
C. 洗涤区　　D. 储存区

3. 吧台通常包括（　　）等形状。

A. 直线形　　B. 三角形
C. 圆形　　D.U 字形

二、判断改错题

1. 高级餐厅经营的酒水全面，包括世界各种著名品牌的开胃酒、葡萄酒、啤酒、烈性酒、点心酒、餐后酒和各种咖啡、茶、新鲜果汁及软饮料且现场配制鸡尾酒，消费水平高。（　　）

2. 酒吧是经营各种酒水的场所。酒吧除具备一般的餐饮企业经营的特点外，还具有自身的特点。表现在酒水销售单位小，服务随机性强，讲究文化和环境气氛。(　　)

三、名词解释

鸡尾酒吧（Ckcktail Bar） 咖啡厅（Coffee Shop） 多功能厅（Function Room） 客房酒吧（Mini Bar）

四、思考题

1. 简述啤酒屋的含义与特点。

2. 简述宴会酒吧的含义与特点。

3. 简述葡萄酒吧的含义与特点。

4. 简述酒吧内部的环境与布局原理。

五、画图题

1. 画出常用的鸡尾酒杯。

2. 画出白兰地酒杯与威士忌酒杯。

第9章

酒水经营组织管理

本章导读

酒水经营组织实际上是按照酒水经营目标和运营模式建立起来的职工经营整体。本章阐述了酒水经营组织和工作职务管理。其主要内容包括酒水经营组织的特点、酒水经营组织原则、酒水经营组织结构；酒水经营企业的职务设立、工作规范、职务规划和工作职责等。

通过本章学习，可以掌握各种酒水经营组织的结构；熟知不同种类和规模的酒水经营企业的工作职务和工作规范，建立有效的经营组织。同时，掌握职工招聘、选拔和培训管理能力。

第一节　酒水经营组织概述

一、酒水经营组织含义

酒水经营组织实际上是按照经营目标和运营模式建立起来的职工经营整体。酒水经营组织必须具有与运营相应的层次和责任，各岗位人员为实现共同的经营目标分工协作。根据调查，组织管理是酒水经营管理的重要内容，合理的酒水经营组织应高效率地实现企业经营目标，否则应当调换。通常，酒水经营组织的层次和部门越多并越复杂，其信息传播的速度越慢。因此，组织应当精简而稳定并应随着市场需求和企业经营目标的变化而变化。由于酒水经营企业规模不同、经营目标不同、设备与设施不同，因此酒水经营组织的结构也不同。

二、酒水经营组织特点

合理的酒水经营组织可以使酒水经营稳定化、规范化和制度化，使分散的、孤立的和微弱的岗位凝聚成强大的经营力量。有效的经营组织，各岗位应有明确的责任，减少推诿与摩擦和无人负责现象，以提高经营效益和加速企业决策。当然，也有利于计划和制度的执行，理顺部门与岗位之间的关系。当今酒水经营企业正面临着重整组织的挑战，以便能更好地利用创新技术，对市场作出更快的反应。同时，酒水经营企业还要成为职工舒心的工作场所。许多企业家认为，酒水经营企业真正的价值在于员工的创新。如果职工对工作无主人翁感，没有充分地施展他们的才能，他们就不会进行技术与产品创新。传统的酒水经营组织等级清晰，讲求级别和界限，限制了经营效果。现代酒水经营组织把管理者放在中心位置而不是高高在上，强调让职工接近管理人员、参与经营决策，使经营组织更加和谐及提高了竞争力。

三、酒水经营组织原则

许多成功的餐饮企业家认为，管理者必须理解经营组织的基本结构。不合理的经营组织会造成经营模式与产品质量摇摆不定，工作不协调。因此，酒水经营组织管理不论在饭店、餐厅还是酒吧都是很重要的内容。

（一）以经营任务与目标为基础

酒水经营组织的根本目的是实现经营目标。因此，其经营组织设计的层次、幅度、任务、责任和权力等都要以经营目标为基础。当经营规模发生变化，如企业扩大经营，组织应作出相应的调整。当然，经营目标和顾客类型发生变化时，如以酒水为主要产品变为以酒水与菜肴综合产品为主要经营目标时，经营组织不能保持原来的模式，应及时作出相应的调整。

（二）分工与协作相结合

现代酒水经营企业专业性很强，因此应根据专业性质和工作类型设置相应的部门和工作职务，做到合理分工。如大型饭店应设立酒水运营部门和业务主管，负责经营酒水；小型企业要设立专业的调酒师或领班负责酒水经营工作。不同规模和类型的酒吧也要根据经营需要合理地规划经营组织。饭店业必须根据接待的顾客类型和饭店星级建立不同的酒吧和酒水经营部门。

（三）统一指挥

酒水经营组织必须保证经营指挥的集中统一，实行部门经理负责制、业务主管负责制及领班负责制，避免多头领导和无人负责现象。一些企业不重视酒水经营与服务，认为酒水是餐厅的辅助产品，以餐厅主管和领班兼管酒水经营与服务，这种组织对酒水经营很不利，而且还影响菜肴的销售。

（四）有效的管理幅度

餐饮管理人员的精力、业务知识、工作经验都有一定的局限性，更由于厨房管理、餐厅管理、酒水经营管理、原料采购等需要不同的业务知识和经验。因此，酒水经营应单独设岗并以专业分工为原则。

（五）责权利一致

合理的经营组织应建立职务责任制，明确工作人员层次、部门、工作的责任及职务的权力以保证经营有序。酒水经营企业应赋予酒水业务主管相应的责任和权力。这样，有较大责任的职务应当有较大的权力，落实责任制必须与相应的经济利益挂钩，使酒水运营管理人员尽职尽责。此外，部门和职务的职权和职责应当制度化，不要随意因人事变动而变动。

（六）集权与分权相结合

酒水经营人员必须权力集中，只有这样才能有利于人力、原料、资金、能源和设备的合理配置和使用。为了调动职工的积极性与主动性，方便酒水经营，企业应赋予酒水经营部门与管理人员一定的权力。集权和分权的程度应考虑企业的规模、经营特点、部门或职务的专业性质及职工素质和业务水平等因素。

（七）稳定性和适应性相结合

酒水经营部门和职务的设计应根据企业的规模、经营特色、企业类型和具体经营目标而定。企业要保持酒水经营组织的稳定性，不要经常变化。当然，为了适应企业经营的需要，酒水经营组织应有一定的弹性。部门和岗位应随市场变化和企业经营策略的变化作出调整。

（八）组织结构精简

酒水经营组织力求精干和简单。组织形式、组织层次、职务的设立都应有利于经营效率，降低人力成本并利于企业竞争。

第二节　酒水经营组织结构

一个成功的酒水经营企业首先应有科学的经营组织。这种组织主要表现在两个方面：一是经营效率高，二是能满足顾客的需求。因此，酒水经营企业应根据自己的规模、经营目标设立部门和职务。通常独立经营酒水的企业——酒吧，由经理负责整个企业的经营管理，组织 1~2 名领班和数名服务人员一起工作。大型酒楼或餐厅由酒水业务主管负责该企业酒水经营，指导 1~2 名领班和数名服务人员。在中等规模的饭店，常设酒吧经理（业务主管级），在餐饮部经理指导下管理该饭店所有的酒水经营工作。包括大厅酒吧、餐厅酒吧和歌舞厅酒吧等经营管理工作。大型饭店设酒吧经理职务，在饭店餐饮总监指导下负责整个饭店的酒水经营，包括大厅酒吧、主酒吧、餐厅酒吧、歌舞厅酒吧、保龄球及高尔夫球酒吧和各种宴会和客房的全部酒水经营等工作。

一、小型酒吧经营组织

通常，小型酒吧设经理 1 人、调酒师 1~2 人，服务员 2~3 人。有些小型酒吧，经理兼任调酒师。（见图 9–1）

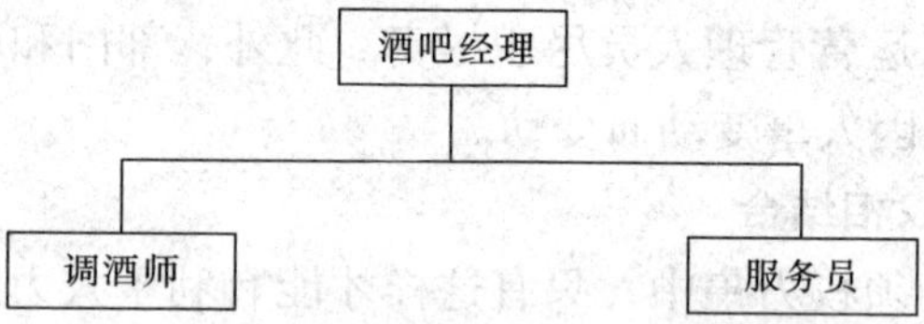

图 9–1　小型酒吧经营组织图

二、中型餐厅酒水经营组织

中型酒水企业设酒水业务主管 1 人，根据业务需要安排领班数人。该业务主管负责整个企业的酒水经营管理工作（见图 9–2）。

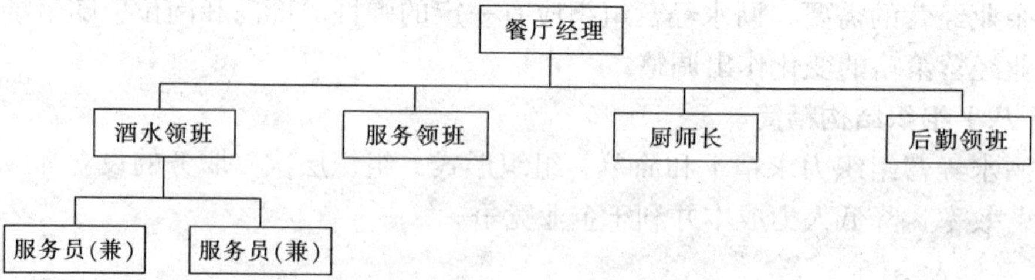

图 9–2　中型餐厅酒水经营组织图

三、中型饭店酒水经营组织

中型饭店常设酒吧经理一人负责饭店所有的酒水经营工作。这一类型的酒吧经理是业务主管级，在餐饮部指导下开展酒水经营活动。中型饭店常设有大厅酒吧（大堂吧）、主酒吧及其他酒水经营部门。（见图 9–3）

四、大型饭店酒水经营组织

大型饭店经营不同业务的酒吧，通常有大堂酒吧、歌舞厅酒吧、餐厅酒吧、宴会酒吧、保龄球酒吧及其他类型酒吧等。大型饭店常设立酒水部，负责饭店全部酒水的经营工作。酒水部经理接受餐饮总监指导。同时，根据需要酒水部设经理助理 1 人，协助酒水部经理管理酒水日常经营工作。包括酒水成本控制、日常工作安排等。酒水部经理常根据每个酒吧的经营特点，安排业务主管或领班 1 人，

负责其经营管理。（见图 9–4）

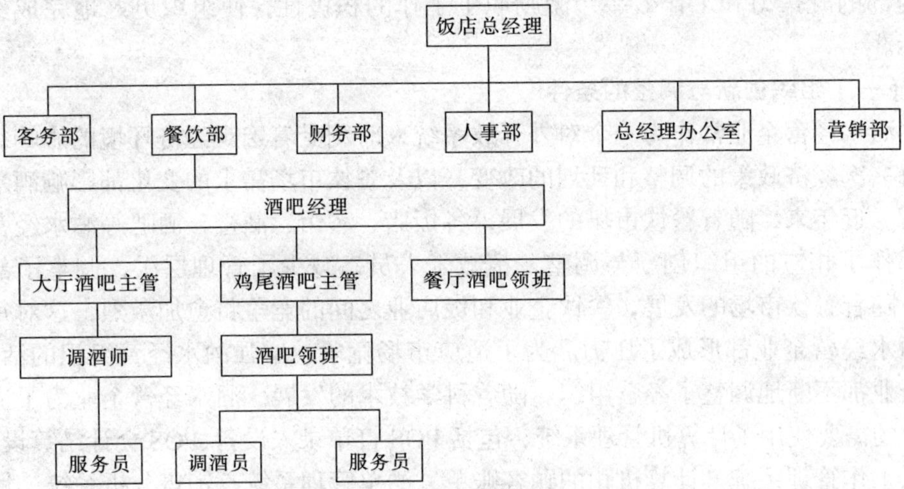

图 9–3　中型饭店酒水经营组织图

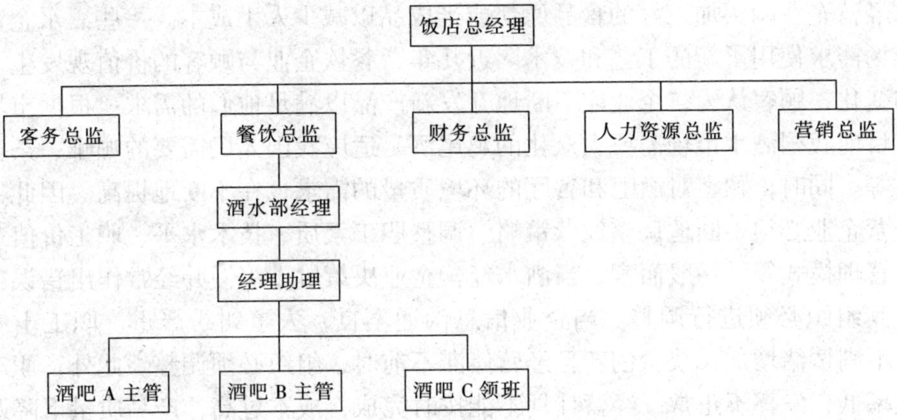

图 9–4　大型饭店酒水经营组织图

五、酒水经营组织创新与调整

经营酒水的企业实施科学的组织管理后，还要随酒水市场和企业内外环境的变化适时地进行组织创新与调整，不断地提高组织的经营能力。在创新与调整组织结构时，应注意选择好时机，做好调整前的舆论和准备工作。一般而言，企业的组织创新与调整应避开业务繁忙季节，以免影响酒水经营。当然，组织创新与调整前必须明确涉及的范围、调整的步骤、应解决的重点。酒水经营组织的创新与调整最终目标是使组织与市场环境相适应，不断地提高酒水经营能力，增强组织内部的凝聚力和工作效率，激励职工工作的积极性，使组织更好地完成经营目标。

（一）组织创新与调整的条件

酒水经营企业常作为一个对外开放系统，时刻受着宏观经济环境的影响。国家每一次经济政策的调整和计划的改变，以及餐饮市场需求的变化都影响酒水的经营。近年来，随着餐饮市场的发展，各饭店、餐馆、酒楼、酒吧等酒水经营企业都作了相应的组织创新与调整，精减了人员，减少了管理层次，调整了部门等。随着餐饮市场的发展，餐饮企业和饭店业之间的竞争将愈加激烈，这对每一个酒水经营企业都形成了压力。为了适应市场竞争，增强酒水经营组织的活力，各企业都不断地调整了经营组织。随着科学技术的发展，酒水经营企业为了适应业务的需要使用了计算机管理系统，包括POS订单录入设备、POS会计结算设备、职工工作管理系统、计算机化的顾客账单、酒单管理系统、销售分析系统、饮料自动控制系统等。一些餐饮企业还使用了新型的服务设施和生产设备。例如，明档、酒水展示台、自动咖啡机、酒水服务车、微型食品制作和展示设施等。许多酒水经营企业购买加工好的食品原料或半成品以减少人工成本。一些酒水企业根据市场需求使用了新的工艺和技术。近几年，餐饮企业与顾客的价值观发生了重大的变化，顾客认为，企业应不断地开发新产品以满足他们的需求。根据市场调查，目前我国酒水市场需要大众化的鸡尾酒、适应我国人民需要的咖啡、茶类和饮料等。同时，顾客对酒吧和餐厅的环境质量的需求也在不断地提高。因此，酒水经营企业必须不断地调整经营策略、调整职工素质、技术水平、职工价值观和运营管理模式等。一般而言，当酒水经营企业决策过于缓慢并经常作出错误决策时，其组织必须进行调整。当企业信息沟通不良，人事纠纷严重，职工士气低落，不满情绪增加，缺少创新且经营停滞不前时，组织必须调整。此外，职工工作效率低，发挥不正常，经营计划不能按时完成，成本过高，产品质量下降及销售下降等，组织也必须进行调整或创新。

（二）组织创新与调整内容

酒水经营组织创新与调整的内容常包括职务结构、职务工作和工作人员等。通常，以调整结构为重点的工作包括精简和合并某些业务相关的部门和职务，开发新的业务部门或职务，改变原来的职位及其职权范围，协调各部门之间的关系，调整业务主管的管理幅度，将经理的部分权限下放到业务主管，扩大业务主管和领班的自主权等。当然，以部门工作为重点的组织创新与调整主要是对部门和各职务的经营任务进行重新组合，改变原来的服务流程，更新企业经营设备，采用新的工艺和新的方法，实行新的服务技术，提高酒水经营效益和产品质量等。此外，以人为重点的调整是根据职工素质和特长、爱好和工作态度及企业经营目标的变化，将有能力的职工创新与调整到更适合企业发展和个人接受的职务。

（三）组织创新与调整方式

酒水经营企业在创新与调整经营组织时，常采用改良式、重组式或计划式。

1. 改良式

改良式是采取过渡的办法，将原来的酒水经营组织或部门作部分调整。这种方法的优点是可根据企业当前的经营需要，局部地进行组织调整，不会影响原有成功的经营理念和方法。缺点是缺乏总体的规划。

2. 重组式

重组式是完全抛弃旧的部门，建立新的组织结构。这种方式适用于那些经营失败的企业，并且人员老化，大多数职工不适应现代酒水经营方法与服务技术。当然，采取这种方式应谨慎，必须保证新建立组织的有效性。否则，容易使职工产生不安全感，造成士气低落并影响经营。

3. 计划式

计划式是经过周密的计划，有步骤地实施新组织的调整方案。其特点是考虑酒水经营企业经营可持续发展的需要。这种调整方法经常与培训工作结合在一起。

第三节　工作职务管理

一、工作职务概述

工作职务简称工作岗位，是指酒水经营企业赋予职工的工作任务及其所承担的责任。因此，工作职务是职工的职务和责任的统一体。工作职务可能由职工长期或短期专任或兼任。当然，工作职务是变化的并随经营需要而变化。通常，凡是有工作需要，有专人执行并承担责任的工作就可以成为一个工作职务。

二、工作职务设立

酒水经营部门与工作职务的设立应与企业的经营特点和规模紧密联系。工作职务设立要遵守系统原则，保持最低的数量并与其他业务部门的工作形成互补及根据业务的繁简而设立不同的级别。

（一）系统原则

系统原则是把企业看作一个互相联系的系统，并准确地考察职务与职务之间的联系及科学地确定最优组织结构，以达到最佳酒水经营效果。同时，确定酒水经营工作职务应从企业整体分析，凡是对酒水经营产生积极效益的职务都是应设立的工作职务。

（二）最低数量原则

最低数量原则是指在酒水经营企业的组织只有独立承担酒水经营工作的职务才能有资格设立职务。这样，企业为了最小的经济投入并获得最大的经济效益，职务数量应限制在有效地完成工作所需的职位最低数，排除因人设岗和多余副职。因此，应把工作相似而工作量不饱和的同级职务进行合并，减少组织层次，简化工作程序。

（三）整分合原则

整分合原则是指酒水经营企业必须在企业总的经营目标下进行分工，在分工基础上有效地结合。企业依照这一原则，经营部门或工作职务应是经营组织的一个成员并且有明确的分工和职责范围。当然，应与企业其他业务部门的工作形成互补。

（四）职务能级

职务能级是指企业各工作职务的等级。一个职务功能的大小，由它在经营中的工作性质、任务、繁简、责任轻重及所需任职条件等因素决定。根据这一原则，责任重大的工作职务，在经营组织中的等级应较高；反之，则低。对于酒水经营企业而言，工作职务能级从高至低，常分为三个层次，呈梯形结构。它们是管理层职务、执行层职务和操作层职务。

三、职务规范

职务规范也称为职务说明书或职务职责，是说明职务的具体工作的书面文件。酒水经营企业应制定适合业务需要的职务规范。职务规范简明扼要地记述了每一职务的责任、权力、利益以及任职资格，是职务管理的重要一环。做好职务规范首先要做好职务分析，然后做好职务分类。

（一）职务规范内容

（1）职务名称、编号。

（2）职务工作范围和职责。

（3）职务工作目标和权限。

（4）职务与其他职务的关系。例如是上下级关系，还是平行关系等。

（5）职务任职条件。包括知识、学历、能力和经验等。

（6）招聘考核项目和标准。

（7）其他应补充的事项。

（二）职务分析

职务分析是对酒水经营企业各职务设置目的、性质、任务、职责、权力和上下级关系、工作环境及任职条件等进行分析和研究，以便科学地制定职务规范和职务职责等文件。职务分析也称为工作分析或岗位分析，是企业制定职务规范的基础。职务分析是一项十分细致的工作，做好职务分析可为企业合理的招聘、有效的培训、科学的考评职工绩效及制定薪酬等提供依据。职务分析的关键在于分析职务名称，职务性质、内容、形式，任务并进一步分析各职务之间的关系及制定职务对知识、技能、经验、体力和心理素质的要求。职务分析首先要做好职务调查，规定调查范围、调查对象和方法，深入收集有关职务的相关数据并对调查结果进行分析和全面总结。

（三）职务分类

职务分类是根据职务性质、繁简难易、责任轻重及职务资格，将酒水经营职务进行横向分类和纵向分类，把相同类别和相同性质的职务归入同一级别。然后，对各级职务制定出统一明确的职级规范。这样为任职人员的考试、任用、考核、任免、升降、培训和工资等各项工作提供依据。酒水经营企业实行职务分类，可以制定职务规范，明确各级职务的工作内容、责任及所需资格，这样，可有针对性地确定入职考试的科目、内容、命题和录取标准，从而使招聘工作客观公正且能结合实际工作需要。此外，实行职务分类的另一目的是密切联系责任、能力与报酬，消除分配上的平均主义。酒水企业的职务分类不仅对岗位工作性质、工作数量、工作质量、工作要求、职责权限等作出详细规定，还对职务人员应具备的任职条件作出明确规定。酒水经营企业可以根据这些标准编制各职务人员培训计划，使培训获得更好的效果。此外，通过职务分类，规定各岗位的职、责、权和利，使它们的工作关系分明，避免权限不清，工作推诿，提高工作效率。当然，酒水经营企业的职务分类是一项复杂的、知识性和技术性很强的工作。做好这项工作，首先应详细收集和研究酒水经营企业的全部职位，以此作为划分职务类型和职务等级的依据。其中，收集职务的项目包括各种职务业务性质、工作难易程度、责任大小、工作环境及所需素质等。调查方法可以通过书面调查、直接面谈、实际观察和综合并用方法等。然后，将各职务横向分类，划分为若干部门，再根据具体工作，划分成若干职务。纵向分类是根据各职务的业务难易、责任轻重，学识、技能、经验等进行评价以划分各职务级别。

四、职务规划

酒水经营企业的职务规划是指根据本企业的酒水等经营目标规划人员编制，使企业更适应企业的内外环境变化及完成经营目标的管理过程。职务规划包括职工开发规划、补充职务规划、职工晋升规划、职工培训规划和工资规划等。职务规划在酒水经营企业的管理中有着非常重要的作用。该项工作可以确保企业在生存和发展过程中做好对人员的招聘、培训和管理等工作。通常，酒水经营企业人员处于不稳定状态，需求和供给不易自动平衡，因此企业必须采取适当的手段，预测人力资源供需差异并调整这种差异。当然，职务规划是人事决策的基础。例如，企业采取什么样的晋升政策、制定什么样的工资制度等。酒水经营企业可能在未来缺乏某种有业务专长的职工，而业务的培养不可能在短时间内实现，如果从外部招聘，可能找不到合适的人选并且成本高，如果自己培养需提前做好准备。同时，还要考虑培训后人员流失的可能性。许多企业总结出只有在职务规划的条件下，企业职工才可以根据自己的实际，看到企业和个人的发展前景，从而去努力工作。

（一）职务规划程序

职务规划是职工供需平衡的管理过程，因此，在规划职务时就必须综合考虑影响企业人力资源供需的因素，包括企业经营规划和年度预算等。在预测对各类人员需求的基础上进行职工考核、招聘、晋升、调动和培训等一系列规划。制定职务规划的基本程序有三个方面：职务需求预测，调整供求差额，制定职务执行政策。

（二）职工招聘与选拔

职工招聘与选拔是酒水经营企业寻找和吸引有知识、有经验、有技术和有能力的职工到本企业任职的过程。这样，不论企业是新组建、扩大经营、因流动和退休等原因出现职位空缺，还是企业职工结构不合理等原因都需要招聘新职工。当然，新补充的职工就像产品的原材料那样，他们的质量和素质影响企业未来的发展。素质好的新职工培训效果好，很可能成为优秀的人才。相反，不合格的职工进入企业会带来一系列的麻烦，辞退一名职工会造成他的心理创伤。根据管理人员的经验，识别餐饮业的人才是比较困难的工作。许多管理人员认为了解一个服务员的业务水平需要几个小时，了解一个调酒师需要几周的时间，而要了解一个部门经理需要一年以上的时间。因此，为保证职工招聘的质量，首先应明确录用不同岗位员工的标准。在招聘以前应制定各职务的心理、道德、知识、技术和能力的标准。当然，企业应公布招聘的职位、人数、条件及招聘程序以便扩大人才来源。同时，招聘时对应聘者应一视同仁，以同样的标准衡量人才，保证选拔的公正性。一般而言，招聘程序从初步接待开始，对应聘者形成初步印象后，通过业务知识、技能及其他方面的考查，评估应聘者的工作能力，考虑应聘者的受教育程度。此外，还应根据职务要求对应聘人员的业务技能做现场演示。

五、职工培训

许多成功的餐饮企业家认为，普通院校的教育主要是基础知识教育和专业基础教育。因此，从学校毕业的学生对酒水经营企业而言，只是半成品。那么，进入企业后对他们必须进行理论与技能的专业培训，使他们能适应实际工作。近年来，我国餐饮业发展迅速，餐饮业经营对职工提出了更高更新的要求，要求职工转变传统观念，重新调整自己的位置。随着现代餐饮经营的发展，经营理念和服务技术也在不断地更新。管理人员认识到酒水经营企业的培训工作必须成为管理的手段。通过培训使不同价值观、不同工作习惯的新职工，进入企业后可以统一企业文化和理念，统一服务标准，成为企业需要的实用人才。酒水经营企业培训工作必须理论联系实际，学用结合。管理人员对培训的目的、职务特点、知识和能力结构要合理地计划，避免盲目和随意。同时，应开展案例教学、演示教学和实际操作等。同时，应特别强化职工的经营理论、营销技巧、操作技能，使培训内容和企业经营紧密结合。此外，企业培训工作应包括若干层次和多种形式。

（一）在职培训

在职培训可使职工一边工作，一边学习，利用企业现有场所和设备，聘请有丰富经验的管理者和技师做指导教师。这种方法既经济，又方便，培训对象不脱离岗位，不影响工作。但是，培训方法的规范性和强化性差。

（二）脱产培训

脱产培训可以在专门场所、特定环境下接受专职教师的指导。这种培训有利于职工集中精力学习。但是需要较多的资金、设备、环境及专职教师。因此，成本较高。

（三）半脱产培训

有些企业克服在职培训的不规范和质量差的缺点，采用半脱产培训，取得了一定的效果。

（四）岗前培训

一些企业采用岗前培训，对进入企业的新职工进行培训，目的是帮助他们熟悉新环境，了解企业有关规章制度以便从意识和行为方面实现从学生向职工的顺利过渡，帮助他们了解本企业的经营目标、经营任务和发展及他们从事的工作的意义，使新职工产生归属感，增加对企业的信赖感，也有利于他们掌握岗前的知识和技能。

六、考核与使用

考核是根据酒水经营企业职务管理的需要，对职工的素质、工作能力和绩效进行考察和评估等的活动。职工考核为职工的聘用、晋升、培训和工资等决策提供客观依据。此外，企业的物质激励必须符合贡献大小才能激发职工的积极性。通常，职工考核可以促进职工自我成长，职工有了成绩和进步，通过考核可以得到企业承认和肯定，对职工产生正面的激励。通过考核，员工还看到了自己的差距，从而起到促进的作用。

（一）职工考核内容与方法

酒水经营企业的职工考核内容应包括职业道德、业务能力、工作效率和工作效果。职业道德考核包括工作作风、遵守国家和地方的法规、遵守企业规章制度等，道德考核是所有考核内容的首要因素。业务能力考核包括对职工的专业知识、技术能力、工作经验等的考核。工作效率考核是指工作积极性和工作表现的考核，包括出勤、纪律、责任心和主动性等。一般而言，积极性决定职工业务能力的发挥。工作效果考核包括职工完成工作的数量和质量，执行成本费用情况及为企业做出的其他贡献的考核。考核方法主要是收集业绩记录，参考被考核者上级、下级和顾客提供的工作业绩与各种信息，达到互相补充的作用。当然，职工考核应将定量分析与定性分析相结合，将有关考核信息量化，以便综合评价职工。

（二）职工使用

职工使用是酒水经营企业职务管理的一项职能，其主要任务是将职工安排到适合的职务，使其能最大限度地为企业工作。职工使用管理包括新职工安排、业务主管人员选拔和任用、职工调配和职工辞退等。职工使用应遵循因事择人和量才录用的原则。所谓因事择人是以职务空缺和实际工作需要为出发点，以职务对人员的要求为标准，选拔任用各职务人员。量才录用是根据职工的能力、特长和爱好，将其安排到适合的职务上，这样可以保证企业的组织精简和高效，充分发挥职工的才能。通过实践表明，管理者必须知人善任，全面了解职工并及时发现人才，使每个职工都能充分地施展才能。同时，企业的职工调动不宜频繁以免造成人才损失。然而餐饮企业的职工也应有一定的流动性和有计划地进行职务轮换。此外，管理人员应对职工既要严格要求，强调企业的社会责任，又要关心爱护他们，从工作上给予指导帮助，从生活上给予关怀照顾，使他们心情舒畅地为企业工作。

第四节　工作职责管理

一、酒水业务主管工作职责

（一）素质要求

酒水业务主管应当具备工商管理、饭店管理或餐饮管理大专学历，至少 3 年以上酒水经营的领班经验；熟悉酒水营销、经营组织与人力资源管理、酒水成本控制、各种酒与饮料的专业知识、酒水服务方法、程序和标准等；善于沟通并有较强的语言能力；掌握酒水专业英语阅读和会话能力，善于使用英语推销；具有处理顾客投诉和解决实际问题的能力。

（二）工作职责

指导和监督餐厅酒水日常的经营业务，保证酒水与服务质量；巡视和检查经营区域，确保高效率的经营；检查经营设备、用具、物品、酒水及环境卫生状况；负责组织和安排各职务人员具体工作，监督和制定职务排班表；招聘和培训新职工，考评本部门职工的业绩；执行企业各项规章制度；发展良好的顾客关系，及时处理顾客投诉；研究和开发新的酒水产品，统计酒水销售情况，保管好每天的销售记录，编制酒水服务程序；填写酒水、服务用品和餐具申请单，观察与记录职工服务情况，提出职工升职、降职和辞退的建议。

二、酒吧经理工作职责

（一）素质要求

工商管理、饭店管理或餐饮管理大专以上毕业，至少5年酒水经营的领班经验；熟悉酒水经营及经营组织与人力资源管理、酒水成本控制、各种酒与饮料的专业知识、酒水服务方法、程序和标准；善于沟通并有较强的语言能力；掌握酒水英语阅读和会话能力，善于使用英语推销；具有处理顾客投诉和解决实际问题的能力。

（二）工作职责

酒吧经理负责饭店酒水经营的全部工作，在餐饮部经理或餐饮总监的指导下负责饭店内各酒吧的经营管理；负责大厅酒吧、餐厅酒吧、娱乐场所酒吧及客房小酒吧的经营业务；根据各酒吧的特点和要求，制定酒和饮料的价格和销售计划；制定各种鸡尾酒的配方及调制方法；制定酒水服务方法、服务程序和标准；制定各酒吧服务的特色及每日工作程序与工作标准；熟悉酒水的供应渠道、品牌、规格，为酒水采购提出建议；控制酒水验收、保管、发放及销售；控制酒水产品质量，减少物资损耗，控制成本；检查和督促本部门的职工，提高工作效率，按照饭店制定的标准操作程序完成工作；培训本部门的职工，包括服务技能、专业外语、调酒技术并制订培训计划等；合理安排人力，检查各项工作的落实情况，对重要宴会、酒会要亲自服务和管理；定期举办和策划酒水促销活动；掌握各酒吧的设备和用具情况；与工程部一起制订维修保养计划，保证各酒吧设备处于良好的状态；负责所属范围内的消防安全及治安工作，确保顾客与职工的安全；安排与调动本部门的职工工作，按时做好职工考评；与其他部门保持良好的合作，互相协调并处理好客人投诉；监督每月酒水盘点工作，签批各种领料单、调拨单和维修单。

三、酒吧领班职责

（一）素质要求

工商管理、饭店管理或餐饮管理大专毕业，至少1年酒水服务经历；熟悉酒水销售、酒水成本控制、各种酒与饮料的专业知识、酒水服务方法、程序和标准；善于沟通并有较强的语言表达能力；掌握酒水英语阅读和会话能力，善于使用英语推销；具有处理顾客投诉和解决实际问题的能力。

（二）工作职责

酒吧领班在酒吧经理或业务主管的直接领导下，负责对本部门内的酒水经营管理工作，确保酒水产品和服务的规范化；贯彻执行部门领导布置的工作任务和指示，做好沟通工作；根据所管辖的范围，制定相应的工作程序和标准；现场督导、检查酒水产品质量和工作效率，检查职工的纪律；控制酒水损耗和成本；做好岗位培训并定期检查；控制酒水储存的数量，使其合理化；定期检查设备并及时维修保养；合理安排宴会、酒会工作并带动职工积极地完成任务；分派职工工作，向上级提供合理化建议，处理客人的投诉。

四、调酒师工作职责

（一）任职标准

调酒师是专门从事酒水配制和酒水销售的人员，小型酒吧的调酒师还要兼负领班职务。一个素质高、工作认真的调酒师不仅为企业带来较高的经济效益，更重要的是为企业赢得声誉，因此调酒师应有严格的任职标准。调酒师应具有餐饮管理大专毕业学历，至少有1年的调酒经历；应当五官端正，身体健康，体形匀称，男士身高应在1.7米以上，女士身高应在1.65米以上；具有勤奋好学、虚心向客人请教的品质，掌握各种酒水的名称、品牌、产地、等级和特点；掌握广泛的餐饮知识和宗教知识；具有良好的语言表达能力，能详细介绍各种酒水并能根据酒水的特点推销；具有一定的外语听说和阅读能力，能用英语推销酒水，能阅读各国酒水商标、年限和其他说明；熟练地掌握调酒技术，有一定的调酒表演能力，可以在顾客面前轻松、自然、潇洒地配制各种鸡尾酒；具有酒水产品设计和开发能力，能根据市场变化和顾客口味设计出新型的鸡尾酒和饮品；重视仪表仪容和礼节礼貌，讲究个人修养，尊敬顾客，使用礼貌语言并具备主动的服务意识。

（二）工作职责

在主管业务人员指导下调制各种酒水；保证酒吧有充足的酒水供应；根据销

售情况，定期从酒库和食品仓库领取所需的酒水和食品；按营业需要从仓库领取酒杯、银器、棉织品等服务物品；清洗酒杯及各种用具、擦亮酒杯、清理冰箱、清洁各种设备和吧台；摆好各类酒水及所需用的饮品；将啤酒、白葡萄酒、香槟酒和果汁存放冷藏箱保存；准备各种装饰鸡尾酒的水果，如柠檬片、橙角和樱桃等；准备好当天的新鲜冰块，做好营业前的准备工作；在营业中保持清洁和整齐，为坐在吧台前的顾客更换烟灰缸；在宴会前安排好酒水和用具；将常用的酒水放在吧台方便的地方，准备充足的酒水，随时为顾客服务；认真操作，使各种酒水产品达到企业的标准；负责每日及定期的酒水盘点工作，填写营业报表。

五、酒水服务员工作职责

通常，专业酒吧、高消费或高级别的餐厅都有专职的酒水服务员。

（一）素质要求

饭店服务或餐饮服务中等专业毕业，熟悉各种酒水知识、酒水服务方法、程序和标准；善于沟通并有较强的语言表达能力；在服务中，能使用一般的英语；勤劳，身体健康。

（二）工作职责

在酒吧领班或业务主管的指导下，为客人提供酒水服务，保持服务区域的整洁；有礼貌地问候顾客；根据顾客的酒水需要填写酒水单并到吧台取酒水；按照顾客酒水单为顾客提供酒水；保持服务环境的整齐和清洁；做好营业前的准备工作，如准备咖啡具、茶具和酒具等；协助调酒师摆放陈列的酒水；营业中用干净的烟灰缸换下用过的烟灰缸；清理餐桌及客人用过的酒具并用托盘将其送到洗涤间；熟悉各类酒水的名称与特点，各种杯子类型及酒水的价格；熟悉服务程序和标准；营业繁忙时协助调酒师斟倒和制作各种酒水；协助调酒师清点酒水，做好销售记录。

本章小结

本章系统地介绍和总结了酒水经营组织的管理。经营组织管理是酒水经营管理的重要内容之一。合理的经营组织应高效率地实现企业的经营目标，否则应当调换。酒水经营组织必须有层次和相应的责任，各职务人员为实现共同的经营目标分工协作。酒水经营组织应当精简而稳定，随着酒水市场和企业经营目标的变化而调整。优秀的酒水经营组织可以使酒水经营稳定化、规范化和制度化，使分散的、孤立的和微弱的职务凝聚成强大的经营力量。

酒水经营企业实施科学的组织后，还要随市场和企业内外环境的变化适时地进行调整，不断地提高经营能力。组织调整最终的目标是使组织与市场环境相适应，不断提高酒水经营能力，增强组织内部凝聚力和工作效率、激励职工积极性，使组织完成经营目标。

工作职务简称工作岗位，是指酒水经营企业赋予职工的职务、工作任务及其所承担的责任，因此职务是职工的职务和责任的统一体。工作职务可能由职工长期或短期专任或兼任。工作职务是变化的，随经营需要而变化。凡是有工作需要，由专人执行并承担责任的工作就可以成为一个职务。工作职务设立要遵守系统原则，保持最低的数量，有明确的分工和职责范围，应与企业其他业务部门的工作形成互补。酒水经营企业规划工作职务必须综合考虑影响企业人力资源供需的因素，包括企业经营目标和年度预算等。在预测对各类人员需求的基础上进行人员考核、招聘、晋升、调动和培训等一系列规划。

练习题

一、多项选择题

1. 现代酒水经营组织包括（　　）。

A. 以销售酒水为主的餐饮企业

B. 以经营娱乐产品为主要业务并兼营酒水的企业

C. 以销售菜肴为主并兼营酒水的企业

D. 大型商场超市

2. 酒水经营企业的组织原则包括（　　）。

A. 责权利一致原则　　B. 分工与协作原则

C. 统一指挥原则　　D. 有效的管理幅度原则

3. 一个成功的酒水经营企业首先应有科学的经营组织，这种组织主要表现在（　　）。

A. 满足顾客的需求　　B. 以人为本

C. 经营效率高　　D. 经营理念新

二、判断改错题

1. 茶社尽管名称不同于酒吧，然而属于酒吧的经营范围。（　　）

2. 餐厅是经营菜肴和酒水的场所。餐厅有多个类型。但是，不论任何类型的餐厅，酒水都是其经营的主要产品之一。（　　）

三、名词解释

职务分析　职务能级　职务规划

四、思考题

1. 简述职务设立的原则。
2. 简述职务规范的内容。
3. 简述饭店中酒吧经理的职责。
4. 简述调酒师的职责。
5. 论述酒水经营企业的组织调整。
6. 试为某个中型饭店设计酒水经营组织。

第 10 章

酒单筹划与设计

本章导读

酒单在酒水营销中起着重要的作用。酒单应反映酒水特色，衬托餐厅或酒吧气氛，为饭店带来经济效益，为顾客留下美好的印象。通过本章学习可了解酒单的种类与特点、酒单筹划与设计及酒单价格制定。

第一节 酒单种类与特点

一、酒单含义与作用

酒单是餐厅和酒吧为顾客提供酒水产品和酒水价格的一览表。酒单上印有酒水的名称、酒水价格和酒水解释等。实际上，酒单是酒吧和餐厅销售酒水的说明书。酒单上的产品不仅包括酒而且还有无酒精饮料，因此酒单实际上是酒水单。酒单不仅是顾客购买酒水的主要工具，也是企业销售酒水的重要工具，因此酒单在酒水经营中起着关键的作用。此外，酒单还是服务员、调酒师与顾客沟通的媒介，顾客通过酒单了解酒水种类、酒水特色和酒水价格；而调酒师与服务员通过酒单了解顾客的需求，并将这些信息反馈给企业管理人员以便及时开发新的酒水产品满足顾客的需求，促进酒水销售。酒单的筹划涉及企业的经营成本、经营设施、人员配备、环境内设计和布局等。所以，酒单也是酒水经营的关键和基础，是酒吧和餐厅的运营管理工具。

二、酒单种类与特点

酒单是酒水的目录表。随着酒水需求的多样化，各酒吧和餐厅都根据自己的经营特色筹划酒单。因此，酒单可分为以下种类。

（一）综合型酒单

根据酒水特点和功能，将酒水分为开胃酒、葡萄酒、烈性酒和无酒精饮料并将各种酒水设计在一个酒单内。这种酒单多用于鸡尾酒吧、主酒吧和普通酒吧，也用于消费水平较高的西餐厅（见图 10–1）。

TO TOP OF YOUR MEAL 增加食欲与气氛的白兰地酒

PREMIUM 优质白兰地酒

		1 oz（盎司）
LOUIS XⅢ	路易十三	600.00
MARTELL X．O.	马爹利 X.O.	120.00
MARTELL CORDON BLEU	马爹利蓝带	120.00
MARTELL NOBLIGE	马爹利名士	120.00
HENNESSY V．S.O.P	轩尼诗 V.S.O.P	70.00
HENNESSY X．O.	轩尼诗 X.O.	10.00

REGULAR 普通白兰地酒

MARTELL V．S.O.P	马爹利金牌	60.00
MARTELL 3 STARS	三星马爹利	45.00
COURVOISIER V．S.O.P	拿破仑 V.S.O.P.	45.00
JEANNEAU NAPOLEON ARMAGNAC	珍宝拿破仑	45.00
RAYNAL BRANDY	万事好	45.00
REMY MARTIN V．S.O.P	人头马 V.S.O.P.	60.00

WORLD OF SPIRITS—FOR EVERY TASTE 请品尝来自世界的烈性酒

CALVADOS	苹果白兰地	45.00
BACARDL RUM	百加德朗姆酒	38.00
CAPTAIN MORGAN RUM	船长摩根深色朗姆酒	38.00
GORDON'S GIN	哥顿金酒	38.00
SMIRNOFF VODKA	皇冠伏特加酒	38.00
TANQUERAY GIN	坦克瑞金酒	38.00
STOLICHNAYA VODKA	斯托丽那亚伏特加酒	38.00
CAPTAIN MORGAN RUM	船长摩根白朗姆酒	38.00
BEEFEATER GIN	英王卫兵金酒	38.00
J．CUERVO GOLD TEQUILA	库瓦金特吉拉酒	50.00
J．CUERVO WHITE TEQUILA	库瓦白特吉拉酒	50.00

BEFORE DINNER DRINKS—TO WHET YOUR APPETITE

具有开胃功能的餐前酒

		1 oz（盎司）
CAMPARI	干巴利苦酒	35.00

（Soda Water or Orange Juice）（带苏打水或橙汁）

MARTINI	马天尼味美思酒	35.00
（White，Red or Dry）（白味美思酒、红味美思酒及干味酒）		
PERNOD	潘诺茴香酒	35.00
OUZO	麦迪沙茴香酒	35.00
DUBONNET	杜本那苦酒	35.00
SHERRY	雪利酒	35.00
（Dry，Amontillado or Cream，2 oz）（干味，曼赞尼拉型或甜味，2 盎司）		
PORTO SPECIAL RESERVE 波特酒	2 oz（2 盎司）	50.00

FROM THE HILLS OF SCOTLAND REGULAR BRANDS

来自苏格兰的普通威士忌酒

SOMETHING SPECIAL 特色威士忌酒

100 PIPERS	百笛人	45.00
GRANTS	格兰威	45.00
JOHNNIE WALKER RED LABEL	红方	45.00
J&B	珍宝	45.00
ISLE OF JURA	艾斯莱岛威士忌酒	45.00

PREMIUM BRANDS 高级别威士忌酒

ROYAL SALUTE 21 YEARS	皇家礼炮 21 年	70.00
CHIVAS REGAL	芝华士 12 年	45.00
GRANTS 12 YEARS OLD	格兰威 12 年	45.00
JOHNNE WALKER BLACK	黑方	50.00
GLENFDDICH	格兰菲地克	50.00

THE OTHER WHISKIES 其他威士忌酒

SEAGRAM VO（CANADA）	施格兰 V.O.	35.00
CANADIAN CLUB	加拿大俱乐部	35.00
JACK DANIELS（USA）	杰克丹尼威士忌酒	35.00
JIM BEAM（USA）	金边威士忌酒	35.00
JOHN JAMESON（IRISH）	爱尔兰威士忌酒	35.00

FANCY AND CLASSIC COCKTAILS YOU'LL ENJOY MORE THAN ONE 1oz（盎司）

您喜爱的特色和传统的鸡尾酒

ACROBAT	爱得彼	45.00
（Vodka，Blue Curacao，Orange Juice）（伏特加酒、蓝库拉索橙子酒、橙汁）		
DAIQUIRI	戴可丽	45.00
（Seasonal Fruit）（带各式水果汁）		

LOVER'S DRINK for 2	情侣之饮	55.00
(Malibu，Coconut Milk，Curacao，Juices)		
(椰子酒、椰汁、库拉索橙子酒、水果汁)		
MAI TAI	麦台	45.00
(Rum，Orange Curacao，Juices) (朗姆酒、库拉索橙子酒、水果汁)		
MALIBU SUNRISE	椰子酒特饮	45.00
(Malibu，Vodka，Orange) (椰子酒、伏特加酒、橙子汁)		
GIN TONIC	金汤尼克	45.00
B&B	B 和 B	45.00
EASY DRIVER'S DRINK	司机之春	40.00
(Seasonal of juices，No Alcohol) (各式果汁组成，不带有任何酒精)		

OUR CLASSICS—SINCE COCKTAILS ARE A HISTORY
经典鸡尾酒

BLOODY MARY	红玛丽	50.00
(Vodka，Tomato Juice) (伏特加酒、番茄汁)		
CUBA LIBRY	自由古巴	50.00
(Rum，Coca，Lemon Juice) (朗姆酒、可乐、柠檬汁)		
DRY MARTINI	干马天尼	50.00
(Gin，Dry Vermouth) (金酒、干味美思酒)		
GIN TONIC	金汤尼克	55.00
(Gin，Tonic Water) (金酒、汤尼克水)		
MANHATTAN	曼哈顿	50.00
(Bourbon，Martini) (美国波旁威士忌酒、味美思酒)		
MARGARITA	玛格丽特	50.00
(Tequila，Cointreau Lemon Juice) (特吉拉酒、君度、柠檬汁)		
SCREW DRIVER	螺丝钻	40.00
(Vodka，Orange Juice) (伏特加酒、橙汁)		
TOM COLLINS	汤姆考林斯	40.00
(Gin，Lemon，Soda) (金酒、柠檬汁、苏打水)		
WHISKY SOUR	威士忌酸	40.00
(Whisky，Lemon Juice，Soda) (威士忌酒、柠檬汁、苏打水)		
GIN FIZZ	金菲兹	45.00
(Gin，Lemon Juice，Egg White) (金酒、柠檬汁、鸡蛋清)		
GRASSHOPPER	青草蜢	45.00
(Green Mint，Crème De Cacao，Cream) (绿色薄荷酒、可可酒、鲜奶油)		
SNOWBALL	雪球	45.00
(Advocat，Spirits) (蛋黄酒、烈性酒)		

LIQUEUR—SWEET SPIRITS
利口酒——甜烈性酒

		1 oz（盎司）
AMARETTO	亚玛丽图甜	35.00
ADVOCAT	蛋黄酒	35.00
APRICOT BRANDY	杏仁白兰地酒	35.00
BAILEY'S IRISH CREAM	爱尔兰百力甜酒	35.00
CURACAO（BLUE，ORANGE）	库拉索橙酒	35.00
CHERRY HERRING	樱桃甜酒	35.00
COINTREAU	君度橙酒	35.00
CREME DE CACAO	可可甜酒	35.00
（White，Brown）（白色与棕色）		
CREME DE BANANES	香蕉甜酒	35.00
CREME DE MENTHE	薄荷酒	35.00
（Green，White）（绿色与白色）		
DRAMBUIE	杜林标酒	35.00
GALLIANO	伽利略茴香酒	35.00
GRAND MARNIER	金万利橙酒	35.00
MALIBU	马利宝椰酒	35.00
KIRSCH LIQUEUR	白樱桃利口酒	35.00
MARASCHINO	白樱桃酒	35.00
ROYAL MINT CHOCOLATE	薄荷巧克力酒	35.00
TRIPLE SEC	香橙甜酒	35.00
SAMBUCA	三步佳甜酒	35.00
SOUTHERN COMFORT	南方康弗利口酒	35.00
KAHLUA	咖啡甜酒	35.00

BEERS OF THE WORLD 世界各地的啤酒

TISING TAO DRAFT	青岛生啤	38.00
ASAHI，KIRIN	朝日，麒麟	38.00
GUINESS	健力士	38.00
CORONA	考罗娜	38.00
CARLSBERG	嘉士伯	38.00
FOSTERS	佛斯特	38.00
HEINEKEN	喜力	38.00
BECKS	贝克	38.00
SAN MIGUEL	生力	38.00
BUDWEISER	百威	38.00
SOL	太阳	38.00

COFFEES AND TEAS 咖啡与茶

CAPPUCCINO	奶油蒸汽咖啡	35.00

DOUBLE ESPRESSO	双份蒸汽咖啡	35.00
ESPRESSO	爱斯波莱索咖啡	35.00
FRESHLY BREWED COFFEE	即制咖啡	35.00
HOT OR COLD CHOCOLATE	热、冷巧克力奶	35.00
HOT OR COLD MILK	热、冷奶	35.00
ICED COFFEE OR TEA	冰茶、冰咖啡	35.00
IRISH COFFEE	爱尔兰咖啡	65.00
DECAFFEINATED COFFEE	无咖啡因咖啡	35.00
TEA（Per Person）	茶（每位）	35.00
（Green，Jasmin，English Orange，Herbal）（绿茶、茉莉花茶、英国红茶、橙茶、香茶）		
VIENNA COFFEE	维也纳咖啡	35.00
VIENNA ICE COFFEE	冰咖啡	35.00
PAN SHAN COFFEE	盘山咖啡	35.00
FOR WATER AND SOFT DRINKS 矿泉水与碳酸饮料		
COKE	可口可乐	26.00
DIET COKE	健怡可乐	26.00
EVIAN	伊云矿泉水	38.00
GINGER ALE	姜汁	26.00
PERRIER WATER	巴黎矿泉水	38.00
SODA WATER	苏打水	26.00
SPRITE	雪碧	26.00
TONIC WATER	汤尼克水	26.00
DISTILLED WATER	蒸馏水	26.00
FANTA	芬达	26.00
BITTER LEMON	苦柠檬水	36.00
SWEET JUICES 水果汁		
ORANGE	橙汁	35.00
PINEAPPLE	菠萝汁	35.00
APPLE	苹果汁	35.00
TOMATO	番茄汁	35.00
PEACH	桃汁	35.00
MANGO	杧果汁	35.00
GRAPE FRUIT	葡萄汁	35.00
COCONUT	椰汁	35.00
ALMOND	杏仁露	35.00
Fresh Juice	鲜榨汁	35.00

图 10-1 高星级饭店综合型酒单

（二）专项酒酒单

专项酒酒单是销售某一种类酒的酒单，这种酒单可根据酒的级别或产地再进行细分。例如，葡萄酒酒单。这种酒单主要用于葡萄酒酒吧或高级西餐厅（见图10–2）。

Wine List 葡萄酒单	
以下是每瓶为单位的售价（容量为 750 毫升 / 每瓶）某些品种可以半瓶服务或称为单位服务	
Champagne（香槟酒）	
Crystal，Louis Roederer Cristal（when available）	$265.00
Cuvée Dom Perignon（when available）	$175.00
Moët & Chandon White Star	$60.00
Veuve Clicquot Brut	$65.00
Mumm Cordon Rouge Brut	$68.00
Perrier–Jouet Fleur de Champagne Rosé	$225.00
Bruno Paillard Rosé Premiere	$75.00
Sparkling Wines（葡萄汽酒）	
Domaine Chandon Brut	$35.00
Indigo Hills Blanc de Blanc	$30.00
Chandon Brut Fresco	$30.00
Imported White Wines（进口葡萄酒）	
Piesporter Goldtropfchen Spatlese，Germany	$27.00
Pouilly Fuisse，Louis Latour，France	$42.00
Vouvray，Chateau Moncontour，France	$25.00
Pinot Grigio，Santa Margherita，Italy	$35.00
Chassagne Montrachet，Chateau de la Maltroye，France	$58.00
Poligny Montrachet，Louis Latour，France	$85.00
Pouilly Fume，La Doucette，France	$48.00
Chablis，Michel，France	$35.00
Chardonnay，Casa Lapostole Cuvée Alexander	$35.00
Chardonnay，Wolf Blass President's Selection，Australia	$28.00
Chardonnay，Unoaked，Kim Crawford，New Zealand	$36.00
Cotton Charlemagne，Louis Latour，Burgundy，France	$105.00
Chardonnay，Louis Latour Grand Ardeche，France	$30.00
Meursault，Louis Latour，France	$75.00
Chardonnay（霞多丽白葡萄酒）	
Jordan Alexander Valley，Sonoma	$59.00
William Hill Reserve，Napa	$35.00
Far Niente，Napa	$70.00
La Crema，Sonoma	$28.00
Sonoma Cutrer，Russian River Ranches，Sonoma Coast	$38.00
Stags'Leap Winery，Napa	$42.00
De Loach，Russian River，Sonoma	$30.00
Robert Mondavi，Napa	$58.00

Chateau Moutelena，Napa	$54.00
Clos du Bois Flintwood，Sonoma	$34.00
Groth Estate，Napa	$35.00
Rodney Strong Chalk Hill，Sonoma	$34.00
Cap Rock Reserve，Texas	$30.00
Select，Napa	$25.00
Iron Horse，Sonoma	$40.00
Bonterra Vineyards，Mendocino	$32.00
St.Supery，Napa Valley	$34.00
Cakebread Cellars，Napa Valley	$68.00
Grgich Hills，Napa Valley	$68.00
Brothers Reserve，Russian River Valley	$32.00
SonomaCutrer “Les Pierres”，Sonoma Valley	$50.00
Meridien，Edan Valley Reserve	$29.00
Kings Ridge，Rex Hill Vineyard，Oregon	$34.00
Gallo “Steffani Ranch” Estate，Sonoma	$38.00
Reserve Riva Ranch，Arroyo Seco	$32.00
St.Clement “Abbotts Vineyards”，Napa	$38.00
Gewürztraminer（德国普通葡萄酒）	
Geyser Peak，Sonoma	$26.00
Louis Martini，Del Rio，California	$28.00
Fetzer，Mendocino	$24.00
Sauvignon Blanc and Fume Blanc	$26.00
Robert Mondavi Fume Blanc	$28.00
Ferrari Carano Fume Blanc，Sonoma	$26.00
Raymond Napa Valley Reserve Sauvignon Blanc	$28.00
Chateau St.Jean Fume Blanc，Sonoma	$24.00
Springs Sauvignon Blanc，Napa	$28.00
Pheasant Ridge Dry Chenin Blanc，Texas	$21.00
Callaway Chenin Blanc，Texas	$21.00
Dry Creek Chenin Blanc，Sonoma	$24.00
Merlot（美露红葡萄酒）	
Souverain，Sonoma	$38.00
Rambauer，Napa	$52.00
Geyser Peak，Sonoma	$54.00
Sebastiani Unfiltered，Sonoma	$38.00
Dry Creek，Sonoma	$40.00
Sterling，Napa	$38.00
Pine Ridge，Napa	$40.00
Franciscan，Napa	$42.00
Clos du Bois，Sonoma	$32.00

William Hill，Napa	$38.00
Rutherford Hill，Napa	$45.00
Cuvaison，Napa	$70.00
Chateau St.Jean，Sonoma	$40.00
Jekel，Monterey	$34.00
Raymond Estate，Napa	$34.00
Hngue Barrel Select，Washington State	$32.00
St.Supery，Napa	$38.00
Wente Reserve，“Crane Ridge”，San Franciscon Bay	$37.00
Fetzer Barrel Select，Mendocino	$38.00
Cabemet Sauvignon（赤霞珠红葡萄酒）	
William Hill，Napa	$38.00
Sterling，Napa	$44.00
St.Supery，Napa	$45.00
Clos du Bois，Sonoma	$32.00
Alexander Valley，Sonoma	$34.00
Rodney Strong Alexander’s Crown	$75.00
Grgieh Hills，Napa	$80.00
Jordan，Alexander Valley	$75.00
KendallJackson，North Coast	$35.00
Beringer Knights Valley，Napa	$46.00
Fetzer Barrel Select，Mendocino	$28.00
Jekel，Monterey	$36.00
Raymond Reserve，Napa	$48.00
Concannon，Central Coast	$25.00
Simi Reserve，Sonoma	$68.00
Stonestreet，Sonoma	$50.00
Charles Krug，Napa	$32.00
Heitz Cellars，Napa（when available）	$68.00
Hidden Cellars，Mendocino	$29.00
MurphyGood，Sonoma	$40.00
Robert Mondavi，Napa	$59.00
Robert Mondavi，Oakville District	$94.00
Buena Vista，Carneros Estate	$35.00
Sasual，Alexander Valley	$38.00
DeLoach OFS，Sonoma（when available）	$75.00
Far Niente，Napa	$180.00
Bonterra，North Coast	$32.00
Dry Creek，Sonoma	$38.00
Louis Martini “Ghost Pines”，Napa	$52.00
Pezzi King，Sonoma	$68.00

Marcelina Vineyards，Napa	\$45.00
Franciscan Oakville，Napa	\$42.00
Parducci，Mendocino	\$25.00
Arrowood，Sonoma	\$85.00
Silver Oak，Napa（when available）	\$138.00
Spring Mountain，Napa	\$68.00
Cakebread Cellars，Napa（when available）	\$95.00
California Bordeaux（加州波尔多红葡萄酒）	
Opus One，Mondavi/Rothschild（when available）	\$195.00
Franciscan Magnificat，Napa	\$55.00
Charles Krug Reserve Generations，Napa	\$85.00
St.Supery Meritage Red，Napa	\$75.00
Chateau St.Jean "CinqCepages"（when available）	\$128.00
Pinot Noir（黑比诺比葡萄酒）	
Robert Mondavi，Napa	\$46.00
Acacia，Napa	\$48.00
Yamhill Valley，Oregon	\$34.00
Chateau St.Jean，Sonoma	\$42.00
Sterling Winery Lake	\$52.00
Zinfandel（增芳德红葡萄酒）	
Chateau Souverain，Sonoma，Dry Creek	\$35.00
Charles Krug，Napa	\$29.00
Sebastiani "Old Vines"，Sonoma	\$38.00
Cline "Old Vines"	\$38.00
Sausal，Alexander Valley	\$34.00
Syrah（赛乐红葡萄酒）	
McDowell Valley	\$45.00
Markham Petite Syrah，Napa	\$32.00
EOS Estate，Paso Robles	\$30.00
Bonterra，Mendocino	\$48.00
Imported Red Wines（进口红葡萄酒）	
Chateau Mouton Rothschild，Pauliae，France（when available）1994	\$365.00
Chateau Clairefont，Margaux，France	\$75.00
Chateau Giscours，Marganx，France	\$185.00
Amarone Della Valpolicella，Italy	\$49.00
Wolf Blass President's Selection Shiraz，Australia	\$35.00
Terrazas De Los Andes，Malbec，Argentina	\$25.00
Pesquera Tinto，Spain Pesquera Tinto，Spain	\$56.00
Chateau Simard，St.Emilion，France	\$54.00

图 10-2 葡萄酒酒单

（三）鸡尾酒酒单

鸡尾酒酒单是专项销售鸡尾酒的酒单。虽然这种酒单也属于专项酒单，然而由于这种酒单推销的产品比较复杂且根据需求不断变化。因此，这种酒单常作为一个单独的种类。这种酒单不仅介绍鸡尾酒的名称和价格，还包括鸡尾酒的主要原料和特点，对一些有特色的或新开发的鸡尾酒进行详细介绍并带有照片。这种酒单用于鸡尾酒酒吧、主酒吧、传统酒吧和高级餐厅（见图 10–3）。

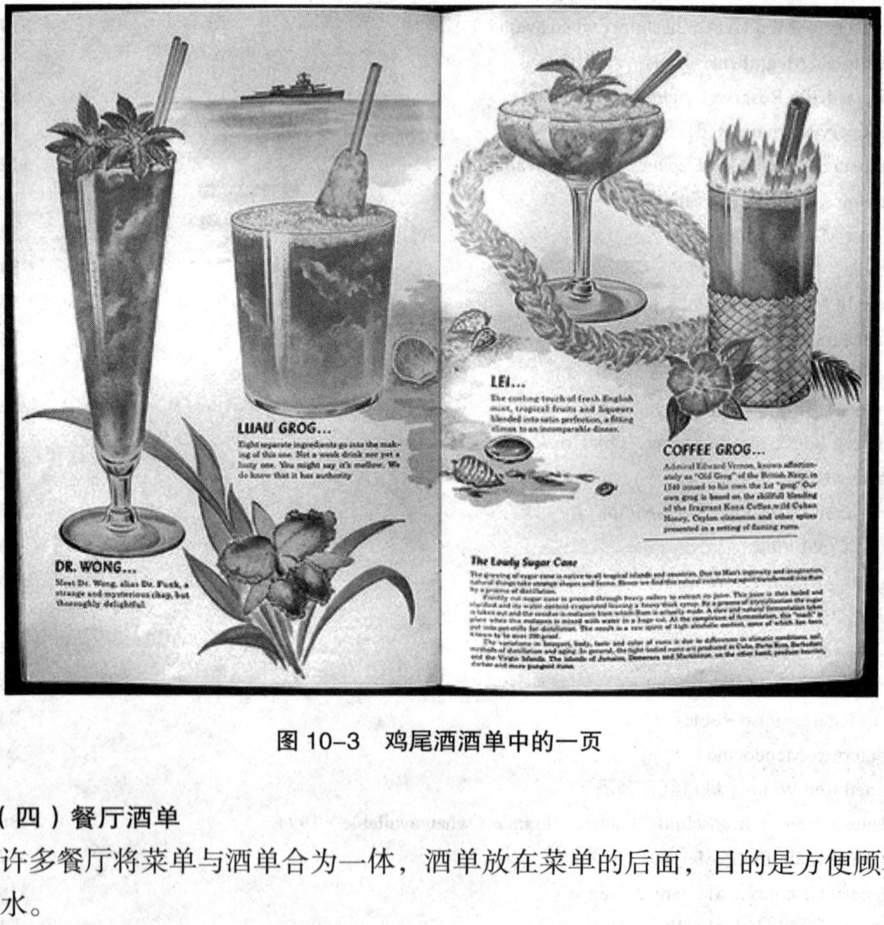

图 10–3　鸡尾酒酒单中的一页

（四）餐厅酒单

许多餐厅将菜单与酒单合为一体，酒单放在菜单的后面，目的是方便顾客购买酒水。

（五）宴会酒单

宴会酒单传统上包括正式宴会酒单、鸡尾酒会酒单和茶话会的饮料单。宴会酒单常根据宴会主办单位或宴会主题进行设计。

（六）客房小酒吧酒单

客房小酒吧酒单是指客房内酒柜和冷藏箱内的酒水品种及其价格一览表。通常，顾客饮用酒水时，要在酒单的签字处及酒水项目前标明记号。

（七）标准酒单

许多饭店为了达到产品规范化和标准化管理，在饭店内各酒吧实行统一的酒水产品（不包括客房小酒吧）并将产品的种类和价格等设计在酒单上，便于各部门销售。

第二节　酒单筹划与设计

酒单在酒水营销中起着重要的作用。一份优秀的酒单应反映酒水特色，衬托餐厅或酒吧气氛并为饭店带来经济效益；同时酒单作为一种艺术品，给顾客留下美好的印象。因此，酒单筹划是调酒师和酒水经营人员和艺术家们集思广益的结果。

一、筹划步骤

①筹划酒单时，首先应明确酒水市场需求、顾客消费习惯及顾客对价格的接受能力。

②明确酒水名称、特点、级别、产地、年限、制作工艺、采购途径、成本、售价及合理的利润。

③选择优质的纸张，认真筹划酒水品种、级别和价格。

④根据顾客阅读酒水的顺序和眼光集中点，排列好酒单中的酒水品种。酒水品种的排列常以烈性酒、鸡尾酒、利口酒、葡萄酒、啤酒、咖啡、碳酸饮料和果汁等为顺序。一些饭店按照顾客的用餐习惯，排列顺序是鸡尾酒、开胃酒、雪利酒、波特酒、烈性酒、利口酒、中国白酒、啤酒和葡萄酒，最后是果汁、茶、咖啡和碳酸饮料。

⑤做好销售记录，不断评估和改进酒水品种、特色及价格，不断开发顾客需要的酒水，包括鸡尾酒。

二、筹划内容

酒单筹划内容应包括酒水种类、酒水名称、酒水价格、酒水份额（瓶、杯、盎司）和酒水说明等。

（一）酒水种类

酒单中的各种酒水应按照其特点进行分类，然后排列各种品牌。通常，酒水种类分为烈性酒、葡萄酒、利口酒、鸡尾酒、无酒精饮料，也可根据顾客饮用的习惯，将酒水分为开胃酒、餐酒、烈性酒、鸡尾酒、利口酒和软饮料等。同时，应在每一类酒水中筹划适当的品牌和有特色的酒水。根据统计，酒单中的酒水类别最多可有 20 个种类的范围，每类 4~10 个品种。同时，在酒单上应尽量使每类酒水数量相等。通常，越是消费高的餐厅或酒吧，酒水分类越详细。例如，将威士忌酒分为普通威士忌酒、优质威士忌酒、波旁威士忌酒和加拿大威士忌酒等4类；将白兰地酒分为普通科涅克酒和高级科涅克酒两类；将鸡尾酒分为短饮类鸡尾酒和长饮类鸡尾酒两类；将无酒精饮料分为茶、咖啡、果汁、汽水及混合饮料等5类。这种详细分类方法的优点是便于顾客选择，使每类酒水的品种数量减少4~10个，顾客可一目了然，各种酒水品种数量平衡，酒单规范并整齐。此外，筹划酒单时，应注意各种酒水的味道、特点、产地、级别、年限及价格的互补性，使酒单上的每一种酒水都具有自己的特色。

（二）酒水名称

酒水名称是酒单筹划的核心内容，酒水名称直接影响顾客对酒水的选择。因此，酒水名称要真实，尤其是鸡尾酒名称的真实性。酒水名称必须与酒水质量和特色相符，夸张的酒水名称，不符合质量的酒水必然导致销售失败。此外，在配制鸡尾酒中，必须使用符合质量标准的原料，不要使用低于企业标准的原料；投入的酒水数量要符合配方标准。酒水的英语名称及翻译后的中文名称一定要准确；否则，会降低酒单的真实性及营销作用。

（三）酒水价格

酒单上应该明确地注明每一种酒水的价格。如果在酒水服务中加收服务费，则必须在酒单上说明，如果价格有变动应立即更改，否则酒单将失去推销功能。

（四）酒水份额

酒水份额是指在价格右侧注明的每份酒水的份额及计量单位。如1瓶、1杯和1盎司（oz）等。酒水份额是酒单上不可缺少的内容。传统上，顾客和服务人员已经明确，凡是在价格后不注明销售单位的酒水都是以杯为销售单位。目前，许多餐厅和酒吧已经对酒水产品的销售单位进行了更详细的说明。例如，对白兰地酒、威士忌酒等烈性酒注明销售单位为1盎司，对葡萄酒销售单位注明为1杯（cup），1/4瓶（quarter），半瓶（half）和整瓶（bottle）等。

（五）酒水说明

酒水说明是对某些酒水的解释介绍，通常对葡萄酒和鸡尾酒的解释与介绍较多。酒水说明以简练和清晰的词语帮助顾客认识某种酒水的主要原料、产地、级别、特色和功能等，使顾客可在短时间内完成对酒水的理解和选择，从而提高销售率和服务效率。这样，可避免由于顾客对某些酒水不熟悉而产生误解。

（六）葡萄酒名称代码

一些餐厅和酒吧为了更有效地推销葡萄酒，方便顾客购买，在葡萄酒名称的左边注有编号或代码以方便顾客购买。由于葡萄酒来自世界各国，其名称很难识别和阅读，而以数字代替葡萄酒名称，可预防服务员工作中的差错，增加葡萄酒的销售量。

（七）其他信息

一些酒吧和餐厅在酒单上注明本饭店、本餐厅和本酒吧的名称、地址和联系电话及本饭店的其他餐厅和酒吧的名称、地址和联系电话，使酒单起着更为广泛的营销作用。

三、酒单设计

（一）酒单尺寸

酒单尺寸是酒单设计的重要内容之一。酒单尺寸应方便顾客阅读，利于酒水推销。酒单的尺寸有多种类型，这些类型与酒吧类型或餐厅类型相关。然而，不论任何尺寸都必须利于销售，方便顾客购买。例如，某酒吧的酒单尺寸为 20cm × 12cm。

（二）酒单颜色

酒单颜色对酒水促销有一定的作用，酒单颜色通常包括文字颜色与纸张颜色。酒单颜色越多，印制成本越高；将大量的文字印成彩色，显得华而不实，不利于酒水销售。酒单色彩运用原则是，将少量文字印制成彩色。例如，标题可采用较深色或彩色字体。酒单纸张应使用柔和轻淡的颜色，使酒单不呆板，又显得高雅。

（三）文字大小与字体

酒单的字体应方便顾客阅读，给顾客留下深刻的印象。字体设计应选择易于阅读的字体，英语标题可采用大写字母，慎用草体字，标题使用三号字，酒的品牌或名称、酒水价格常使用四号字。

（四）酒单外观

酒单不仅是推销工具，还是酒吧或餐厅的重要标记。因此，一个设计精良、色彩得体和外观大方的酒单是企业的标志。酒单外观应反映酒吧或餐厅的经营风格并应与内部装饰和设计相协调。酒单以长方形为主，封面颜色以桃红色、浅蓝色、白色、浅褐色等为多，使酒单朴素而典雅。

（五）酒单页数

酒单常包括 3~6 页纸。酒单外部应有朴素而典雅的封皮。一些酒单只是一张坚实的纸张，它可以折成 3 折，共为 6 页。酒单打开后，外部 3 页是各种鸡尾酒的介绍并带有图片，内部 3 页是酒水目录和价格。当然，大众化的餐厅，其酒单可能是 1 页纸。

（六）酒单照片

酒单照片可直观地帮助顾客了解酒水产品，尤其对本企业新开发的鸡尾酒的了解和认识。因此，在酒单上印有高雅的鸡尾酒照片可提高其销售率。

第三节　酒单价格制定

一、影响酒水价格的因素

价格是价值的表现形式，价值是价格的基础。影响酒水价格的主要因素有成本、税金、利润、需求、竞争和顾客心理等因素。

（一）成本因素

酒水成本是指生产和销售酒水所包括的原料成本和经营费用。原料成本是指酒水的采购成本或配制鸡尾酒的基酒（主要原料）及其配料成本；而经营费用包括设备折旧费、能源费、人工成本和管理费等。因此，企业在制定酒水价格时，首先要考虑生产和销售成本的补偿，这就要求酒水产品价格不得低于各成本因素的总和。这样，某种酒水的最低价格取决于该产品的成本因素。

酒水价格＝成本（原料成本＋人工成本＋经营费用）＋税金＋利润

（二）需求因素

酒水产品价格和需求存在着一定的关系，当酒水产品价格下降时，会吸引新的需求者加入购买行列，也会刺激原需求者增加购买量；当酒水价格偏高时，会抑制部分消费者的购买欲望，刺激酒水生产量的提高，造成生产过剩。因此，价格对需求的影响作用至关重要。

（三）竞争因素

这里的竞争因素是指竞争者的产品价格，因为顾客在选购酒水时总要与其他企业同类产品进行比质比价。因此，企业在制定酒水价格时应当参照竞争者的价格和质量。

二、酒水定价原则

（一）价格应反映产品的价值

酒单中的任何产品价格的制定首先应以原料成本为基础，高价格的酒水必须反映高规格的原料。其次，应反映生产工艺、企业环境、服务设施及服务质量的水平，否则酒单将不会被顾客信任。一些高星级饭店酒单的价格参照了声望定价法和心理定价法，将酒水价格上调了一部分。然而，酒水价格过分地偏离原料成本将失去它应有的意义和营销作用。

（二）价格应适应需求

酒水价格必须突出企业级别。普通中餐厅和咖啡厅属于大众餐厅，酒水价格必须是大众可接受的；风味餐厅（扒房）和高级餐厅，酒水使用高规格的原料，环境幽雅，服务周到，因此其成本比较高，酒水价格可以高于大众餐厅。这种定价策略可满足不同消费群体的需求。酒水价格除了以成本为导向外，必须考虑目标顾客对价格的接受能力。一些企业经营不善，其原因就是酒水价格超过目标顾客的接受能力。

（三）价格应保持稳定

酒水价格应保持稳定，不要随意调价。当原料价格上调时，酒水价格可以上调。然而，酒水价格上调的幅度最好不要超过 10%，应尽力挖掘人力成本和其他经营费用的潜力，减少价格上调的幅度或不上调，保持酒水价格的稳定。

三、酒水定价程序

通常，饭店或餐饮企业通过六个程序制定酒水价格以使酒水更有营销力度。主要包括预测价格需求，确定价格目标，确定成本与利润，评价企业环境，选择定价方法和确定最终价格。

（一）预测价格需求

不同地区、不同时期、不同消费目的及不同消费习惯的顾客对酒水价格需求不同。企业在制定酒水价格前，一定要明确定价因素，制定切实可行的酒水价格。因此，酒水经营人员调查和评估消费者对酒水价格的需求是酒水经营成功的基础。通常，企业管理人员使用价格弹性来衡量顾客对酒水价格变化的敏感程度。所谓价格弹性，是指在其他因素不变的前提下，价格的变动对需求数量的作用。在酒水经营中，价格与需求常为反比关系，即价格上升，需求量下降；价格下降，需求量上升。然而，价格变化对各种酒水产品需求量的影响程度是不一样的。

需求的价格弹性计算公式为

$$\text{需求的价格弹性} = \frac{\text{需求量变化的百分比}}{\text{价格变化的百分比}} = \left|\frac{(Q_2 - Q_1)/Q_1}{(P_2 - P_1)/P_1}\right|$$

式中：Q_1表示原需求量；Q_2表示变动后的需求量；P_1表示原价格；P_2表示变动后的价格。

通常，当价格弹性大于 1 时，说明需求是富有价格弹性的，顾客会通过购买更多的酒水产品对价格下降作出反应或当某些酒水产品价格上升时，消费者会减少其消费。根据酒水市场的调查，高消费的酒水产品富有价格弹性。因此，对于这一类产品可通过降价提高其销售率，从而提高销售总额。相反，当价格弹性小于 1 时，说明需求缺乏价格弹性，价格变动对需求量的影响较小。通常，大众化的酒水产品价格弹性小。对于这一类产品通过降价不会提高其销售额。然而，小幅度地提高价格及其质量，增加酒水特色会提高其销售水平。当价格弹性等于 1 时，说明价格与需求是等量变化。对于这一类酒水产品可实施市场通行的价格。

例 9-1 某咖啡厅酒单中的爱斯波莱索咖啡（Espresso）价格，从 35 元下降到 26 元，需求量从每天平均销售 62 份增加至 97 份，则此酒水需求的价格弹性为

$$爱斯波莱索咖啡需求的价格弹性 = \left|\frac{(97-62)/62}{(26-35)/35}\right| \approx \frac{56\%}{26\%} \approx 2.15 > 1$$

爱斯波莱索咖啡需求的价格弹性为 2.15，说明这种咖啡需求价格富有弹性（见图 10-4）。

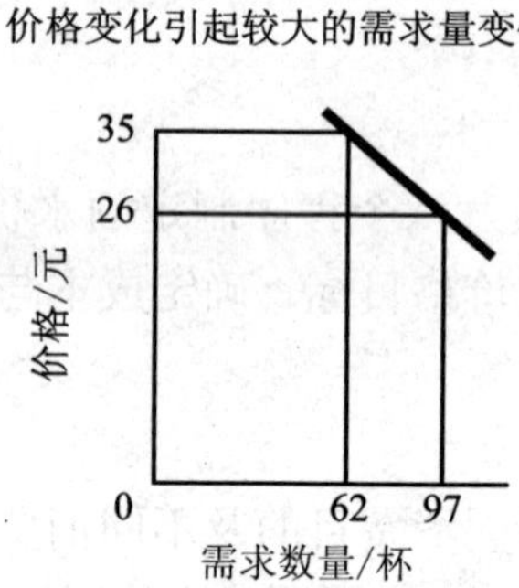

图 10-4 爱斯波莱索咖啡需求价格弹性

（二）确定价格目标

价格目标是指酒水价格应达到的经营目标。长期以来，酒水价格受到原料成本和目标市场承受力两个基本因素的制约。因此，酒水价格范围必须限制在两条边界以内。在确定酒水价格时，酒水的全部成本是企业定价的最低限度，而目标市场的价格承受力是企业定价的最高限度。不同级别的饭店、餐厅和酒吧有不同的目标市场和定价目标，同一饭店或餐厅在不同的经营时期或时段，也可能有不同的赢利目标，企业应权衡利弊后加以选择。酒水价格目标不应仅限于销售额目标或市场占有率目标，还必须支持饭店或餐厅的全面业务和其他业务的发展（见图 10-5）。

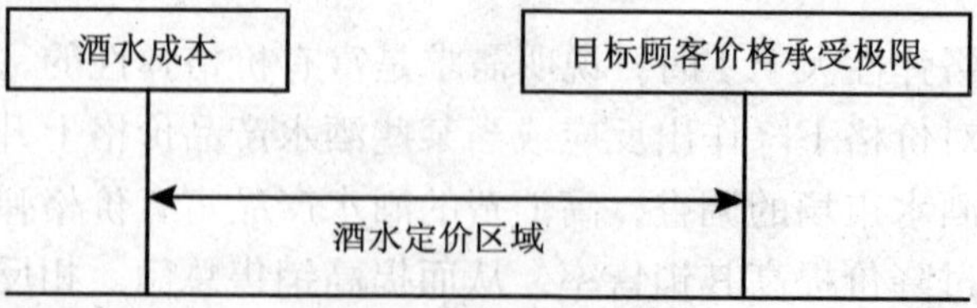

图 10-5 定价区域

（三）确定成本与利润

酒水成本与企业利润是酒水单定价的关键因素，其中成本是基础，利润是目

标。酒水销售取决于市场需求，而市场需求又受酒水价格的制约。因此，制定酒水价格时，一定要明确成本与需求，确定成本、利润、价格和需求之间的关系。

（四）评估企业环境

酒水价格不仅取决于市场需求和产品成本，还取决于企业的外部环境因素，包括商业周期、通货膨胀、经济增长及消费者信心等。企业了解这些因素，有助于酒水价格的制定。同时，企业所处的竞争环境也是影响价格决策的重要因素。因此，管理人员在制定酒水价格时，要深入了解竞争对手的技术、人员和设施等情况。此外，消费倾向、饮食习俗及人口因素也是酒水价格制定时不可忽视的因素。

（五）选择价格策略

综上所述，酒水价格主要受3个方面影响：成本因素、需求因素和竞争因素。因此，酒水价格策略主要包括成本策略、需求策略和竞争策略。管理人员在不同的经营区域和不同的时段应选择不同的价格策略。其中，以成本为中心的定价策略是这三种价格策略的基础和核心。

（六）确定最终价格

通过分析和确定以上 5 个环节后，管理人员最后应确定酒水价格。在价格制定后，根据酒水的经营情况对价格进行评估和调整。

四、酒水定价方法

（一）原料成本率法

原料成本率法也称作系数定价法，是饭店业和餐饮业常用的酒水定价方法，这种方法简便易行。首先，应确定本企业的原料成本率，参考本地区行业与同级饭店，考虑区域经济特点和消费需求。如我国经济发达地区的 3 星级饭店酒水原料成本率通常为 20%，经济欠发达地区的 3 星级饭店酒水成本率通常为 30%。然后，将酒水价格定为 100%，再确定酒水定价系数，计算方法是将酒水价格除以本企业的标准成本率。最后，计算酒水价格，将原料成本乘以定价系数（见表 10–1）。

表 10–1 酒水定价系数表

系数	原料成本率 /%	系数	原料成本率 /%
3.33	30	2.63	38
3.23	31	2.56	39
3.13	32	2.50	40
3.03	33	2.44	41
2.94	34	2.38	42
2.86	35	2.33	43

续表

系数	原料成本率 /%	系数	原料成本率 /%
2.78	36	2.27	44
2.70	37	2.22	45

$$定价系数 = \frac{100\%}{原料成本率}$$

$$酒水价格 = 原料成本 \times 定价系数$$

$$原料成本 = 主料成本 + 配料成本 + 调料成本$$

$$原料成本率 = \frac{原料成本}{销售价格}$$

例 9–2 某餐厅的酒水成本率是 20%，1 罐北京啤酒的成本是 3.8 元，那么，啤酒的售价应当是

$$\frac{3.8}{20\%} = 19（元）$$

调整后，售价为 20 元。

例 9–3 用定价系数法计算例 9–2 中北京啤酒的单价。从例 9–2 中得到该餐厅酒水成本率是 20%，该餐厅的标准成本系数是

$$\frac{100\%}{20\%} = 5（定价系数）$$

该餐厅的北京啤酒售价是

$$3.8 \times 5 = 19（元）$$

调整后，售价为 20 元。

（二）平均成本法

酒水售价不仅按照每种酒水的成本单独计算价格，通常还以酒水的平均成本为计算单位，计算出该类别不同酒水的售价，这种计算方法使价格整齐和规范，有利于顾客选择，易于销售。

计算公式为 $$每份果汁售价 = \frac{每杯果汁平均成本}{每杯果汁成本率}$$

例 9–4 某餐厅有 6 种果汁（见表 10–2），根据它们各自的成本，则每杯果汁的售价计算方法如下。

表 10–2　某餐厅 6 种果汁

果汁名称	每杯果汁成本 / 元	果汁标准成本率 / %	售价 / 元
橙汁	5.00	20	20.00
菠萝汁	4.60	20	20.00
西柚汁	4.40	20	20.00
苹果汁	3.80	20	20.00
西瓜汁	3.10	20	20.00
番茄汁	2.60	20	20.00

$$每杯果汁平均成本 = \frac{5.00 + 4.60 + 4.40 + 3.80 + 3.10 + 2.60}{6} \approx 3.92$$

$$每杯果汁的售价 = \frac{3.92}{20\%} = 19.6(元)$$

调整后，每杯果汁的价格为 20 元。

（三）个性价格法

在酒水定价中，为了有利于销售，可对不同种类酒水实行不同的原料成本率标准，高消费酒水产品的原料成本率可以高于大众化的产品。如高级别烈性酒和利口酒的成本率可以是 22%~30%。这一策略有利于吸引高消费顾客。

（四）目标利润法

目标利润定价法的前提是保证企业在一定的时期内收回投资并获得一定数量的利润。其定价程序是：预计某一时段的营业收入、经营费用和利润指标；计算和评估以上时段的原料成本及其成本率；然后决定其价格。

（五）需求定价法

制定酒水价格时，首先应进行市场调查和市场分析并根据市场对价格的需求制定酒水价格。通常，脱离市场需求的酒水价格销售效果差，只会失去市场和企业竞争力。饭店或餐饮企业常以目标顾客的价格需求作为定价基本依据。例如，旅游淡季和旅游旺季的价格差异及不同餐次（早餐、午餐和正餐）的价格差异等。

（六）竞争定价法

所谓竞争定价法，实际是参考同行业的价格后，以低于同行业价格的定价方法。参考同行业酒水价格时，必须注意饭店和餐厅的类型、级别、营业区域、经营时段、目标顾客类型等，忽视以上因素制定的价格没有任何营销价值，会导致经营失败。

本章小结

酒单是餐厅和酒吧为顾客提供酒水产品和酒水价格的一览表。酒单上印有酒水的名称、酒水价格和酒水说明。酒单的产品不仅是酒而且还有无酒精饮料，因此酒单实际上是酒水单。酒单可分为综合型酒单、专项酒酒单、鸡尾酒酒单、餐厅酒单、宴会酒单、客房小酒吧酒单和标准酒单。

酒单筹划内容应包括酒水种类、酒水名称、酒水价格、销售单位和酒水介绍等。酒单中任何产品的价格制定首先以原料成本为基础，高价格酒水必须反映高规格的原料。其次，应反映生产工艺、企业环境、服务设施及服务质量的水平。否则，酒单将不会被顾客信任。通常，饭店或餐饮企业通过六个程序制定酒水价格以使酒单更有营销力度。它们是：预测价格需求，确定价格目标，确定成本与利润，评价企业环境，选择定价方法和确定最终价格。

练习题

一、多项选择题

1. 下列关于酒单的描述正确的包括（　　）。

A. 酒单是餐厅和酒吧为顾客提供酒水产品和酒水价格的一览表

B. 酒单上印有酒水的名称、酒水价格和酒水解释

C. 实际上，酒单是酒吧和餐厅销售酒水的说明书

D. 酒单是酒水单

2. 酒水价格策略主要包括（　　）。

A. 成本策略　　B. 需求策略

C. 竞争策略　　D. 管理人员策略

3. 酒水名称（　　）。

A. 可以夸张

B. 是酒单筹划的核心内容

C. 直接影响顾客对酒水的选择

D. 必须与酒水质量和特色相符

二、判断改错题

1. 酒水价格主要受 3 个方面影响：成本因素、需求因素和竞争因素。（　　）

2. 原料成本率法也称作系数定价法，这种方法虽然复杂但很有效。（　　）

三、名词解释

综合型酒单　专项酒酒单　鸡尾酒酒单　餐厅酒单　宴会酒单　客房小酒吧

酒单　原料成本率法　平均成本法

四、思考题

1. 简述酒单的作用。

2. 简述酒单的筹划步骤。

3. 简述影响酒水价格的因素。

4. 简述酒水的定价原则。

5. 论述酒水筹划内容。

6. 论述酒水的定价程序。

五、计算题

1. 某餐厅的酒水成本率是30%，1瓶王朝赤霞珠红葡萄酒的成本价格是90元，通过系数定价法计算出这瓶葡萄酒的售价。

2. 某中餐厅有4种罐装啤酒，根据它们各自的成本（见表9–3），通过平均成本法计算出每罐啤酒的售价。

表10–3　某中餐厅4种罐装啤酒的成本

啤酒名称	每罐成本 / 元	标准成本率 / %	售价 / 元
雪花啤酒	2.30	20	
燕京啤酒	2.20	20	
青岛啤酒	2.90	20	
蓝带啤酒	3.10	20	

第11章

酒水销售与服务

本章导读

酒水市场是销售酒水的场所，包括餐厅、酒吧和饭店等。此外，酒水市场还指一定地区酒水的供需关系，这种关系包括顾客、企业、产品及顾客与企业双方可接受的价格和其他条件。现代的酒水销售与服务管理实际上是酒水市场竞争管理。通过本章学习可了解酒水销售原理、酒水市场选择和酒水服务管理等。

第一节　酒水销售原理

一、酒水市场概述

酒水市场是销售酒水的场所，包括餐厅、酒吧和饭店等。此外，酒水市场还指一定地区酒水的供需关系，这种关系包括顾客、企业、产品及顾客与企业双方可接受的价格和其他条件，这些条件包括企业的地理位置和企业的声誉等。因此，企业只有满足顾客的需求和处理好双方的经济关系并使顾客满意，酒水销售才可完成。近年来，由于我国各地商务活动频繁，休闲餐饮、会展餐饮与宴会活动不断地增加，从而使我国酒水经营业快速发展。

现代的酒水销售从顾客需求出发，为满足市场需求而实现企业的经营目标。20世纪80年代前，我国酒水产品供不应求，品种少，企业处于市场主导地位。近年来，酒水产品种类和销售量不断增加，酒水销售企业的数量也大量增加，产品已经供过于求。因此，企业仅靠扩大销售和服务、提高产品质量不能达到理想的经营目标。当今，企业特别重视推销技术，加强推销力度、广告宣传和优惠策略。随着我国社会经济的发展，酒水产品的多样化，顾客对酒水产品的需求呈现个性化。我国加入WTO以后，酒水产品非常丰富，各种进口的葡萄酒、烈性酒和利口酒出现在我国酒水企业之中。当然，顾客购买力大幅度提高，消费需求呈现个性化并对产品有了很大的选择性。同时，消费者占市场的主导地位，酒水经营企业之间出现了激烈的竞争。在这种条件下，企业必须转变传统的经营观，充分了解目标顾客的需求，寻找本企业的细分市场，开发本企业的特色酒水产品，使企业的酒水经营达到理想的效果。

二、酒水销售决策

竞争是商品经济的特点，只要存在商品生产和商品交换就存在着竞争。在当今创意经济和知识经济的市场竞争中，酒水经营的一切活动都是在市场竞争中进行。因此，现代酒水销售管理，实际上是酒水市场竞争管理。在酒水经营中，决策是酒水经营的核心和基础，它关系到酒水经营的成功或失败。企业正确的决策可使企业的人力、财力和物力得到合理的分配和运用，创造和改善企业的内部条件，提高经营中的应变能力。

当今，酒水经营企业应比竞争对手以更实惠的价格销售酒水。当市场上出现销售质量相近的酒水产品时，价格低廉的产品被顾客选中的机会多，反之就少。许多酒水经营企业以同等价格销售比竞争对手更好的酒水进行价值竞争。这里的价值是指酒水产品级别、产地与价格的比较。当然，优越的地理位置、方便的交通和停车场、理想的外部环境及良好的企业声誉等也都是价值的内在因素。同时，酒水经营企业应比竞争对手提供质量更好的酒水产品。在价格因素不变或质量提高足以抵消价格上升带来的影响的条件下，产品质量越高，就越能满足顾客的需要。在当今酒水市场不断发展的前提下，企业对销售的酒水品种和规格要考虑顾客的个性化需求。这样，企业取得优势的机会和赢利的可能性就多。当然，提高酒水的销售量，不仅取决于酒水的质量，还取决于方便的座位预订、有文化品位的酒具、高效的酒水服务、背景音乐、现场表演和先进的服务设备等。再者，酒水经营企业应比竞争对手以更快的速度创新酒水、创新环境、创新设施、创新服务并抢先进入市场。上市时间竞争不仅能使上市的产品早于其他企业而被顾客首先认识，即便其他企业的同类产品上市，该企业的深远影响仍然占据有利地位。广告决策是酒水销售决策不可忽视的内容。酒水经营企业比竞争对手更广泛、更频繁地向顾客介绍本企业的环境和酒水，以期在顾客心目中造成更深刻的形象称为广告竞争。广告竞争在推动产品销售方面具有很强的作用。酒水广告主要包括企业名称、企业招牌、酒水单、调酒师介绍及通过网络等对企业的宣传。信誉是企业竞争取胜的基础，酒水经营者若比竞争对手更讲究文明、信誉、质量和特色，则必然在经营中取得成功。当今，信息决定企业经营成功或失败。酒水经营企业应具有比竞争对手更强的收集、选择、分析和利用信息和知识的能力。最后，知识和人才是酒水经营企业核心竞争力的关键因素。酒水经营企业应比竞争对手拥有更强和更全面的人才。因此，企业必须重视招聘和培养专业的调酒师和有能力的管理人员。

三、酒水市场选择

酒水经营企业为了实现自己的销售目标，在复杂的酒水市场中寻找自己的目标顾客，选择需要本企业产品的消费群体，这一过程称为酒水市场选择。

（一）酒水市场细分

酒水市场细分也称为酒水市场划分。根据顾客对酒水的需求、购买行为和消费习惯的差异性，酒水市场应有不同的细分市场。酒水细分市场是客观存在的，企业可以根据顾客的购买愿望、购买需求和购买习惯的差异性拟定本企业的经营组织、最适宜的产品价格、有效的营销渠道和销售策略。酒水市场细分首先要保证细分市场是明显的，客观存在的，并有一定的规模和购买力。酒水细分市场所需要的产品必须有显著的特色且企业通过努力可达到的。当然，酒水细分市场必须满足企业足够的经济效益。如果细分市场规模小，市场容量有限或规模过大，市场定位不准确等都会影响酒水企业经营。酒水市场细分的依据主要包括以下方面。

1. 地理因素

地理因素是指酒水市场所在的不同的地理区域。如南方与北方、发达城市与欠发达地区、国内与国际等。企业将地理因素作为细分酒水市场的理由是，各地区气候、风俗习惯及经济水平不同，形成了不同的酒水消费需求和偏好。例如在我国，进口酒销售市场仍然以我国东部经济发达城市和我国主要大城市的高星级饭店和餐饮业为主。

2. 人文因素

人文因素是指人口、年龄、性别、收入、职业、教育、宗教、社会阶层和民族等因素。人文因素与酒水消费有着一定的联系。根据酒水市场的调查，不同收入、不同文化和职业的顾客对各种酒水的需求也不同。

3. 心理因素

心理因素是指人们习惯的生活方式和个性爱好等。许多消费者在收入水平及所处地理环境基本相同的条件下而有着不同的酒水消费习惯。这些习惯常由消费者的心理因素引起。因此，酒水经营企业应根据消费者不同的消费习惯、个性爱好等心理因素细分市场。通常，人们到陌生地域旅游或公务时，表现出不确定的心理。这种现象是由于对环境、产品、价格和销售方式等的不了解造成的。这是时空心理在消费中的反映。通常，怀旧心理在中老年人中普遍存在，并且越老越强烈。因此，老年顾客常喜欢“老字号”餐饮企业或饭店；青年人则求新心理强烈。另外，顾客都希望在幽雅和安静环境中用餐和饮用酒水。噪声大、拥挤、脏乱差的用餐环境不被顾客欢迎。顾客在用餐或休闲时希望心情舒畅。因此，卫生和安全的饮用酒水环境和礼貌服务很重要。

4. 行为因素

行为因素，即指顾客对酒水购买目的和时间、使用频率、对企业的信任度和购买方式等。所谓按行为因素细分市场，是指根据顾客对酒水购买的目的和时间、使用频率、对企业的信任度、购买方式等将顾客购买酒水的行为分为习惯型消费、瞬时型消费、计划型消费。例如，商人习惯型消费酒水产品，外出旅游者瞬时消费酒水；企业举办年会、展览会和酒会时属于计划型消费酒水。

（二）目标市场选择

目标市场选择是一种创造性的工作。企业管理人员应在深入市场调查的基础上，从企业实际出发，创造性地选择企业要进入的酒水目标市场。因此，酒水目标市场选择实际上是指企业根据自身的资源、能力和竞争优势确定适合本企业的顾客群体。在选择目标市场时，酒水经营企业首先应考虑可以进入的细分市场。这部分市场是企业通过克服困难可以有效地开展经营活动并赢得优势的市场。当然，目标市场必须是可赢利的，具有一定的规模及有发展前途。例如，咖啡厅、茶艺室、葡萄酒酒吧或啤酒屋等。同时，所选市场应具有稳定性。由于细分市场是变化的，随人们收入、受教育程度等的发展而变化。因此，在选择酒水目标市场时应根据企业自身的实力和具体情况来确定，切忌盲目模仿。例如，将沿海地区的西餐厅经营模式搬到西部地区可能会遇到意想不到的困难。

通常，酒水目标市场选择策略主要包括无差别策略、差别策略和集中策略。酒水经营企业在选择目标市场时，把整个酒水市场作为自己的销售市场，不对整体市场进行细分，这种方法称为无差别策略。企业运用这一策略表明酒水是顾客普遍的需求，只要企业的环境、酒水和服务质量优秀，顾客满意，企业就会赢利。因此，不论在任何时间和地点，企业都使用相同的酒单，销售策略都是相同的。相反，根据顾客对酒水产品需求的差异将酒水市场划分为若干细分市场（小市场），然后根据不同的目标市场，企业经营不同的酒水产品以满足不同的顾客需求，这种经营方法称为差别策略。然而，集中策略是指企业选择某一区域及某几项酒水业务，然后集中本企业的资源与优势，实行专业化经营。

（三）市场定位

企业市场定位是指酒水经营企业在顾客面前树立产品特色和良好形象的过程。企业市场定位的关键是保证顾客对本企业的酒水产品、环境及服务质量和特色都满意。企业市场定位是酒水销售中不可缺少的环节，是企业规划自己最佳目标市场的具体工作。酒水经营企业对经营前景的设定应从市场定位开始。市场定位的主要作用是增加企业的知名度和美誉度。酒水经营企业的市场定位工作包括以下内容。

1. 市场定位策略

（1）实体定位

通过挖掘产品的差异，开发本企业的特色酒水、环境和设施等并与其他企业的产品形成差异和对比，为本企业产品找到理想的市场位置。

（2）概念定位

当酒水市场高度发达时，许多有特色的酒水产品已被开发。酒水销售的关键在于开发顾客的消费习惯，这种方法称为概念定位。例如，音乐酒吧的创意是让顾客享受音乐的同时，提供有特色的咖啡、茶或酒等的营销理念。

（3）避强定位

避强定位是一种避开强有力的竞争对手的定位方法。这种定位是将本企业的酒水产品定位在市场的空缺部位，填补市场空白。通常，明智的企业应避开竞争对手的强势，创建自己的酒水特色。这种定位方法最大的优点是能使企业迅速在消费者心中树立形象。

（4）迎头定位

迎头定位是与强者竞争的方法，与竞争对手经营同样产品的定位。企业运用这种方法应当充分了解竞争对手并估计自己的实力。当然，这是一种能激励企业奋发上进的定位方式，一旦经营成功会取得一定的市场优势。当然，只要能平分秋色也是定位的成功。

（5）逆向定位

逆向定位是指把自己的产品与著名的企业联系而反衬自己，从而引起消费者对本企业的关注。这种定位方法有一定的难度，关键在于本企业的酒水产品质量、特色及价格必须与竞争对手有可比性。

（6）重新定位

由于产品无特色，市场反映差而重新做出市场定位称为重新定位。一般而言，重新定位可以摆脱企业的销售困境。一些经营传统酒水产品的企业，由于经营观念落后，因此入座率和营业额不断下降。但是，只要管理人员认识到问题的关键，勇于改正，重新创意和定位，不良的经营状况就会得到改善。

2. 市场定位方法

（1）基于产品功能定位

根据顾客对酒水产品功能的需求，酒水经营企业根据本身的资源与能力，可将本企业定位为大厅酒吧、鸡尾酒酒吧、音乐酒吧、葡萄酒酒吧及咖啡屋等。

（2）基于企业等级定位

酒水经营企业为满足消费者对酒吧建筑、内部设施、用品与原材料等的质量与特色的不同需求，可将本企业定位为社区酒吧、商务沙龙、主题酒吧、专业酒吧等。社区酒吧为大众消费水平，其内部环境与装饰一般，销售大众化的葡萄酒、烈性酒、非酒精饮料和以普通烈性酒等勾兑的鸡尾酒等。商务沙龙是中等消费水平的酒水经营企业，这种企业所销售的酒水产品为大众化或中等消费水平。当然，这种酒吧比社区酒吧更关注服务环境、内部装饰与设施、家具和服务细节等，其销售的产品以咖啡、浆、果汁、茶点、鸡尾酒等为主。主题酒吧属于较高级别的酒吧。其内部装饰具有地域文化和气氛，讲究内部装饰和设施的豪华。其销售的酒水为较高级别，常配有现场音乐等，专业酒吧是最高级别的酒吧。这种酒吧的特点是，庄重与豪华的装饰、突出酒水服务环境的文化、高级别的设施及专业化和细节的服务。其销售的酒水为高级别或在销售和服务某一类酒水方面有特长。此外，一些高级别的酒水经营企业常带有一些高雅的音乐表演。

（3）基于坐落位置定位

为了满足不同地理环境的顾客需要，酒水经营企业常根据某区域的顾客需求及本企业的市场资源，将企业定位为乡村酒吧、商务区酒吧、机场酒吧及火车站咖啡厅等。

（4）基于时段需求的定位

酒水经营企业常根据顾客在不同时段对酒水消费需求，将企业的营业时间和酒水产品与顾客对酒水消费时间进行对接。一些酒水经营企业在正餐时段销售酒水时，举行推销或优惠活动。例如，快乐时光（happy hour）等。其含义是，在这一时段，顾客购买酒水时，价格可优惠一个明显的比例或可带有一个或更多的免费菜肴等。

3. 知名度与美誉度

酒水经营企业市场定位离不开企业自身的资源水平、竞争优势、知名度和美誉度等。通过研究，当目标市场半数以上的顾客熟悉本企业且青睐本企业的酒水产品时，说明本企业有较高的知名度和美誉度。所谓知名度是指酒水经营企业被公众知晓和了解的程度。美誉度是指酒水经营企业获得公众信任、好感和欢迎的程度。

$$\text{知名度} = \frac{\text{知晓人数}}{\text{地区总人数}} \times 100 \qquad \text{美誉度} = \frac{\text{称赞人数}}{\text{知晓人数}} \times 100$$

第二节　酒水销售策略

目前，一种新的消费需求——体验需求，引起了酒水经营企业的关注。因此，企业在销售酒水产品中，应尽量影响消费者的感受，从而影响其购买决策。近年来，美国企业——星巴克公司在全世界的连锁店每天为约 100 余万顾客服务。

根据星巴克公司的销售策略，顾客在其所属企业消费的内容不仅是咖啡，还包括优秀的服务、幽雅的环境和健全的设施等，而这些因素组成了顾客的体验。因此，为了满足顾客的体验需求，企业需要对销售策略的各因素进行精心筹划。包括地点和环境策略、名称与广告策略、设施与服务及时间策略等并将美好的体验和感受永远留在顾客的记忆中。

一、地点策略

酒吧和餐厅是社交和休闲的首选场所，也是款待朋友的理想场地。因此，外事机构集中区和使馆区都是经营酒水最理想的环境。此外，酒水经营企业的理想区域还包括高消费的住宅区和商务区、临近旅游及商务往来的闹市区。这些区域有文化气氛，客源稳定，是人们经常约会和进行社交活动的理想场所，该区域消费水平也比较高。同时，在受过高等教育的居民集中区域可经营大众化的酒水产品。这些地方，尽管消费水平不高。但是，如能提供一个舒适的交际场所仍会吸引不少消费酒水的顾客。当然，不同的区域与酒水销售的品种及数量有一定的相关性。

二、环境策略

酒水经营企业必须坐落在卫生、安静和有文化气息的地方，环境对酒水的销售起着重要的作用。顾客到餐厅或酒吧购买餐饮产品的目的不仅是用餐和饮用酒水，也是为了享受环境和进行交际活动。因此，酒水经营企业的外观应清洁、整齐并有特色。酒水经营企业环境策略应包括企业的建筑风格、外观色调、门前绿化、门前装饰品、门前停车场及外观清洁卫生等。

建筑风格是餐厅或酒吧的形象并体现经营特色。酒水经营企业外观的色调常体现经营特点，直接或间接地起着销售的作用。其门前的绿化、园林设施和装饰品可呈现祥和与安宁的气氛。根据顾客的调查，橱窗是酒水经营企业不可多得的地方，橱窗设计应当美观而有特色，橱窗内的装饰植物及橱窗内的企业内部气氛都具有一定的销售作用。停车场及专职看管人员等也都具有销售效果。

服务环境是重要的销售环境。例如，在餐厅中，有高高的天花板、自然的光线、郁郁葱葱的绿色植物、雅致恬静的小单间、书架和书籍及工艺品等。吧台设计及酒水陈列是内部环境设计不可轻视的工作。酒水经营企业必须讲究吧台的造型，吧台内部的陈列柜、酒水展示方式和酒杯摆放方法等。许多企业内部摆设酒柜和酒架，酒架上摆设各种红葡萄酒，酒柜里陈列各种有特色的白葡萄酒。有些餐厅在门口陈列著名的陈酿酒。综上所述，经营风格不同的餐饮企业应通过内部环境设计与布局体现企业的经营风格。

三、名称策略

一个优秀和有特色的酒水经营企业应有一个容易记忆和具有特色的名称。企业名称只有符合目标顾客的消费，符合餐厅的经营宗旨，才能实现理想的销售效果。当然，酒水经营企业的名称必须易读、易写、易听和易记，名称必须简单和清晰，易于分辨，名称字数要少而精。同时，文字排列顺序应考虑周到，避免将容易误会的字体和易于误会的发音文字排列在一起，字体的设计应美观，容易辨认和记忆。此外，名称必须方便联络，容易听懂，避免使用易混淆的文字。当然，名称必须符合企业特色，符合餐厅的级别和消费水平。一个有特色的名称可以为酒吧或餐厅树立美好的形象，从而吸引顾客。酒水经营企业的命名多以历史名城、著名人物及产品特色为基础。

四、酒水产品策略

酒水产品策略是酒水经营企业根据市场需求和企业的人财物等资源，选择本企业需要推销的酒水产品过程，是企业酒水推销策略的基础。酒水产品策略的内容主要包括酒水产品组合策略、酒水产品开发策略和酒水产品生命周期策略。酒水产品组合策略是指酒水产品的结构策略，包括原材料、酒具、服务等的组合的广度、深度和一致性策略及组合调整策略等。酒水产品开发策略是指在原材料、制作工艺、酒具、服务等方面的创新策略。当今，一些酒水企业实施全新的酒水产品推销策略。例如，创新的鸡尾酒、设计新式咖啡饮料和各种茶饮料及小吃与甜点。一些企业推销策略是，将传统的酒水产品进行创新和改进，使其更适应本企业日标市场的需要。其中包括，改进传统的配料、工艺、酒具和服务方式等（见图 11-1）；而另一些企业引进国内外的新产品。包括引进国外的咖啡新品种，各种果茶和花茶等。

图 11-1　一杯拿铁咖啡

五、广告策略

广告是指餐厅或酒吧的招牌、酒单、酒水的照片、信函广告和宣传单等。广告在酒水销售中扮演着重要的作用，可以创造企业的形象，使顾客明确餐厅或酒吧的经营特色，增加顾客购买的信心。其中，招牌是最基本的销售工具，常设立在酒吧或餐厅门口，有各种形状，其设立应讲究位置、高度、字体、照明和可视性。招牌必须配有灯光和照明，使其在晚上也起到销售效果。招牌的正反两面或四面都应写有企业名称，晚间应有照明灯，增加其可视度。信函广告是销售酒水有效的方法，其最大的优点是阅读率高，可集中目标顾客。企业运用信函广告应掌握适当的时机。例如，餐厅或酒吧新开业、企业重新装修开业、举办美食节、酒水节或周年活动、推出新产品等。交通广告是捕捉流动顾客的好方法，许多顾客都是通过交通广告到餐厅或酒吧购买酒水产品的。交通广告的最大优点是宣传时间长，目标顾客明确。一些饭店常在电梯的墙上宣传餐饮产品，许多酒吧和餐厅在网络上宣传企业的菜单和酒水单等。

六、服务策略

在酒水销售中，服务员与调酒师的形象和他们的服务质量起着关键的销售作用。服务员和调酒师应当表情自然、面带微笑、亲切和蔼并有端庄的仪表仪容，身着合体和有特色的工作服，使用规范的服务语言，包括欢迎语、问候语、征询语、称谓语、道歉语和婉转否定语等。当顾客进入酒吧或餐厅时，不论是服务员或是调酒师都应主动问候顾客。同时，用柔和的目光望着顾客，使顾客感到亲切，有宾至如归的感觉并乐于在该酒吧或餐厅消费。此外，当服务员与调酒师帮助顾客点酒时，应不时地用柔和与亲切的目光看着顾客，表示对顾客的尊重、关心和专心。同时，牢记酒与菜肴的搭配方法，观察顾客酒杯中的酒水数量变化，适时地为顾客推销酒水等都是有效的服务策略与方法。当然，调酒师以优美的姿势和熟练的技巧为顾客调制鸡尾酒和其他混合饮品也是激起顾客购买欲望的服务策略之一。

七、设施策略

许多酒水经营企业利用视觉效应激起顾客的购买欲望。其中，包括利用销售设施推销各种酒水产品，包括各种酒水车和葡萄酒展示柜等。葡萄酒展示柜是展示和存放香槟酒和葡萄酒的设备。这种展示柜内部材料是木质的，里面分横竖成行的格子，香槟酒、葡萄酒横放入格子内，酒的标签朝上，瓶口朝外，温度保持在 8℃ ~12℃，保持酒瓶木塞湿润，保证瓶中酒味芳香。此外，许多餐厅和酒吧使用小型葡萄酒冷藏展示柜。一些餐厅使用酒水服务车（见图 11–2）推销开胃酒、利口酒和烈性酒等。使用这种方法的最大优点是，顾客可直观地看到各种酒水的品种、商标和年限。同时，顾客可及时询问和了解有关酒水的一些问题，更好地与服务员沟通，方便顾客购买酒水。当然，在餐厅或酒吧，酒水产品的造型、装饰及包装，餐台的酒杯摆放方法，吧台排列整齐的酒杯等也都具有酒水推销的效果。

图 11–2 酒水服务车

八、时间策略

酒水营业时间与酒水的销售量和经营成本有着紧密的联系。一个高效率的企业应详细调查每天及各时段的酒水需求量并以此作为时间决策。一些欧美国家的咖啡厅每天 24 小时营业，每周营业 7 天；某些国家酒吧每周营业 5 天。对于酒吧而言，每天过早营业或过晚停业都会增加不必要的成本。同时，每周不适当的营业时段会加大经营费用。一些欧美国家的酒吧从周三至周日营业，周一至周二休业。每天下午六点营业至次日两点。

九、营业推广策略

营业推广策略也称作销售促进策略，是指酒水企业运用各种短期、非日常及优惠的推销活动来吸引潜在的消费者并且激励他们的购买行为。常用的策略包括价格策略、发放奖券、赠送礼品、提供样品及举办酒水推销活动。酒水经营企业应对各种酒水产品采取不同的价格折扣，特别是在销售淡季和清淡时段，针对新开发的产品、成熟期或衰退期的产品等以促进顾客购买。同时，在营业推广期间，根据顾客的消费额或购买产品的种类等，给顾客发送奖券。奖券可以作为现金使用，主要用于顾客的重复购买。一些企业在营业推广期间为顾客赠送礼品。例如，赠送果盘，赠送甜点或小吃等。酒水经营企业常在营业推广期间为顾客免费提供样品。一般而言，可获得一个免费的且新开发的咖啡、鸡尾酒、点心或小吃等，请顾客品尝。当今，酒水产品的生命周期不断缩短，传统和被动地等待顾客上门的推销观念已失去推销效果。因此，一些企业常在节假日、清淡时段举办酒水推销日。

第三节　酒水服务管理

酒水服务是酒水销售中不可忽视的环节，顾客到酒吧或餐厅不仅购买餐饮，还需要享受无形的服务。服务是酒水销售不可缺少的过程，这一过程从预订座位开始，直至结账和送客为止。中间包括引座、写酒单、开瓶和斟酒等环节。广义的酒水服务还包括酒水服务设施、酒具和酒水。实际上，酒水服务是一种仪式，这种仪式通过服务中的各项程序和方法显示出来。酒水服务质量与酒水质量一起构成酒水产品质量。优秀的酒水服务应以顾客需求为目标，积极向上、诚心诚意、高效率、周到、朝气蓬勃并不断创新，应给顾客留下深刻和良好的印象。

酒水服务形式应根据企业的经营特点而决定。例如，专业酒吧适用吧台服务和餐桌服务，而餐厅适用餐桌服务和自助服务，宴会和酒会适用餐桌服务、自助服务和流动服务。酒水经营企业对各种酒水服务方法应进行标准化和程序化管理。由于酒水服务是无形产品。因此，服务质量保证的前提是服务标准化、程序化和个性化。个性化服务是在标准化和程序化服务的基础上，根据顾客需求，将原有服务标准进行适当调节。酒水服务设计必须体现满足顾客需求和有利于酒水销售的原则，任何脱离这一原则的服务都不会给企业带来效益。酒水服务必须与酒水种类、顾客消费习惯、酒具、酒水温度、开瓶与斟酒方法联系在一起。

一、酒水服务形式

（一）餐桌服务

餐桌服务是传统的酒水服务形式，顾客坐在餐桌旁，等待服务员到餐桌写酒单、斟酒水。这种服务适合于一般酒吧和餐厅。享受餐桌服务的顾客经常以商务或休闲为目的。通常 2~3 人或团队到酒吧或餐厅消费，他们有充裕的时间并愿意付出服务费用（一些企业免收服务费）。在酒水服务中，服务员常从顾客的右边斟倒酒水，从顾客的左边撤掉酒具。根据国际服务礼仪，先为女士斟倒酒水，再为男士斟倒。按照逆时针方向为每一个顾客服务；而中餐酒水服务，应先为主宾斟倒酒水，然后按照顺时针方向为每个顾客服务。

（二）吧台服务

吧台服务是调酒师根据顾客的需求，将斟倒好的酒水放在吧台上，送到顾客的面前。在吧台前就座和饮酒的顾客常是一个人或两个人。由于吧台饮酒容易接近其他顾客，便于顾客之间的交流和沟通，因此吧台服务多用于酒吧或传统的西餐厅。在传统的西餐厅，欧美人在进入餐厅前，常在餐厅小酒吧饮用餐前酒，等待同桌人到达后，才一起进入餐厅。

（三）自助服务

在鸡尾酒会、自助餐厅和冷餐会的服务中，酒水服务常采用自助式。服务员在餐厅摆设临时吧台，在吧台上斟倒酒水，顾客到吧台自己选用酒水。

（四）流动服务

在鸡尾酒会服务中，根据酒会的服务需要，服务员常采用流动式服务。流动式服务要设立临时吧台，服务员在临时吧台斟倒好各种酒水，然后将它们放在托盘上，送至顾客面前。因而，参加鸡尾酒会的顾客常是站立饮酒，吃些小食品。鸡尾酒会通常在 1 小时内结束。

二、酒水标准化服务

为了统一服务质量，酒水服务常需要程序化和标准化。标准化的酒水服务主要包括以下方面。

（一）写酒单

写酒单是指服务员记录顾客购买的酒水过程。顾客点酒水时，服务员应问候顾客。例如，"晚上好！"从顾客的右边递送酒单，先将酒单给女士，再给男士，每人 1 个。然后，离开顾客 3~5 分钟后，待顾客阅读酒单后，为顾客点酒水。服务员为顾客点酒水时应具体介绍酒水的名称、品牌和特点，留意顾客的反应。如果顾客不喜欢，立即介绍其他酒水，不要强迫顾客购买某种酒水，记录顾客所点酒水并跟着重复。最后，服务员将酒单第一联交收银员作结账凭证；第二联经收银员盖章后交调酒师，凭此单取酒；第三联作为服务员服务指南。一般而言，小型酒吧的调酒师兼任收银员。此外，服务员完成写酒单的服务，离开餐桌前应感谢顾客，说："谢谢您，我尽快把酒（饮料）送来。"

（二）开瓶

服务整瓶葡萄酒、香槟酒和烈性酒时，服务员应在顾客的面前，在餐桌上打开酒瓶。这样，当顾客点了整瓶葡萄酒后，服务员应先将葡萄酒瓶擦干净，用干净的餐巾包住酒瓶，商标朝外，拿到顾客面前。然后，请顾客检查酒的标签，品牌、出产地、葡萄品种及级别。无误后，在客人的面前打开葡萄酒瓶。服务员应先用小刀将酒瓶封口切开，然后用干净的餐巾把瓶口擦净，用酒钻从木塞中间钻入，转动酒钻把手，待酒钻刚钻透木塞时，两手各持一个杠杆同时往下压，木塞会慢慢地从瓶中升出来，取出木塞，递给顾客，请顾客通过嗅觉鉴定酒的质量（该服务程序用于较高级别葡萄酒）。同时，用餐巾把瓶口擦净。待顾客点头示意后，斟倒少量的酒给顾客品尝。待顾客品尝后，先为女士斟酒。

当顾客点了香槟酒或葡萄汽酒时，服务员首先应将酒瓶擦净，然后将酒放入冰桶中，冰桶放入少量的冰块和水，与冰桶一起送至顾客餐桌。服务员将香槟酒从桶内取出，用餐巾将酒瓶擦干净，用餐巾包住酒瓶，商标朝外，请顾客鉴定酒瓶的标签。顾客同意后，将酒瓶放在餐桌上，准备好香槟酒杯，左手持瓶，右手撕掉瓶口上的锡纸。然后，用左手食指按住瓶塞，右手拧开瓶盖上的铁丝，去掉瓶盖并将瓶口倾斜。这时，瓶口不要对着顾客，用右手将干净的口布包住瓶口。由于酒瓶倾斜，瓶中会产生压力，酒瓶木塞开始向上移动。然后，用右手轻轻地将木塞拔出，用干净的餐巾将瓶口擦净。这时，服务员先为主人斟倒少量的酒，请主人品尝，得到认可后，按照先女士后男士的顺序斟酒。

当顾客点了整瓶的烈性酒后，服务员应先将酒瓶擦净，用托盘将酒送至顾客面前，请顾客检验酒的标签，得到顾客认可后，用瓶起子打开酒瓶。然后，为顾客斟酒。

（三）示瓶

在酒水服务中，顾客常购买整瓶葡萄酒、香槟酒或烈性酒。由于葡萄酒、香槟酒及烈性酒品种和产地非常多，价格相差很大，因此打开酒瓶前，应请顾客鉴定酒的名称、商标、产地和等级，防止出现偏差。这一服务程序简称为示酒。在示瓶服务中，服务员站在顾客（主人）右侧，左手托瓶底，右手持瓶，酒的标签朝上，距顾客面部约 1.5 尺，方便顾客检验。此外，左手与瓶底之间垫一块干净餐巾，叠成整齐形状。

（四）斟酒

斟酒服务是酒水服务中的关键程序。斟酒时，服务员应站在顾客的右边，侧身，用右手为顾客服务。通常，左手拿一块干净的餐巾，服务员每斟 1 杯酒应移至下一个顾客的右边，再继续斟酒，女士优先。通常，中餐服务应顺时针方向移动，西餐应逆时针方向移动。斟酒水时，瓶口与杯边保持 1~2 厘米距离，瓶口不要接触杯子口，右手握酒瓶的中部，酒的标签朝上。整瓶销售的酒水通常在餐桌上为顾客斟倒。斟倒酒水时，动作应优雅大方，脚不要踏在椅子上，手不可搭在椅背上。斟倒完毕，服务员要感谢顾客并说："谢谢！"下面是各种酒水斟倒的数量标准。

①无酒精饮料斟至杯中的 8 成满。

②香槟酒斟至杯中的 2/3，先斟倒 1/3，待泡沫稍去后，再斟倒 1/3。

③白葡萄酒和玫瑰红葡萄酒斟至杯中的 2/3。

④红葡萄酒斟至杯中的 1/2。

⑤中国白酒斟倒 8 分满。

⑥零杯销售的白兰地酒、威士忌酒、伏特加酒及利口酒常以 1 盎司（oz）为销售单位（每盎司约 30 毫升）。

（五）托盘

通常，服务员将酒水从吧台送至餐桌上，通过托盘服务来完成。服务员使用托盘服务时，先将托盘擦洗干净，摆上要运送的酒水，再将托盘放在左手，用手掌托住盘底，掌心不能与盘底接触，平托在胸前，并随时掌握托盘的重量中心。服务员在行走过程中，盘要平，肩要平，两眼平视前方并常用余光看地面和两侧，脚步要轻捷，手腕应轻松灵活，使托盘随走路的节奏轻轻摆动，摆动幅度不要过大，以免酒水外溢。

（六）换烟灰缸

通常，吧台或餐桌上的烟灰缸带有烟灰或有两个烟头时，服务员应当撤掉并换上干净的烟灰缸。服务员用右手从托盘上拿一个干净的烟灰缸，盖在有烟头或烟灰的烟灰缸上，一起撤掉，放在托盘上，再从托盘上拿一个干净的烟灰缸放在餐桌上。

三、酒水礼貌服务

礼貌服务是指服务员在酒水服务中，对顾客尊重、友好并注重礼仪和礼节，讲究服务仪表和语言，执行服务规范的过程。礼貌服务是服务员主动、真诚、微笑和周到的服务表现。礼貌服务在酒水销售中起着重要的作用。世界上各国和各民族都十分重视礼节礼貌，把礼节礼貌看作是一个国家和民族文明程度和道德水准的标志。礼貌服务反映了企业形象，也是构成酒水产品质量的一个因素。礼貌服务内容包括以下方面。

（一）端庄的仪表仪容

服务人员在酒水服务中应讲究仪表仪容。首先应按企业规定的标准着装，工作服要整洁与合体。上班前，管理人员应检查职工的工作服，除工作需要外，衣袋里不放任何物品。服务卡应端正地佩戴在胸前。领带、领结与飘带要系正，应穿黑色皮鞋并擦拭干净。男服务员头发不得盖住耳朵和衣领，不要留大鬓角，发际线要清楚，头发要整齐干净。女服务员头发应整洁干净，不得梳披肩发，不使用指甲油，不使用异味化妆品，不浓妆艳抹。工作时间不佩戴项链、腕链、戒指及其他饰物，不佩戴企业规定以外的其他装饰品。

（二）朝气蓬勃的仪态

服务时，服务员应表情自然，面带微笑，亲切和蔼，端庄稳重。在顾客面前绷脸噘嘴、忸忸怩怩、缩手缩脚、谨小慎微都是不礼貌的。不要在顾客面前打喷嚏、打哈欠、伸懒腰、挖耳、掏鼻、剔牙、打饱嗝、修指甲等。行走时身体重心可以稍向前，上体正直、抬头、眼平视、面带微笑，切忌晃肩摇头，应双臂自然地前后摆动，肩部放松，脚步轻快，步幅不宜过大，不能跑步。服务员给顾客指方向时，手臂应伸直，手指自然并拢，手心向上，指向目标，眼睛看着目标并兼顾顾客，忌用一个手指指点方向，使用手势时还要注意各国的文化和习惯。

（三）礼貌的服务语言

在服务中，服务员应使用轻柔、诚恳、大方和和蔼的语言。服务员回答问题时，应准确、简明、恰当，语意完整，合乎语法。顾客在思考问题或与他人交谈时，服务员不要打断他们的讲话。当然，服务员讲话时，语言和表情应协调一致，面带微笑地看着顾客，不得左顾右盼，心不在焉。同时，与顾客交谈时不得涉及不愉快的问题和个人私事，保持适当的距离，约 1.5 米为宜，不得倚靠他物，应站在顾客容易看到的地方并两眼注视着顾客。此外，服务员能用语言讲清楚的事情，尽量不用手势，吐字要清楚，嗓音悦耳并给顾客以亲切感。服务员已经答应顾客的事，一定要尽力办好，不得无故拖延。在服务中应使用欢迎语、问候语、告别语、征询语、道歉语及婉转推托语。

（四）服务员素质

优秀服务的前提是有优秀的服务员，而一个合格的服务员最基本的条件是工作认真、性格爽朗、乐于助人。优秀服务员的基本标准是通过为顾客服务给顾客带来喜悦。当然，服务员应有良好的自我控制能力，讲究清洁，保持良好仪表和仪容，主动了解顾客，具备随机应变的服务和个性化服务的能力。对于熟悉的顾客，要热情接待；对于自大型顾客，不要和他们争论，应当用有情趣的语言说服他们；对于少言型的顾客，应适时地提出简明扼要的建议；对于多嘴型顾客，想办法将他们引入正题；对于急躁型顾客，应扼要地说明，快速地为之服务并动作敏捷；对于三心二意型的顾客，应协助他们下定购买决心。

四、酒水服务方法

（一）雪利酒服务

雪利酒常作为开胃酒，欧美习惯于餐前饮用。干雪利酒的最佳饮用温度是 10℃~12℃。雪利酒应斟倒在雪利酒杯中。其服务的具体程序可参照白葡萄酒服务。

（二）苦味酒和茴香酒服务

苦味酒和茴香酒是餐前酒，酒吧和餐厅常以零杯销售。每杯酒的容量为 1.5 盎司，一些酒吧每杯酒的容量为 1 盎司。当顾客需要纯饮苦酒和茴香酒时，将 3~4 块冰块放入调酒杯中，根据顾客购买的种类和商标，将酒倒入调酒杯中，用吧匙轻轻地搅拌，过滤后，倒入三角形鸡尾酒杯中，放 1 片柠檬并以托盘方法送至餐桌或直接放在吧台，放至顾客的右手边。先放一个杯垫，然后将酒杯放在杯垫上。

当顾客购买加冰块的苦味酒或茴香酒时，先在古典杯中加4块冰块，再将酒倒入该杯中，放1片柠檬，用托盘方法送至餐桌上，放在客人右手边，先放杯垫，再放酒杯。当顾客购买带有碳酸饮料或果汁的苦味酒或茴香酒时，先将4块冰块放入海波杯或高杯，然后量出所需的酒，倒入酒杯中，再倒入果汁或碳酸饮料至8成满。然后，用吧匙轻轻地搅拌，根据需要在酒杯边上放装饰品，用托盘送至客人面前。销售这类酒，常配上1小碟开胃小食品（免费）并一起送到餐桌上。

（三）味美思酒服务

味美思酒是加味葡萄酒。这种酒常作为餐前酒或开胃酒饮用。饮用方法有纯饮、加冰块饮用、与汽水或果汁混合饮用等。服务方法与苦味酒和茴香酒相同。

（四）白葡萄酒服务

白葡萄酒应冷藏后服务。最佳饮用温度在10℃~12℃之间。因此，当顾客购买整瓶的白葡萄酒时，应按照以下程序和方法为客人服务。首先将白葡萄酒放在冰桶内，冰桶内放入30%冰块和少量的水并将一块干净的餐巾盖在冰桶上（叠成三折，盖在冰桶上面，露出瓶子颈），再将冰桶送到餐桌，靠近主人右侧方便的地方。通过示瓶和开瓶服务，斟倒葡萄酒。然后，将酒瓶放回冰桶内。再一次将干净的餐巾盖在冰桶上并感谢顾客，说声“谢谢”离开餐桌。当顾客杯中的酒液少于杯子容量的1/4时，应为顾客重新斟酒，不要使顾客的酒杯空着，直至将瓶中的酒液全部斟完或客人表示不需要时为止。

（五）玫瑰红葡萄酒服务

玫瑰红葡萄酒与白葡萄酒服务程序和方法相同。玫瑰红葡萄酒最佳饮用温度同白葡萄酒相同。

（六）香槟酒和葡萄汽酒服务

香槟酒和葡萄汽酒在企业服务中是整瓶出售，香槟酒和葡萄汽酒的最佳饮用温度都是7℃~12℃。首先将冷藏后的香槟酒或葡萄汽酒放入冰桶中，用双手将冰桶送至餐桌主人的右侧方便的地方。然后，按照香槟酒示瓶的方法及开瓶方法服务斟酒。斟酒后，将酒瓶放回冰桶内，用干净的餐巾盖在冰桶上，感谢顾客，说声“谢谢”并离开餐桌。待酒杯中的酒液不足1/4时，再为顾客斟酒。

（七）红葡萄酒服务

红葡萄酒的最佳饮用温度是16℃~20℃，因此红葡萄酒不需要冷藏。服务员在示瓶服务和开瓶服务后，可将酒放在酒架或酒篮内，使酒瓶倾斜，约等待5分钟后，斟倒酒水。斟酒时，通常服务员用右手持酒篮或酒架为顾客斟酒。当然，也可双手持酒篮为顾客斟酒。通常，服务员斟酒后将酒架放在主人的右边。然后，感谢顾客，说声“谢谢”，离开餐桌。待酒杯中的酒液不足酒杯容量1/3时，再为顾客斟酒。一些餐厅将开瓶后的红葡萄酒滤入另一容器内，将该容器放到酒架上，放在主人的右边。这种方法的优点是酒味更香醇，而容器占餐台的面积更少。同时，酒中的沉淀物已被滤净，方便斟倒。（见图 11–3 与图 11–4）

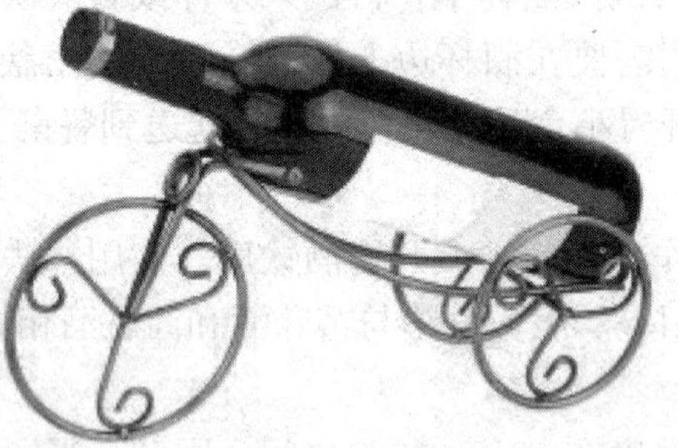

图 11–3　酒架

图 11–4　红葡萄酒服务

（八）甜点酒服务

甜点酒包括波特酒、马德拉酒、马拉加酒和马萨拉酒等。其最佳饮用温度是 16℃ ~20℃。甜点酒既可零杯销售，也可整瓶销售。零杯销售常以 2 盎司为一杯，用托盘将酒送至餐桌。整瓶销售应通过示瓶和开瓶等服务程序，再为顾客斟酒。同时，应斟倒在波特酒杯中并斟倒 7 成满。

（九）利口酒服务

利口酒是芳香的甜酒，也是欧美人习惯饮用的餐后酒。在酒吧和餐厅经营中，利口酒常以零杯销售，每杯容量常为 1 盎司。利口酒以利口酒杯盛装。当顾客需要纯饮利口酒时，服务员应根据顾客选用的种类，询问顾客是否以降温或室温饮用。通常，水果类利口酒和香草类利口酒采用降温服务。这样，先将 2 个至 3 个冰块放入利口酒杯，旋转几周，扔掉，做降温处理。然后，将利口酒倒入杯内。咖啡利口酒和可可利口酒常以室温服务。然后，将利口酒送至吧台顾客的右手处，先放杯垫，再放杯子或用托盘送至餐桌上。许多顾客习惯饮用加冰块的利口酒。这时，应用古典杯或香槟杯加入 4 块冰块，再倒入利口酒。一些顾客需要将利口酒与汽水或果汁混合。这时，可将 4 块冰块放入海波杯或高杯中，倒入顾客选用的利口酒，再倒入汽水或果汁，至 8 成满，用吧匙轻轻搅拌。然后，送至吧台客人的右手处或用托盘送至餐桌上。

（十）白兰地酒服务

白兰地酒常作为开胃酒和餐后酒饮用。欧美人通常习惯地把科涅克白兰地酒作为开胃酒或餐后酒，而把亚玛涅克酒作为餐后酒。现代人对白兰地酒的饮用时间和方法愈加灵活和突出个性。有些顾客已将白兰地酒作为餐酒饮用。白兰地酒常以零杯销售，每杯容量是 1 盎司，常用 6 盎司容量的白兰地酒杯盛装。纯饮白兰地酒服务时，可根据顾客选用的品牌，用量杯量出 1 盎司白兰地酒，倒入白兰地酒杯，调酒师用右手将酒放至吧台客人的右手处，或服务员用托盘送至客人面前。销售带有冰块的白兰地酒时，可将 2~3 块冰块（或根据顾客需求）放在白兰地酒杯内。然后，根据顾客选用的酒，量出 1 盎司并倒入装有冰块的白兰地酒杯中，送至客人面前。销售与碳酸饮料或果汁混合的白兰地酒时，先将 4 块冰块放入高杯或海波杯中。然后，倒入 1 盎司白兰地酒，再倒入冷藏的苏打水或果汁至 8 成满，用吧匙轻轻搅拌，送至顾客面前。当销售整瓶白兰地酒时，服务员应先示瓶，得到顾客认可后，在顾客面前打开瓶盖，然后询问顾客的饮用方法并根据需求进行服务。当顾客需要冰块时，服务员可用一个造型美观的器皿装上冰块，用托盘送至餐桌上。然后，用冰夹为每个顾客的酒杯中放入冰块（2~3 块或根据顾客需求）。服务员为顾客斟倒白兰地酒时，常使用 6 盎司容量的白兰地酒杯并将酒液斟倒杯中的 1/5 或 1/6 的容量。

（十一）威士忌酒服务

威士忌酒常作为餐后酒饮用。欧美人饮用威士忌酒的习惯方法有纯饮、加冰块饮用和与矿泉水、冰水或汽水一起饮用。在酒吧或餐厅中，威士忌酒常以零杯销售，每杯容量为 1 盎司。纯饮威士忌酒服务时，可根据顾客需要的品牌，用量杯量出 1 盎司威士忌酒，倒入威士忌酒杯，送至客人面前。销售与冰块混合的威士忌酒时，将 4 块冰块（或根据顾客需求）放入古典杯，量出 1 盎司酒，倒入杯中，送至顾客面前。销售与碳酸饮料或冰水混合的威士忌酒时，应选用口味温和的威士忌酒，如美国波旁威士忌酒。然后，将 4 块冰块放入高杯，倒入 1 盎司威士忌酒，再倒入碳酸饮料或冰水，斟倒至 8 成满或根据顾客的需求斟倒。用吧匙轻轻地搅拌，送至顾客面前。

（十二）金酒服务

金酒常作为餐前酒或餐后酒。根据欧美人的饮酒习惯，金酒可纯饮、与冰块饮用或与碳酸饮料混合饮用。在酒吧或餐厅，金酒常以零杯销售，每杯容量为 1 盎司。纯饮金酒服务时，将 3~4 块冰块放入调酒杯，然后用量杯量出 1 盎司金酒倒入调酒杯，用吧匙轻轻地搅拌。然后，滤入三角形鸡尾酒杯，再放 1 片柠檬，送至吧台客人的右手处或用托盘送至餐桌上。销售带有冰块的金酒时，将 4 块冰块放入古典杯，用量杯量出 1 盎司金酒，倒入古典杯，放 1 片柠檬，送至吧台顾客的右手处或用托盘送至餐桌上。销售与碳酸饮料或果汁混合的金酒时，将 4 块冰块放入高杯，用量杯量出 1 盎司金酒，倒入高杯，再倒入碳酸饮料或果汁，用吧匙轻轻地搅拌，送至吧台顾客的右手处或用托盘送至餐桌上。

（十三）朗姆酒服务

朗姆酒常作为餐后酒饮用，常以零杯销售，每杯容量为 1 盎司。朗姆酒纯饮服务时，可用量杯量出 1 盎司朗姆酒，倒入三角形鸡尾酒杯中，杯中放 1 片柠檬。然后，放在吧台客人的右手处，先放一个杯垫，再把酒杯放在垫上或用托盘方法送至餐桌上。销售带有冰块的朗姆酒时，先将 4 块冰块放入古典杯，再用量杯量出 1 盎司的朗姆酒，倒入古典杯，杯中放 1 片柠檬。当然，冰块的数量也可根据顾客的需要。销售带有碳酸饮料或果汁的朗姆酒时，先将 4 块冰块放入高杯或海波杯中，用量杯量出 1 盎司朗姆酒，倒入高杯或海波杯，再倒入汽水或果汁。最后，将混合好的朗姆酒送至吧台客人的右手处或用托盘送至餐桌。

（十四）伏特加酒服务

伏特加酒常作为餐酒和餐后酒饮用，在酒吧或餐厅，伏特加酒常以零杯销售，每杯容量为 1 盎司。伏特加酒纯饮服务时，先将 3 块至 4 块冰块放入调酒杯中，用量杯量出 1 盎司伏特加酒，倒入调酒杯中，轻轻地搅拌，过滤，倒入三角形鸡尾酒杯中，杯中放 1 片柠檬，送至吧台客人的右手处，先放一个杯垫，再将酒杯放在杯垫上或用托盘送至餐桌上。当顾客需要在酒中加冰块时，可将 4 块冰块（或根据顾客需求）放入古典杯中，用量杯量出 1 盎司伏特加酒，倒入古典杯，放 1 片柠檬送至吧台客人的右手处。伏特加酒与汽水或果汁混合服务时，可将 4 块冰块放入高杯或海波杯内，倒入 1 盎司伏特加酒。然后，倒入碳酸饮料或果汁至 8 成满，用吧匙轻轻地搅拌，送至吧台客人的右手处或用托盘送至餐桌上。

（十五）特吉拉酒服务

特吉拉酒常作为配制鸡尾酒的基酒（主要原料）。一些南美顾客喜爱纯饮或与碳酸饮料混合饮用。纯饮特吉拉酒服务时，先将 1 盎司特吉拉酒倒入三角形鸡尾酒杯中。同时，将 2 个切好的柠檬角和少许盐分别放在 2 个小碟内。然后，与酒同时送至客人的面前。特吉拉酒加冰块服务时，可在古典杯中放 4 块冰块，倒入 1 盎司特吉拉酒，加柠檬 1 片。特吉拉酒与碳酸饮料混合服务时，先将 1 盎司特吉拉酒倒入装有 4 块冰块的高杯中，然后倒入七喜或雪碧等碳酸饮料至 8 成满，用吧匙轻轻地搅拌后送至客人面前。

（十六）中国白酒服务

中国白酒常以整瓶销售，服务前应示瓶。顾客认可后，倒入中国白酒杯内，每杯斟倒 8 成满。

（十七）啤酒服务

啤酒服务时，首先要保证酒杯的清洁。啤酒杯不能有油渍，否则影响啤酒泡沫的产生。当然，酒杯不能与餐具一起洗涤，手指不能接触杯内。许多顾客购买冷藏的啤酒，少数顾客购买室温的啤酒。斟倒啤酒时，酒瓶应离酒杯口约 1 厘米，沿杯边斟倒，斟至7成满。常用的啤酒杯有平底杯和比尔森杯。此外，生啤酒常以生啤杯盛装。

（十八）鸡尾酒服务

鸡尾酒以杯为单位销售。销售鸡尾酒时，服务员先为每个顾客递送一份酒单，帮助顾客选用鸡尾酒。通常，服务员应根据饮酒时间、鸡尾酒特点与功能、顾客饮用习惯等因素推销鸡尾酒。服务员对鸡尾酒名称、特点介绍得越具体，顾客会越满意，推销效果越理想。此外，鸡尾酒制作的时间不要太长，应在写酒单后的5分钟内完成，不要让顾客久等。鸡尾酒制好后应立即上桌，否则影响其温度和质量。一般而言，除调酒师可直接将鸡尾酒送至吧台客人的右手处，服务员一律用托盘将鸡尾酒送至餐桌上。服务时，注意手指只能接触杯柄，不能接触酒杯，以免影响酒的温度。服务时应放一个酒杯垫，再放鸡尾酒并说出鸡尾酒的名称。最后说“请您慢用”。

（十九）无酒精饮料服务

在酒吧或餐厅中，无酒精饮料服务包括冷饮服务和热饮服务。例如，矿泉水、果汁等在服务前都要冷藏。冷饮的酒杯应采用降温措施以保证其温度。通常，可以提前将杯子放在冷藏箱中，待使用时取出或把几块冰块放在杯中旋转使其降温。矿泉水服务中，矿泉水的最佳饮用温度是6℃。注意，应在顾客面前打开矿泉水瓶，矿泉水不要加冰块。此外，碳酸饮料、鲜果汁和矿泉水使用高球杯盛装。热的饮料服务主要包括咖啡和茶等服务。服务前，服务员应问清咖啡或茶的种类并复述一遍。服务咖啡时，从右边服务，咖啡杯的杯柄应朝向顾客的右方，咖啡杯应配上底盘和咖啡匙。红茶服务与咖啡相同。某些热饮有独特的服务方式，如爱尔兰咖啡。服务员在进行爱尔兰咖啡服务，先将杯子烧热。然后，放爱尔兰威士忌酒和糖粉。待溶化后，有蓝色火焰时，将热咖啡倒入杯中，放鲜奶油。注意热饮的温度应在80℃以上。此外，绿茶和花茶服务，应使用玻璃杯。

五、酒水服务卫生管理

卫生管理是酒水服务管理的重要环节，由于卫生关系到顾客的健康、企业声誉和销售效果。因此，保证酒水新鲜、无病菌是保证顾客安全的关键。

（一）预防酒水污染

酒水是人们直接饮用的饮品，必须卫生，富有营养。一份优质的酒水，应当新鲜，富有营养，没有病菌污染，在香、味、形等方面俱佳。此外，在饮料制作中禁止加入不安全和不卫生的添加剂、色素、防腐剂和甜味剂等。酒水经营企业应采购新鲜的、没有病菌和化学污染的饮料和食品，做好采购运输管理，防尘并冷藏。调酒师制作酒水前应认真清洗水果，使用具有活性作用的洗涤剂清洗水果，用清水认真冲洗，将可以去皮的水果去皮后使用。

（二）个人卫生管理

酒水经营企业应根据国家卫生法规，只准许健康的职工制作和服务酒水。企业应保持工作人员的身体健康，为他们创造良好的工作条件，不要随意让职工加班加点，使他们能够有充足的休息和锻炼时间。按照国家和地方的卫生法规，酒水生产和服务人员每年应体检。身体检查的重点是肠道传染病、肝炎、肺结核、渗出性皮炎等。上述疾病患者及带菌者不适合在酒水经营企业工作。

（三）环境卫生管理

环境卫生管理仍然是酒水服务管理中不可轻视的内容。餐厅或酒吧环境卫生管理包括对地面、墙壁、天花板、门窗、灯具及各种装饰品的卫生管理。企业应保持地面清洁，每天清扫大理石地面并定期打蜡上光，每天清扫并用油墩布擦木地板，定期除去木地板上的旧蜡，上新蜡并磨光。每天将地毯吸尘 2~3 次并用清洁剂和清水及时将地毯上的污渍清洁干净。企业应保持墙壁和天花板的清洁，每天清洁 1.8 米以下的墙壁一次，每月或定期清洁 1.8 米以上的墙壁和天花板一次。企业应保持门窗及玻璃的清洁，每三天清洁门窗玻璃一次，雨天和风天要及时清洁。同时，每月清洁灯饰和通风口一次。此外，每餐后认真清洁台面、餐椅、餐桌和各种酒水车并保持吧台工作区的卫生。每天整理和擦拭各种酒柜和冷藏箱。保持花瓶和花篮的卫生，每天更换花瓶中的水。

（四）设备卫生管理

根据调查，不卫生的服务设备常是污染饮料的原因之一。酒水经营企业必须重视设备的卫生管理。服务设备应易于清洁，易于拆卸和组装。设备材料必须坚固，不吸水、光滑、防锈、防断裂，不含有毒物质。设备使用完毕应彻底清洁。酒具使用后，要洗净，消毒，用干净布巾擦干水渍，保持杯子透明光亮。酒杯的杯口应朝下摆放，排列整齐。存放杯子时，切忌重压或碰撞以防止破裂，如发现有损伤和裂口的酒杯，立刻扔掉以保证顾客的安全。水果刀、甜点叉、冰茶匙、茶匙等银器应认真清洗并擦干。

六、酒水服务质量管理

（一）酒水服务质量观念

酒水服务质量观念可分为：狭义质量观和广义质量观。狭义质量观从局部因素考虑酒水服务方法等的质量，对服务质量形成的过程，对顾客的定义，对质量问题产生的原因，对酒水服务质量管理的认识及对酒水服务的质量评价等方面与广义服务质量观有着不同的观念。广义的酒水服务质量内涵不仅包括酒水服务本身的质量，还包括服务环境质量、酒水生产过程质量、酒水原料质量、服务环境与设施的质量、服务与生产人员的素质及其他相关影响因素等（见表 11–1）。

表 11–1　狭义酒水服务质量观与广义酒水服务质量观

服务主题概念	狭义服务质量观念	广义服务质量观念
1. 服务质量	单项维度概念，仅由服务方法和过程质量构成	多项维度概念，由环境、设施、酒水和服务等质量构成
2. 服务过程	直接与酒水产品生产和销售有关的过程	不仅包括与直接酒水服务行为有关的过程，还包括间接过程，例如，原料采购，工作人员的招聘和培训，酒水产品的市场调查与预测等
3. 顾客定义	购买酒水产品或餐饮产品的顾客	不仅包括购买酒水产品等的顾客，还包括管理人员、相关部门、供应商及其他相关组织
4. 质量影响因素	服务行为与服务方法问题、礼节礼貌问题	不仅是服务行为与方法等问题，还包括营销问题、人员素质问题和经营管理问题
5. 服务质量目标	基于本部门服务质量目标	基于饭店或企业整体营销目标和服务质量目标
6. 服务质量管理	由本企业或饭店质管部负责，基于国家、地区、行业和企业的服务规范、程序和标准。服务质量管理部门是餐饮部或酒水部	由饭店总经理负责，基于国家、地区、行业和企业规范、程序和标准，并根据市场变化和顾客的需求，持续开发与创新，动态管理。质量的管理部门来自企业整体质量管理组织
质量评价	餐饮部或质检部门负责	由饭店负责或企业整体负责

综上所述，影响酒水服务质量的因素不仅包括酒水购买的预订、迎宾、引坐、点酒、斟酒水等服务本身的质量因素，还包括酒水产品的原料采购、保管、配制及酒水服务环境、设施与用具与酒具等质量因素。当然，影响酒水服务质量的因素还必须包括工作人员的素质、知识和技能等。现代酒水服务质量建立在满足顾客的需求上，使服务质量和特征的总体具有满足特定顾客的需求。酒水服务质量高低的实质是服务满足顾客需要的程度，顾客的需要是确定酒水服务质量的标准。现代酒水服务质量的表达常使用抽象语言，用需求、性能、特色、满意将顾客与饭店或酒水经营企业联系在一起。酒水服务质量不仅代表酒吧或餐厅服务管理水平，而且还反映企业的信誉和形象。因此，服务质量是饭店或酒水经营企业营销管理的关键和基础。

（二）酒水服务质量管理措施

1. 制定与实施酒水服务工艺标准

根据调查，酒水服务质量与酒水服务人员（包括调酒师、服务员、酒吧管理人员）、酒水服务设施和设备、服务程序和酒水原料的质量紧密相关。因此，酒水经营企业必须制定以上各方面的质量标准。在这些质量因素中，人的因素第一。这样，在酒水服务质量管理中，首先应招聘和选拔具有较高素质和良好道德品质及专业知识与技能的管理人员和服务人员并制定严格的制作和服务工艺纪律，这是保证酒水服务质量的前提。

2. 掌握酒水服务质量动态

酒水服务质量管理的重要环节之一是及时掌握本饭店、本部门和本职务服务质量标准、方法、技能等动态及本地区市场的酒水服务质量、酒水服务标准等的发展，将本企业或本部门不合格的、落后于顾客需求的服务质量消灭在萌芽中。

3. 严格酒水服务质量检验

在酒水服务质量管理中，首先应严格控制酒水生产、配制和服务设施的质量，保证酒水原料的质量，制定酒水原料采购标准，严格控制酒水生产与配制工艺标准，制定标准酒谱。饭店或酒水经营企业应成立质检部或质量检查员，控制好本饭店或本企业酒水服务质量。

4. 掌握酒水服务工序质量

企业在控制酒水服务质量管理中，首先应做好酒水生产与配制及服务的工序质量管理。这样，可保证酒水服务中的每个环节服务质量。当然，这里的酒水服务环节一定是广义，应及时发现不合格的服务工序质量并及时纠正。（见表 11–2）

表 11–2　玛格丽特鸡尾酒制作与服务标准

Margarita（玛格丽特）制作与服务标准	
用料标准	特吉拉酒 40 毫升，无色橙味利口酒 15 毫升，青柠檬汁 15 毫升，鲜柠檬 1 块，细盐适量，冰块 4 至 5 块
制作与服务标准	1. 用鲜柠檬擦湿杯口，然后将杯口放在细盐上转动，使杯口沾上少许细盐，成为白色环形。注意不要擦湿杯子内侧，不要使细盐进入鸡尾酒杯中 2. 根据用料标准，将冰块、特吉拉酒、无色橙味酒和青柠檬汁放入摇酒器内，用力摇动 7 周，直至摇匀 3. 过滤，将摇酒器中的酒倒入玛格丽特杯或鸡尾酒杯内 4. 服务员用右手持杯柄，将此杯鸡尾酒送至顾客面前的餐桌上。放酒前，先放一个酒杯垫，然后将这杯酒放在杯垫上 5. 离开顾客时说：“请您慢用！”

5. 加强对不合格的服务环节管理

酒水服务质量管理中，重要的举措之一是必须加强对不符合企业服务质量标准或没有达到顾客对服务质量需求的标准的管理。因此，酒水经营企业的管理人员必须不断地学习，与时俱进，采取措施，及时纠正发现的问题。

6. 加强部门或人员之间的协调

良好的酒水服务质量必须贯彻和执行企业或饭店制定的酒水服务质量标准，加强酒水经营部门与其他部门之间的沟通与协调，使之完成各自的质量责任。酒水服务质量管理常受餐饮部、营销部、采购部，甚至人力资源等部门的影响，因为酒水销售离不开营销部、餐饮部和采购部和人力资源等部门的支持。所以，部门间的协调工作很有必要。同时，酒水经营部门的全体职工还应积极地参与质量培训。

7. 不断提高和改进服务质量

酒水服务质量常随着社会经济的发展而提高，随着饭店经营目标的调整而变化，高质量的服务质量从来不是经久不变的。因此，酒水经营企业必须以提高和改进服务质量为基础，实施全面服务质量管理。同时，应建立服务环境的标准。例如，酒具标准、家具标准、清洁标准、照明标准、温度标准及服务效率与服务方法标准等。

8. 加强计量管理工作

计量工作是酒水服务质量管理的基础，由于所有的酒水都应达到标准酒谱规定的重量和容量标准。因此，酒水质量管理之一是完善各种量具，包括各种温度计、重量量具和容量量具。在酒水生产和销售中，可通过量杯等控制容量标准。酒水服务常使用的量具有，秤磅、测量杯、测量匙等。常使用的重量单位有公制（Metric Measure）和英制（English Measure）两种。公制计量单位包括：克（Gram）、毫升（Milliliter）；英制计量单位包括：盎司（Ounce）、茶匙（Teaspoon）、餐匙（Tablespoon）、杯（Cup）、品脱（Pint）、夸脱（Quart）及加仑（Gallon）等。

9. 重视服务人员的培训工作

酒水服务质量常受服务设施、制作技术、服务中的方法与技巧、礼节礼貌、语言表达能力等的影响和制约。因此，饭店或酒水经营企业必须重视职工的培训及培训管理。在培训中，理论应联系实际。通常培训内容有，入店培训、技术培训、礼节礼貌培训、外语培训、专项业务培训、服务技能培训、创新酒水产品与服务方面的培训等。酒水服务培训工作应认真规划、精心组织。企业培训部门或人力资源部应协调餐饮部或酒水部，对部门整体培训需求进行调查分析，根据培训目标和任务、培训对象、职务范围及职工素质等因素制订培训计划和实施方案，避免盲目和随意，使培训内容与工作需求及职位需求相一致。在培训中应使用案例教学、演示教学、培养职工的实践服务能力，坚持专业知识和技能培训与企业文化相结合的原则，使职工成为有理想、有职业道德、有文化的专业工作者。此外，在酒水服务培训中，应坚持专业服务和重点内容与重点技术相结合的原则。

七、酒水服务安全管理

安全事故通常由服务中的疏忽大意造成，特别是在繁忙的营业时间。餐厅或酒吧门口应当干净整洁，尤其不能有冰雪，必要时可放防滑垫。同时，应及时修理松动的瓷砖或地板。在刚清洗过的地面上，放置“小心防滑”的牌子。服务员出入门注意过往的其他职工。同时，服务区应有足够的照明设备，尤其楼道的照明。使用热水器，应当谨慎，不要将容器内的开水装得太满。运送热咖啡和热茶时，注意周围人群的移动。吧台所有电器设备都应安装地线，不要将电线放在地上，即便是临时措施也很危险。保持配电盘的清洁，所有电器设备开关应安装在工作人员易于操作的位置上。员工使用电器设备后，应立即关掉电源。当然，为电器设备做清洁时，要先关掉电源。员工接触电器设备前，要保证自己站在干燥的地方，手是干燥的。在容易发生触电事故的地方涂上标记，提醒员工注意。酒水经营企业应严防火灾的发生，除了要有具体的措施外，还应培训工作人员，使他们了解火灾发生的原因及防火措施。此外，营业场所应有保安措施保护顾客财物，防止顾客钱物丢失或遭抢劫，对醉酒者应有保护和处理的措施。

本章小结

现代酒水销售应从顾客的需求出发，为满足市场需求而实现企业经营目标。酒水经营企业应比竞争对手以更实惠的价格销售酒水。

酒水经营企业为了实现自己的销售目标，在复杂的酒水需求中寻找自己的目标顾客，选择需要本企业产品的消费群体。酒水服务是酒水销售中不可忽视的环节，顾客到酒吧或餐厅不仅购买餐饮，还可享受无形的服务。

练习题

一、单项选择题

1. 现代酒水销售应从（　　）需求出发。

A. 顾客　　　　B. 企业

C. 广告　　　　D. 成本

2.（　　）是酒水服务管理不可轻视的内容。

A. 成本管理　　　　B. 制度管理

C. 环境管理　　　　D. 品牌管理

3. 对于少言型的顾客，服务员应（　　）。

A. 适时提出简明扼要的建议　　　　B. 应用有情趣的语言说服他们

C. 想办法将他们引入正题　　　　D. 应快速地服务

二、判断改错题

1. 中餐厅是销售中国菜肴的餐厅，其酒水应以中国烈性酒、茶、果汁、冷

饮、啤酒等为主要产品，不出售鸡尾酒、葡萄酒、白兰地酒和威士忌酒。(　　)

2. 酒水市场细分的基础是保证细分市场是明显的，客观存在的并有一定的规模和购买力。(　　)

三、名词解释

市场选择　市场定位　示瓶

四、思考题

1. 简述餐桌酒水服务。

2. 简述吧台酒水服务。

3. 简述自助酒水服务。

4. 简述流动酒水服务。

5. 论述酒水销售原理。

6. 论述酒水市场细分的依据。

第12章

酒水成本管理

本章导读

酒水成本管理是酒水经营管理的关键内容之一。酒水成本的构成主要包括3个方面：原料成本、人工成本和经营费用。通过本章学习，可了解酒水成本种类与特点，熟悉酒水成本控制的原理和方法，掌握酒水成本核算和成本分析方法。

第一节　酒水成本种类与特点

一、酒水成本概述

酒水成本是指制作和销售酒水所支出的各项费用。酒水成本的构成主要包括原料成本、人工成本和经营费用。在酒水成本中，变动成本占有主要部分，常占总成本的50%以上。其中，仅酒水原料成本就可能占总成本的20%以上。当然，原料成本率的高低决定于饭店和酒水经营企业的级别和经营策略。通常，酒水经营企业级别越高（饭店、餐厅或酒吧），人工成本和各项经营费用占酒水总成本的比例越高，而原料成本率相对较低。在酒水成本中，可控成本常占总成本的主要部分。例如，原料成本，燃料与能源成本，餐具、用具与低值易耗品等支出都是可控成本。这些成本可通过管理人员在生产和销售管理中得到控制。根据酒水成本的习性，酒水成本可分为固定成本、变动成本和混合成本；根据酒水成本可控程度，酒水成本可分为可控成本和不可控成本。此外，酒水成本还可分为标准成本和实际成本。标准成本是在实际成本发生前的计划成本或预计成本，实际成本是在各项成本发生后的实际支出。

酒水成本＝原料成本+人工成本+经营费用

二、原料成本

原料成本是指制作酒水产品所支出的各种原料的成本，包括主料成本、配料成本和调料成本。

其中，主料成本是指制作酒水产品的主要原料（基酒）。例如，鸡尾酒中的烈性酒。当然，不同酒水产品的主料不同，其成本也不同。通常，主料在酒水产品中成本最高。配料成本是酒水产品的辅助原料的成本。例如，鸡尾酒中的柠檬汁成本。调料成本是指酒水产品中的调味品或装饰品的成本。

三、人工成本

人工成本是指参与酒水生产与销售的全部人员的工资和费用，包括管理人员和调酒师的工资和支出、餐厅领班及服务人员的工资及相关的支出等。

四、经营费用

经营费用是指酒水经营中，除原料成本和人工成本以外的所有成本，是酒水经营中发生的管理费用、财务费用和销售费用。包括房屋租金、生产和服务设施的折旧费，燃料和能源费、餐具和用具及其他低值易耗品费、采购费、绿化费、清洁费、广告费、公关费和管理费等。

五、固定成本

固定成本是指在一定的经营时段和一定业务量的范围内，总成本不随营业额或生产量发生变动而变动的那些成本。通常，固定成本包括管理人员和技术人员的工资与相关支出、设施与设备的折旧费、修理费和管理费等。但是，固定成本并非绝对不变，当经营超出企业现有的能力时，就需购置新设备，招聘新职工。这时，固定成本会随着酒水生产量的增加而增加。由于固定成本在一定的经营范围内，成本总量对营业额或生产量的变化保持不变，因此当销售量增加时，单位产品所承担的固定成本会相对减少。固定成本总额与单位固定成本关系如图 12-1 所示。

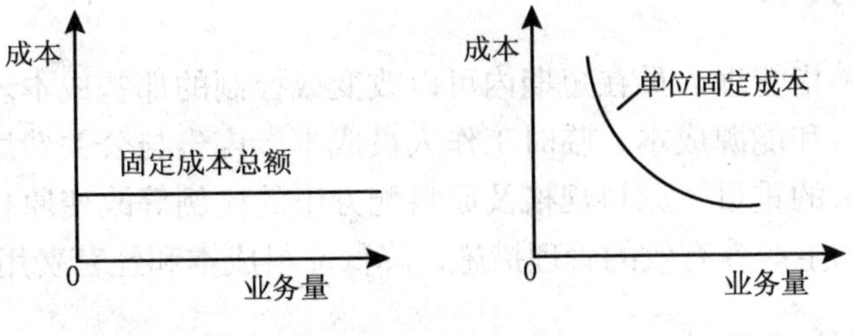

图 12-1　固定成本总额与单位固定成本变化图

六、变动成本

变动成本是指随着营业额或生产量成正比例变化的那些成本。通常，当销售量提高时，变动成本总量与销售量或营业额成正比例。例如，销售 1 份爱尔兰咖啡的原料成本为 12.7 元，如果平均每天销售 35 份爱尔兰咖啡，其原料的总成本是 444.5 元。当然，变动成本还包括临时职工的工资、能源与燃料费、餐具和餐巾及低值易耗品费等。这样，当变动成本总额增加时，单位产品的变动成本保持不变。因此，在酒水总成本增加时，每杯酒水产品的成本保持不变。变动成本总额与单位变动成本如图 12–2 所示。

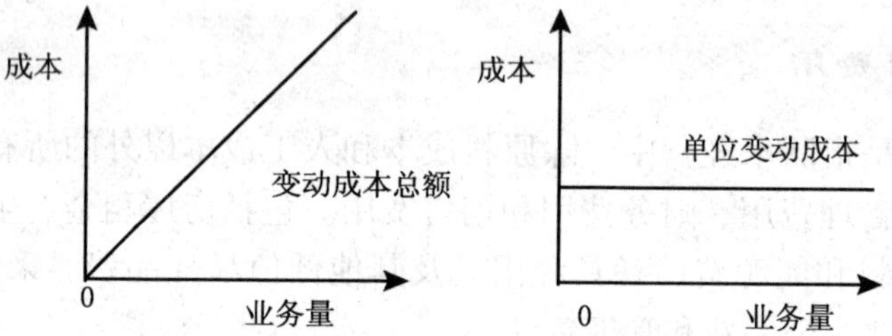

图 12–2　变动成本总额与单位变动成本变化图

七、混合成本

在酒水成本管理中，管理人员的工资和支出，能源费和修理费等常被称为混合成本。原因是它既包括变动成本又包括固定成本。混合成本虽然受到生产量的影响，但是其变动幅度与生产量变动没有严格的比例关系。混合成本的特点是兼有变动成本和固定成本的双重习性。根据酒水成本的属性，应该说，只有固定成本和变动成本两类。然而，正因为混合成本的这一特点，我们可以通过成本控制的细节管理更好地控制混合成本的支出。

八、可控成本

可控成本是指管理人员在短期内可以改变或控制的那些成本。这种成本包括原料成本、燃料和能源成本、临时工作人员成本、广告与公关费用等。通常，通过调整每份酒水的重量、原料规格及原料配方中的比例等改变原料成本并通过原料采购、保管和生产等有效的管理措施，降低原料成本和经营费用。

九、不可控成本

不可控成本是指管理人员短期内无法改变的那些成本。例如，房租、设备折旧费、修理费、贷款利息及管理人员和技术人员的工资等。有效地控制不可控成本，必须不断地开发市场，创新产品，减少产品中不可控成本的比例，精减人员并做好设施的保养和维修工作。

十、标准成本

标准成本是企业精心设计并应该达到的成本标准。企业常根据过去的各成本因素，结合当年预计的原料成本、人工成本和经营费用等的变化，制定出有竞争力的各种目标成本或企业预计的各项成本。当然，标准成本是企业在一定时期内及正常的生产和经营情况下所应达到的成本目标，也是衡量和控制实际成本的计划成本。

十一、实际成本

实际成本是在经营报告期内，实际发生的各项原料成本、人工成本和经营费用。这些成本因素是饭店或酒水经营企业进行成本控制的基础。

第二节　酒水成本核算

一、零杯酒成本核算

在酒水经营中，烈性酒和利口酒常以零杯方式销售，每杯烈性酒和利口酒的容量常为 1 盎司（oz）。因此，计算每杯酒的成本，首先计算出每瓶酒可以销售的杯数，然后将每瓶酒的成本除以销售杯数就可以得到每杯酒的成本，即

$$\text{每杯酒的成本}=\frac{\text{每瓶酒成本}}{(\text{每瓶酒容量}-\text{每瓶酒标准流失量})/\text{每杯酒容量}}$$

例 11-1　某品牌金酒每瓶成本为 165 元，容量是 32 盎司。饭店规定在零杯销售时，每瓶酒的流失量控制在 1 盎司内，每杯金酒容量为 1 盎司。则每杯金酒的成本为

$$\text{每杯金酒成本}=\frac{165}{(32-1)/1}=5.32(\text{元})$$

二、鸡尾酒成本核算

鸡尾酒是由多种原料或酒水配制而成，计算鸡尾酒的成本不仅要计算它的基酒（主料）成本，而且应计算其配料成本和调料成本。鸡尾酒成本核算公式为

$$每杯鸡尾酒成本 = \frac{每瓶烈性酒(基酒)成本}{(每瓶酒容量 - 每瓶酒标准流失量)/每杯鸡尾酒标准容量} + 配料成本 + 调料成本$$

例 11-2 哥连士配方如表 12-1 所示，则一杯哥连士（Collins）成本为

$$1杯哥连士成本 = \frac{262}{(32-1)/1} + 3.70 \approx 12.15(元)$$

表 12-1 哥连士配方

原料名称	重量（数量）	成 本
威士忌酒	1 盎司（约 30 毫升）	某品牌威士忌酒每瓶采购价格 262 元，容量 32 盎司，每瓶烈性酒标准流失量为 1 盎司
冷藏鲜柠檬汁 20 毫升、糖粉 10 克、冷藏的苏打水 90 毫升、冰块适量		3.70 元

三、酒水成本率核算

酒水成本率指酒水产品原料成本与销售收入的比，即

$$酒水成本率 = \frac{酒水成本}{销售收入} \times 100\%$$

例 11-3 某饭店咖啡厅，每瓶王朝干红葡萄酒的成本是 35 元，售价是 110 元。则整瓶王朝干红葡萄酒的成本率为

$$整瓶王朝干红葡萄酒成本率 = \frac{35}{110} \times 100\% \approx 32\%$$

四、酒水毛利率核算

酒水毛利率是指酒水毛利额与其售价的比，酒水毛利额等于酒水收入减去原料成本。其计算公式为

$$酒水毛利率 = \frac{酒水收入 - 原料成本}{酒水收入} \times 100\%$$

例 11-4 1 杯名为古典的鸡尾酒（Old-fashioned）售价是 40 元，其原料成本是 10.4 元，则古典鸡尾酒的毛利率为

$$古典鸡尾酒毛利率 = \frac{40 - 10.4}{40} \times 100\% \approx 74\%$$

例 11–5 某咖啡厅每杯红茶的售价是 45 元，每杯红茶的茶叶成本为 5.00 元，糖与鲜奶油的成本是 3.00 元，则每杯红茶的毛利率为

$$红茶毛利率 = \frac{45-8}{45} \times 100\% \approx 82\%$$

例 11–6 某饭店中餐厅，一瓶售价为 1580 元的茅台酒，其原料成本是 520 元，计算这瓶中国白酒的毛利率。

$$茅台酒毛利率 = \frac{1580-520}{1580} \times 100\% \approx 67\%$$

五、人工成本核算

（一）工作效率

酒水经营企业的工作效率的核算，实际上是计算职工平均完成的毛利额。其计算公式为

$$工作效率 = \frac{营业收入 - 原料成本}{职工人数}$$

（二）人工成本率

人工成本率的计算公式为

$$人工成本率 = \frac{工资总额}{营业收入} \times 100\%$$

例 11–7 某高星级商务饭店酒水经营部有职工 36 名，负责饭店大厅酒吧、鸡尾酒吧、中餐厅酒吧、扒房酒吧，咖啡厅酒吧和商务楼层酒吧等酒水销售和服务。2014 年销售总额为 1 800 万元，原料成本额为 420 万元，酒水部每月职工工资总额为 18 万元（包括实习生的费用），则该部门的工作效率和人工成本率分别为

$$工作效率(年) = \frac{1800-420}{36} \approx 38.3(万元)$$

$$人工成本率 = \frac{18 \times 12}{1800} \times 100\% = 12\%$$

（三）人工成本率比较

在饭店酒水经营中，人工成本率是动态的，有多种因素影响人工成本率，包括职工的流动、营业额的变化、职工的工资和福利变动及是否有实习生帮助服务等。此外，经营不同的酒水产品，人工成本率也不同。通常，经营技术含量高或新开发

的酒水产品，人工成本率相对较高。因此，通过不同会计期、不同部门或不同餐次的人工成本率比较，可找出人工成本差异的原因并提出改进措施。通常，在同样的工资总额前提下，营业收入越高，人工成本率越低。如表 12–2 和表 12–3 所示。

表 12–2　某商务饭店 2018 年 5 月与 6 月酒水营业情况

日期	本期（2018 年 6 月）	上期（2018 年 5 月）
营业收入总额 / 万元	196	173
人工总成本 / 万元	24.3	24.3
人工成本率	12.4%	14%

表 12–3　2018 年某商务饭店酒水部人工成本概况

餐厅名称	盘山咖啡厅	维克多利扒房	香宫中餐厅	大厅酒吧	宴会部
销售收入 /（万元 / 年）	432	267	265	237	630
顾客人数 / 人次	123 429	47 679	98 148	65 833	146 512
消费水平 / 元	35	56	27	36	43
人工成本 / 万元	31	23.3	18.2	25.6	43.7
人工成本率	7.18%	8.73%	6.87%	10.80%	6.9%
酒水部 人工成本率 8.10%					

六、经营费用核算

酒水经营费用包括管理费、能源费、设备折旧费、保养和维修费、餐具、用具与低值易耗品费、排污费、绿化费及因销售发生的各项费用。经营费用率是酒水经营费用总额与酒水营业总额的比，即

$$\text{经营费用率}=\frac{\text{经营费用总额}}{\text{酒水营业总额}}\times 100\%$$

第三节　酒水成本控制

一、酒水成本控制概述

酒水成本控制是指成本管理人员根据成本预测、决策和计划，确定成本控制目标并通过一定的成本控制方法，使酒水经营的实际成本达到预期的成本目标。

酒水成本控制贯穿于其形成的全过程。因此，凡是在酒水成本形成的过程中，影响成本的因素都是成本控制的内容。酒水成本形成的过程包括原料采购、原料储存和发放、酒水生产与制作、酒水销售与服务等环节。一般而言，酒水成本控制点较多，控制方法各异。因此，每一控制点都应有具体措施；否则，这些控制点便成了泄露点。科学的酒水成本控制可提高酒水销售效果，减少物质和劳动消耗，使企业获得较大的经济效益并可提高企业的竞争力。酒水成本控制的效果关系到产品的质量和价格、营业收入和利润、顾客的利益和需求。然而，酒水成本控制是一项系统工程，管理人员首先应明确其构成要素。

（一）控制目标

所谓控制目标是指企业以最理想的成本达到预先规定的酒水产品质量。控制目标不是凭空想象，而是管理者在成本控制的前期所进行的成本预测、成本决策和成本计划并通过科学的方法制定的各成本要素。当然，成本控制目标必须是可衡量的并能够用一定的文字或数字表达出来。

（二）控制主体

控制主体是指酒水成本控制的责任人的集合。包括财务人员、食品采购员、调酒师、收银员和服务员。在酒水经营中，影响酒水成本的各要素、各动因等均分散在酒水生产和销售的每一个环节中。

（三）控制客体

控制客体是指酒水经营中所发生的各项成本和费用。酒水控制的客体包括原料成本、人工成本及经营费用。

（四）成本信息

成本信息对酒水成本控制的效果起着决定性的作用。企业做好酒水成本控制的首要任务就是做好成本信息的收集、传递、总结和反馈并保证信息的准确性，不准确的信息不仅不能实施有效的成本控制，而且还可能得出相反或错误的结论，从而影响酒水成本控制的效果。

（五）控制系统

酒水成本控制系统由 7 个环节与 3 个阶段构成。7 个环节包括成本决策、成本计划、成本实施、成本核算、成本考核、成本分析和纠正偏差，3 个阶段包括运营前控制、运营中控制和运营后控制。在酒水成本控制体系中，运营前控制、运营中控制和运营后控制是一个连续而统一的系统。它们紧密衔接、互相配合、互相促进，在空间上并存，在时间上连续，共同完成酒水成本管理工作。

（1）运营前控制

运营前控制包括酒水经营中的成本决策和成本计划。成本决策是指根据成本预测的结果和其他相关因素，在多个备选方案中选择的最优成本方案以确定目标成本；而成本计划是根据成本决策所确定的目标成本，具体规定酒水经营各环节和各方面在计划期内应达到的成本水平。因此，运营前控制是在酒水产品投产前进行的成本预测和规划。企业通过成本决策，选择最佳成本方案，规划未来的目标成本，编制成本预算，计划产品成本以便更好地进行成本控制。

（2）运营中控制

运营中控制包括酒水成本实施和成本核算。成本实施是指在各项成本发生过程中进行的成本控制，要求实际成本尽量达到计划成本或目标成本；如果实际成本与目标成本发生偏差，应及时反馈给职能部门以便及时纠正。成本核算是指对酒水经营中的实际发生成本进行计算和相应的账务处理。

（3）运营后控制

运营后控制包括酒水经营中的成本考核、成本分析和纠正偏差并将所揭示的各项成本差异进行汇总和分析，查明差异产生的原因，确定责任部门和责任人及采取措施，及时纠正并为下一期成本控制提供依据和参考的过程。其中，成本考核是指对餐饮成本计划执行的效果和各责任人履行的职责进行考核；成本分析是指根据实际成本资料和相关资料对实际成本发生的情况和原因进行分析；而纠正偏差即采取措施，纠正不正确的实际成本及错误的执行方法等。

（六）控制方法

控制方法是指根据所要达到的各项成本目标采用的手段和方法。在成本控制中，企业对不同的控制环节，应采用不同的有效方法和手段。在原料采购阶段，应通过比较供应商的信誉度、原料质量和价格等因素确定原料供应商。在原料储存阶段，应建立最佳库存量和储存管理制度。在酒水生产阶段，制定标准酒谱并根据酒谱控制酒水生产成本。在酒水销售与服务阶段，应及时获取顾客满意度的信息，用理想的服务成本达到顾客期望的服务质量水平。

二、原料成本控制

原料成本属于变动成本，包括主料成本、配料成本和调料成本。原料成本由原料的采购成本和使用成本两个因素形成。因此，采购控制是原料成本控制的首要环节。在采购控制中，原料应达到企业规定的质量标准；同时应价廉物美，本着同价论质、同质论价、同价同质论采购费用的原则，严格控制因生产急需而购买高价原料，控制原料的运杂费。采购员应就近取材，减少运输环节，优选运输方式和运输路线，降低原料采购运杂费。在原料成本控制中，使用控制是酒水成本控制的另一关键环节。酒水生产和配制人员应根据原料的实际消耗品种和数量填写领料单，部门主管人员应控制原料的使用情况并及时发现原材料超量或不合理的使用，及时分析原料超量使用的原因及采取有效措施，予以纠正。为了掌握原料使用情况，酒水经营企业和部门应实施日报和月报原料成本制度并要求管理人员按工作班次填报。

三、人工成本控制

人工成本控制是对工资总额、职工数量和工资率等的控制。工资总额是指一定时期，通常为一年，酒水经营企业或部门全体工作人员的工资及相关支出总额。其中包括工作餐、工作服及交通补助费等。职工数量是指负责酒水经营的职工总数，工资率是指酒水经营职工的工资总额与工时总额的比。为了控制好人工成本，管理人员应控制全体职工的工资总额并逐日按照每人每班的工作情况，进行实际工作时间与标准工作时间的比较分析，做出总结和报告。有效的人工成本控制应充分挖掘职工潜力，合理地进行定员编制，控制职工业务素质及非生产和经营用工，以合理的定员控制参与酒水经营的职工总数，使工资总额稳定在合理的水平上，提高经营效果。此外，还应实施人本管理，建立良好的企业文化，制定合理的薪酬制度，正确处理经营效果与职工工资的关系，充分调动职工的积极性和创造性。此外，企业加强职工的业务和技术培训，提高职工业务素质和技术水平，制定考评制度和职工激励策略等都是人工成本控制不可忽视的内容。

四、经营费用控制

在酒水经营中，除了食品成本和人工成本外，其他的成本称为经营费用。诸如能源费，设备折旧费、保养维修费，餐具、用具和低值易耗品费，排污费，绿化费及因销售发生的各项费用等，这些费用都是酒水经营必要的成本。这些费用控制方法主要依靠管理人员日常的有效管理才能实现。

五、原料采购控制

原料采购控制是原料成本控制的首要环节，它直接影响酒水经营效益，影响酒水原料成本的形成。所谓原料采购是指根据企业的酒水经营需求，采购员以企业规定的价格范围购得符合企业质量标准的原料。通常，原料应符合企业需要的酒水种类及其质量标准。在采购时，采购员应认真执行企业规定的采购价格，控制原料采购的运杂费，就近取材。

（一）选择采购员

在原料采购控制中，采购员是负责采购原料的工作人员，在我国许多饭店和餐饮企业中都不设专职酒水采购员。然而，采购员应熟悉酒水采购业务，熟悉各类酒水原料的名称、规格、质量和产地，重视原料价格和供应渠道，善于市场调查和研究，关心各种原料的储存情况，具备良好的英语阅读能力，能阅读进口酒水及其他原料说明书，遵守职业道德。

（二）制定原料标准

在原料采购的控制中，原料质量是指其新鲜度、酒精度、颜色等。原料规格是指原料种类、等级和产地等。原料质量和规格常根据酒水经营企业或部门酒单需要做出的规定。为了使制定的原料规格符合市场供应又能满足企业需求，原料标准应写明原料名称、质量标准、规格要求以及产地、等级、商标、酒精度及添加剂含量等标准，文字应简明。

（三）控制采购数量

原料采购数量是采购控制中不容忽视的环节，由于采购数量直接影响成本的构成和数额，因此应根据企业经营策略制定合理的采购数量。通常，原料采购数量受许多因素影响，主要包括销售量、储存条件和市场供应情况等。此外，考虑到现代企业的准时生产方式（Just in Time，JIT），尽量减少原料的库存量。

（四）建立采购程序

酒水经营企业或部门必须为原料采购工作规定工作程序，使采购员及有关人员明确自己的职责。不同企业原料采购程序不同，这主要根据企业规模和管理模式而定。在大型饭店，当保管员发现库存的某种原料达到最低储存量时，要立即填写采购单，交与采购员或采购部门，采购员或采购部门根据仓库申请，填写订购单并向供应商订货。同时将订货单中的一联交与仓库保管员（或验收员）以备验货使用。当保管员接到货物时，应将货物、采购单和发货票一起进行核对，经检查合格后，将原料送至仓库储存。保管员在验货时应做好收货记录并在发货票盖上验收章，并将发货票交与采购员。同时，采购员或采购部门在发货票上签字与盖章后交与财务部，发货票经财务负责人审核，签字后向供应商付款。小型企业采购程序简单，采购员仅根据企业经理的安排和计划进行采购。

（五）实施原料验收

原料验收控制是指保管员（验收员）根据企业制定的验收程序与原料质量标准检验供应商发送或采购员购来的原料质量、数量、规格、单价和总额并将检验合格的各种原料送到仓库，记录检验结果。原料验收员应掌握财务知识，有丰富的酒水及相关的原料知识并诚实、认真、秉公办事。在中小型饭店，验收员可由仓库保管员兼任，餐厅经理或酒吧经理不适合作兼职的原料验收员。为了达到验收效果，验收员必须根据企业制定的程序进行检验。通常根据订购单核对货物，防止接收企业未订购的原料。验收员应根据订单的原料质量和规格接收货物，防止接收质量或规格与订单不符的任何原料。验收员应认真对发货票上的货物名称、数量、产地、规格、单价和总额与本企业订购单及收到的原料进行核对，防止向供应商支付过高的货款。原料验收合格后，验收员应在发货票盖上验收合格章（见图 12–3），并将验收的内容和结果记录在每日验收报告单上，将验收合格的货物送至仓库。验收员每日应当填写原料日报表，该表内容应包括发货票号、供应商名称、货物名称、数量、单价、总金额、储存地点和验收人等。

验收日期	________
数量或重量核对	________
价格核对	________
付款总额核对	________
批准付款	________
批准付款日期	________

图 12–3　食品原料验收合格章

六、原料储存控制

原料储存是指仓库管理人员通过科学的管理，保证各种酒水原料数量和质量，减少自然损耗，防止原料流失，及时接收、储存和发放各种原料以满足酒水经营的需要。同时，实施有效的防火、防盗、防潮和防虫害等措施并掌握各种原料日常使用量及其发展趋势，合理控制原料的库存量，减少资金占用和加速资金周转，建立完备的货物验收、领用、发放、盘点和卫生制度。在储存管理中除了保持原料的质量和数量外，还应执行储存记录制度。通常当某一货物入库时，应记录它的名称、规格、单价、供应商名称、进货日期、订购单编号。当某一原料被领用后，要记录领用部门、原料名称、领用数量、结存数量甚至包括原料单价和总额等。

（一）原料库存额控制

酒水经营企业要进行正常的经营活动，必然要保持一定数量的库存酒水及相关原料。对企业而言，在不耽误正常经营的基础上，原料库存额越少越好以便减少因存货而占压的资金。原料储存需要企业付出成本，储存成本主要包括固定成本和变动成本两部分，固定成本包括原料占用资金所付出的利息、储存设备折旧费和修理费、管理人员工资和支出，变动成本包括储存设备消耗的能源费等。此外，原料占用空间的机会成本也是管理人员应考虑的因素。

（二）库存原料周转率控制

库存原料周转率是库存原料发出额与每月原料平均库存额的比，即

$$库存原料周转率=\frac{原料发出额}{原料平均库存额}=\frac{月初库存额+本月采购额-月末库存额}{(月初库存额+月末库存额)/2}$$

库存原料周转率说明一定时期内原料存货周转次数，用来测定原料存货的变现速度以衡量酒水经营企业销售能力及存货是否过量。同时，库存原料周转率反映了企业销售效率和存货使用效率。在正常情况下，如果经营顺利，存货周转率比较高，利润率也就相应高。但是，库存周转率过高，可能说明企业管理方面存在一些问题。例如，存货水平低，甚至原料经常短缺或采购次数过于频繁等。存货周转率过低，常是因为库存管理不利、存货积压、资金沉淀、销售不利等因素造成。

（三）原料发放控制

原料发放控制是原料储存控制中的最后一项工作。它是指仓库管理员根据酒水原料使用部门管理人员签发的领料单中的原料品种、数量和规格，发放给使用单位的过程。原料发放控制工作的关键环节是，发放的原料应根据领料单中的品名、数量和规格执行。任何使用部门向仓库领用原料必须填写领料单，领料单是酒水成本控制的一项重要工具。领料单通常一式三联，第一联作为仓库的发放凭证，第二联由领用单位保存，用以核对领到的食品原料；第三联交财务部。

（四）原料定期盘存

原料定期盘存制度是企业按照一定的时间周期，如一个月，通过对各种原料的清点，确定存货数量。企业采用这种方法可定期了解经营中的实际原料成本，掌握实际酒水成本率并通过与企业的标准成本率比较，找出成本差异及其原因，采取措施，从而有效地控制原料成本。酒水等原料的定期盘存工作由财务部成本控制员负责，与仓库管理人员一起完成这项工作。盘存工作的关键是真实和精确。

有关计算公式有：

$$\text{月末账面库存原料总额}=\text{月初库存额}+\text{本月采购额}-\text{本月发放额}$$

$$\text{库存短缺额}=\text{账面库存额}-\text{实际库存额}$$

$$\text{库存短缺率}=\frac{\text{库存短缺额}}{\text{仓库发放原料总额}}\times 100\%$$

七、酒水生产控制

（一）标准配方

为了保证各种酒、咖啡和茶水等产品的质量标准及更好地控制成本，企业应建立酒水标准配方。在酒水标准配方中规定原料名称、类别、标准容量、标准成本、售价、各种配料名称、规格、标准酒杯及配方和制定日期等。

（二）标准量器

在酒水生产中，调酒师应使用量杯或其他量酒器皿测量原料数量以控制酒水成本，特别是对那些价格较高的烈性酒数量的控制。

（三）标准配制程序

企业应制定酒水标准配制程序以控制酒水产品质量，从而控制成本。例如，酒杯的降温程序、鸡尾酒装饰程序、鸡尾酒配制程序、使用冰块数量、鸡尾酒配制时间等。

（四）标准成本

标准成本是酒水成本控制的基础。企业必须规定各种酒水产品的原料标准成本。如果酒水产品没有统一的原料成本标准，随时随人更改，不仅酒水成本无法控制，酒水产品的质量也无法保证。

第四节　酒水成本分析

一、酒水成本分析概述

酒水成本分析是酒水成本控制的重要组成部分，其目的是在保证产品销售的基础上，使成本达到理想的水平。所谓酒水成本分析是指按照一定的原则，采用一定的方法，利用成本计划、成本核算和其他有关资料，分析成本目标的执行情况，查明成本偏差的原因，寻求成本控制的有效途径以达到最大的经济效益。酒水成本的形成尽管有多种因素，然而少数因素起着关键作用。因此，在全面分析成本的基础上，应重点分析其中的关键因素，做到全面分析和重点分析相结合；同时，应加强同类与同级企业间的成本数据对比分析，以便寻找成本差距，发现问题，挖掘潜力并指明方向。

二、影响酒水成本的因素

进行酒水成本分析，首先要明确影响酒水成本的因素。这些因素主要包括固有因素、宏观因素和微观因素等。固有因素包括企业的地理位置、地区原料供应状况、交通的便利性、企业的种类与级别等；宏观因素主要包括国家与地区宏观经济政策、目标顾客的需求、企业坐落区域的价格水平和企业竞争状况；微观因素主要包括企业人力资源水平、生产和服务技术及酒水成本控制水平等。

三、酒水成本分析方法

常用的酒水成本分析方法有对比分析法和比率分析法。这些方法可对同一问题的不同角度分析成本执行的情况。

（一）对比分析法

对比分析法是酒水成本分析中最基本的方法，它通过成本指标数量上的比较，揭示成本指标的数量关系和数量差异。对比分析法可将酒水实际成本指标与计划成本指标进行对比，将本期成本指标与历史同期成本指标对比，将本企业成本指标与行业成本指标进行对比以便了解成本之间的差异。

酒水经营企业采用对比分析法应注意指标的可比性。企业可将计划成本指标与标准成本指标进行对比，揭示实际成本指标与计划成本指标之间的差异；将本期实际成本指标与上期成本指标或历史最佳水平进行比较，确定不同时期有关指标的变动情况和成本发展趋势；将本企业指标与国内外同行业成本指标进行对比，发现本企业与先进企业之间的成本差距。

（二）比率分析法

比率分析法是通过计算成本指标的比率，揭示和对比成本变动的程度。这一方法主要包括相关比率分析法、构成比率分析法和趋势比率分析法。采用比率分析法，比率中的指标必须相关，采用的指标应有对比的标准。其中，相关比率分析法是指将性质不同但又相关的指标进行对比，求出比率，反映其中的联系。例如，将酒水毛利额与销售收入进行对比，反映酒水毛利率。构成比例分析法是指将某项成本指标的组成部分与总体指标进行对比，反映部分与总体的关系。例如，将原料成本、人工成本、经营费用分别与酒水成本总额进行对比，可反映出原料成本率、人工成本率和经营费用率。趋势分析法是将两期或连续数期成本报告中的相同指标或比率进行对比，从中发现它们的增减及变动方向。企业采用这一方法可为管理人员提示成本执行情况的变化并可分析引起变化的原因及预测未来的发展趋势。

本章小结

酒水成本是指制作和销售酒水所支出的各项费用。酒水成本构成主要包括三个方面：原料成本、人工成本和经营费用。原料成本是指制作酒水产品的各种原料成本，包括主料成本、配料成本和调料成本；人工成本是指参与酒水生产与销售的全部人员的工资和费用；经营费用是指酒水经营中，除原料成本和人工成本以外的所有成本，是酒水经营中发生的管理费用、财务费用和销售费用。

酒水成本控制是成本管理人员根据成本预测、决策和计划，确定成本控制目标，通过一定的成本控制方法，使酒水经营的实际成本达到预期的成本目标。酒水成本控制贯穿于其形成的全过程，凡是在酒水成本形成的过程中，影响成本的因素都是成本控制的内容。酒水成本形成的过程包括原料采购、原料储存和发放、酒水生产与制作、酒水销售与服务等环节。酒水成本控制点多，控制方法各异。因此，每一控制点都应有具体措施。否则，这些控制点便成了泄露点。

练习题

一、多项选择题

1. 酒水原料成本包括（　　）。

A. 主料成本　　B. 配料成本

C. 经营费用　　D. 调料成本

2. 下列属于可控成本的是（　　）。

A. 燃料和能源成本　　B. 管理人员和技术人员工资

C. 临时工作人员成本　　D. 房租

3. 酒水生产成本控制的内容包括（　　）。

A. 标准配方　　B. 标准量器

C 标准配制程序　　D. 标准成本

二、判断改错题

1. 可控成本是指管理人员在短期内无法改变的那些成本。例如，房租、设备折旧费、修理费、贷款利息及管理人员和技术人员的工资等。（　　）

2. 原料采购控制是酒水成本控制的首要环节，它不影响酒水经营效益，只影响酒水原料成本的形成。（　　）

三、名词解释

成本控制　原料成本　人工成本　固定成本　变动成本　混合成本　可控成本　不可控成本　标准成本　实际成本

四、思考题

1. 分析固定成本、变动成本和混合成本各自的特点。

2. 简述影响酒水成本的因素。

3. 简述酒水成本的分析方法。

4. 论述酒水成本控制的构成要素。

练习题参考答案

第 1 章

一、单项选择题

1.B　　2.C　　3. A

二、判断改错题

1.（×）饮用长饮类鸡尾酒常选用高球杯或考林斯杯，长柄三角形酒杯是短饮类鸡尾酒（Cocktail）专用杯。

2.（×）通常斟酒时，饮酒人不必端起酒杯，根据国际惯例将杯子凑近对方是不礼貌的。

三、略；四、略；五、略

第 2 章

一、多项选择题

1.ABD　　2.ACD　　3.ABCD

二、判断改错题

1.（×）葡萄酒属于发酵酒。存放葡萄酒时应让酒瓶平放，使瓶塞接触到酒液，保持木塞湿润。

2.（×）国际葡萄酒组织将葡萄酒分为葡萄酒和特殊葡萄酒两大类。葡萄酒指红葡萄酒、白葡萄酒和玫瑰红葡萄酒（桃红葡萄酒）。特殊葡萄酒指香槟酒、葡萄汽酒、加强葡萄酒和加味葡萄酒。

三、略；四、略

第 3 章

一、多项选择题

1.ABCD　　2.ABD　　3.ABD

二、判断改错题

1.（√）

2.（√）

三、略；四、略

第 4 章

一、多项选择题

1.ABCD 2.ABC 3.ABC

二、判断改错题

1.（√）

2.（×）白兰地酒杯（Brandy）是高脚杯，杯口比杯身窄，利于集中白兰地的香气，使饮酒人更好地闻到酒中的香气。

三、略；四、略

第 5 章

一、多项选择题

1.ABCD 2.ACD 3.AB

二、判断改错题

1.（×）甜点酒是以葡萄酒为主要原料，加入少量白兰地酒或食用酒精制成的配制酒。著名生产国有意大利、葡萄牙和西班牙。

2.（×）利口酒是人们在餐后饮用的香甜酒，有多种风味，主要包括水果利口酒、植物利口酒、鸡蛋利口酒、奶油利口酒和薄荷利口酒。

三、略；四、略

第 6 章

一、多项选择题

1.ABCD 2.ABCD 3.ABCD

二、判断改错题

1.（×）短饮类鸡尾酒容量约 60 毫升至 90 毫升，酒精含量高，这种鸡尾酒香料味浓重，以三角形鸡尾酒杯盛装，有时用酸酒杯或古典杯盛装。

2.（√）

三、略；四、略

第 7 章

一、多项选择题

1.ACD 2.ABD 3.ABCD

二、判断改错题

1.（√）

2.（√）

三、略；四、略

第 8 章

一、多项选择题

1.ABCD　　2.ABCD　　3.ACD

二、判断改错题

1.（√）

2.（√）

三、略；四、略；五、略

第 9 章

一、多项选择题

1.ABC　　2.ABCD　　3.AC

二、判断改错题

1.（√）

2.（√）

三、略；四、略

第 10 章

一、多项选择题

1.ABCD　　2.ABC　　3.BCD

二、判断改错题

1.（√）

2.（×）原料成本率法也称作系数定价法，这种方法简便易行。

三、略；四、略；五、略

第 11 章

一、单项选择题

1.A　　2.C　　3.A

二、判断改错题

1.（×）中餐厅是销售中国菜肴的餐厅。其酒水应以中国烈性酒、茶、果汁、饮料、啤酒等为主要产品。此外也出售一些适合中餐的鸡尾酒、葡萄酒、白兰地酒和威士忌酒。

2.（√）

三、略；四、略

第 12 章

一、多项选择题

1.ABD　　2.AC　　3.ABCD

二、判断改错题

1.（×）不可控成本指管理人员短期内无法改变的那些成本，如房租、设备折旧费、修理费、贷款利息及管理人员和技术人员工资等。

2.（×）原料采购控制是酒水成本控制的首要环节，它不仅直接影响酒水经营效益，还影响酒水原料成本的形成。

三、略；四、略

参考文献

1. 方元超 . 赵晋福 . 茶饮料生产技术［M］. 北京：北京轻工业出版社，2001
2. 马佩选 . 葡萄酒质量与检验［M］. 北京：中国计量出版社，2002
3. 顾国贤 . 酿造酒工艺学［M］. 北京：中国轻工业出版社，1996
4. 唐明官 . 配制酒生产问答 . 北京：中国轻工业出版社，2002
5. 张克昌 . 酒精与蒸馏酒工艺学［M］. 北京：中国轻工业出版社，1995
6. 陈宗懋 . 中国茶经［M］. 上海：文化出版社，1992
7. 古贺守 . 葡萄酒世界史［M］. 天津：百花文艺出版社，2007
8. 兰金 . 酿造优质葡萄酒［M］. 北京：中国农业大学出版社，2008
9. 丁立孝 . 酿造酒技术［M］. 北京：化学工业出版社，2008
10. 钟茂桢 . 酒的轻百科［M］. 北京：化学工业出版社，2010
11. 王天佑 . 餐饮概论（第 2 版）［M］. 北京：北京交通大学出版社，2016
12. 王天佑 . 酒水经营与管理（第 5 版）［M］. 北京：旅游教育出版社，2015
13. 周荣辅 . 现代企业管理 . 北京：机械工业出版社，2012
14. 任月君 . 成本会计学 . 上海：上海财经大学出版社，2013
15. 胥兴军等 . 成本会计学（第 2 版）. 武汉：武汉理工大学出版社，2013
16. 冯巧根 . 成本管理会计 . 北京：中国人民大学出版社，2012
17. 陆力斌 . 生产与运营管理 . 北京：高等教育出版社，2013
18. 陈国华 . 现场管理 . 北京：北京大学出版社，2013
19. 王景峰 . 质量管理流程设计与工作标准（第 2 版）. 北京：人民邮电出版社，2012
20. 郭斌 . 创造价值的质量管理 . 北京：机械工业出版社，2013
21. 赖朝安 . 新产品开发 . 北京：清华大学出版社，2014
22. 莫尔 . 克劳福德等著 . 王彬等译（第 9 版）. 新产品管理 . 大连：东北财经大学出版社，2012
23. 温卫娟 . 采购管理 . 北京：清华大学出版社，2013
24. 爱德华 T. 赖利著 . 徐中译 . 管理者的核心技能 . 北京：机械工业出版社，

2014

25. 兰金 . 酿造优质葡萄酒 . 北京：中国农业大学出版社，2008

26. 丁立孝 . 酿造酒技术 . 北京：化学工业出版社，2008

27. 程殿林 . 啤酒生产技术 . 北京：化学工业出版社，2010

28. 邱礼平 . 食品原料质量控制与管理 . 北京：化学工业出版社，2009

29. 关苑等 . 啤酒生产工艺与技术 . 北京：化学工业出版社，2014

30. 李洁 . 中国茶文化 . 北京：中国铁道出版社，2017

31. 张凌云 . 中华茶文化 . 北京：中国轻工业出版社，2016

32. 张新红 . 现代啤酒技术 . 北京：科学出版社，2016

33. 马佩选等 . 葡萄酒分析与检验 . 北京：中国轻工业出版社，2018

34. Salmon H. Katz. Encyclopedia of Food and Culture. New York：Charls Scriner's Sons，2007

35. Kevin Meethan. Tasting Tourism：Travelling for Food and Drink. England：Ashgate Publishing Limited.2003

36. Lang，Jenifer Harvey，ed.，Larousse Gastronomique. New York：Crown Publishers，Inc.，1995

37. Paul Hamlyn. Larousse Gastronomique. London：Hamlyn Publishing Group Limited. 1989

38. Mead，W. E. The English Medieval Feast. London：George Allen & Unwin，1931

39. Mason，L. Food Culture in Great Britain. Westport CT.，Greenwood Press，2004

40. Pitte，J.–R. French Gastronomy：The History and Geography of a Passion. New York：Columbia University Press，2002

41. Philip Soman. Managing Customer Value. Singapore：World Scientific Publishing Co. Pte.Lid.，2010

42. Bernard Davis，Andrew Lockwood. Food and Beverage Management（5th edition）New York：Routledge Taylor & Francis Groups，2012

43. John R. Walker. Introduction of Hospitality Management（4th edition）NJ：Pearson Education Inc.，2013

44. Andrew Hale Feinstein. Purchasing Selection and Procurement for Hospitality Industry（7th edition）. New Jersey：John Wiley & Sons，Inc.，2008

45. Steve Jackson. Managerial Accounting. Mason：Thomson Higher Education，2008

46. Robert G. Cooper. Winning at New Products：Creating Value Through Innovation（4th edition）New York：The Perseus Books Group，2011

47. Russell S. Winer. Marketing Management. TX：Pearson Education Limited，2013